教育部高职高专规划教材

通用机械

齐大信　主编

化学工业出版社
教材出版中心
·北　京·

本书是根据全国高职高专专门课开发指导委员会制定的《通用机械》课程的基本要求和教材编写大纲，遵循“拓宽基础、强化能力、立足应用、激发创新”的原则而编写的。

全书包括起重机、输送机、离心式水泵、通风机、鼓风机、活塞式空气压缩机和内燃机。主要讲述上述常见通用机械的工作原理、结构分析、性能特点、运行调节、选择计算、维护修理、安装等知识。

本教材知识覆盖面宽、工程实用性强、适应专业广、便于教学。

本书是高职高专院校机械类专业教材，可供职工大学、电视大学和其他院校机械类及相近专业使用，也可供有关工程技术人员参考。

图书在版编目（CIP）数据

通用机械/齐大信主编. —北京：化学工业出版社，2004.5（2024.1重印）
教育部高职高专规划教材
ISBN 978-7-5025-5568-9

Ⅰ. 通… Ⅱ. 齐… Ⅲ. 通用设备：机械设备-高等学校：技术学院-教材 Ⅳ. TH-43

中国版本图书馆 CIP 数据核字（2004）第 044672 号

责任编辑：高　钰　　　　文字编辑：闫　敏
责任校对：陶燕华　　　　装帧设计：郑小红

出版发行：化学工业出版社　教材出版中心（北京市东城区青年湖南街 13 号　邮政编码 100011）
印　　装：北京科印技术咨询服务有限公司数码印刷分部
787mm×1092mm　1/16　印张 14½　字数 353 千字　2024 年 1 月北京第 1 版第 12 次印刷

购书咨询：010-64518888　　售后服务：010-64518899
网　　址：http://www.cip.com.cn
凡购买本书，如有缺损质量问题，本社销售中心负责调换。

定　　价：48.00 元

出 版 说 明

高职高专教材建设工作是整个高职高专教学工作中的重要组成部分。改革开放以来，在各级教育行政部门、有关学校和出版社的共同努力下，各地先后出版了一些高职高专教育教材。但从整体上看，具有高职高专教育特色的教材极其匮乏，不少院校尚在借用本科或中专教材，教材建设落后于高职高专教育的发展需要。为此，1999 年教育部组织制定了《高职高专教育专门课课程基本要求》（以下简称《基本要求》）和《高职高专教育专业人才培养目标及规格》（以下简称《培养规格》），通过推荐、招标及遴选，组织了一批学术水平高、教学经验丰富、实践能力强的教师，成立了“教育部高职高专规划教材”编写队伍，并在有关出版社的积极配合下，推出一批“教育部高职高专规划教材”。

“教育部高职高专规划教材”计划出版 500 种，用 5 年左右时间完成。这 500 种教材中，专门课（专业基础课、专业理论与专业能力课）教材将占很高的比例。专门课教材建设在很大程度上影响着高职高专教学质量。专门课教材是按照《培养规格》的要求，在对有关专业的人才培养模式和教学内容体系改革进行充分调查研究和论证的基础上，充分吸取高职、高专和成人高等学校在探索培养技术应用性专门人才方面取得的成功经验和教学成果编写而成的。这套教材充分体现了高等职业教育的应用特色和能力本位，调整了新世纪人才必须具备的文化基础和技术基础，突出了人才的创新素质和创新能力的培养。在有关课程开发委员会组织下，专门课教材建设得到了举办高职高专教育的广大院校的积极支持。我们计划先用 2～3 年的时间，在继承原有高职高专和成人高等学校教材建设成果的基础上，充分汲取近几年来各类学校在探索培养技术应用性专门人才方面取得的成功经验，解决新形势下高职高专教育教材的有无问题；然后再用 2～3 年的时间，在《新世纪高职高专教育人才培养模式和教学内容体系改革与建设项目计划》立项研究的基础上，通过研究、改革和建设，推出一大批教育部高职高专规划教材，从而形成优化配套的高职高专教育教材体系。

本套教材适用于各级各类举办高职高专教育的院校使用。希望各用书学校积极选用这批经过系统论证、严格审查、正式出版的规划教材，并组织本校教师以对事业的责任感对教材教学开展研究工作，不断推动规划教材建设工作的发展与提高。

教育部高等教育司

前　言

本书是由中国冶金教育学会机械学科教学研究会、全国高职高专冶金机械课程组为贯彻教育部《关于加强高职高专教育人才培养工作的意见》的文件精神，组织全国冶金高职高专课程组有关学校共同编写的。

本书内容包括起重机、输送机、离心式水泵、通风机、鼓风机、活塞式空气压缩机和内燃机，着重讲述它们的工作原理、结构、性能特点、运行、调节、维修、选择计算等相关知识。

本教材主要供高职高专机械类及相近专业使用。也可供电大、职大等成人高校和民办高校选用，还可供有关工程技术人员参考。

为适应高职高专人才培养目标和教学改革的需要，更好地满足教学要求，本教材具有以下特点。

① 为突出高职专业特色，构建高职专业宽口径知识平台和能力、素质结构，本教材知识覆盖面广，内容包括各生产部门常用的通用机械，适用专业多，具有较强的专业通用性。

② 为适应培养生产一线应用性人才的需要，本教材加强了如安装、运转、维护、修理等实用性内容，突出实践综合能力的培养，具有较强的工程实用性。

③ 简化理论推导，突出基本理论和基本公式的意义讨论和工程应用，体现了职业教育的教学特点。

④ 全书采用法定计量单位，全面贯彻最新国家标准和行业标准。

参加本书编写工作的有：第一章由王丽珍、侯维芝编写，第二章由陆蕴香编写，第三章由刘敏丽、齐大信、胡慧萍编写，第四章由邵林波编写，第五章由齐大信、华建慧、马秀清编写，第六章由齐大信、李士军编写，第七章由窦金平、周明编写。

本书由齐大信任主编，刘敏丽、侯维芝、窦金平任副主编、冀立平任主审。

本书编写过程中，得到了全国高职高专冶金机械课程组和有关院校的大力协助和支持，在此表示衷心感谢。

由于编写水平所限，书中缺点、错误与不妥之处在所难免，恳请读者批评指正。

编者

2004.2

目　录

第一章　起　重　机

第一节　概　　述

起重机械主要用于装卸和搬运物料。不仅广泛应用于工厂、矿山、港口、建筑工地等生产领域，而且也应用到人们的生活领域。起重机械是以间歇、重复工作方式，通过起重吊钩或其他吊具的起升、下降及移动完成各种物品的装卸和移动。使用起重机械能减轻工人劳动强度，提高劳动生产率，甚至完成人们无法直接完成的某些工作。

一、起重机械的组成

起重机械一般是由工作机构、金属结构与电气控制系统三部分组成的。

(1) 工作机构　起重机械的任务是把在工作范围内的重物，从某一位置运送到需要的另一位置。因此重物要做升降运动和水平运动。起重机械工作机构就是为实现不同运动而设置的机械机构。一般可概括为起升、运行、回转和变幅四大机构。

起升机构是升降重物的机构，它是起重机械组中最重要的机构，任何一种起重机械都有这种机构。有的起重机不止一套起升机构，按起重能力大小分为主起升机构和副起升机构。

运行机构是使起重机或起重小车行走的机构。

回转机构是使起重机的回转部分在水平面内，绕回转中心线转动的机构。

变幅机构是改变起重机重物与回转中心线之间水平距离的机构。

上述这些工作机构的不同组合与金属结构的合理搭配，形成了不同类型及不同型号的起重设备。

(2) 金属结构　金属结构是构成起重机械的躯体，是安装支撑各机构、并承受自身和起升重量的主体部分。

(3) 电气控制系统　电气控制系统包括动力设备、操纵装置和安全装置，它在一定程度上决定了起重机的性能和构造特点。各机构的启动、调速、改向、制动和停止由操纵装置实现。工厂、建筑工地等起重机的动力装置一般为三相电动机，流动式起重机（如汽车起重机）的动力装置大都为内燃机。

二、起重机械的分类

按照起重机械具有机构的多少、动作繁简的程度，以及工作性质和用途，可把起重机械归纳为简单起重机械、通用起重机械、特种起重机械。

简单起重机械设备体积小，结构紧凑，动作简单，一般只具备一、二个运动机构。有手动也有电动。如千斤顶、绞车、手动葫芦、电动葫芦等。

通用起重机械一般都是用吊钩工作，间或配合使用各种辅助吊具，如抓斗、夹钳、电磁吸盘等，用来搬运各种物品（成件、散料和液体）。

特种起重机械是具备二个以上机构的多动作起重机。专门用于某些专业性的工作，构造比前述两类起重机械更为复杂，如各种冶金专用起重机、建筑专用起重机和港口专用起重机等。见图 1-1、图 1-2。

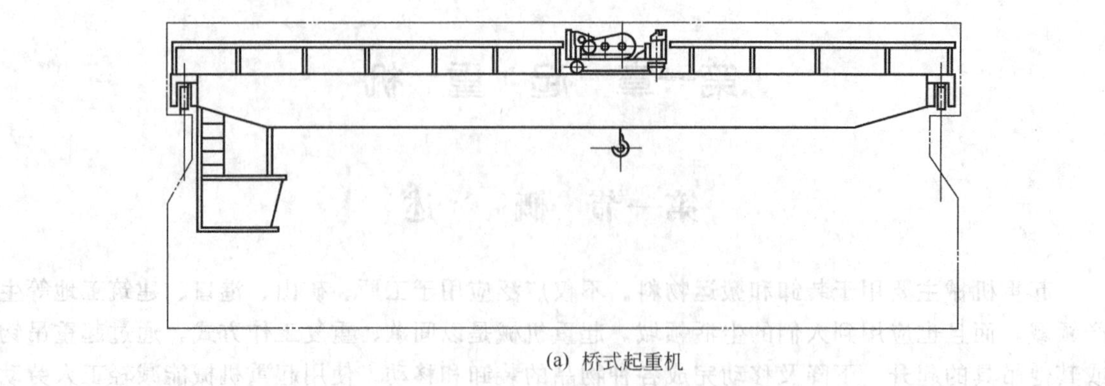

(a) 桥式起重机

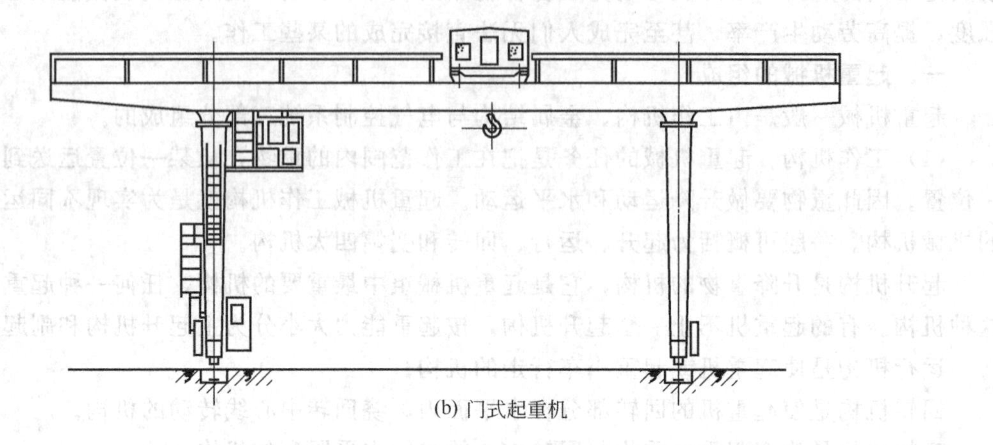

(b) 门式起重机

图 1-1　桥架型起重机

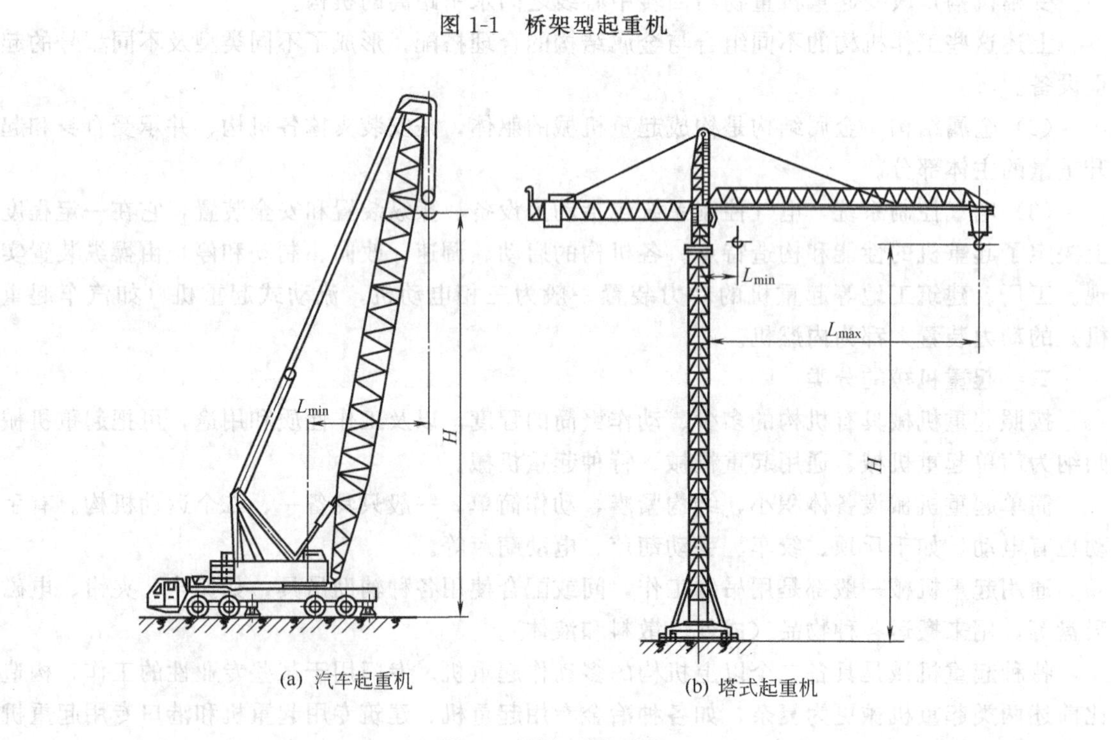

(a) 汽车起重机　　(b) 塔式起重机

图 1-2　臂架型起重机

表 1-1 起重机整机和机构工作级别举例

起重机形式			整机工作级别	主起升机构			副起升机构			小车运行机构			大车运行机构			回转机构			变幅机构		
				利用等级	载荷情况	工作级别	利用等级	载荷情况	工作级别	利用等级	载荷情况	工作级别	利用等级	载荷情况	工作级别	利用等级	载荷情况	工作级别	利用等级	载荷情况	工作级别
桥式起重机	一般用途（吊钩式）	电站安装及检修用	A1～A3	T_2	L1,L2	M1,M2	T_3	L1	M2	T_2	L1,L2	M1,M2	T_2	L1	M1						
		车间及仓库用	A3～A5	T_3,T_4	L1,L2	M2～M4	T_4,T_5	L1,L2	M3～M5	T_4,T_5	L1,L2	M3～M5	T_4,T_5	L_1,L_2	M3,M5						
		繁重工作车间及仓库用	A6～A7	T_5,T_6	L2,L3	M5～M7	T_5	L3	M6	T_4,T_5	L3	M5～M6	T_6	L_2,L_3	M6,M7						
	抓斗式	间断装卸用	A6～A7	T_5,T_6	L3	M6～M7				T_5,T_6	L3	M6～M8	T_5,T_6	L3	M6,M7						
		连续装卸用	A8	T_6,T_7	L3	M7,M8				T_5,T_6	L3	M6,M7	T_5,T_6	L3	M6,M7						
	冶金专用	吊料箱用	A7～A8	T_6,T_7	L3	M7,M8				T_5,T_6	L3	M6,M7	T_6	L3	M7						
		加料用	A8	T_7,T_8	L3	M8	T_7,T_8	L3	M8	T_7,T_8	L3	M8	T_7,T_8	L3	M8	T_7	L3	M7			
		铸造用	A6～A8	T_6,T_7	L3,L4	M7,M8	T_6,T_7	L3,L4	M7,M8	T_6	L3,L4	M7,M8	T_6,T_7	L3	M7,M8						
		锻造用	A7～A8	T_6,T_7	L3	M7,M8	T_6	L3	M7	T_5,T_6	L3	M6,M7	T_6,T_7	L3	M7,M8						
		淬火用	A8	T_5,T_6	L3	M6,M7	T_7,T_8	L3	M7,M8	T_5,T_6	L3	M6,M7	T_6,T_7	L3	M7,M8						
		夹钳、脱锭用	A8	T_7,T_8	L3,L4	M8	T_5,T_6	L2	M5,M6	T_6,T_7	L4	M8	T_6,T_7	L4	M8	T_6,T_7	L3	M7,M8			
		揭盖用	A7～A8	T_6,T_7	L3	M7,M8							T_6,T_7	L3	M7,M8						
		料耙式	A8	T_7	L4	M8				T_6,T_7	L4	M8	T_6,T_7	L4	M8	T_6,T_7	L3	M7,M8			
		电磁铁式	A7～A8	T_6,T_7	L3	M7,M8				T_5,T_6	L3	M6,M7	T_5	L3	M6						
门式起重机	一般用途吊钩式		A5～A6	T_5	L2,L3	M5,M6	T_5	L2,L3	M5,M6	T_5	L3	M5	T_5	L3	M5						
	装卸用抓斗式		A7～A8	T_6,T_7	L3,L4	M7,M8				T_6,T_7	L3,L4	M7,M8	T_6	L2,L3	M6,M7						
	电站用吊钩式		A2～A3	T_3	L1,L2	M2,M3	T_3	L2	M3	T_3	L2	M3	T_3	L2	M3						
	造船安装用吊钩式		A4～A5	T_4	L2,L3	M4,M5	T_4	L2,L3	M4,M5	T_5	L2,L3	M5,M6	T_5	L2,L3	M5,M6						
	装卸集装箱用		A6～A8	T_6,T_7	L2,L3	M6～M8				T_6,T_7	L2,L3	M6～M8	T_5～T_7	L2,L3	M5～M8						

三、起重机械的基本参数

起重机械的基本参数是说明其性能和技术经济指标的数据。它是设计和选用起重机械的重要依据。主要有以下内容。

（1）额定起重量 *G*（额定起重力矩 *M*） 起重机械起重能力的大小通常用额定起重量 *G* 表示。额定起重量是起重机在正常使用情况下，允许最大限度起升的重物质量。它包括抓斗、电磁吸盘、盛钢桶和其他吊具的质量，但不包括吊钩、吊环及滑轮组的质量。单位为千克或吨（kg 或 t）。对于桥架型起重机，额定起重量是一个定值。对于臂架型起重机，如塔式起重机，工作时经常改变幅度，起重能力用额定起重力矩来表示。额定起重力矩 *M* 等于起重机工作时的幅度与相应起重量的乘积。单位为千牛·米（kN·m）。对于额定起重量，国家已有系列标准。

（2）起升高度 *H* 起升高度 *H* 是起重机取物装置上下极限位置的垂直距离，单位为米(m)。下极限位置为工作场地的地面，吊钩从钩口中心算起。采用电磁盘和抓斗等取物装置时，算至它们处于闭合状态的最低点。桥架型和臂架型起重机的起升高度已有国家系列标准。

（3）跨度 *S* 和轨距 *K* 跨度 *S* 是桥架型起重机运行轨道中心线之间的水平距离，单位为米（m），跨度是说明桥架型起重机作业范围的主要参数。轨距 *K* 是起重机轨道中心线或车轮踏面中心线之间的水平距离。它是影响起重机稳定性及起重机本身尺寸的参数。

（4）运动速度 运动速度主要包括起升、运行、变幅、回转等机构工作速度。单位为米/分（m /min ）或米/秒（m/s）。

（5）生产率 生产率是表示起重机装卸能力的综合指标。是指单位时间内提升及运移货物的质量。单位为吨/时（t/h）。

（6）起重机械的工作级别 起重机械的工作级别是反映整机和各机构工作繁重程度的指标。起重机械的工作级别包括起重机整机的工作级别和各工作机构的工作级别。

在使用寿命期限内，各机构使用频率（忙闲程度）即利用等级、载荷状态（是否满载）都不一样。不管各机构的构造、类型、工况如何，根据利用等级（T_0～T_9）和载荷状态(L1～L4）这两个主要特征因素将工作级别划分为八个等级（M1～M8）。

起重机的工作级别是按起重机在总设计寿命期内，将总工作循环次数分为十级，将载荷状态按承载轻重分为四级。起重机的工作级别即按这两个参数划分为八个等级（A1～A8）。

固定使用的起重机工作级别是确定的，但一台起重机各机构的工作级别不一定相同。工作级别不同，机构的尺寸、安全系数、零件材料都有可能不同。见表 1-1 起重机整机和机构工作级别举例。

第二节 起重机的主要零部件

一、钢丝绳

钢丝绳是起重机械中应用最广泛的挠性件。它具有强度高、自重轻、运行平稳、弹性较好，极少骤然断裂等优点。因此被广泛用于起重机、牵引机等机械中，起张紧、支承作用以及做捆扎物品的系物绳等。

（一）钢丝绳的构造

起重机械常用的钢丝绳是由钢丝先捻成股，再由若干股围绕着绳芯绕成螺旋状而形成的。其构造如图1-3所示。

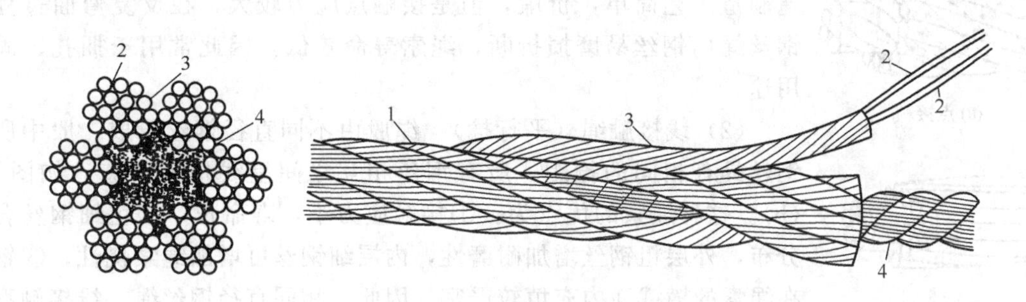

图1-3　双绕钢丝绳构造

1—钢丝绳；2—钢丝；3—绳股；4—绳芯

钢丝是用碳素钢或合金钢通过多次冷拉和热处理而成的圆形（或异形）丝材，直径约为0.5～2mm。抗拉强度可达1400～2000MPa（N/mm^2）。

钢丝表面有光面（代号NAT）和镀锌两种。镀锌钢丝具有良好的防潮、防腐蚀作用，常用于露天或有腐蚀性介质的场所。镀锌钢丝按镀锌层的抗腐蚀能力分为A、AB、B级三种。A级用于严重腐蚀条件，用代号ZAA表示；AB级用于一般腐蚀条件，用代号ZAB表示；B级用于轻腐蚀条件，用代号ZBB表示。

绳股是由一定形状和数量的多根钢丝拧成一层或多层螺旋状而形成的。钢丝绳一般均由多股构成，应用广泛的是6股绳与8股绳。钢丝绳股的组成有两种，一种是全部用钢丝拧成，另一种绳股中间有纤维芯。

钢丝绳股包围的中间一般也有绳芯，绳芯的作用是增加挠性与润滑。绳芯按其材料分为以下两种：

（1）纤维芯（FC）　有天然纤维芯和合成纤维芯之分。

① 天然纤维芯（代号为NF）。天然纤维芯通常用棉芯、麻芯，其优点是挠性、弹性以及润滑性好，但不能耐高温。

② 合成纤维芯（代号SF）。合成纤维芯通常是由聚合物（合成高分子化合物）制成的纤维芯，如聚乙烯、聚丙烯等，具有良好的成型与耐磨作用。

（2）金属丝芯　金属丝芯有金属丝绳芯（IWR）与金属股绳芯（IWS）之分。

金属丝芯能耐高温并能承受很大的径向、横向作用力，多用于高温或不易润滑的地方，但挠性较差。

（二）钢丝绳的分类

1. 按钢丝绳的捻绕次数分类

（1）单绕绳　是由钢丝绳一次绕捻成绳，结构简单，刚性大挠性差，适用于做起重机的桅索、拉索和架空索道的承载索道等。

（2）双绕绳　是由钢丝绕成股，然后由股绕成绳。这种钢丝绳挠性好，结构紧凑，制造工艺不太复杂，在起重机械中应用极为广泛。

（3）三绕绳　是将双绕绳作为股，再由几股绕成绳，其挠性特别好，但制造工艺复杂，钢丝相对较细，容易折断，故在起重机械中较少应用。

2. 按钢丝绳在股中接触状态分类

(1) 点接触绳（非平行捻） 股中相邻两层钢丝具有近似相等的捻角，而捻距不同，因此，相邻两层钢丝之间呈点接触状态。如图 1-4（a）。点接触钢丝绳制造工艺简单，价廉，但是接触点应力较大，在反复弯曲过程中钢丝绳内钢丝易磨损折断，绳索寿命较低，因此常用于捆扎、固定用途。

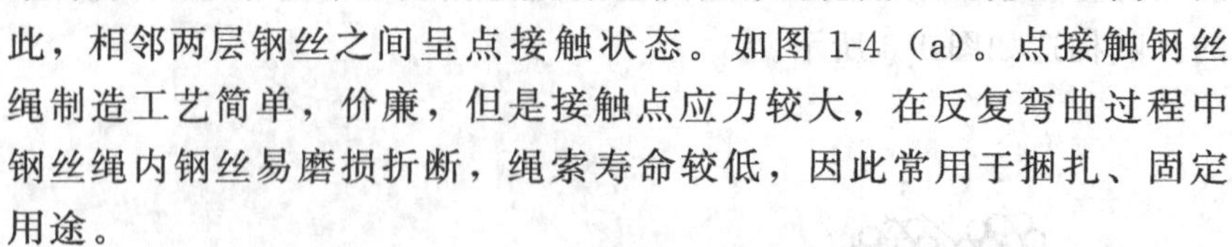

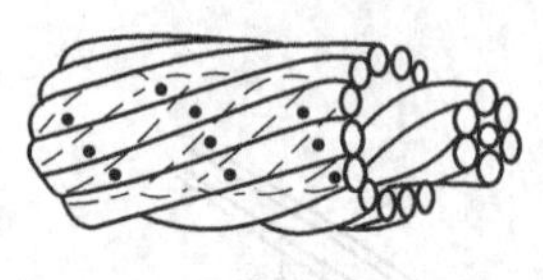

(a) 点接触

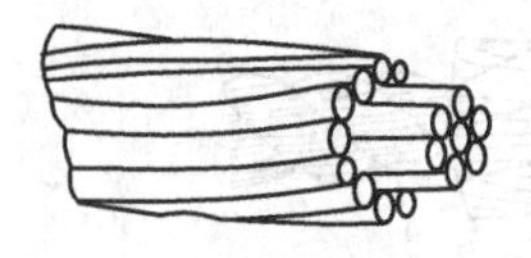

(b) 线接触

图 1-4 股内各层钢丝接触状态

(2) 线接触绳（平行捻） 绳股由不同直径钢丝捻成，股中所有钢丝具有相同的捻距，所有钢丝相互之间呈线接触状态，如图 1-4（b）。这种绳索的优点为：①接触应力小，寿命长；②粗细钢丝合理分布，外层粗钢丝增加耐磨性，内层细钢丝可增加绳索挠性；③钢丝在绳索的横截面内充填较严密。因此，相同直径钢丝绳，线接触型比点接触型的钢丝绳承载能力大，且防尘与抗潮能力较强；④在相同载荷下采用线接触绳可选用较小直径的钢丝绳。从而可以采用较小尺寸的滑轮与卷筒，使机构紧凑、质量轻。由于上述优点，线接触绳已在起重机中广泛应用。

线接触钢丝绳常用类型有以下三种。

① 西鲁型（简称代号 S）。又称外粗型，如图 1-5（b）所示，内外层钢丝直径不同，外层用粗钢丝，内层用细钢丝，主要优点是耐磨，适用于磨损较严重的场合。

② 瓦林吞型（简称代号 W）。又称粗细型，如图 1-5（c）所示，外层用粗细不同直径钢丝组成，特点是断面充填严密，承载能力大、挠性好，是起重机常用的钢丝绳类型。

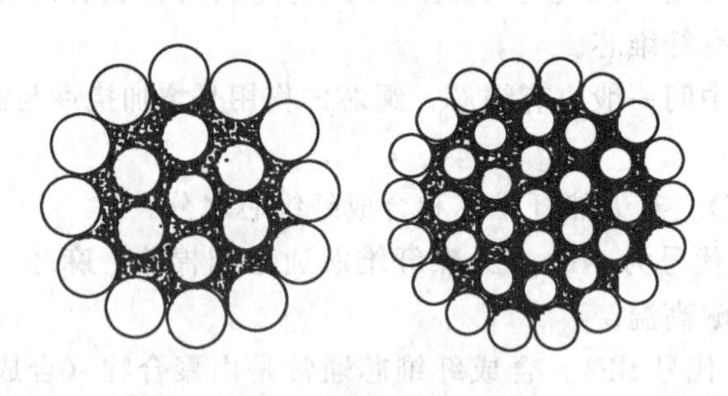

单绕钢丝绳

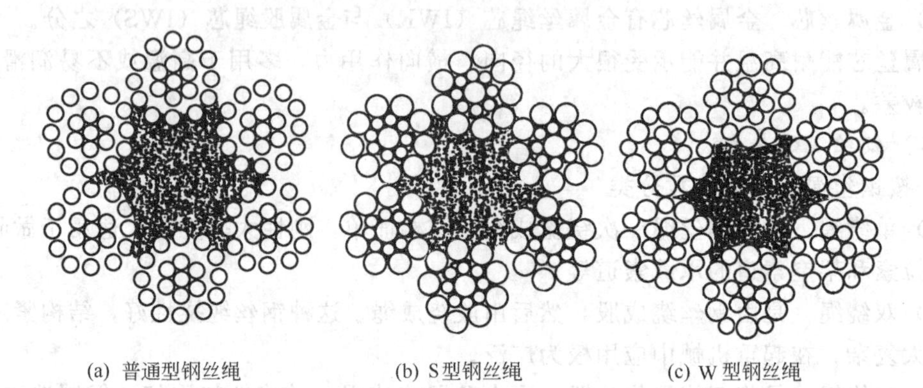

(a) 普通型钢丝绳　　(b) S型钢丝绳　　(c) W型钢丝绳

图 1-5 钢丝绳结构

③ 填充型（简称代号 Fi）。在股中内外两层空隙中填充一层细钢丝，使断面结构紧密，承载能力大。

另外还有由西鲁型和瓦林吞型组成的混合式结构钢丝绳即西鲁瓦林吞型（SW）和瓦林吞西鲁型（WS）。

3. 按钢丝捻成股和股捻成绳的方向分类

(1) 同向捻　见图 1-6（a），它是指丝在股中的捻向与股在绳中的捻向相同。这种绳挠性好、表面光滑、钢丝磨损小，但它有自行扭转和松散的缺点。当重物自由悬挂在绳索一端时，会使重物在空中打转，所以起升机构不宜采用。只有在具有刚性导轨悬挂的情况下（如电梯）才使用。为克服同向捻的缺点，出现了不松散绳，在制绳工艺上采用预变形方法，在成绳前使绳股得到弯曲形状，成型后残余内应力很小，这就消除了扭转松散的趋势。

(2) 交互捻　见图 1-6（b），丝在股中的捻向与股在绳中的捻向相反，使绳和股自行松散的趋势互相抵消，克服了同向捻绳的缺点，在起重机中得到广泛应用。

(3) 混合捻　见图 1-6（c），绳由两种相反捻向的股捻成，即一半同向捻，一半交互捻，此种绳制造工艺复杂，很少采用。

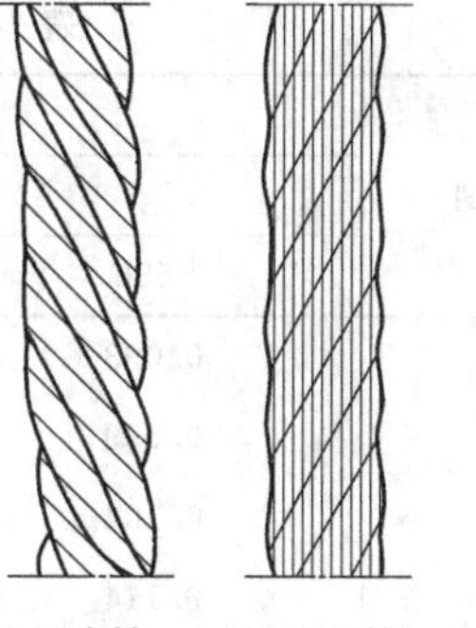

(a) 同向捻　(b) 交互捻　(c) 混合捻

图 1-6　钢丝绳的绕向

国家标准规定股在绳中捻制的螺旋方向是自左向上、向右为“右向捻绳”，用字母“Z”表示；股在绳中捻制的螺旋方向是自右向上、向左为“左向捻绳”，用字母“S”表示；钢丝绳的捻向在标注时，用两个字母表示，第一个字母表示钢丝绳的捻向，第二个字母表示股的捻向。“ZZ”，“SS”分别表示右同向捻和左同向捻。“ZS”、“SZ”分别表示右交互捻和左交互捻。

（三）钢丝绳的标记

国家标准 GB 8707—88 规定了钢丝绳的标记方法。举例如下：

以公称抗拉强度 1770MPa，光面（NAT）的钢丝制成公称直径为 18mm 的钢丝绳，右同向捻（ZZ），6 股绳，每股逐层钢丝数由外部向中心分别为 9、9、1，天然纤维芯（NF）的钢丝绳，其最小破断拉力为 190k N，单位长度质量为 117kg /100m，钢丝绳的全称标记为：

18　NAT　6(9＋9＋1)＋NF　1770　ZZ　190　117　GB 1102—88

钢丝绳的全称标记也可简化，以简称标记表示。它是将全称标记中股的总数与每股的钢丝总数用“×”号隔开，再用“＋”号与芯代号隔开。如上例简称标记为 6×19S＋NF（S 代表西鲁型）。

（四）钢丝绳的选择

根据上述钢丝绳的构造，结合起重机的使用条件和要求（如挠性、耐磨性、抗温性、抗横向压力和防腐蚀性等），首先选择钢丝绳的形式，然后再根据受力情况计算钢丝绳的直径。

由于钢丝绳的受力状态十分复杂，它在工作时受拉伸、弯曲、扭转、挤压等复合应力作用，由此产生的应力很难精确计算，为简化计算常用以下两种方法确定钢丝绳直径。

1. 安全系数法

按与钢丝绳所在机构的工作级别有关的安全系数，选择钢丝绳直径。所选钢丝绳的最小破断拉力应满足下式

$$F_0 = nS_{\max} \tag{1-1}$$

式中 F_0——整根钢丝绳破裂拉力，N；

n——钢丝绳的安全系数，由表 1-2 选取；

$S_{\max}$——钢丝绳最大工作拉力，N。

表 1-2 选择系数 *c* 和安全系数 *n* 值

机构工作级别	选择系数 c 值/mm·$N^{-\frac{1}{2}}$			安全系数 n
	钢丝公称抗拉强度 σ_b/MPa			
	1550	1700	1850	
M1～M3	0.093	0.089	0.085	4
M4	0.099	0.095	0.091	4.5
M5	0.104	0.100	0.096	5
M6	0.114	0.109	0.106	6
M7	0.123	0.118	0.113	7
M8	0.140	0.134	0.128	9

在钢丝绳标准中无整根钢丝绳的破断拉力，只有钢丝破断拉力之和$\sum F_{丝}$，而 $F_0 = k\sum F_{丝}$，因此钢丝绳直径选择应满足以下条件

$$\sum F_{丝} \geqslant \frac{nS_{\max}}{k} \tag{1-2}$$

式中 k——钢丝绳捻制折减系数，按表 1-3 选取。

表 1-3 钢丝绳捻制折减系数

钢丝绳结构	捻制折减系数 k	
	纤维绳芯	7×7 金属绳芯
1×7、1×19、1×19S	0.90	—
6×7、6×12、7×7	0.88	—
1×37、6×19、7×19、6×24 6×19S、6×19W、6×25Fi 6×24S、6×24W、6×31S、 8×19S、8×19W、8×25Fi	0.85	0.92
6×37、8×37、18×19、6×35W、6×37S	0.82	0.88
6×61、34×7	0.80	—

由计算的$\sum F_{丝}$ 查表 1-4、表 1-5 中选取同类型的钢丝绳。使钢丝绳列表中的最小破断拉力大于或等于计算出的$\sum F_{丝}$。

2. 最大拉力法

表 1-4 6×19（a）类（6×19S、6×19W）**钢丝绳**（摘自 GB 8918—88 参照 ISO 2408—85）

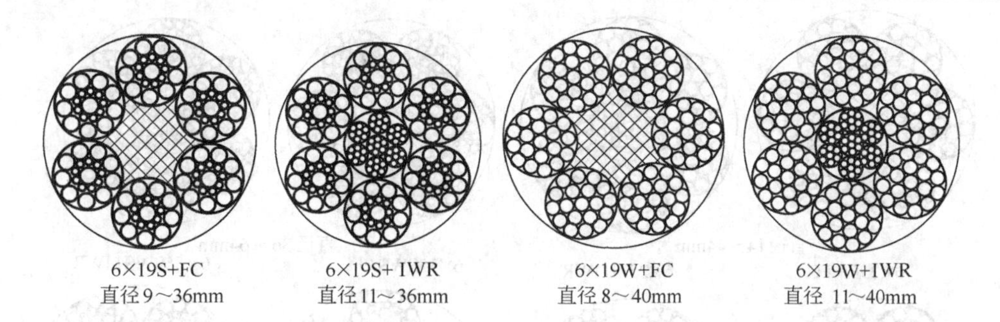

6×19S+FC 直径9~36mm　　6×19S+IWR 直径11~36mm　　6×19W+FC 直径8~40mm　　6×19W+IWR 直径 11~40mm

钢丝绳公称直径	钢丝绳近似质量			钢丝绳最小破断拉力					
				1570		1670		1770	
				N/mm²					
	天然纤维芯钢丝绳	合成纤维芯钢丝绳	钢芯钢丝绳	纤维芯钢丝绳	钢芯钢丝绳	纤维芯钢丝绳	钢芯钢丝绳	纤维芯钢丝绳	钢芯钢丝绳
d	M_{1n}	M_{1p}	M_2	F_{01}	F_{02}	F_{01}	F_{02}	F_{01}	F_{02}
/mm	/kg·(100m)$^{-1}$			/kN					
8	23.59	23.03	25.95	33.16	33.77	35.27	38.05	37.38	40.33
9	29.86	29.15	32.84	41.97	45.27	44.64	48.16	47.31	51.04
10	36.86	35.99	40.55	51.81	55.89	55.11	59.45	58.41	63.01
11	44.60	43.54	49.06	62.69	67.63	66.68	71.94	70.68	76.24
12	53.08	51.82	58.39	74.61	80.48	79.36	85.61	84.11	90.74
13	62.29	60.82	68.52	87.56	94.46	93.14	100.5	98.71	106.5
14	72.25	70.53	79.47	101.5	109.5	108.0	116.5	114.5	123.5
16	94.36	92.13	103.8	132.6	143.1	141.1	152.2	149.5	161.3
18	119.4	116.6	131.4	167.9	181.1	178.6	192.6	189.2	204.2
20	147.4	143.9	162.2	207.2	223.6	220.4	237.8	233.6	252.0
22	178.4	174.2	196.2	250.8	270.5	266.7	287.7	282.7	305.0
24	212.3	207.3	233.5	298.4	321.9	317.4	342.4	336.4	362.9
26	249.2	243.3	274.1	350.2	377.8	372.5	401.9	394.9	426.0
28	289.0	282.1	317.9	406.2	438.2	432.1	466.1	457.9	494.0
(30)	331.7	323.9	364.9	466.3	503.0	496.0	535.1	525.7	567.1
32	377.4	368.5	415.2	530.5	572.3	564.3	608.8	598.1	645.2
(34)	426.1	416.0	468.7	598.9	646.1	637.1	687.3	675.2	728.4
36	477.7	466.4	525.5	671.5	724.4	714.2	770.5	757.0	816.6
(38)	532.3	519.7	585.5	748.1	807.1	795.8	858.5	843.4	909.9
40	589.8	575.8	648.7	829.0	894.3	881.8	951.2	934.6	1008.2

注：1. 钢丝破断拉力总和＝钢丝绳最小破断拉力×1.191（纤维芯）或 1.283（钢芯）。

2. 新设计设备不得选用括号内的钢丝绳直径。

表 1-5　6×25Fi、6×55SWS、6×31SW、6×37S类钢丝绳（摘自 GB 8918—88 参照 ISO 2408—85）

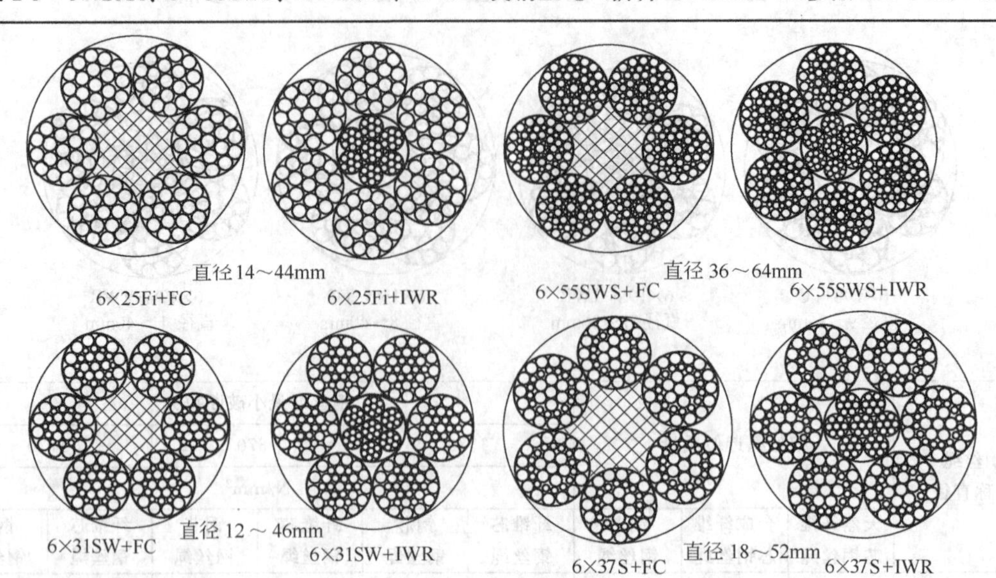

钢丝绳公称直径	钢丝绳近似质量			钢丝绳最小破断拉力					
				1570		1670		1770	
				N/mm²					
	天然纤维芯钢丝绳	合成纤维芯钢丝绳	钢芯钢丝绳	纤维芯钢丝绳	钢芯钢丝绳	纤维芯钢丝绳	钢芯钢丝绳	纤维芯钢丝绳	钢芯钢丝绳
d	M_{1n}	M_{1p}	M_2	F_{01}	F_{02}	F_{01}	F_{02}	F_{01}	F_{02}
/mm	/kg·(100m)$^{-1}$			/kN					
12	54.72	53.42	60.19	74.61	80.48	79.36	85.61	84.11	90.74
13	64.22	62.70	70.64	87.56	94.46	93.14	100.5	98.71	106.5
14	74.48	72.72	81.93	101.5	109.5	108.0	116.5	114.5	123.5
16	97.28	94.98	107.0	132.6	143.1	141.1	152.2	149.5	161.3
18	123.1	120.2	135.4	167.9	181.1	178.6	192.6	189.2	204.2
20	152.0	148.4	167.2	207.2	223.6	220.4	237.8	233.6	252.0
22	183.9	179.6	202.3	250.8	270.5	266.7	287.7	282.7	305.0
24	218.9	213.7	240.8	298.4	321.9	317.4	342.4	336.4	362.9
26	256.9	250.8	282.6	350.2	377.8	372.5	401.9	394.9	426.0
28	297.9	290.9	327.7	406.2	438.2	432.1	466.1	457.9	494.0
(30)	342.0	333.9	376.2	466.3	503.0	496.0	535.1	525.7	567.1
32	389.1	379.9	428.0	530.5	572.3	564.3	608.8	598.1	645.2
(34)	439.3	428.9	483.2	598.9	646.1	637.1	687.3	675.2	728.4
36	492.5	480.8	541.7	671.5	724.4	714.2	770.5	757.0	816.6
(38)	548.7	535.7	603.6	748.1	807.1	795.8	858.5	843.4	909.9
40	608.0	593.6	668.8	829.0	894.3	881.8	951.2	934.6	1008.2
(42)	670.3	654.4	737.4	913.9	985.9	972.1	1048.7	1030.4	1111.5
44	735.7	718.3	809.2	1003.0	1082.1	1066.9	1151.0	1130.8	1219.9
(46)	804.1	785.0	884.5	1096.3	1182.7	1166.1	1258.0	1236.0	1333.3
48	875.5	854.8	963.1	1193.7	1287.8	1269.7	1369.8	1345.8	1451.8
(50)	950.0	927.5	1045.0	1295.2	1397.3	1377.8	1486.3	1460.2	1575.3
52	1027.5	1003.2	1130.3	1400.9	1511.3	1490.2	1607.6	1579.4	1703.8
(54)	1108.1	1081.8	1218.9	1510.8	1629.8	1607.0	1733.6	1703.2	1837.4
56	1191.7	1163.5	1310.8	1624.8	1752.8	1728.2	1864.4	1831.7	1976.1
(58)	1278.3	1248.0	1406.2	1742.9	1880.2	1853.9	2000.0	1964.9	2119.7
60	1368.0	1335.6	1504.8	1865.2	2012.1	1984.0	2140.3	2102.8	2268.4
(62)	1460.7	1426.1	1606.8	1991.6	2148.5	2118.4	2285.3	2245.3	2422.2
64	1556.5	1519.6	1712.1	2122.1	2289.3	2257.3	2435.2	2392.5	2581.0

注：1. 钢丝破断拉力总和＝钢丝绳最小破断拉力×1.191（纤维芯）或1.283（钢芯）。

2. 新设计设备不得选用括号内的钢丝绳直径。

根据钢丝绳所受的最大工作静拉力来确定钢丝绳直径，直接用公式

$$d=c\sqrt{S_{max}} \tag{1-3}$$

式中　d——钢丝绳最小直径，mm；

S_{max}——钢丝绳最大工作拉力，N；

c——选择系数（mm / $\sqrt{\mathrm{N}}$），按表 1-2 选取。

当钢丝绳的 ω、k、σ_b 与表中的不一致时，可按下式计算 c 的数值

$$c=\sqrt{\frac{4n}{\pi k\omega\sigma_b}} \tag{1-4}$$

式中　σ_b——钢丝的公称抗拉强度；

ω——钢丝绳充满系数，可按下式求得

$$\omega=\sqrt{\frac{\text{钢丝断面面积之总和}}{\text{绳横断面毛面积}}}$$

（五）钢丝绳的使用与报废

钢丝绳在使用过程中，应定期润滑防止锈蚀。要尽量减小钢丝绳的弯折次数，即不要使钢丝绳通过太多的滑轮（选用滑轮形式与倍率时予以考虑），尤其要避免反向弯折次数，因为反向弯折的破坏作用比同向弯折大，会严重降低钢丝绳的寿命。所选卷筒与滑轮的材料硬度要适中，硬度过高或过低都会影响钢丝绳的寿命。铸铁滑轮较铸钢滑轮寿命高，在槽底镶以铝合金或卡普龙衬垫，也可使钢丝绳寿命提高。

钢丝绳使用一段时间后，外层钢丝由于磨损和疲劳，逐渐折断，随断丝数增加，破断速度也在加快。在断丝数达到一定限度后，实际安全系数降低，此时，如果继续使用，就有整绳破裂的可能。为保证钢丝绳的安全使用，国家标准 GB 5972—86 规定当钢丝绳断折的钢丝数达到规范规定的数值时，就应报废，换用新钢丝绳。

二、滑轮与滑轮组

（一）滑轮

滑轮是起重机中的承载零件，可以引导和改变绳索拉力方向。滑轮的构造如图 1-7。它是由轮缘、轮辐和轮毂三部分组成。滑轮具体尺寸，可按钢丝绳直径由起重机设计手册查得。

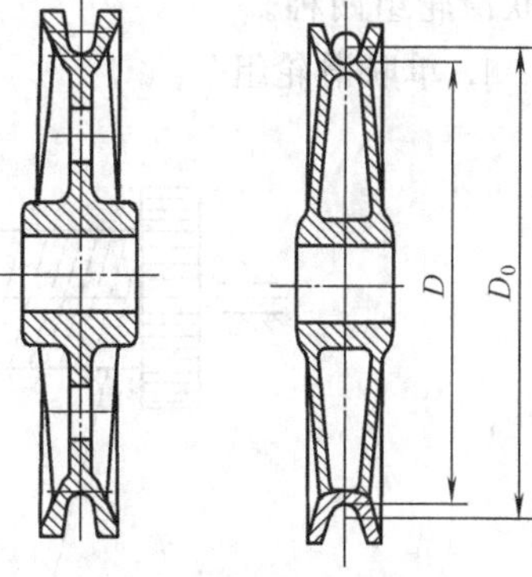

(a) 铸造滑轮　　(b) 焊接滑轮

图 1-7　滑轮构造

对工作级别较低的起重机滑轮可以用 HT150 灰铸铁铸造。对钢丝绳寿命有利，成本低。对于工作级别较高的起重机采用铸钢滑轮。当滑轮直径较大时，可采用焊接制造滑轮，或热轧滑轮。

在滑轮轮毂内装有轴承。简单滑轮一般用滑动轴承，现代起重机上大多数采用滚动轴承，如滚珠轴承、圆锥滚柱轴承、短圆柱滚子轴承等。

滑轮的直径对钢丝绳使用有很大影响，增大滑轮直径可以减小钢丝绳的弯曲应力和钢丝绳与滑轮的挤压应力，提高钢丝绳的使用寿命。滑轮的卷绕直径必须大于钢丝绳直径的一定倍数

$$D_0\geqslant e_2 d \tag{1-5}$$

式中　D_0——滑轮卷绕直径（即钢丝绳缠绕圈截面中心直径），mm；

e_2——与机构工作级别和钢丝绳结构有关的系数，按表 1-6 选取；

d——钢丝绳的直径，mm。

表 1-6　系数 e 值（$=D_0/d$）

设计手册推荐值

钢丝绳的用途		e 固定场所使用	e 流动式起重机
手动起重机械		18	16
起升和变幅	轻级	20	16
	中级	25	18
	重级、特重级	30～35	20～25
抓斗用	双绳抓斗(双电机分别驱动)	30～40	20～25
	双绳抓斗(单电机集中驱动)	30～40	20～25
	抓斗滑轮	25	18
拉紧用	经常用	25	18
	临时用	20	16
小车牵引用(轨道系水平)		20	16

设计规范推荐值

机构工作级别	卷筒 e_1	滑轮 e_2
M1～M3	14	16
M4	16	18
M5	18	20
M6	20	22.4
M7	22.4	25
M8	25	28

注：1. 采用不旋转钢丝绳时，e 值应按机构工作级别高一级取值

2. 对于流动式起重机，建议取 $e_1=16$ 及 $e_2=18$，与工作级别无关

由计算的滑轮直径 D_0 查手册稍放大并圆整选择合适的滑轮。平衡滑轮对于臂架型起重机取最小滑轮卷绕直径的 0.6 倍；对于桥架型起重机取值与最小滑轮卷绕直径相同。

（二）滑轮组

滑轮组由若干个动滑轮、定滑轮及钢丝绳组成，它可以改变力和速度的方向及大小。按其功用，可分为省力滑轮组、增速滑轮组。它一般作为起升机构的一个组成部分，也可以单独作为起重装置使用。起重机普遍应用的是省力滑轮组，按其构造形式可分为单联滑轮组与双联滑轮组两种。

1. 单联滑轮组

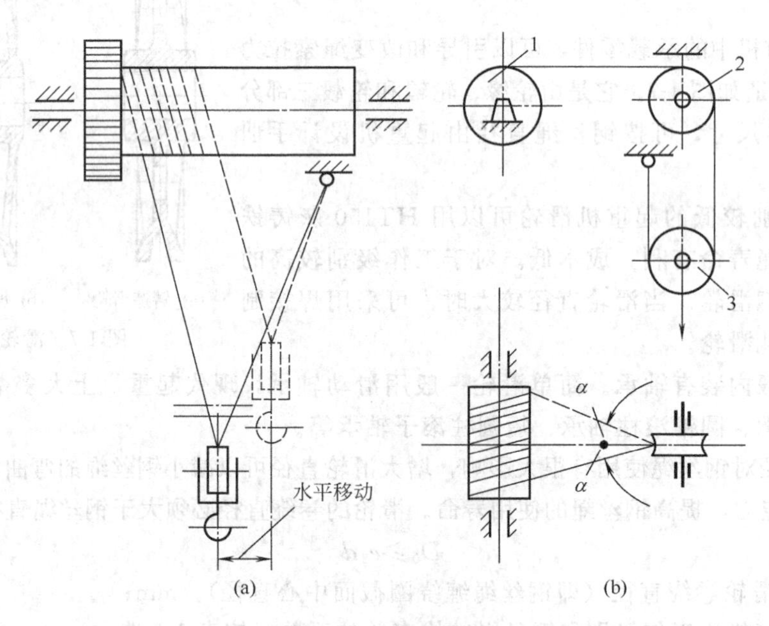

图 1-8　单联滑轮组

1—卷筒；2—导向滑轮；3—动滑轮

单联滑轮组（图 1-8）绕入卷筒的钢丝绳为一根，其构造简单、质量轻。缺点是绳索在卷入或绕出卷筒时，沿卷筒轴向移动使重物在升降中有水平移动，尤其当起升速度很大时，必将引起重物在空中晃动，不利于吊物的安装工作，使起重机操作不便。为消除这一影响，可在绳索绕入卷筒之前通过一个固定的导向滑轮，这样避免了动滑轮（吊钩）的晃动。这种滑轮组常用在带导向轮的臂架起重机上、液压汽车起重机上，要求悬挂端质量轻，结构紧凑。起重电动葫芦也用此滑轮组。

2. 双联滑轮组

双联滑轮组又称对称滑轮组（图 1-9），其绕入卷筒的绳索是两根。它相当于两个相同单联滑轮组的组合装置，它克服了单联滑轮组的缺点，重物在升降过程中没有水平移动，其中每个单联滑轮组承受起升载荷的二分之一。绳索两端都固定在刻有左右螺旋槽的卷筒上。

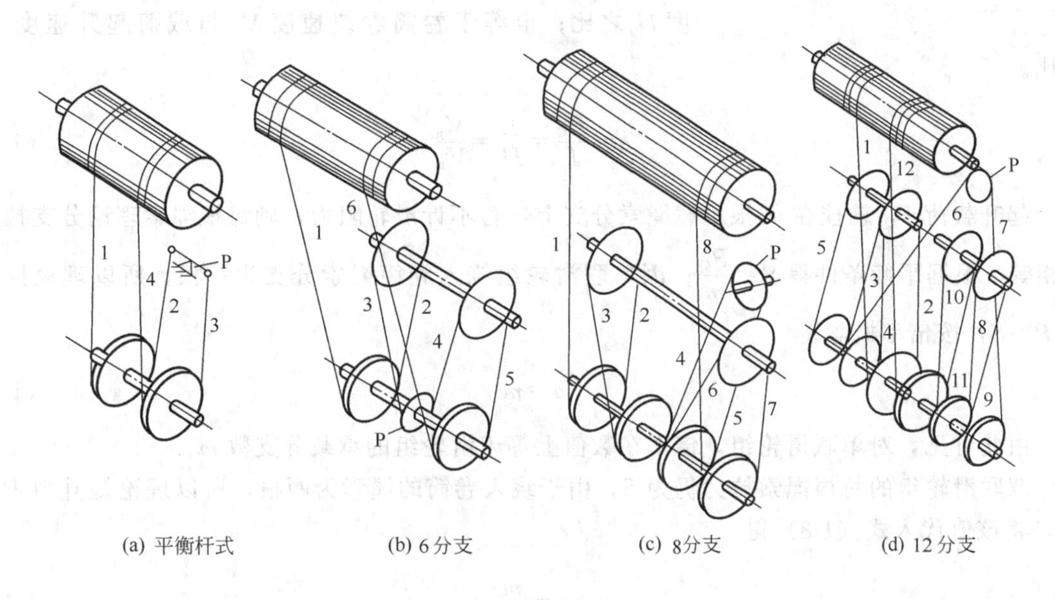

图 1-9 双联滑轮组

为了使绳索由一边单联滑轮组过渡到另一边单联滑轮组，中间设有一个平衡滑轮或平衡杠杆 P，来调整滑轮组两边绳索的拉力和长度。平衡杠杆的优点是可以用两根长度相等的短绳来代替平衡滑轮中所用的一根长绳，因此绳索的安装和更换容易，尤其对大型起重机绳索分支较多的情况，其优点较为显著。

当载荷分支数不超过 8 根时，绕入卷筒的两根绳索分支一般都与最外边的两个动滑轮相连，随着滑轮数目的增加，最外边两个动滑轮间距增大，卷筒左右螺旋槽之间光滑部分长度也随之增加，结果导致卷筒总长度增加，结构不紧凑。因此，为保证绳索不会脱槽，绕入卷筒的两根绳索分支改为中间绕入。

（三）滑轮组的计算

1. 滑轮的效率

绕过滑轮的钢丝绳拉力不仅要平衡载荷，还要克服绕过滑轮时的附加阻力，该阻力包括绳索的刚性阻力和轴承摩擦阻力。所以，钢丝绳绕过滑轮时，其出端拉力总是大于进端拉力(单位都是 N)。见图 1-10，即

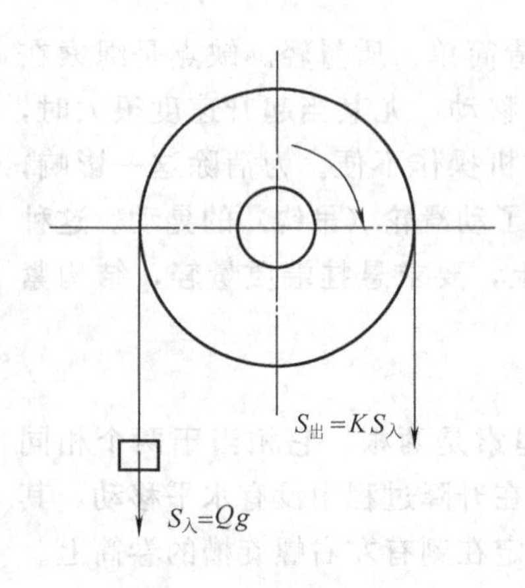

图 1-10 滑轮受力分析

$$S_出=KS_入 \tag{1-6}$$

式中 K——阻力系数，用滑动轴承时，$K=1.05$；用滚动轴承时，$K=1.02$。

则滑轮效率

$$\eta=\frac{S_入}{S_出}=\frac{S_入}{KS_入}=\frac{1}{K} \tag{1-7}$$

用滑动轴承时 $\eta=0.95$；用滚动轴承时 $\eta=0.98$。

2. 滑轮组的倍率 a

滑轮组的倍率 a 表示滑轮组省力的倍数，它也等于载荷起升速度减速的倍数。即等于起升载荷 P_Q 与理论提升力 P 之比；也等于绕入卷筒的绳索工作长度 L 与载荷起升高度 H 之比；也等于卷筒卷绕速度 V_j 与载荷起升速度 V_n 之比。

$$a=\frac{P_Q}{P}=\frac{L}{H}=\frac{V_j}{V_n} \tag{1-8}$$

起升载荷 P_Q 悬挂在 m 根承载绳索分支上，若不计滑轮阻力，则每根绳索理论分支拉力 S 相等，根据平衡条件得 $S=\frac{P_Q}{m}$；因单联滑轮组绕入卷筒绳索分支为一根，所以理论提升力 $P=S$，按倍率概念得

$$a=m \tag{1-9}$$

由此可见，对单联滑轮组，倍率在数值上等于滑轮组的承载分支数 m。

双联滑轮组的每根绳索拉力仍为 S，由于绕入卷筒的绳索为两根，所以理论提升力 $P=2S$，将该值代入式（1-8）得

$$a=\frac{m}{2} \tag{1-10}$$

式（1-10）表明双联滑轮组的倍率在数值上等于承载分支数 m 的一半。

在起升机构计算中恰当地确定滑轮组倍率是很重要的。若选用较大的倍率可使钢丝绳分支拉力减小，卷筒直径和减速器传动比减小，达到起升机构尺寸紧凑、质量轻之目的。但是滑轮组倍率大，可使滑轮组效率低，钢丝绳磨损严重。滑轮组倍率与额定起重量之间关系参考值见表 1-7。

表 1-7 滑轮组倍率

起重量/t		≤5	8～32	50～100	125～250
a	单联滑轮组	1～4	3～6	6～8	8～12
	双联滑轮组	1～2	2～4	4～6	6～8

3. 滑轮组最大拉力计算

由于滑轮组中各个滑轮阻力的影响，使得重物载荷不能均匀地分配到各绳索分支上，因而各绳索分支拉力不等。为了计算和选择钢丝绳，需求出绳索分支中的最大拉力。

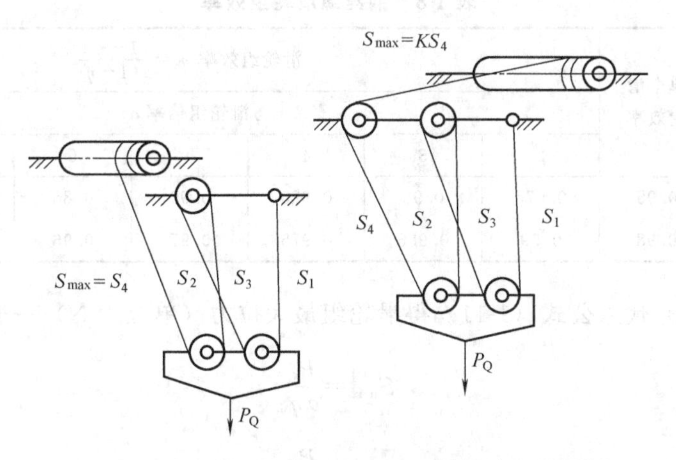

(a) 牵引绳由动滑轮引出　　(b) 牵引绳由定滑轮引出

图 1-11　滑轮组计算简图

如图 1-11 所示的单联滑轮组，其倍率 $a=4$，最大拉力 S_{max} 必在最后绕入卷筒的绳索分支（即 S_4）上，其他各个分支拉力关系为 $S_1<S_2<S_3<S_4$。根据所有分支拉力之和应等于重物载荷得

$$S_1+S_2+S_3+S_4=P_Q$$

而

$$S_3=\eta S_4$$

$$S_2=\eta S_3=\eta^2 S_4$$

$$S_1=\eta S_2=\eta^3 S_4$$

则

$$S_{max}=S_4=\frac{P_Q}{1+\eta+\eta^2+\eta^3}=\frac{1-\eta}{1-\eta^4}P_Q$$

对于倍率为 a 的任意滑轮组，绳索分支最大拉力的一般计算式为

$$S_{max}=\frac{1-\eta}{1-\eta^a}P_Q \quad (\text{N}) \tag{1-11}$$

式中　η——单个滑轮效率；

P_Q——重物载荷，N，包括最大允许起升的重物载荷，取物装置、悬挂挠性件及其他在升降中的设备载荷；

a——滑轮组倍率。

滑轮组效率可由卷入卷筒的绳索分支理想拉力 S（即不计滑轮阻力）与实际拉力 S_{max} 之比来确定。图 1-11 所示的滑轮组，其理想拉力 $S=\frac{P_Q}{a}$；实际拉力见式（1-11），则滑轮组效率

$$\eta_h=\frac{S}{S_{max}}=\frac{1-\eta^a}{a(1-\eta)} \tag{1-12}$$

由式（1-12）可见滑轮组效率随滑轮组倍率的增大而减小，即随着滑轮的个数增加而减小。滑轮组效率可由表 1-8 直接查得。

表 1-8　钢丝绳滑轮组效率

轴承形式	单个滑轮效率	滑轮组效率 $\eta_h=\frac{1-\eta^a}{a(1-\eta)}$						
		滑轮组倍率 a						
		2	3	4	5	6	8	10
滑　动	0.95	0.975	0.95	0.925	0.90	0.88	0.84	0.80
滚　动	0.98	0.99	0.985	0.975	0.97	0.96	0.945	0.915

将公式（1-12）代入公式（1-11）得滑轮组最大拉力（单位为 N）一般计算式为：

单联滑轮组
$$S_{max}=\frac{P_Q}{a\eta_h} \tag{1-13}$$

双联滑轮组
$$S_{max}=\frac{P_Q}{2a\eta_h} \tag{1-14}$$

三、卷筒

（一）卷筒结构

卷筒在起升机构或牵引机构中用来曳引和卷绕钢丝绳。

钢丝绳所在卷筒的层数可以是单层的或多层的。起重机大多采用单层卷筒。单层卷筒表面通常切出螺旋槽，钢丝绳依次卷绕在槽内，使绳索与卷筒接触面积增大，单位压力降低，并防止相邻钢丝绳之间的相互摩擦，延长了钢丝绳的寿命。

螺旋槽分为浅槽（标准槽）和深槽两种。见图 1-12。一般情况下多采用标准槽。只有当使用中钢丝绳有脱槽危险时，才采用深槽卷筒。

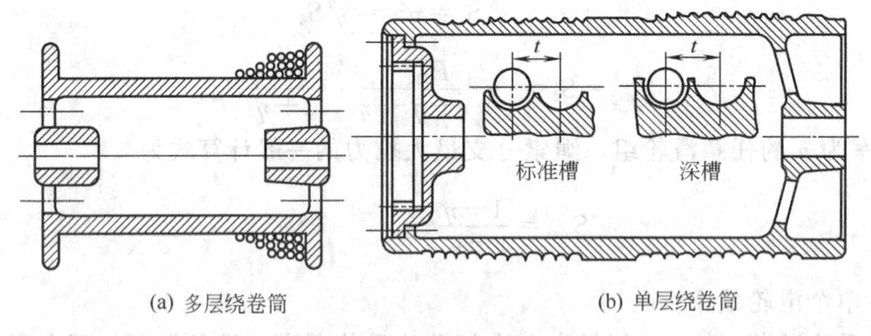

(a) 多层绕卷筒　　(b) 单层绕卷筒

图 1-12　绳索卷筒

单联滑轮组的卷筒采用单螺旋槽（常用右旋槽）；双联滑轮组的卷筒采用双螺旋槽（一边左旋，一边右旋）对称分布。

多层绕卷筒用于起升高度很大，而卷筒长度又有限的情况，如汽车起重机。多层绕卷筒一般制成光面，它的内层钢丝绳受到外层钢丝绳的挤压，在卷绕过程中相邻绳圈之间有摩擦，使绳索寿命降低。此外，在绳索拉力不变时，载荷力矩随卷筒上绳索层数的不同而变化，造成载荷力矩不稳定。为改善钢丝绳在卷筒上的接触状态，提高绳索的寿命，也有采用切螺旋槽的多层绕卷筒。

卷筒可以是铸造的或焊接的，也有采用无缝钢管的。铸造卷筒一般采用不低于 HT200 的铸铁，特殊需要时用 ZG230-450、ZG270-500 等铸钢。重要卷筒可以采用球墨铸铁。现在一般为减轻质量、增加强度，卷筒多用 Q235A、16Mn 钢板卷成筒形焊接加工而成。

（二）卷筒尺寸

卷筒尺寸包括卷筒直径、长度、壁厚等。

卷筒直径大小直接影响钢丝绳的弯曲程度。为确保钢丝绳寿命，卷筒直径不能太小。卷筒的卷绕直径必须大于钢丝绳直径的一定倍数，卷绕直径一般为

$$D_0 = e_1 d \tag{1-15}$$

式中　D_0——卷筒卷绕直径（钢丝绳中心所在直径）；

e_1——与机构工作级别和钢丝绳有关的系数，按表 1-6 查得；

d——钢丝绳直径。

卷筒工作长度 L_1 取决于起升高度 H 与滑轮组倍率 a

$$L_1 = aH \tag{1-16}$$

除工作长度外，还有附加长度、固定长度。附加长度一般是钢丝绳直径的 1.5～3 倍（即多绕 1.5～3 圈），附加长度的作用是当绳索工作长度全部从卷筒上放下后，利用它们与卷筒绳槽之间的摩擦力来减小绳端在卷筒固定处的作用力。钢丝绳固定长度是本身直径的 1.5～2 倍。双联卷筒还要考虑中间不切槽的一段长度。

卷筒壁厚一般按不同的材料先估算选取：

铸铁卷筒　$\delta = 0.02D + (6 \sim 10)$

钢卷筒　$\delta = d$

式中　D——卷筒卷绕直径，mm；

d——钢丝绳直径，mm；

δ——卷筒壁厚，mm。

选取的卷筒壁厚将计算出的值略放大并圆整。对于铸铁卷筒壁厚不小于 12mm，铸钢卷筒壁厚不小于 15mm，并进行强度验算。强度验算一般按卷筒受压缩应力、弯曲和扭转复合应力计算。

四、取物装置

取物装置能使起重机顺利安全和高效率地工作。应尽可能节省时间，使其成本低、构造简单、质量轻。由搬运物品的形状不同，取物装置可分通用和专用两类。通用的取物装置有吊钩、吊环；专用的取物装置有抓斗、电磁吸盘、夹钳等。

（一）吊钩和吊钩组

吊钩是起重机上极为重要的零件。吊钩如突然断裂将造成重大人身及设备事故，因此对于吊钩的材料和加工，国家都有严格规定。吊钩按制造方法可分为锻造吊钩和片式吊钩，中小起重量的吊钩一般都是用优质碳素钢锻造制成。大型起重机一般用片式吊钩。吊钩的专用材料有 20、20Mn、34CrMo、34CrNiMo 等，锻造吊钩必须进行热处理，以达到规定的机械性能。片式吊钩要求钢板轧制的方向与吊钩的受力方向一致，片式吊钩比锻造吊钩安全可靠，一般不会产生突然断裂。因强度或材料引起的断裂只限于其中的个别钢板，因此易发现并更换。也同样由于强度和材料的不确定性，吊钩不允许铸造、焊接制造和修复。吊钩的型号可以查相应的国家标准。

吊钩组是吊钩和动滑轮构成的组合体。它是转动很灵活而简单的取物装置。吊钩组有两种类型：长型吊钩组和短型吊钩组。如图 1-13，长型吊钩组用的是短钩，它的滑轮轴在上，

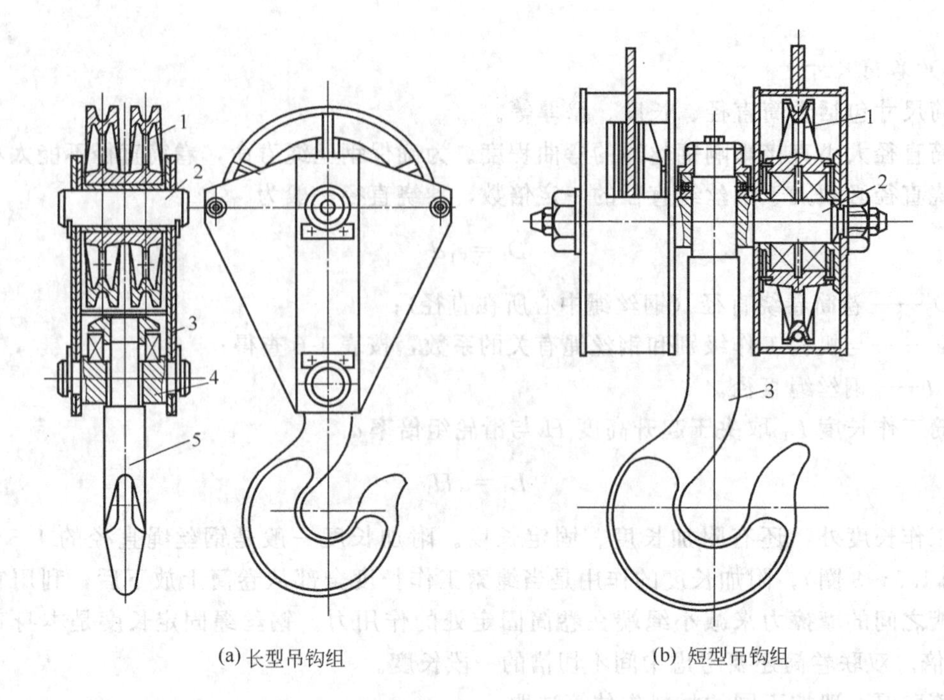

(a) 长型吊钩组　　　　(b) 短型吊钩组

1—滑轮；2—滑轮轴；3—拉板；4—吊钩横梁；5—吊钩　　1—滑轮；2—滑轮轴；3—吊钩

图 1-13　吊钩组

吊钩横梁在下，平行安装在拉板上。动滑轮的数目单双均可，吊钩横梁较短，受力较好。使用的卷筒长度相应短些。短型吊钩组其滑轮轴也是吊钩横梁，省去了拉板，但滑轮数要两边对称，因此滑轮轴较长，受力不好，轴较粗。为了使吊钩转动时不致碰到滑轮，则使用长钩。但吊钩组的总体高度较小。因此短型吊钩组适合于起重量较小的起重机上。

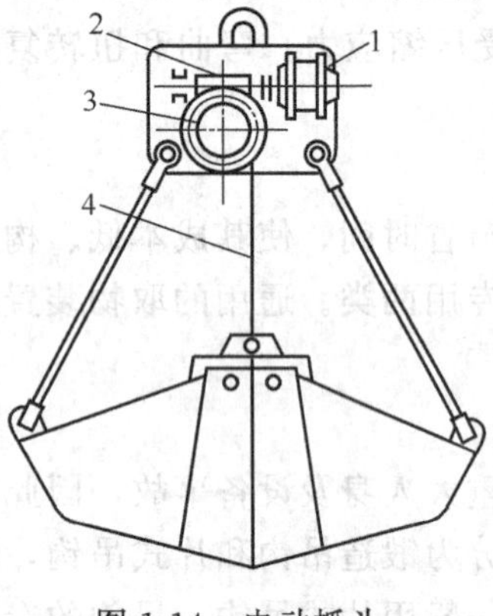

（二）抓斗

抓斗是一种搬运散料物品的自动取物装置，动作过程全由司机操纵，生产效率高。根据结构和工作原理的不同，抓斗一般可分为单绳、双绳和电动抓斗。

单绳抓斗由于只有一个起升卷筒，由一根工作绳担负闭合和起升作用。并且可直接挂在吊钩或卷筒上使用。但由于动作过程时间较长，效率较低，所以不宜用于生产节奏较快的场合，现已逐渐被电动抓斗所代替。

电动抓斗（图 1-14）属于特殊的单绳抓斗，上有吊环可挂在吊钩上，上下升降，颚板的开闭靠安装在上横梁的小卷筒机构来实现。它的结构紧凑，生产率较高。但由于重心高，易倾翻。

图 1-14　电动抓斗

1—电动机，2—蜗杆；3—蜗轮；4—起闭颚板绳索

双绳抓斗如图 1-15 所示，由上、下横梁、颚板及撑杆等构成。抓斗的升降和开闭分别由两套独立的起升机构来操纵，下横梁悬挂在开闭机构的卷筒上。上横梁由升降机构卷筒控制。这两个机构可同时动作，也可分别动作，即可在抓取的同时上升或下降的同时卸料。其生产率高，工作可靠，安装在专门设置的起重小车上。

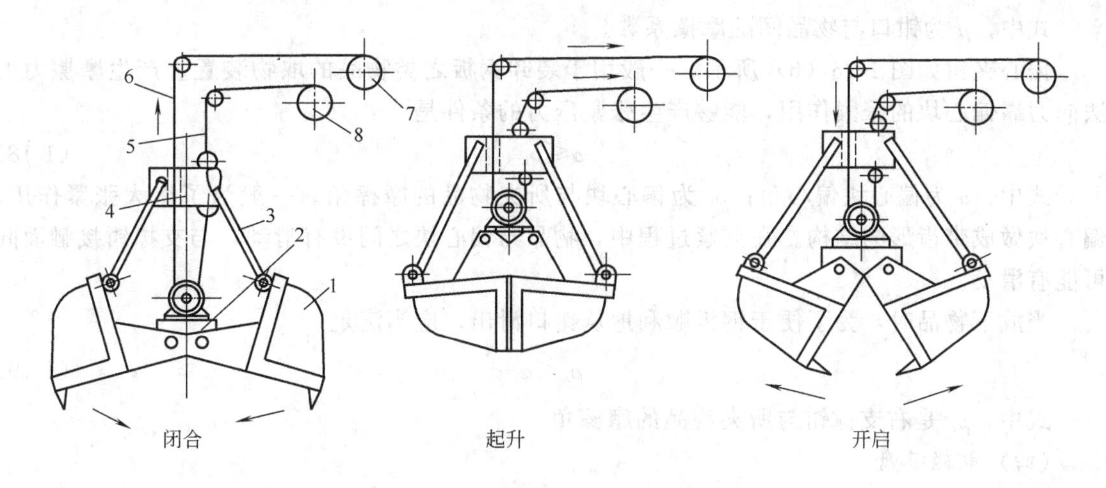

图 1-15 双绳抓斗

1—颚板；2—下横梁；3—撑杆；4—上横梁；5—起升绳；
6—开闭绳；7—启闭卷筒；8—起升卷筒

（三）夹钳

夹钳是吊运成件物品的取物装置。用它可以大大缩短装卸工作的辅助时间，提高工作效率。它的构造形式虽然多种多样，但都是依靠钳口与物品之间的摩擦力来夹持和提取物品的。按照夹紧力产生的方式可分杠杆夹钳和偏心夹钳两类。具体的形状及尺寸可根据产品之形状来设计。

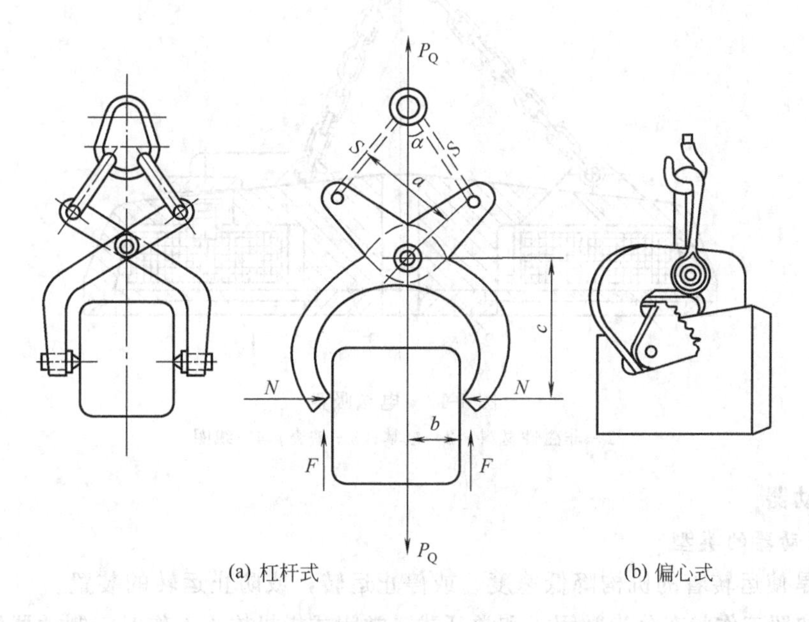

图 1-16 夹钳

杠杆夹钳如图 1-16（a）所示。它夹持物品的能力是依靠钳口的法向压力产生的摩擦力，而法向压力的大小取决于物品的质量和夹钳的几何尺寸，根据计算，为了产生足以吊起物品的摩擦力，夹钳的尺寸必须满足如下条件

$$c\leqslant\left(\frac{a}{\cos\alpha}+b\right)\mu \tag{1-17}$$

式中，μ 为钳口与物品间的摩擦系数。

偏心夹钳如图 1-16（b）所示。一般用于装卸钢板之类物品的取物装置。产生摩擦力的法向力靠偏心块的张紧作用，能够产生张紧压力的条件是

$$\alpha \leqslant \rho_1 \tag{1-18}$$

式中，α 为偏心块偏心角；ρ_1 为偏心块与所夹物品的摩擦角。一般为了增大张紧作用，偏心块做成带齿形的结构。在夹紧过程中，物品与偏心块之间没有滑动，与支撑钳接触面间可能有滑动。

当放下物品时，为了便于钢板顺利地从钳口滑出，应当满足

$$\rho_2 < \alpha \tag{1-19}$$

式中，ρ_2 是右支撑钳与所夹物品的摩擦角。

（四）电磁吸盘

电磁吸盘如图 1-17，它是用来搬运具有导磁性的黑色金属材料的。如钢锭、钢板、各种型钢及废钢等。它的工作过程是通电时产生电磁力吸料，断电时去磁卸料。由于它工作时自动取料、卸料，并可以解决某些物品不易捆绑的问题，因此以电磁吸盘为取物装置的起重机生产率较好。但缺点是自重大，消耗功率大，需直流电源。断电时物品会自行坠落。

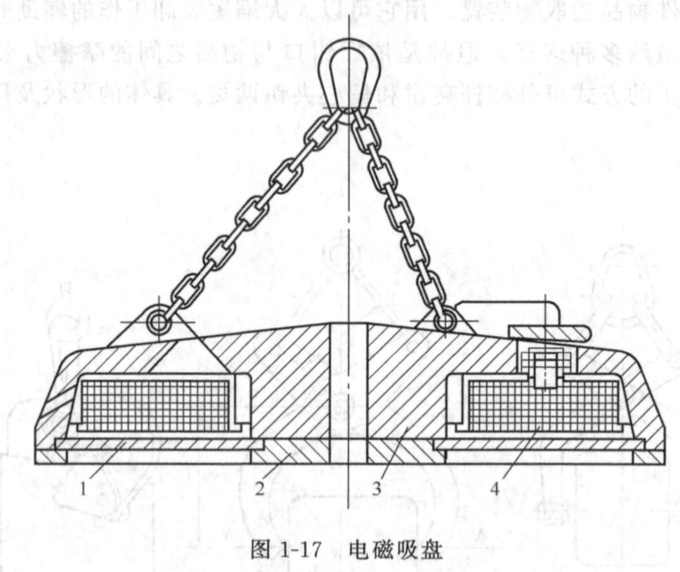

图 1-17　电磁吸盘

1—非磁性材料；2—极掌；3—铁壳；4—线圈

五、制动器

（一）制动器的类型

制动器是使运转着的机构降低速度，或停止运转，或防止运转的装置。

制动器按照工作状态分为常闭式和常开式。常闭式指机构不工作时，制动器处于自动合闸状态，合闸大多由弹簧或重锤的重力等恒定力产生。而机构运转工作时，制动器处于松闸状态。常开式与之相反，制动器经常处于松闸状态，当需要制动时借助外力使制动器合闸制动。

制动器按照驱动方式分为自动式和操纵式。制动器合闸和松闸都由系统自动控制。凡合闸和松闸以及制动力的大小均由司机操纵的制动器属于操纵式。一般情况下，常闭式制动多属于自动式；常开式制动器多属于操纵式。

制动器按照构造特征分为块式、带式和盘式三类。

目前起重机械的制动装置已标准化、系列化。因此可根据计算出的制动力矩，参照标准系列制动器的额定力矩，选择合适的制动器型号即可。

（二）块式制动器

块式制动器是依靠与制动臂相连的制动瓦块，径向夹抱机构传动轴上的制动轮，由制动瓦块与制动轮间的摩擦力实现制动的装置。块式制动器构造简单，工作可靠，制动力矩稳定，不随轮子的转向而改变，制动速度快，制动轮轴不受弯曲载荷作用。但制动瓦块的包角小，制动力矩较小，结构尺寸较大，宜安装在高速轴上。它作为自动式的常闭式制动器，在电动起重机中应用最广泛。

如图1-18是常闭式长行程弹簧电磁铁制动器的工作原理图，它由制动轮、制动瓦块、两个制动臂、合闸弹簧以及松闸电磁铁等装置组成。制动时，受压缩的主弹簧将框架拉杆的左右两端合向制动轮，带动拉杆上的制动块压紧制动轮，使轮子停止转动。松闸时，电磁铁通电，杠杆被电磁铁吸起，拉动竖杆向上，推动三角杠杆作逆时针转动。推动两端的制动臂分开转动，带动两边的制动块松开制动轮。

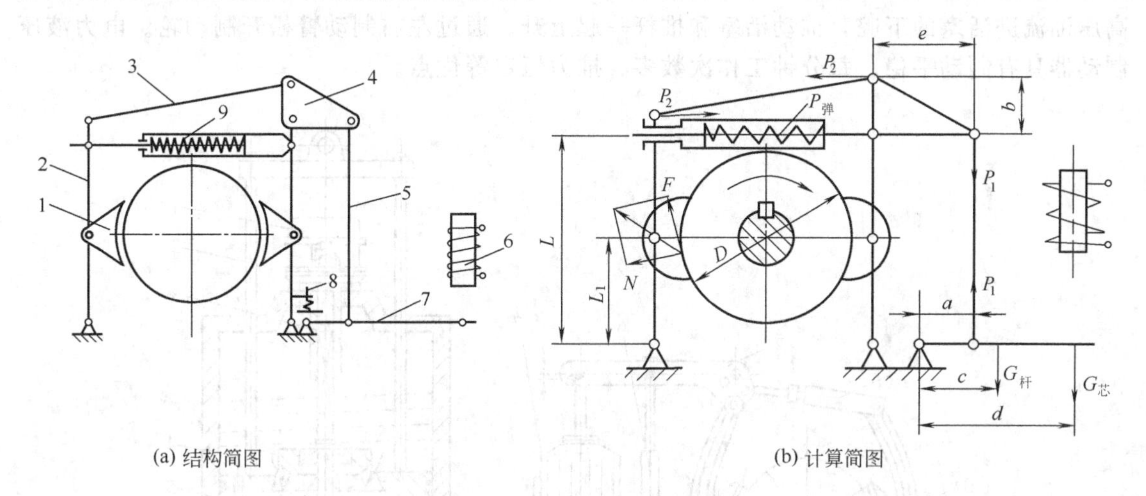

(a) 结构简图　　(b) 计算简图

图1-18　长行程电磁铁制动器

1—制动瓦块；2—制动臂；3—杠杆；4—三角形杠杆；5—垂直杆；6—电磁铁；7—水平杆；8—调整螺钉；9—弹簧

（三）长行程弹簧瓦块式制动器的计算［见图1-18（b）］

双块制动器的两个瓦块铰接在制动臂上，两个瓦块受到的正压力 N 相等，即

$$N_1=N_2=N=\frac{M_{制}}{\mu D} \tag{1-20}$$

式中　$M_{制}$——制动轮受到的制动力矩；

μ——接触表面的摩擦系数。

在制动臂上端的合闸力 P 为

$$P=\frac{NL_1}{L\eta_1}=\frac{M_{制}}{\mu D\eta_1}\times\frac{L_1}{L} \tag{1-21}$$

式中　η_1——制动臂的机械效率（考虑铰链中的摩擦），$\eta_1=0.90\sim0.95$。

若忽略其他杆件重力和摩擦的影响（与合闸力同向），则弹簧的最大合闸力就等于制动臂合闸力

$$P_{弹} \approx P$$

松闸时所需电磁铁吸引力要克服弹簧拉力及杠杆重力和摩擦力。

$$P_{电} = kP_{弹}\frac{ab}{ed} \times \frac{1}{\eta} \tag{1-22}$$

式中　　$P_{电}$——松闸时所需电磁铁拉力；

$\eta \approx 0.9$——杠杆系统的总效率；

$k \approx 1.05 \sim 1.2$——考虑弹簧受压及其他因素的放大系数。

验算瓦块的单位比压力［p］，为了使瓦块的覆面材料与制动轮不致磨损太快，应限制瓦块与制动轮之间的比压力在材料的许用范围以内。运转速度快的制动器还要考虑瓦块的发热或烧损，需验算［pv］（v 为滑动速度，可用最大线速度代替）在材料的允许范围内。

（四）电力液压制动器

电力液压制动器的构造和工作原理基本与长行程电磁铁制动器相同。制动力主要由主弹簧产生，松闸力采用电力液压推动器。如图 1-19 ，这种松闸器由电动机、离心泵、油缸活塞等部分组成。机构工作时，电动机通电，带动离心泵叶轮旋转，在离心力的作用下，泵出高压油流进活塞的下腔，推动活塞和推杆一起上升。通过左右制动臂松开制动轮。电力液压制动器具有制动平稳、每分钟工作次数多、推力恒定等优点。

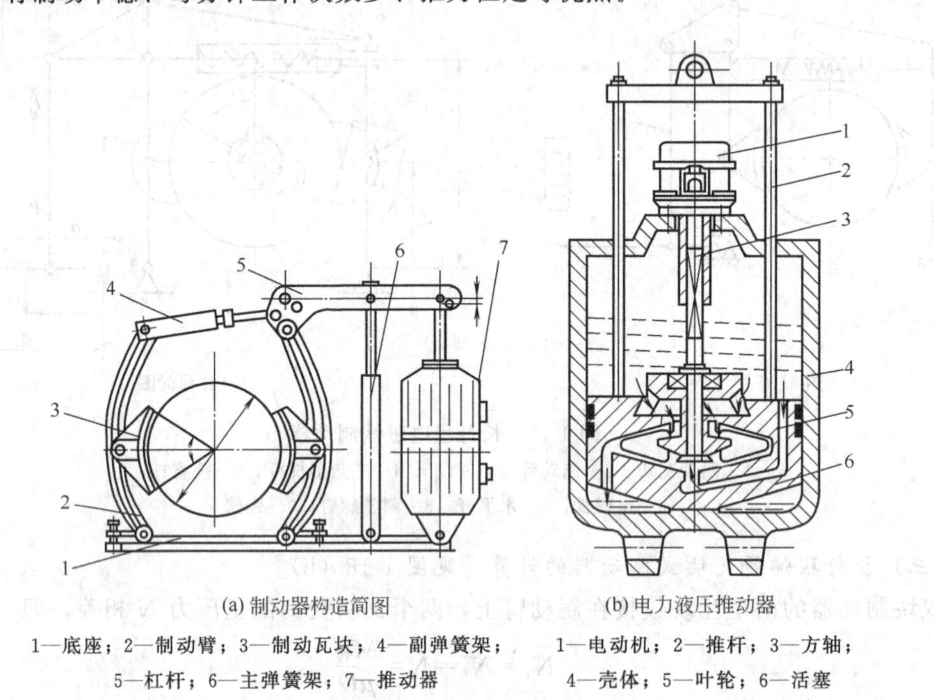

(a) 制动器构造简图　　(b) 电力液压推动器

1—底座；2—制动臂；3—制动瓦块；4—副弹簧架；5—杠杆；6—主弹簧架；7—推动器

1—电动机；2—推杆；3—方轴；4—壳体；5—叶轮；6—活塞

图 1-19　电力液压制动器

（五）带式制动器

带式制动器是靠挠性钢带抱紧制动轮而产生的摩擦制动装置。由于带式制动器的包角较大，通常为 250°～270°，因此制动力矩大，可装在低速轴上使机构布置紧凑。但是制动带两端张力的合力使制动轮轴受弯曲载荷，并且不同的带式制动器制动力矩还随制动轮转动方向变化，因此主要用在移动式起重机或操纵式制动装置中，见图 1-20。

根据制动带与杠杆的连接方式不同可分为简单式、综合式、差动式三种类型。

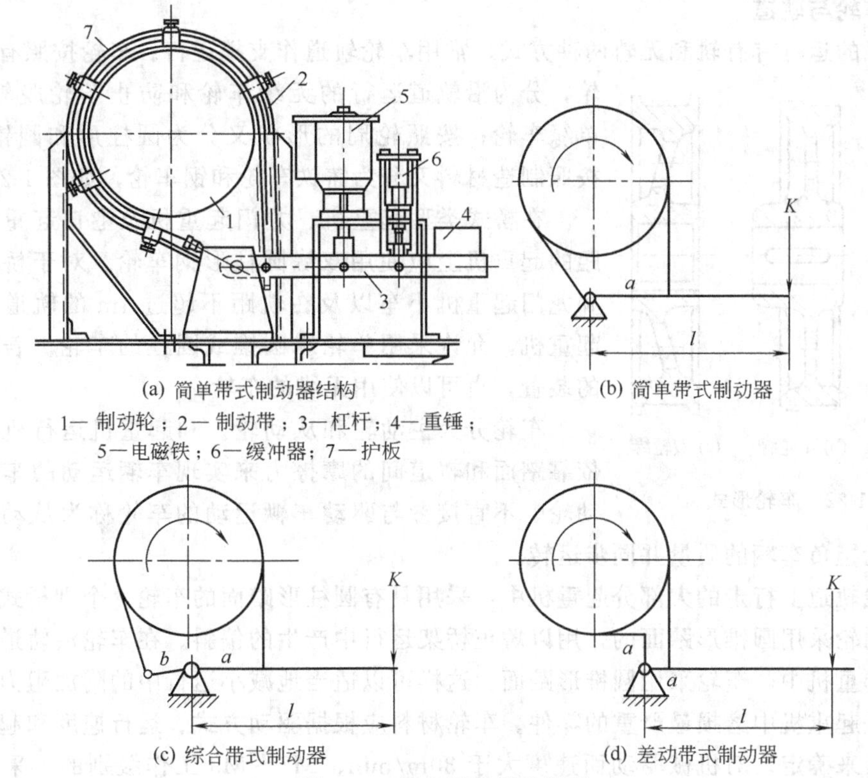

(a) 简单带式制动器结构

1— 制动轮；2— 制动带；3—杠杆；4—重锤；
5—电磁铁；6— 缓冲器；7— 护板

(b) 简单带式制动器

(c) 综合带式制动器

(d) 差动带式制动器

图 1-20　带式制动器的类型

（六）盘式制动器

盘式制动器是靠轴向力压紧制动盘与固定盘产生的摩擦力矩而实现制动的装置。在盘的接触摩擦面上采用摩擦系数较大并稳定的材料，盘式制动器结构紧凑，摩擦力矩稳定，不随轴的旋转方向而变。由于可以采用多个固定盘与制动盘，因此操纵力较小，而制定力矩很大。一般用于人力操作而速度反应较快的场合，见图 1-21。

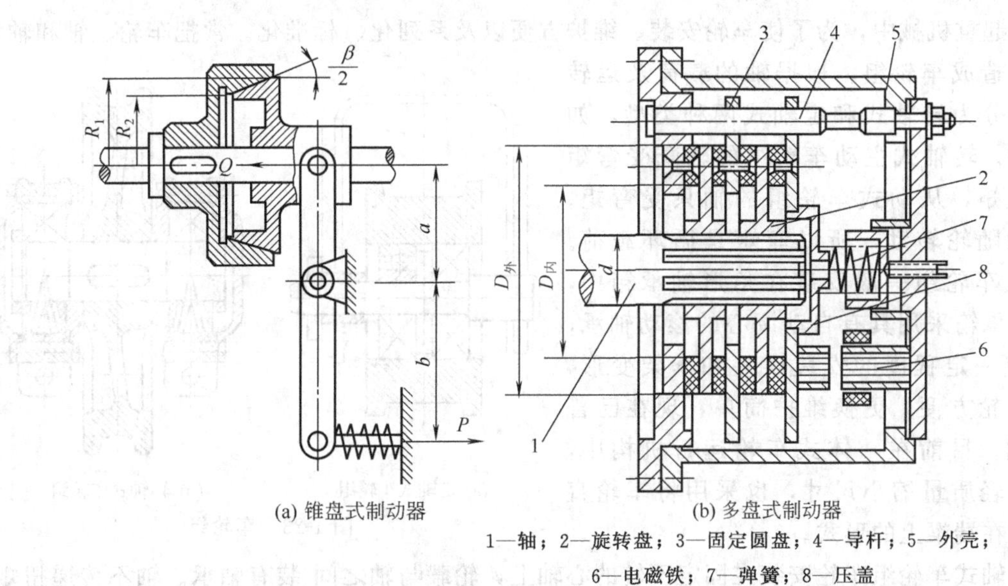

(a) 锥盘式制动器

(b) 多盘式制动器

1—轴；2—旋转盘；3—固定圆盘；4—导杆；5—外壳；
6—电磁铁；7—弹簧；8—压盖

图 1-21　盘式制动器

六、车轮与轨道

起重机的运行有有轨和无轨两种方式。常用车轮轨道作支撑运行。车轮按照有无引导车轮，分为沿轨道运行的无缘车轮和防止车轮脱轨的双缘、单缘车轮；按照轮周的形状又分为圆柱形和圆锥形车轮；按照制造材料又分为铸铁车轮和钢车轮，如图1-22。

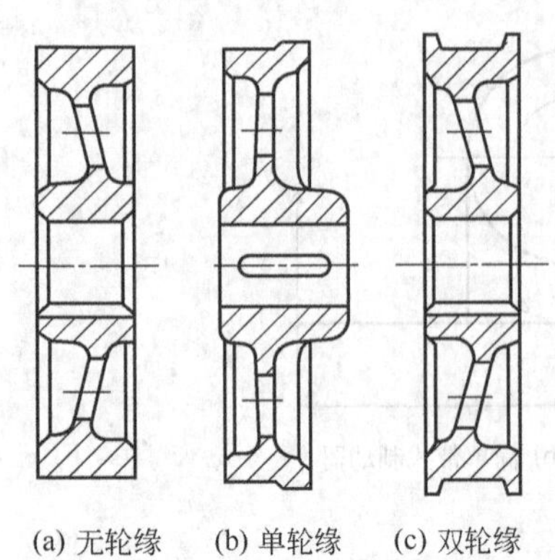

(a) 无轮缘　(b) 单轮缘　(c) 双轮缘

图1-22　车轮形式

在桥式类型起重机、龙门起重机及港口起重机等大轨距的起重机上应使用双缘圆柱形钢车轮。对于桥式起重机和龙门起重机小车以及在轨距不超过4m的轨道上行走的起重机，允许采用单轮缘圆锥或圆柱的车轮。若有防脱轨的装置，也可以使用无缘的车轮。

车轮分为主动轮和从动轮。和起重机运行机构连接并依靠踏面和轨道间的摩擦力来实现车辆运动的车轮称为主动轮。不直接参与驱动车辆运动的车轮称为从动轮。从动轮与主动轮担负车辆的质量并同步运转。

在直线轨道上行走的大部分起重机中，采用具有圆柱形踏面的车轮。个别桥式起重机桥架上的主动轮采用圆锥形踏面的，用以矫正桥架运行中产生的偏斜。在车轮沿轨道的曲线段上运行的起重机中，车轮采用圆锥形踏面。这样可以适当地减小运行中的附加阻力。

车轮是起重机中磨损最严重的零件。车轮材料应根据驱动方式、运行速度和起重机工作类型等因素来确定。对机械驱动而速度大于30m/min、M7～M9工作级别的，采用铸钢车轮，并进行表面淬火或用淬火的轮箍，硬度不得低于350HB。对于人力驱动或机械驱动但速度小于30m/min、M5～M6工作级别的起重机，可以采用铸铁车轮。表面硬度应为200～300 HB。铸钢车轮所用的材料一般为ZG340-640，轮压大的车轮用ZG55CrMn，ZG50MnMo等。

车轮的直径根据所受的最大轮压初步确定，然后结合表面的接触情况再验算疲劳强度是否满足车轮材料和形状的要求。

在起重机械中，为了使车轮安装、维护方便以及系列化、标准化。常把车轮、轴和轴承设计制造成车轮组。根据轴的载荷及运转情况，分为转轴式和定轴式两种类型，如图1-23。转轴式主动车轮组的轴既受弯矩又受扭矩，从动式车轮组的轴只受弯矩。由于轴随轮转动，所以弯矩是循环载荷。转轴式车轮组一般安装在角形轴承箱中，角形轴承箱采用具有自动调心的滚动轴承，能适应一定程度的安装误差和车架变形，调整车轮方便，更换维护简单，现在已普遍使用。目前在一体式车轮运行机构中，为了减轻质量缩小尺寸，也采用将车轮直接安装在端梁上的形式。

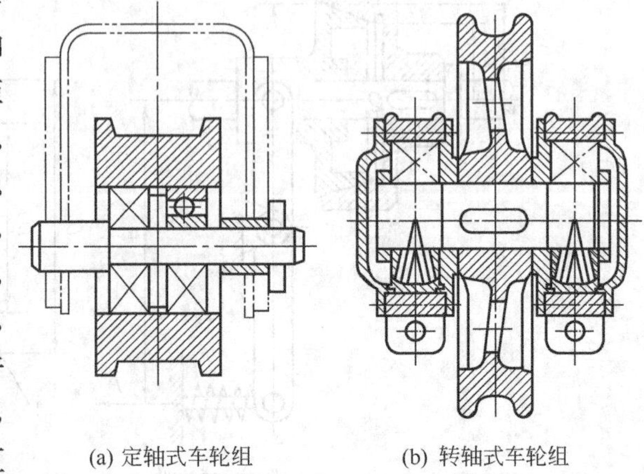

(a) 定轴式车轮组　(b) 转轴式车轮组

图1-23　车轮组

定轴式车轮组车轮安装在固定不转的心轴上，轮毂与轴之间 装有轴承。轴不传递扭矩，只受弯矩。主动式车轮组的轮子侧面装有开式齿圈，用于传递驱动力矩，定轴式车轮组没有角轴承箱，因此车轮不易调整，但高度小，构造简单，质量轻。

用做起重机的轨道，有起重机专用轨道和铁路轨道，见图 1-24。起重机专用轨道的断面形状不同于铁路轨道，其底部宽厚，能减小对基础的比压。而高度小，能承受较大的轮压，能适应车轮的倾斜以及跑偏的情况，抗弯强度较大。表面经过热处理，耐磨，寿命较长。

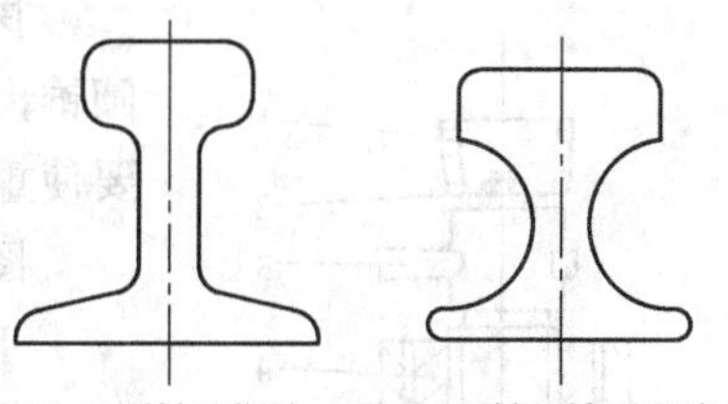

图 1-24　轨道的形式

第三节　千　斤　顶

千斤顶是一种结构简单的起重机械，起重量一般为 0.5～50t，起重高度不超过 1m。千斤顶结构简单，工作平稳，自重小，便于携带，广泛应用于交通、工矿等行业。

按照结构形式，千斤顶可分为机械式千斤顶和油压式千斤顶两种。

一、机械千斤顶

齿轮螺旋千斤顶是一种常见的机械式千斤顶，结构如图 1-25 所示。铸铁外壳上有一个可上下移动的套筒 2，套筒由梯形或矩形螺旋副带动，通过上部的顶盖 1 顶起重物。工作时，摇动手柄 4，通过棘爪带动圆锥齿轮机构，圆锥齿轮 7 带动丝杠 3 旋转。由于丝杠 3 不能沿轴向移动，与之配合的螺母 6 便会沿丝杠上下移动，从而带动套筒和重物升降。

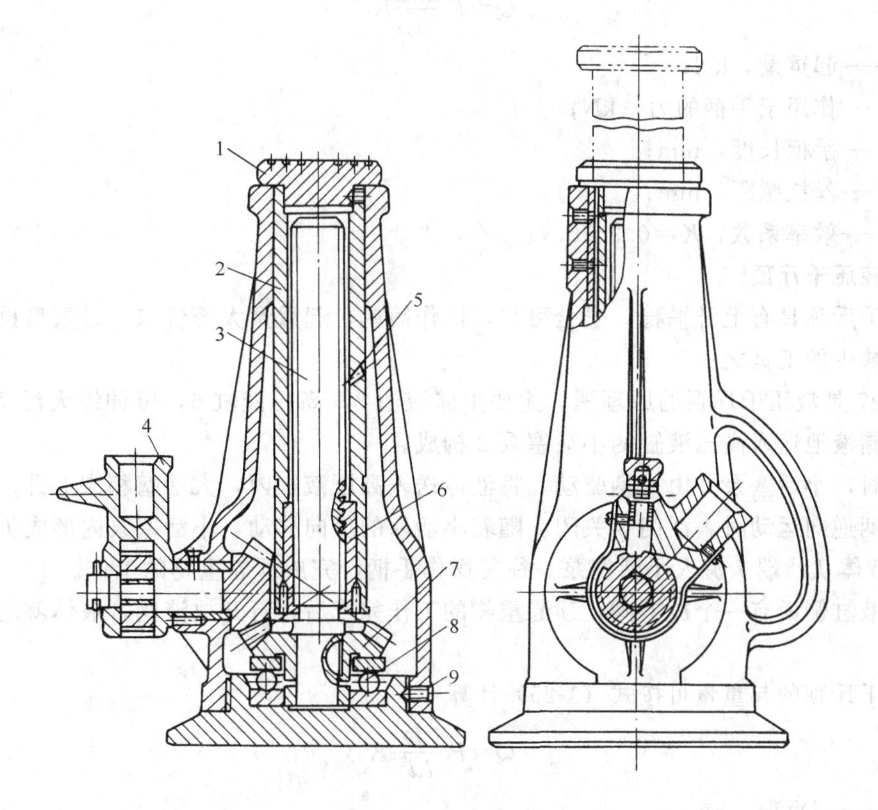

图 1-25　齿轮螺旋千斤顶

1—顶盖；2—套筒；3—丝杠；4—带棘爪的手柄套筒；5—润滑油孔；6—螺母；7—圆锥齿轮；8—止推轴承；9—定位螺栓

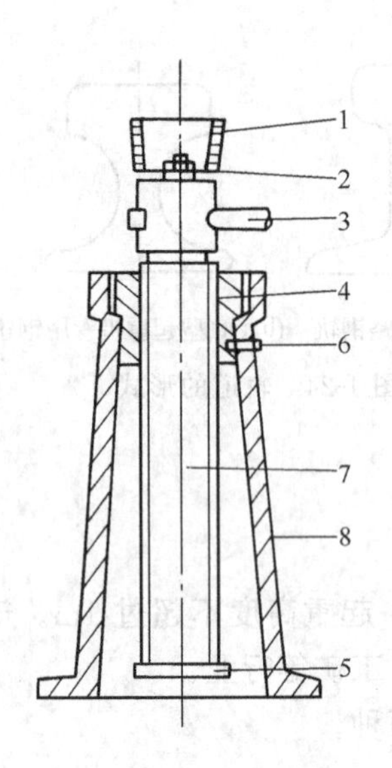

图 1-26　螺旋千斤顶

1—托杯；2—螺钉；3—手柄；4—螺母；5—挡圈；6—紧定螺钉；7—丝杠；8—机架

该结构的螺旋千斤顶，不但操作简单，具有自锁性，而且由于圆锥齿轮副的传动比大于1，从而能通过减速传动达到省力的目的。要使重物下降，只需将棘爪轮扭转180°，反向旋动手柄即可。

图 1-26 是另一种形式更为简单的螺旋千斤顶。

千斤顶的主要工作零件是螺杆。螺杆的设计应满足强度、稳定及自锁三方面的要求。

工作过程中，丝杠同时受到压缩及扭转的作用，其强度条件为

$$\frac{1.3Q}{\frac{\pi}{4}d_1^2}\leqslant[\sigma] \tag{1-23}$$

式中　Q——起重量，kN；

d_1——丝杠螺纹小径，cm；

$[\sigma]$——丝杠许用应力，N/cm²。

丝杠相当于下端固定、上端自由的压杆，起重时，应严格遵守起重量及起重高度的有关规定，以保证安全。

千斤顶的自锁条件是丝杠的螺纹升角小于丝杠与螺母之间的摩擦角。

千斤顶的起重量 Q 可按下式计算

$$Q=P\frac{2\pi L}{t}K \tag{1-24}$$

式中　Q——起重量，kN；

P——作用于手柄的力，kN；

L——手柄长度，mm；

t——丝杠螺距，mm；

K——效率系数，$K=0.3\sim0.4$。

二、液压千斤顶

液压千斤顶具有上升平稳，安全可靠，操作简单，起重量大等优点。是重型设备安装工作中不可缺少的工具之一。

图 1-27 是液压千斤顶的原理图，主要由储液池 8，高压液缸 5，可伸缩大活塞 4，以及将液体从储液池送入高压液缸的小活塞泵 2 构成。

工作时，小活塞泵 2 由手柄驱动，将液体送入高压液缸内，大活塞相应上升，将重物顶起。当手柄逆向运动时，活门 3 关闭。随着小活塞的反向移动，小活塞泵内形成负压，活门 6 打开，液体从凸端 7 流入小活塞泵。往复操作手柄，完成顶起重物的工作。

高压液缸侧面有一个放液阀，顶起重物的工作完成后，打开放液阀，液体就能反流到储液池。

液压千斤顶的起重量可按式（1-25）计算

$$Q=P\frac{LD^2}{ld^2}K \tag{1-25}$$

式中　Q——起重量，kN；

P——作用于手柄的力，kN；

L——手柄到固定轴的距离，mm；

l——小活塞到固定轴的距离，mm；

D——大活塞直径，mm；

d——小活塞直径，mm；

K——效率系数，0.8～0.9。

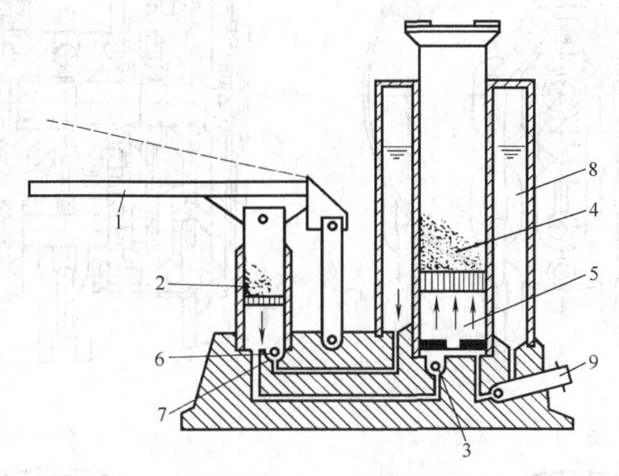

图 1-27 液压千斤顶

1—手柄；2—小活塞泵；3—液压活门；4—大活塞；5—高压液缸；6—活门；7—凸端；8—储液池；9—放液阀

第四节 葫 芦

葫芦是一种具有挠性曳引件、结构紧凑的小型起重设备。工作时，通常将其悬挂于高处或挂在架空行走的小车上，葫芦的起升高度和速度均较千斤顶为大。葫芦按其驱动方式可分为手动葫芦和电动葫芦。

一、手动葫芦

手动葫芦的种类很多，最常用的是圆柱齿轮式手动葫芦（俗称倒链），广泛用于完成临时性起重工作。

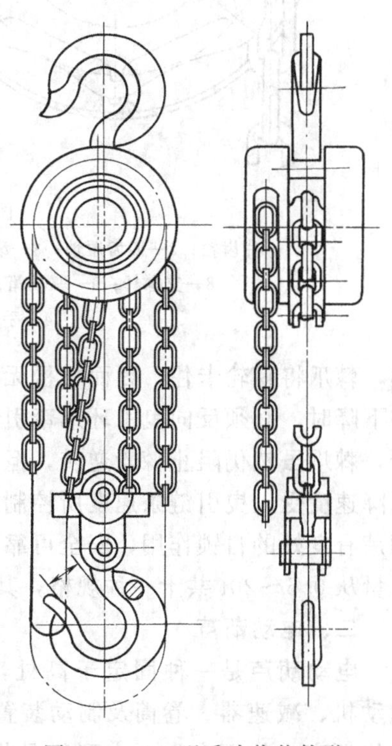

图 1-28 HS 型手动葫芦外形

手动齿轮滑车的外形见图 1-28，其结构和工作原理见图 1-29，左侧为手拉链轮及制动器（载荷作用下的螺旋制动器），右侧为二级齿轮减速箱，中间部分为起重链轮。起升时，人在地面曳引环形牵引链，使手链轮 14 顺时针方向转动（左视），沿五齿长轴 5 旋入，压紧棘轮 12，使手链轮、棘轮和制动器片 13 靠摩擦力互相压紧并一起转动，同时驱动五齿长轴 5 及片齿轮 1、四齿短轴 2、花键孔齿轮 4 及起重链轮 7 转动，带动起重链条 16 即可通过下部的动链轮提升重物。起升时，棘轮顺时针在棘轮爪下滑过，棘轮爪不能起阻止作用。如停止曳引链条，重物力图使机构反向旋转，但此时棘轮、制动轮、手链轮三者仍靠摩擦接合在一

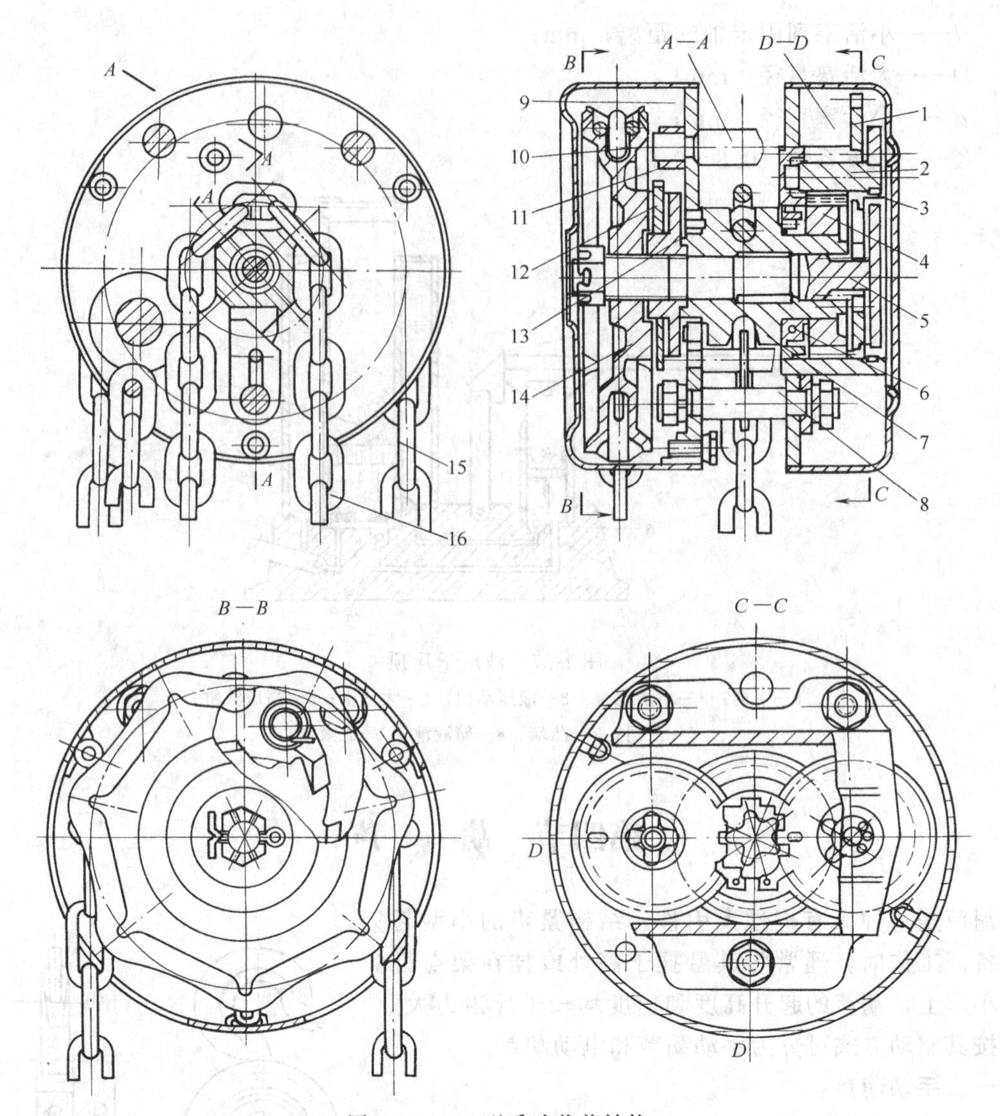

图 1-29 HS型手动葫芦结构

1—片齿轮；2—四齿短轴；3—滚柱；4—花键孔齿轮；5—五齿长轴；6—滚柱；7—起重链轮；8—支撑杆；9—驱动箱；10—棘爪销；11—棘爪；12—棘轮；13—制动器片；14—手链轮；15—手拉链条；16—起重链条

起，棘爪将棘轮卡住，因而机构无法逆转，重物便悬停在空中，不会自行滑下。当需要使重物下降时，必须反向曳引环形牵引链，使手链轮由五齿长轴上旋出，从而和棘轮、制动轮分开，棘爪虽然仍阻止棘轮逆转，但由于三盘分开，机构轴已能逆转，这时载荷可以下降。但下降速度受人曳引链条速度所控制。一旦停止转动手链轮时，载荷即重新被制动，所以手动葫芦有良好的自锁作用，安全可靠。国产手动葫芦已系列化生产，HS型系列手动葫芦的起重量从0.5～20t共十一种规格，其技术性能可查阅相关手册。

二、电动葫芦

电动葫芦是一种固定于高处，直接用于垂直提升物品的小型轻便的电动起重设备。电动机、减速器、卷筒及制动装置组装在一个机箱内，结构紧凑，通常由专门厂家生产，价格便宜，从而在中、小型物品提升工作中得到广泛的应用。电动葫芦可以单独悬挂于固定的高处，对专用设备进行吊装或检修工作，或对指定地点的物品进行装卸作业。也可以悬挂在可行走的小车上，构成单轨猫头吊车或双梁桥式吊车。用电动葫芦配套构成的桥式吊车，比相同起重量的桥式吊车尺寸小，自重轻，结构紧凑，操作维修简便，因此应用十分广泛。

（一）电动葫芦的构造及工作原理

我国生产的电动葫芦构造形式很多，目前以 HC 型和经过改进设计以后的 HC-A 型电动葫芦应用最广。

图 1-30、图 1-31 所示是 HC 型电动葫芦结构和外形。在图 1-30 中，布置在卷筒装置 4 一端的电动机 1，通过弹性联轴器 2，与装在卷筒装置另一端的减速器 3 相连。工作时，电动机通过联轴器带动减速器的输入轴，经过三级齿轮减速，由减速器的输出轴，驱动卷筒转动，缠绕钢丝绳，使吊钩升降。不工作时，装在电动机尾端风扇轮轴上的锥形制动器 6 处于制动状态。一般在电动葫芦的卷筒上，还装有导绳装置，该装置用螺旋传动，以保证钢丝绳在卷筒上的整齐排列。

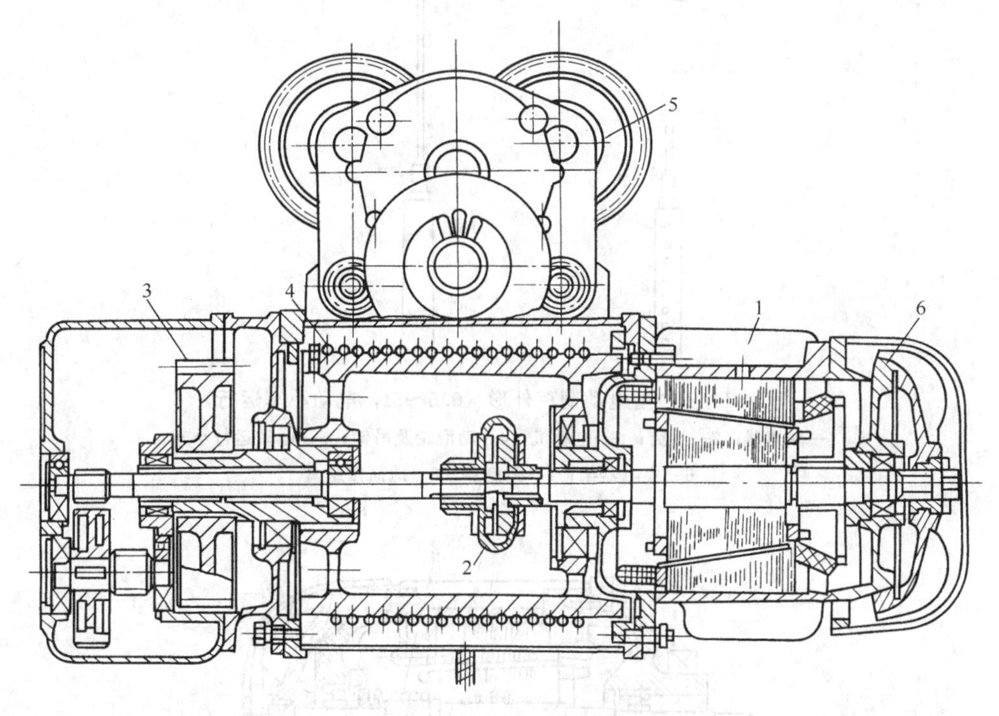

图 1-30　HC 型电动葫芦结构

1—锥形转子电动机；2—弹性联轴器；3—减速器；4—卷筒装置；5—电动运行小车；6—制动装置

在图 1-31 中，电动葫芦的电动小车 5，多数采用带锥形制动器的电动机驱动两边的车轮。

电动葫芦大都采用三相交流鼠笼式电动机。电动机的控制常常采用地面控制按钮。在悬垂电缆下部的电气按钮盒 6，其上装有按钮，一般两个按钮控制升降，两个按钮控制左右运行。如果电动葫芦用在电动单梁等起重机上，也可以采用在司机室里操纵。

目前，国内生产的电动葫芦广泛地采用了锥形转子电动机，兼有制动器的作用（见图 1-32）。当电动机通电后，锥形转子 1 受到轴向磁拉力作用，此力克服弹簧 2 的压力，使锥

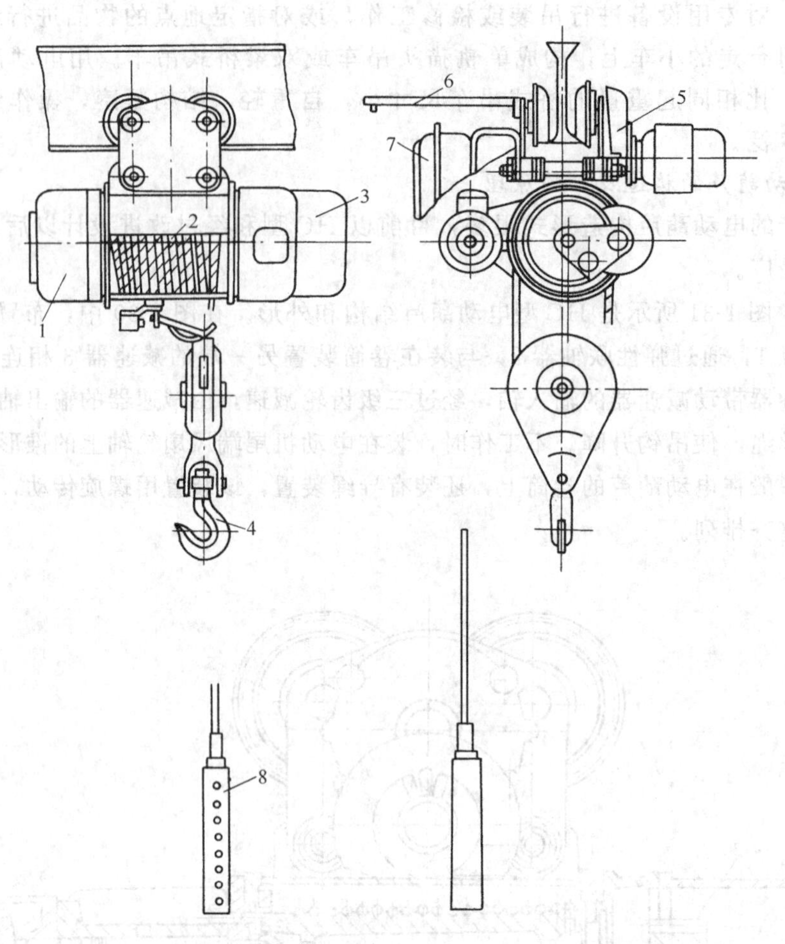

图 1-31 HC型电动葫芦外形（0.5～5t，电动小车运行）

1—减速器；2—卷筒；3—电动机；4—动滑轮及吊钩；5—电动运行小车；

6—集电器架；7—控制器；8—地面按组盒

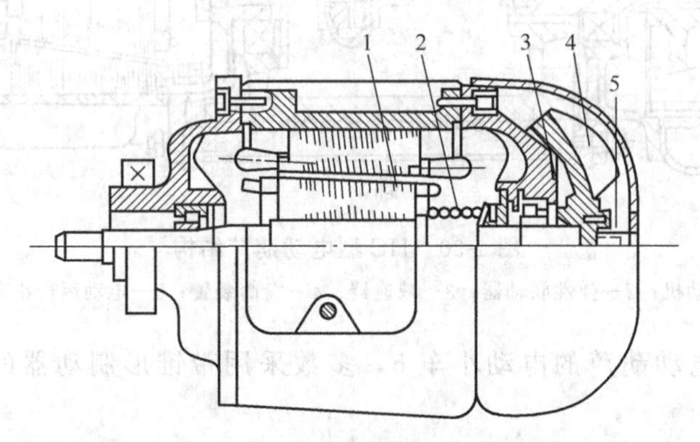

图 1-32 锥形转子电动机

1—锥形转子；2—压力弹簧；3—锥形制动环；

4—风扇轮；5—调整螺母

形转子向右做轴向移动，从而使固定在锥形转子轴上的风扇制动轮 4 与电动机后端盖的锥形制动环 3 脱开，此时，电动机即可自由转动。断电后，磁拉力消失，锥形转子在弹簧压力的作用下，连同风扇制动轮向左移动，直至风扇制动轮与电动机后端盖的锥形制动环紧密接触为止，这时，接触面上所产生的摩擦力矩，将电动机制动。制动力矩的大小可通过调整螺母5来调整。

（二）电动葫芦的主要技术参数

HC型或HC-A型电动葫芦的起重量为0.5t、1t、2t、3t、5t、10t；起升高度为6～30m；正常起升速度为8m/min。根据使用要求，HM型或HM-A型电动葫芦还可以带有正常起升速度1/10的微升速度，以满足精密安装、装夹工件和砂箱合模等精细作业的要求。

（三）电动葫芦的使用与维护

一般用途的电动葫芦的工作环境温度为－20～40℃。不适于在有火焰危险、爆炸危险和充满腐蚀性气体的介质中以及相对湿度大于85%的场所里工作，也不宜用来吊运熔化金属和有毒、易燃、易爆物品。

电动葫芦正确合理地使用，是保证电动葫芦正常运行和延长其使用寿命的重要因素。电动葫芦在使用中应注意下列问题。

① 不超负荷使用。

② 按技术说明的规定保证各润滑部位有足够的润滑油（脂）。

③ 不宜将重物长时间悬在空中，以防零件发生永久变形。

④ 电动葫芦在工作中如发现制动后重物下滑量较大，就需对制动器进行调整。

第五节 桥式起重机

一、概述

桥式起重机是一种用途很广的起重机械。桥式起重机安装在厂房高处两侧的吊车梁上，整机可以沿铺设在车间上方的吊车梁轨道上纵向行驶，起重小车又可以沿铺设在起重机桥架上的小车轨道横向行驶，吊钩则可做上下的升降运动，因此，可完成重物三维方向的起吊运动。

普通桥式起重机主要包括大车、小车两大部分。大车由桥架、大车运行机构及驾驶室组成。桥架是由沿跨度方向的主梁及端梁构成的金属构架。桥架支撑整个起重机的自重，同时又是起重机大车的车体，两侧走台上，安装有大车运行机构和电气设备。小车也称为行车，安装有起升机构和小车运行机构。

（一）桥式起重机的类型

桥式起重机类型较多，按主梁数目可分为单梁和双梁；按驱动方式可分为手动和电动。人力驱动只用于起重量不大（不超过20t）的工作场合。例如厂房内生产设备的检修或没有电源的场所。其他情况下，一般均使用电力驱动，且应用最为广泛的是电动双梁桥式起重机。

1. 手动单梁桥式起重机

图1-33所示为手动单梁起重机，这种起重机的桥架由一根主梁和端梁构成。主梁是一根工字钢，端梁通常由对置的槽钢组成，行走轮安装在端梁之间。起升机构为一个手动葫芦，挂装在可以沿工字钢下缘行走的小车架上。起升及行走机构均由人在地面曳引链条来驱动。受人力驱动限制，只能用在起重量不大、速度较低、操作频率不高的场合。

国产手动单梁起重机系列的起重量为1t、2t、3t、5t、10t等几种规格，跨度为5～10m。

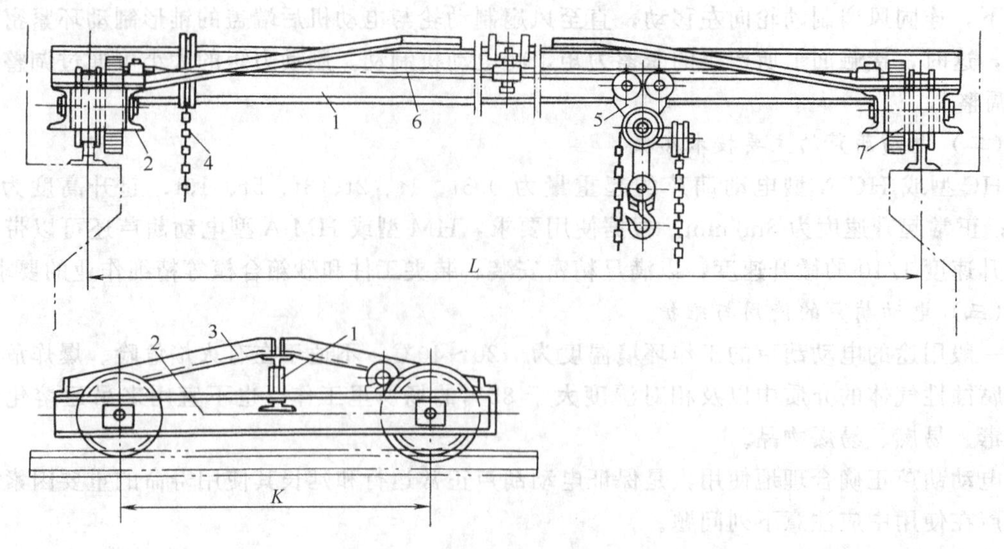

图 1-33　手动单梁起重机

1—工字钢主梁；2—端梁；3—斜撑杆；4—大车运行牵引链轮；
5—单轨小车；6—传动轴；7—主动轮

2. 手动双梁桥式起重机

图 1-34 所示为手动双梁起重机，此类起重机桥架有两根工字钢主梁，故名双梁式。在两主梁上铺设有两根轨道，供小车行走。起升机构安装在起重小车上，起升机构的钢丝绳卷筒由人在地面上曳引环形牵引链，通过链轮及传动齿轮来驱动。大车和小车的行走也由人在地面上曳引环形链来驱动。这类起重机同样只用于起重量不大、速度较低、操作频率不高的场合。

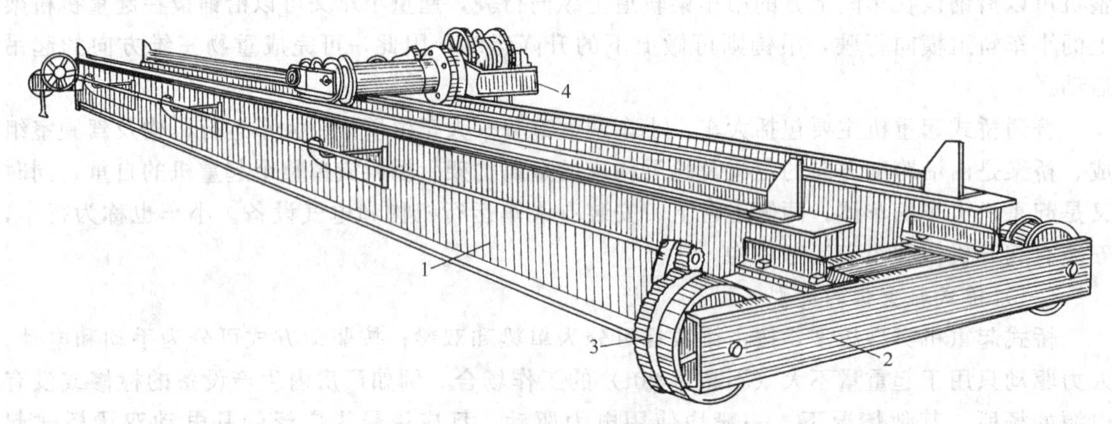

图 1-34　手动双梁起重机

1—工字钢主梁；2—端梁；3—主动车轮；4—起重小车

3. 电动单梁桥式起重机

电动单梁桥式起重机和手动单梁起重机相似，只是起升机构为电动葫芦，大车运行机构采用了电力驱动。其起重量、工作速度均较手动式为大，用途也更为广泛。

图 1-35 所示是电动单梁桥式起重机的一种典型构造（桁构式）。桥架由工字钢（或其他型材）主梁 1、槽钢拼接的端梁 2、垂直桁架 3 和水平桁架 4 所组成。四个车轮是通过

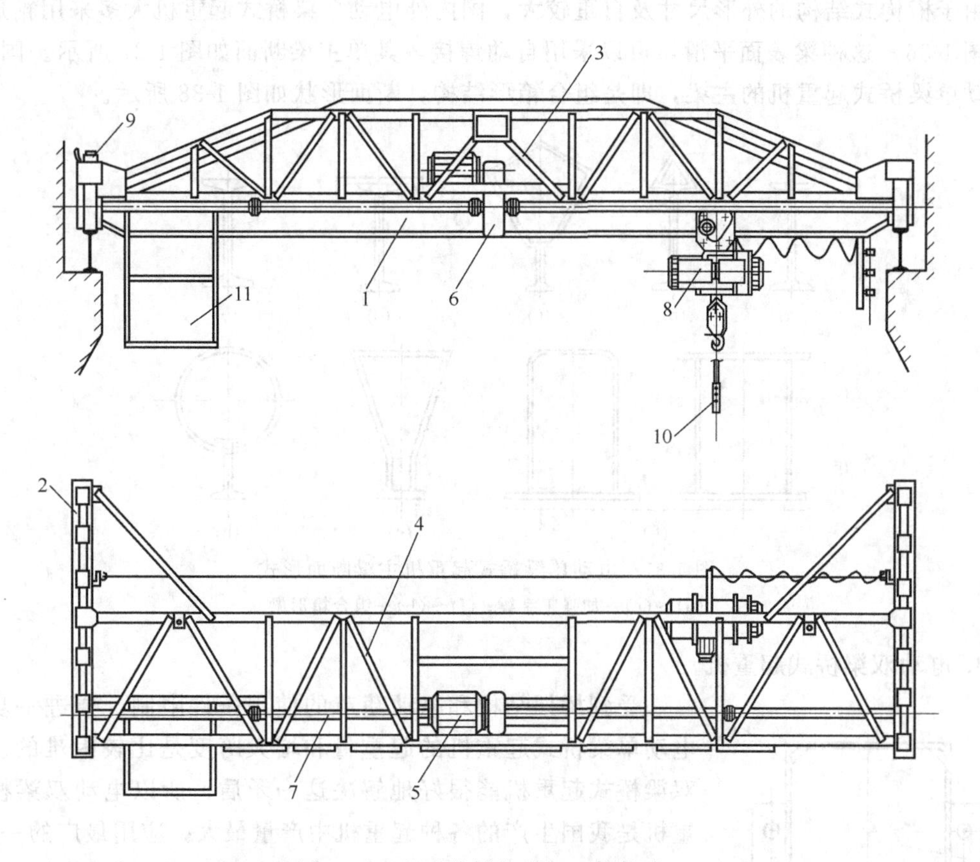

图 1-35 电动单梁起重机（桁构式）

1—主梁；2—端梁；3—垂直桁架；4—水平桁架；5—电动机；6—减速器；7—传动轴；8—运行式电动葫芦；9—行程开关；10—电缆按钮盒；11—司机室

角形轴承箱连接在端梁上的，其中两个主动车轮由水平桁架中间平台上的电动机 5，经过二级圆柱齿轮的立式减速器 6 和传动轴 7 来驱动。桥架运行机构的制动器装在上述电动机和立式减速器之间的带制动轮的柱销联轴器上。运动时电动葫芦 8 在主梁工字钢的下翼缘上行走，两端极限位置由固定在工字钢腹板上的挡木来限制。在桥架一侧的端梁上装有行程开关 9，以保证起重机在厂房内运行到两端极限位置或两台起重机相遇时自动切断电源而停车。

这种起重机根据使用需要有两种操纵方式：一种是地面上用电动葫芦上悬挂下来的电缆按钮盒 10 来控制；另一种是在桥架一侧的司机室 11 内进行操纵。后者桥架运行速度可快些，并且由于桥架运行机构的电动机为绕线型，起动比较平稳。按钮控制使用的是鼠笼型电动机，且操纵者随车行走，故桥架运行速度不能太快，一般不超过 40m/min。起重机主电源由厂房一侧角钢或圆钢滑触线引入，而电动葫芦的电源用软电缆供电。

电动单梁桥式起重机是与电动葫芦配套使用的，其起重量取决于电动葫芦的规格，一般在 0.25～10t。起重机的跨度由于受到轧制工字钢的规格限制，一般为 5～17m，新型单梁桥式起重机的跨度达到或超过 20m。

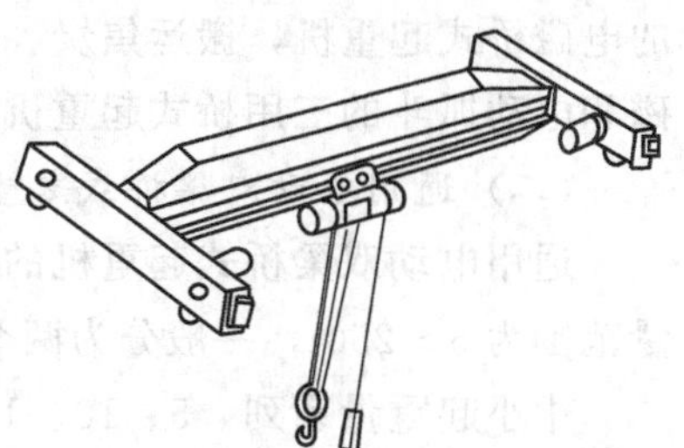

图 1-36 现代单梁起重机（组合梁式）

由于桁构式结构的外形尺寸及自重较大，国内外电动单梁桥式起重机大多采用箱形梁结构见图1-36。这种梁表面平滑，可以采用自动焊接，其单主梁断面如图1-37所示。国产LD型电动单梁桥式起重机的主梁，即是组合箱形结构，断面形状如图1-38所示。

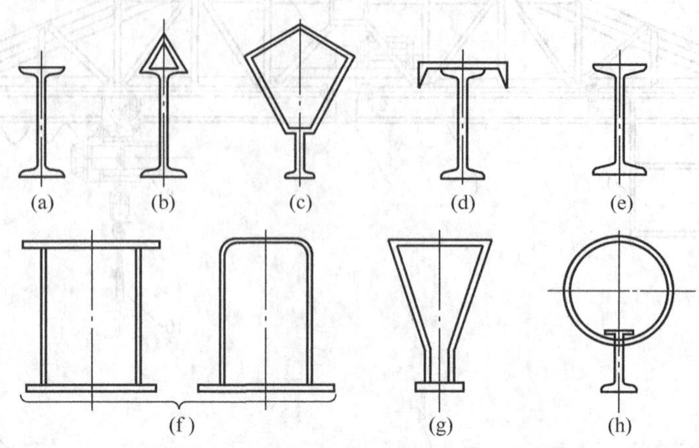

图1-37　电动单梁桥式起重机主梁断面形式

(a)～(e)—加强工字梁；(f)～(h)—组合箱形梁

4. 电动双梁桥式起重机

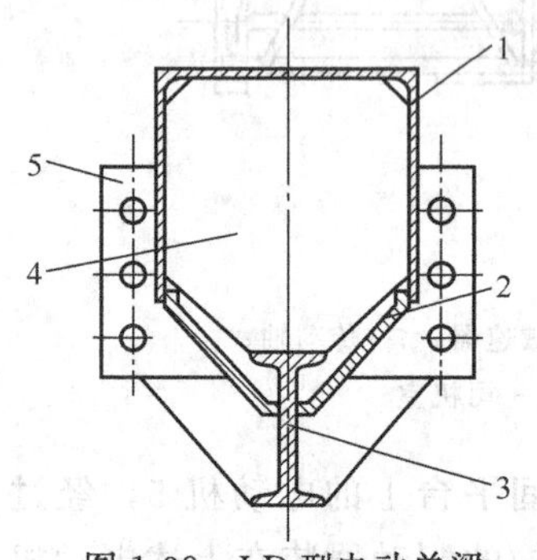

图1-38　LD型电动单梁起重机的主梁断面形状

1—冂形钢；2—侧板；3—工字钢；4—筋板；5—连接板

受到桥架结构和电动葫芦的使用条件限制，要进一步提高电动单梁桥式起重机的起重量和增大跨度是比较困难的。电动双梁桥式起重机能很好地解决这一矛盾，所以电动双梁桥式起重机是我国生产的各种起重机中产量最大，应用最广的一种。

图1-39所示是我国现行生产的标准电动双梁桥式起重机的典型构造。该起重机主要由起重小车1、桥架金属结构2、桥架运行机构3以及电气控制设备4共四部分组成，电动双梁桥式起重机的司机一般都是在司机室内操纵，司机室的位置根据使用环境，可以固定在桥架的两侧或中间，特殊情况下也可以随起重小车移动。

根据操作安全可靠性的要求，起重机的所有机构都应具备制动器和行程终点限位开关。起重机的主电源由厂房一侧走台上的角钢或圆钢滑触线引进，或用软电缆供电。

在通常情况下，桥式起重机搬运的物品多种多样，以吊钩作为取物装置，辅以各种索具和吊具即可适应不同工作的需要。因此，有吊钩的电动双梁桥式起重机又称为通用电动双梁桥式起重机。面向专项用途的桥式起重机则称为专用桥式起重机。例如，用于搬运钢铁材料的电磁桥式起重机，搬运焦炭、矿石和氧化皮等散料用的抓斗桥式起重机以及使用吊钩、电磁和电动抓斗的三用桥式起重机等。

(二) 通用电动双梁桥式起重机的参数

通用电动双梁桥式起重机的起重量一般为5～500t。我国生产的标准桥式起重机的起重量范围为5～250t，一般分为两个系列产品，其规格为（单位t）：

中小起重量系列　5、10、15/3、20/5、30/5、50/10

大起重量系列　75/20、100/20、125/20、150/30、200/30、250/30

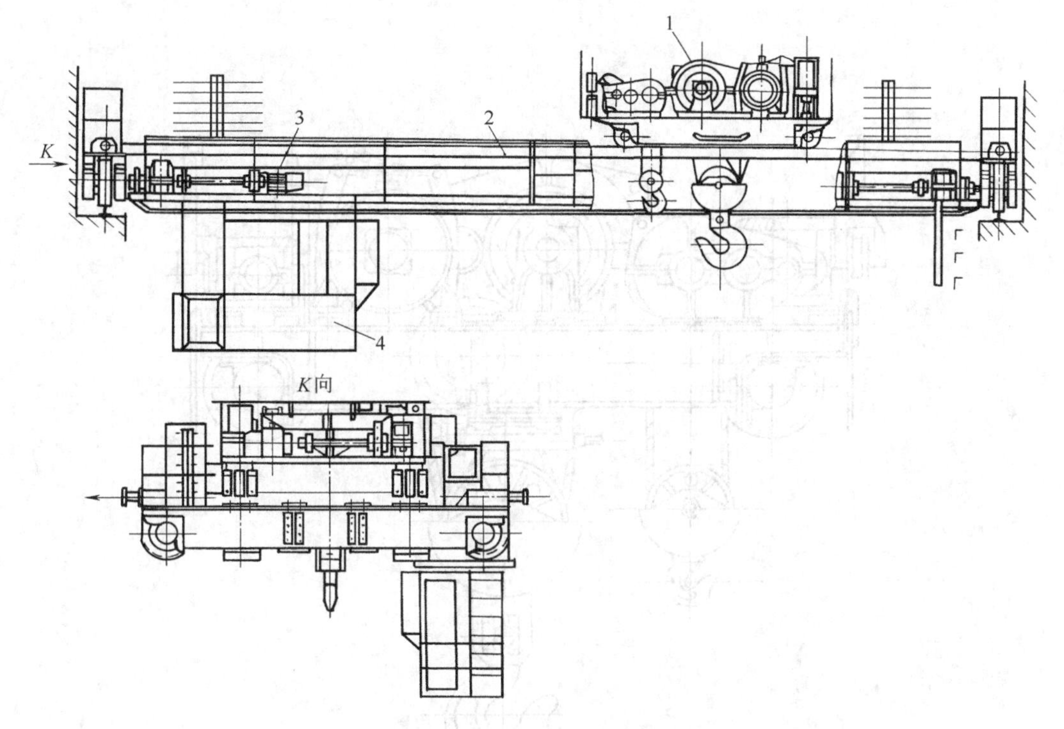

图 1-39　电动双梁桥式起重机

1—起重小车；2—桥架金属结构；3—桥架运行机构；4—电气控制设备

其中 15t 以上的桥式起重机均有主、副两套起升机构，副钩起重量（分母的数字）一般取主钩的 15%～20%左右，以便充分发挥起重机的经济效能。

标准的电动双梁桥式起重机的跨度为 10.5～31.5m（每 3m 一个规格）。其他的性能参数可查有关产品目录。

二、起重小车

起重小车是桥式起重机的一个重要组成部分。主要包括起升机构、小车运行机构和小车架三个部分，此外还有一些安全防护装置。图 1-40 是 30/5t 双梁桥式起重机的起重小车三视图。该起重小车具有三个重要的结构特点，一是所有机构均由独立组装的部件构成，由于结构具有分组性，不但互换性好，还可以简化和加快小车的装配和维修工作。二是各部件在设计桥式起重机系列标准的同时，也形成了各自的标准系列，有利于专业化的成批协作生产，降低部件的生产成本。三是起重小车全部采用滚动轴承，机构的传动全部采用密封浸油润滑的减速器结构，提高了机构的工作效率。

（一）起升机构

起升机构由电动机、传动装置、卷筒、制动器、滑轮组及吊钩装置组成。根据这些零件结构和组合方式的不同，可以有多种结构形式，但不管哪种形式，均应考虑到改善零部件受力状况、减小外形尺寸及自重、安全可靠、工作平稳、装配维修方便等因素。

由图 1-40 的起重小车三视图可以看出，主、辅两套起升机构除所用的滑轮组倍率不同和制动器的形式不同外，两者的配置方式是完全相同的。电动机轴与二级圆柱齿轮减速器的高速轴之间采用两个半齿轮联轴器和中间浮动轴联系起来（见图 1-41）。半齿轮联轴器的外齿轮套固定在浮动轴的两端，并与各自的内齿圈相配合，装在减速器轴端的半联轴器做成制

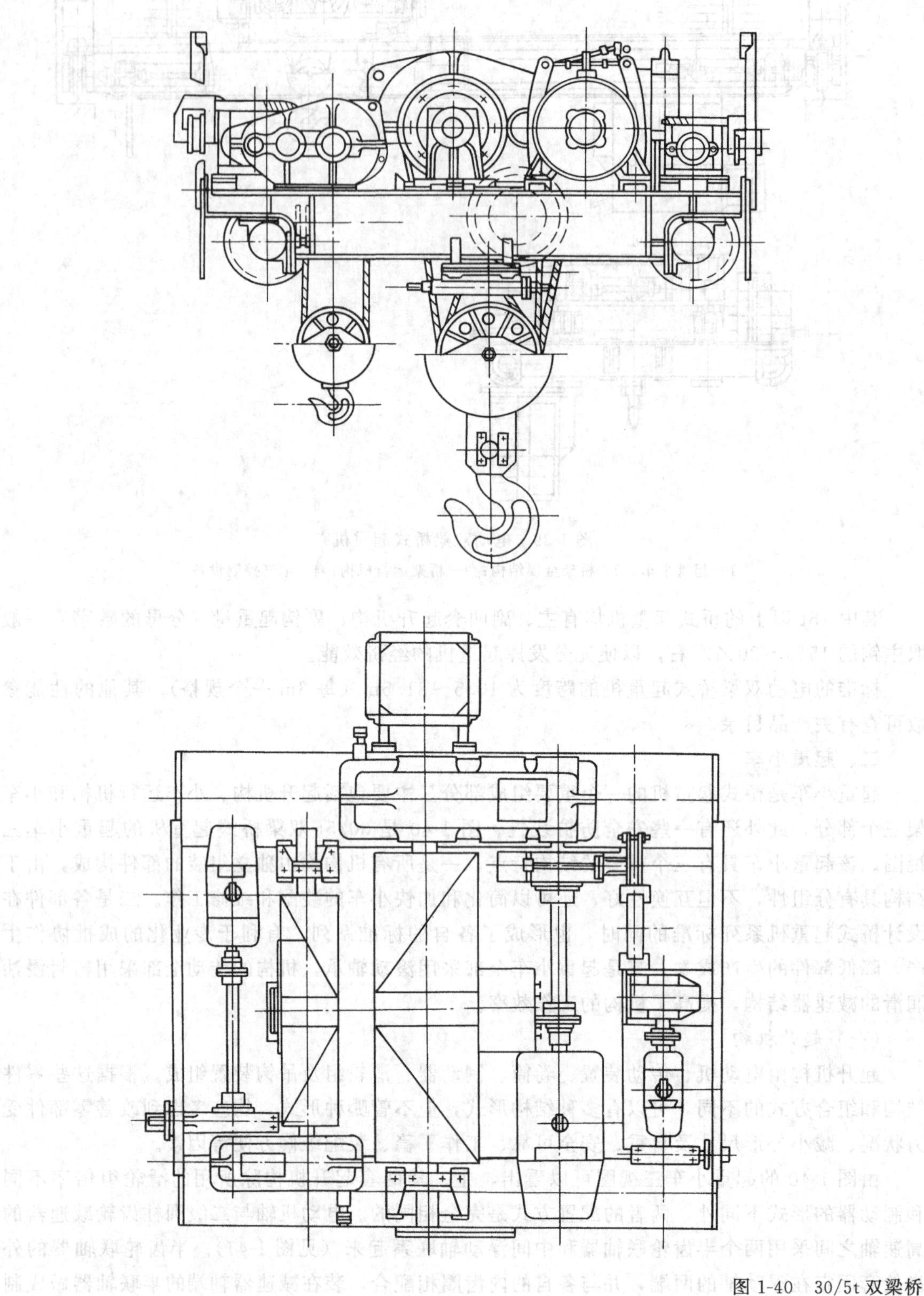

图 1-40 30/5t 双梁桥

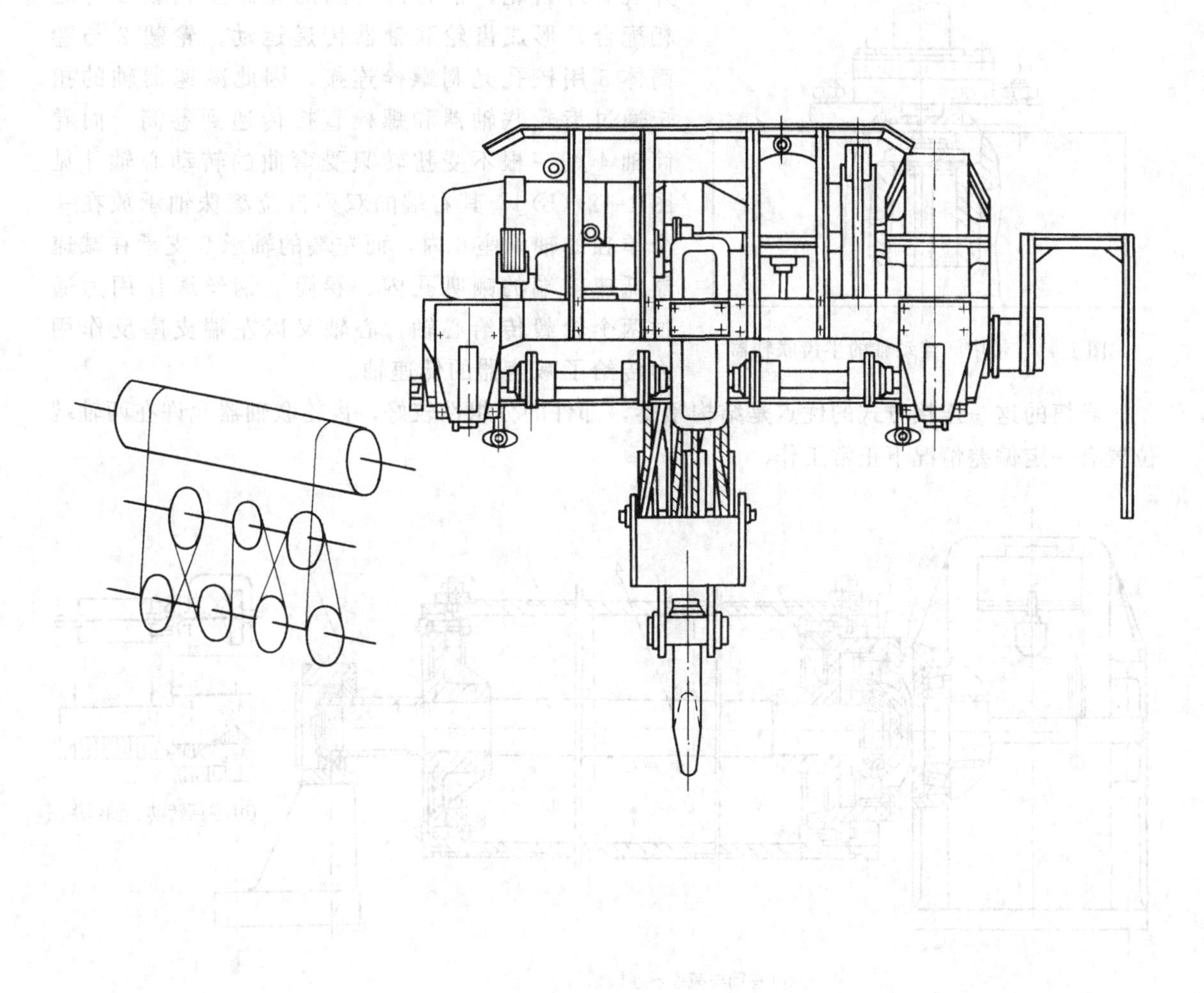

式小车三视图

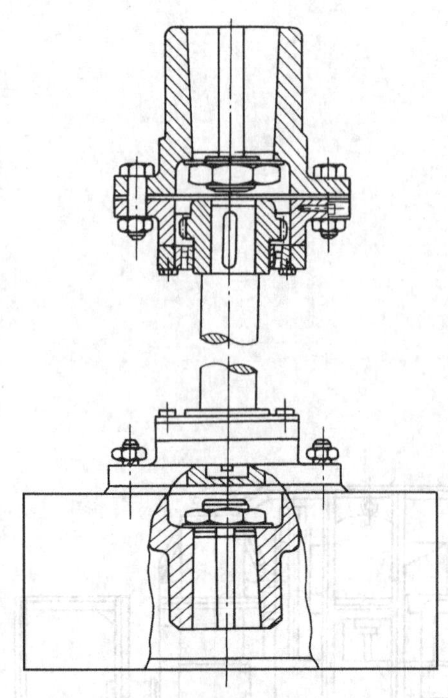

图 1-41　带中间浮动轴的半齿联轴器

动轮的形式，机构的制动器就装在这个位置，使用这种方式配置的优点是被连接的两部件的轴端允许有较大的安装偏差，机构制动器的拆装较方便，只需卸掉浮动轴便可进行。这种连接方式的缺点是构造较为复杂，因此，新产品设计中也采用梅花形弹性联轴器来代替半齿轮联轴器。

减速器低速轴与卷筒部件的连接结构如图 1-42 所示。减速器的低速轴伸出端做成喇叭状 1，并铣有外齿轮，带有内齿圈的卷筒左轮毂 2 与之相配合，形成齿轮联轴器传递运动。轮毂 2 与卷筒体 5 用铰孔光制螺栓连接，因此减速器轴的扭矩通过齿轮联轴器和螺栓直接传递到卷筒。而卷筒轴 4 是一根不受扭转只受弯曲的转动心轴［见图 1-42（b）］，其右端的双列自位滚珠轴承放在一个单独的轴承座 6 内，而左端的轴承 3 支承在减速器低速轴端的喇叭孔内。卷筒上钢丝绳作用力通过两个轮毂传给心轴，心轴又以左端支座反作用力传给了减速器的低速轴。

卷筒的这一连接方式的优点是结构紧凑，部件的分组性较好，齿轮联轴器允许在两轴端位置有一定偏差情况下正常工作。

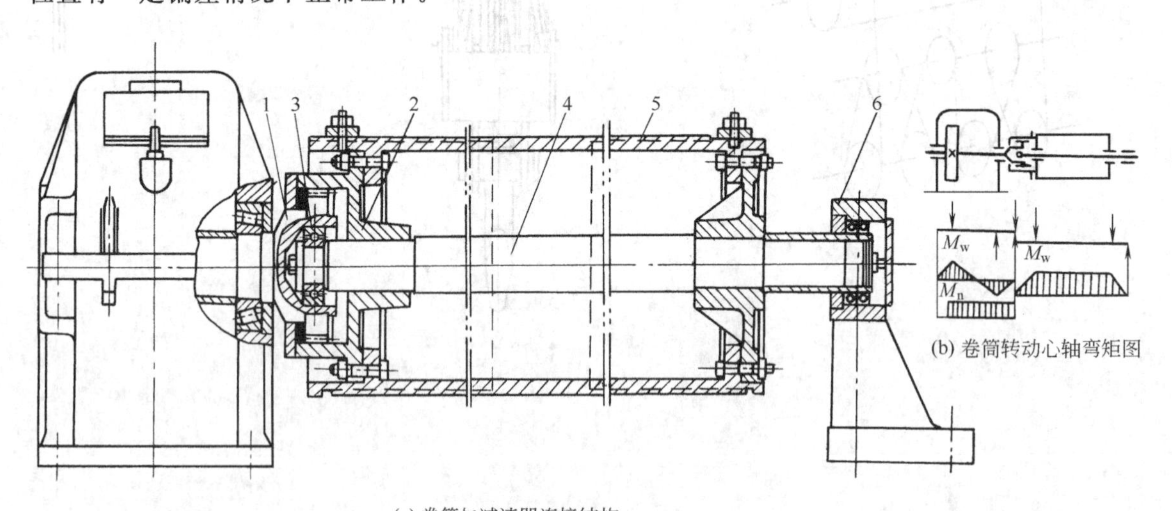

1—喇叭状端；2—轮毂；3—轴承；4—卷筒轴；5—卷筒体；6—轴承座

图 1-42　卷筒与减速器的连接

起升机构中所用的吊钩、滑轮组以及制动器等零部件已在前面有关章节中介绍过。至此，对于起升机构的构造、各部件之间的连接关系有了进一步的了解，机构中要用到的有关标准部件的技术性能和外形尺寸可以从专门的手册资料中查阅。

必须指出，上面所介绍的起升机构构造形式仅是目前中小起重量系列桥式起重机中常见的一种。其他的构造形式可参见有关手册和参考书。

（二）小车运行机构

在图 1-43 所示的标准起重小车的运行机构中，小车的四个车轮（其中两个主动车轮）固定在小车架的四角，车轮采用带有角形轴承箱的成组部件。运行机构的电动机安装在小车架的台面上，由于电动机轴和车轮轴不在同一水平面内，所以运行机构采用立式的三级圆柱齿轮减速器。为了降低安装要求，在减速器的输入轴与电动机轴之间以及减速器的两个输出轴端与车轮轴之间，均采用全齿轮联轴器浮动轴的半齿轮联轴器的连接方式。为了减轻自重和降低制造成本，已有用尼龙柱销联轴器来取代这些齿轮联轴器的。

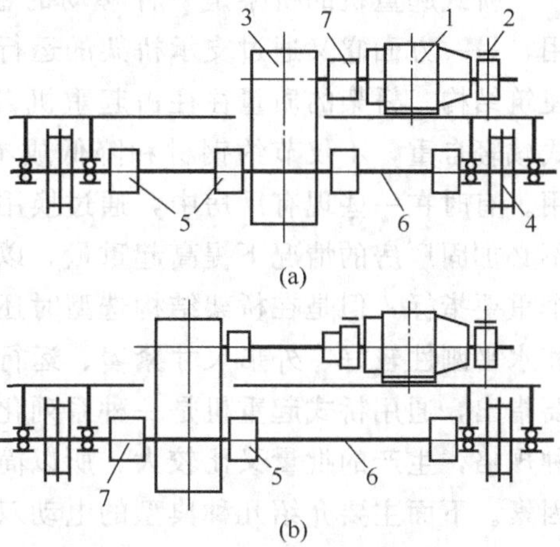

图 1-43　小车运行机构传动
1—电动机；2—制动器；3—立式减速器；4—车轮；5—半齿轮联轴器；6—浮动轴；7—全齿轮联轴器

在中小型起重量的起重小车运行机构中常用的传动形式如图 1-43（a）、（b）所示。造成机构传动布置上变化的原因主要与起重量的大小和起重小车的轨距有关。这两种传动布置形式在机构使用性能方面没有多大差别。在小车运行机构中采用液压推动器操纵制动器较理想，机构制动平稳。考虑到制动时利用高速浮动轴的弹性变形能起缓冲作用，在图 1-43（b）中将制动器装在靠近电动机轴一边的制动轮半齿轮联轴器上。此结构与起升机构的有所不同，起升机构以工作安全可靠性为出发点，当浮动轴断裂失效后，仍能将物品制动在空中，所以它的制动器都安装在靠近减速器的一边。

近年来小车运行机构的车轮已改用单轮缘车轮，轮缘放在轨道的外侧。实践证明，其工作情况安全可靠，而且车轮的加工省时，降低了制造成本。

（三）小车架

小车架是支承和安装起升机构及小车运行机构各部件的机架，同时它又是承受和传递全部起重载荷的结构件。因此要求小车架既具有足够的强度和刚度，又要尽量减轻其自重，以降低小车的轮压，减轻桥架结构的受载。小车架的主要受力构件是两根顺着小车轨道方向的纵梁和几根与纵梁垂直焊接的横梁，横梁的数目取决于有无主、副两套起升机构。这些构件均采用钢板或型钢焊接而成。

小车架的台面上除卷筒和定滑轮组穿过钢丝绳的地方外均铺设钢板，这些钢板与纵梁、横梁相焊接，在小车架台面上安装电动机、减速器、制动器以及卷筒轴承座等部件的地方，都焊有不同高度的垫板或垫座，以便安装这些部件，所有垫板或垫座均应在焊接后经过机械加工来达到规定的高度尺寸。

上面介绍了起重小车的三个主要组成部分。此外，还有一些安全保护装置也不可忽视，如：起升机构应设置吊钩上升到最高位置时能自动切断电源的限位开关。这种开关可以做成重锤和杠杆作用式，也可以采用接在卷筒轴端的丝杠作用式。小车运行到桥架两端时，利用车架一侧的角钢撞尺，使安装在桥架主梁上的行程开关动作，小车便自动停车，并利用装在小车架两侧的弹簧或橡胶缓冲器，使它与主梁两端的挡板相碰时减少冲击作用。为了检修和维护工作（例如定期加润滑油和调整制动器等）的安全，小车台面上各个联轴器均应加设防护罩，小车运行方向两端要安装栏杆。

三、桥架及运行机构

(一) 桥架结构

桥式起重机的桥架是一种移动的金属结构。它一方面承受着满载的起重小车的轮压作用，另一方面它又通过支承桥架的运行车轮，将满载起重机的全部质量传给了厂房的轨道和建筑结构。桥架的质量往往占起重机自重的60%以上。因此，采用一些合理的桥架构造形式减轻自重，不仅节约钢材和降低成本，同时还能减轻厂房建筑结构的载荷，节省基建费用。有时在一些现有厂房中，通过换用自重较轻的桥架结构来代替原来的起重机，便可以在不必加固厂房的情况下提高起重量，以满足生产发展的需要。自重是桥架结构质量优劣的一个重要指标，但是在桥架结构选型时还应该考虑到其他方面的要求：如有足够的强度、垂直和水平刚性较好、外形尺寸紧凑、运行机构安装维护方便以及桥架结构的制造省工等。特别要指出，通用桥式起重机是一种系列化的标准产品，由于产品的起重量和跨度的不同形成多种规格，生产的批量又比较大，所以简化制造工艺的要求便成为桥架结构选型的不可忽视的因素。下面主要介绍几种典型的电动双梁桥架结构的构造。

电动双梁桥式起重机的桥架主要由两根主梁和两根端梁所组成。主梁和端梁刚性连接，端梁的两端装有车轮，作为支承和移动桥架之用，主梁上有轨道供起重小车运行。

桥架的构造形式主要取决于主梁的结构形式。目前国内外采用的桥架主梁形式较多，其中比较典型的是四桁架式和箱形梁式两种，其他形式都是由这两种基本形式发展的结果。

1. 四桁架式桥架

图 1-44 所示是四桁架的结构。桥架的两根主梁都是由四个平面桁架组合成的封闭型空间结构（见图 1-44 中 *A—A* 剖面)。其中装有小车轨道的垂直桁架叫做主桁架［图 1-44 (a)]，主桁架承受垂直载荷（小车轮压及桥架自重的主要部分)，所以主桁架的上下弦杆通常采用两个不等边角钢组合或用钢板焊接的 T 形断面，而主桁架的腹杆（竖杆和斜杆）则常由两根等边角钢组成。主梁的另一个垂直桁架是副桁架［见图 1-44 (b)]，它只承受较小的垂直载荷，全部杆件均采用单根角钢所组成。在桥式起重机的桥架中，根据力的传递变化特点，垂直桁架的两端高度可以比中部小，因此将桁架的下弦杆都做成两端向上倾斜的折线，这样也有利其与端梁的连接。由于上弦杆既受压缩，又受小车轮压的局部弯曲作用，所以增加一些竖杆以减少上弦杆的局部弯曲的节点距离。下弦杆受拉伸力，节点距离可以长些，无需增加竖杆来减小节间距。

主梁截面中利用上、下水平桁架将主、副桁架连成一体。在每一个节点截面上还设有斜撑杆（见图 1-44 *A—A* 剖面)，以保证主梁的空间刚性。作为一个整体的空间桁架结构，图 1-44 所示的上水平桁架实际上是一个板梁结构，其上面的走台钢板（厚 3～4mm）与主、副桁架的上弦杆焊接，钢板的背面每一个节点处焊接有竖杆角钢作为板梁的加强筋，以保证板的局部稳定性，上水平面走台承受着桥架制动时发生的全部水平惯性力的 3/4，其余 1/4 由三角形杆件系统的下水平桁架来承担［见图 1-44 (c)]。

在四桁架式桥架中，端梁都是用钢板或槽钢拼接成的（见图 1-45)，主、副桁架与端梁连接处均采用较大的垂直连接板，以增强当起重小车轮压作用在跨端时的抗剪切强度。

由于四桁架式桥架的运行机构电动机、减速器和长传动轴均安装在一根主梁的上水平走台［见图 1-45 (a)] 上，而车轮采用固定心轴的构造形式，传动轴的两端通过一对开式齿轮来驱动主动车轮。由于开式大齿轮与车轮做成一体，因而车轮位置不在端梁截面对称线时，使端梁受力不利［见图 1-45 (b)]。

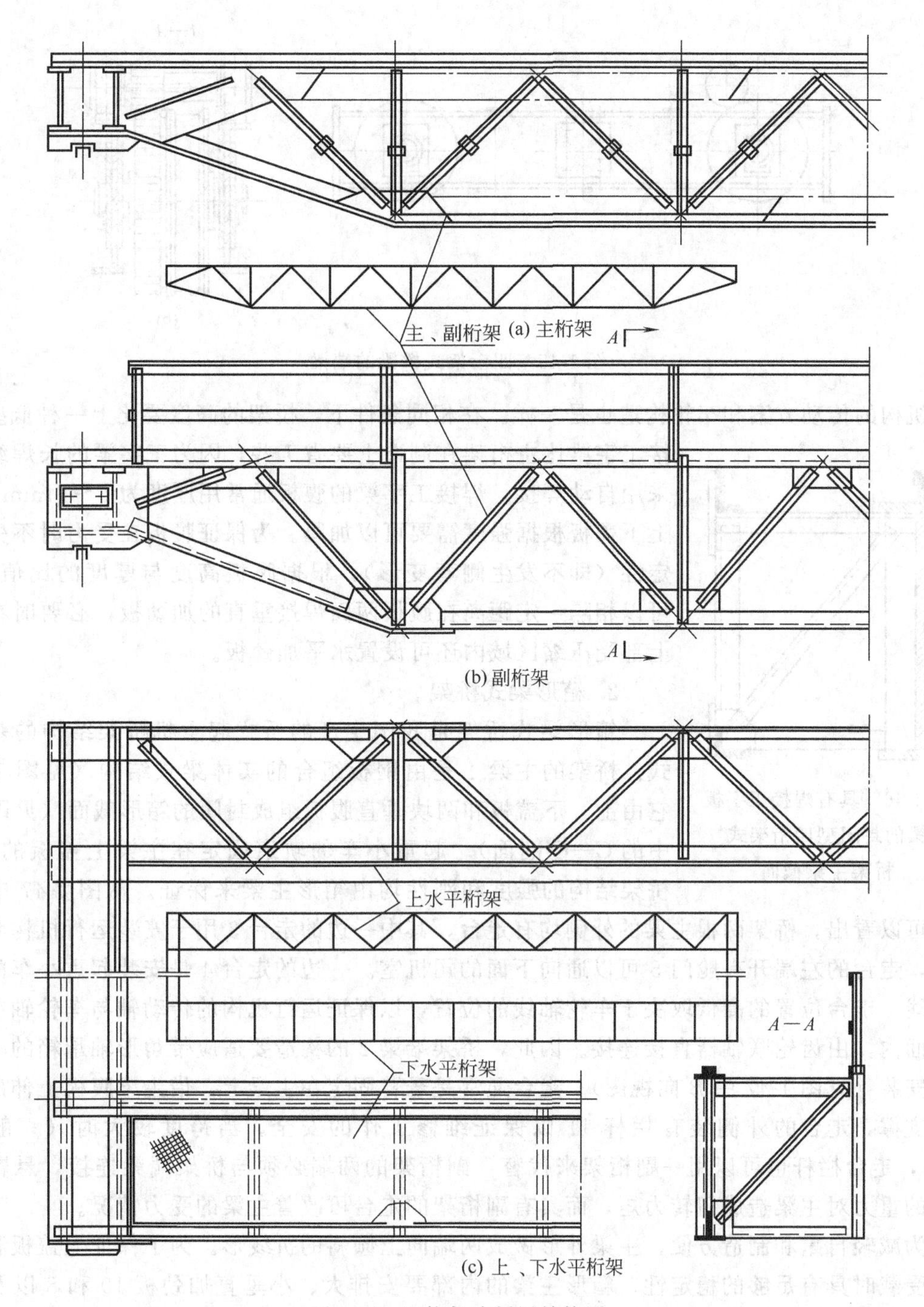

(a) 主桁架

(b) 副桁架

(c) 上、下水平桁架

图 1-44　四桁架式桥梁结构图

桁架中，各杆件在节点处通常采用节点板连接。设计时应注意各杆件的截面重心线应交于节点。在保证焊缝强度的前提下，杆件也可以不用节点板而直接焊接。两根型钢组合的杆件在节点中间相隔一定距离应用板条相互连接，以确保两根型钢组合为整体受力。

图 1-46 是另一种形式的封闭型四桁架式桥架结构的主梁界面。桥架主梁截面中的垂直主桁架为钢板焊接的工字形板梁所代替。这种桥架也叫做封闭单腹板梁式结构。桥架主梁的其他部分诸如副桁架、上下水平桁架、斜撑杆以及端梁等的构造完全与四桁架式桥架相同，

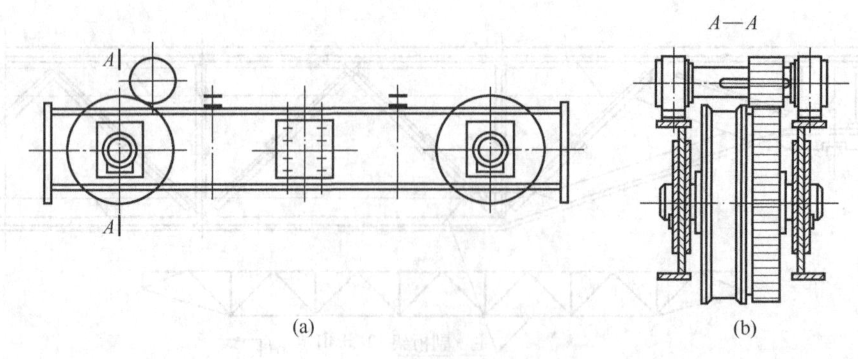

图 1-45　四桁架式桥梁的端梁

运行机构的传动方案和车轮构造也是一样。在相同条件下，桥架的高度要比上一种低些，焊接工字梁比主桁架在制造上要省工些，因为工字梁的长焊缝可以采用自动焊接。焊接工字梁的腹板通常用厚度为 6～14mm 钢板，上下盖板根据强度需要可以加厚。为保证腹板在受力时不失去稳定性（即不发生侧弯变形），根据腹板高度与厚度的比值情况，可以相隔一定距离在腹板两面焊接垂直的加劲板，必要时在腹板上部受压缩区域内还可设置水平加劲板。

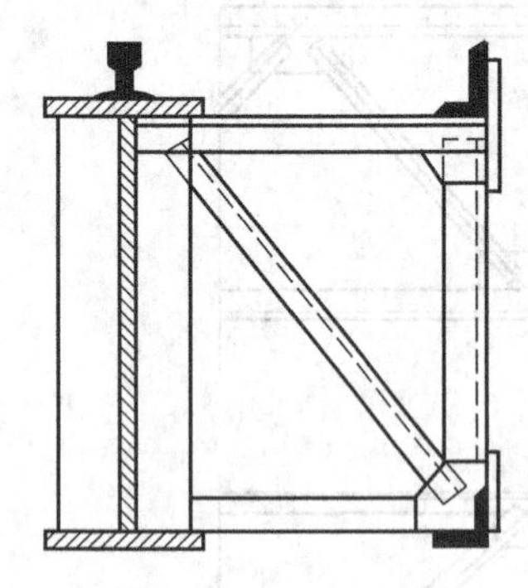

图 1-46　具有焊接工字板梁的封闭型四桁架式桥架主梁截面

2. 箱形梁式桥架

箱形梁式桥架是我国生产的桥式起重机桥架结构的基本形式。桥架的主梁 1 是由钢板组合的实体梁式结构（见图 1-47）。它由上、下盖板和两块垂直腹板组成封闭的箱形截面（见图 1-47 中的 *C—C* 剖面）。起重小车的轨道固定在主梁上盖板的中间，桥架结构的强度和刚性均由箱形主梁来保证。从图 1-47 中的俯视图可以看出，桥架两根主梁的外侧均有走台，其中一边的走台 3 用于安装运行机构和电气设备，走台的左端开有舱门 5 可以通向下面的司机室。一边的走台 4 是安装起重小车的输电滑触线。走台位置的高低取决于车轮轴线的位置，以保证运行机构的传动轴与车轮轴在同一水平面内，由齿轮联轴器直接连接。因此，桥架端梁 2 的构造要适应带角形轴承箱的车轮部件的安装（见图 1-47 中 *B* 向视图）。走台通常是悬臂固定在主梁上，借主梁腹板上伸出的撑架来支撑，走台的外侧装有栏杆 11 以保证维修工作的安全。当跨度较大时（一般大于 17m），走台栏杆也可以用一副桁架来代替，副桁架的两端必须与桥架端梁连接，悬臂式走台上的重力对主梁造成扭转力矩，而具有副桁架的走台可改善主梁的受力情况。

为减轻自重和制造方便，主梁外形做成两端向上倾斜的折线形。为了保证上盖板和垂直腹板受载时具有足够的稳定性，箱形主梁的内部要安排大、小垂直加劲板 10 和 8 以及水平加劲角钢 9（见图 1-47）。

桥架的端梁也采用钢板焊接的箱形结构，为便于桥架的运输和安装，常把端梁制成两段（或三段），每一段都在制造厂与主梁焊接在一起成为半个桥架，在运送到使用地点安装时再将两个半桥架用螺栓在端梁接头处连接起来，成为一台完整的桥架。

箱形梁式桥架的刚性不仅取决于主梁端梁的截面尺寸，而且同主梁与端梁的连接结构形式有关。图 1-48 中列出了两种常用的连接形式，图 1-48（a）所示是主梁有突出部分枕在端梁上的结构，主梁上部用垂直加劲板 1 和水平加劲板 2 来连接，下部用较宽的水平连接板连

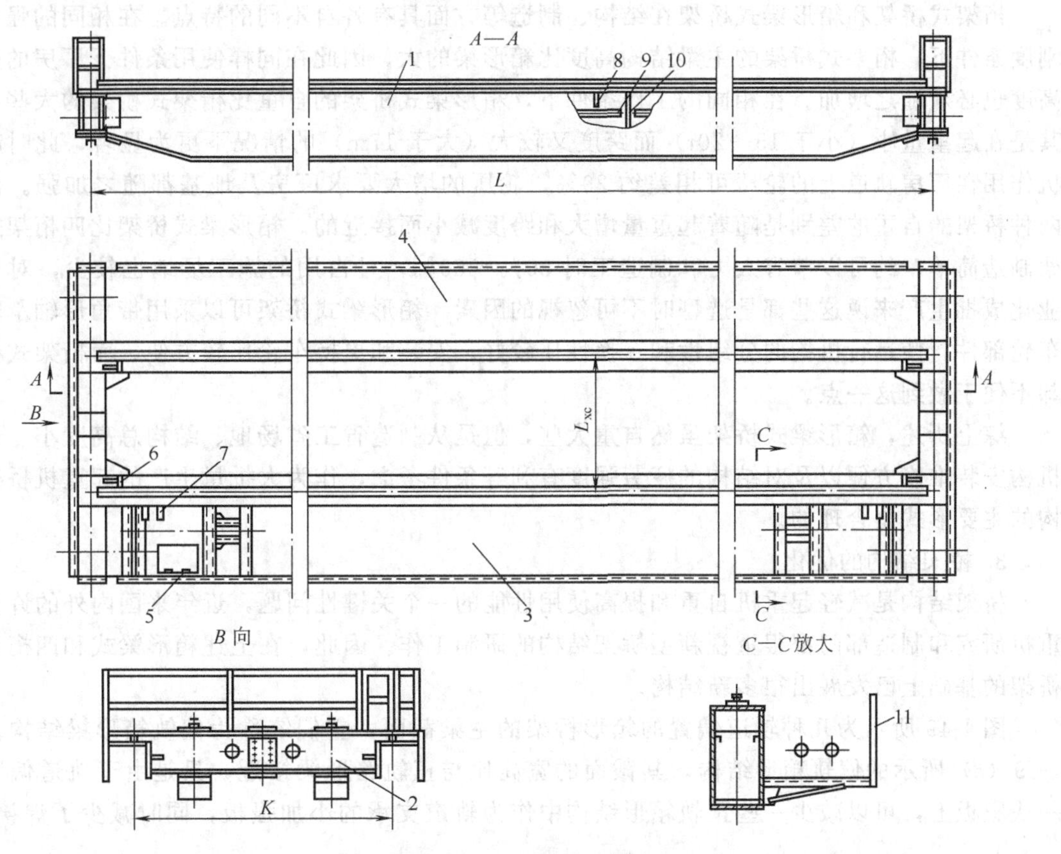

图 1-47　箱形截面梁式桥架结构

1—主梁；2—端梁；3—传动侧走台；4—输电侧走台；5—司机室舱门；6—缓冲器挡板；7—小车行程开关支座；8—小加劲板；9—水平加劲角钢；10—大加劲板；11—栏杆

接主梁端梁的下盖板，主梁腹板与端梁腹板之间用两块垂直连接板 3 焊接。图 1-48（b）所示是用加长的主梁上下盖板夹住端梁的连接形式，主梁和端梁的腹板连接与上一种相同，用三角连接板 4 来加强主梁、端梁保持互相垂直的水平刚性。

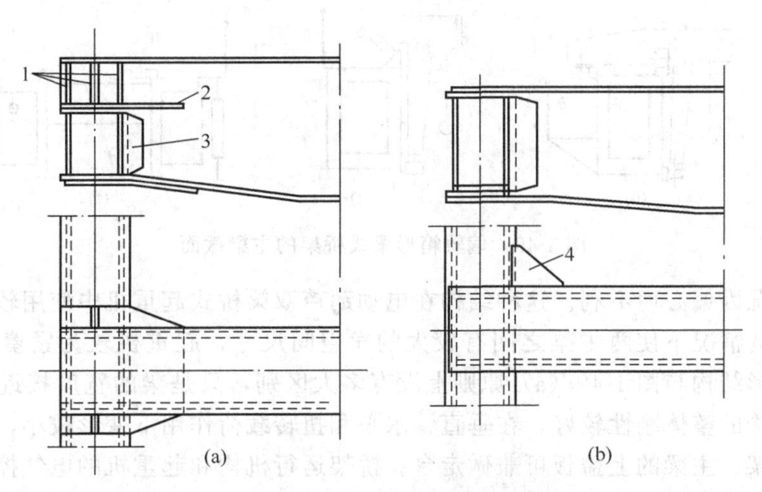

图 1-48　箱形梁式桥架主梁和端梁的连接

1—垂直加劲板；2—水平加劲板；3—垂直连接板；4—三角连接板

桁架式桥架和箱形梁式桥架在结构、制造等方面具有各自不同的特点。在相同的强度和刚度条件下，桁架式桥架的主梁结构高度比箱形梁的大，因此在同样使用条件下厂房的建筑高度也必须随之增加。在相同的工作条件下，箱形梁式桥架的自重比桁架式桥架的大些，尤其是在起重量小（小于15～20t）而跨度又较大（大于17m）的情况下更为显著，此时起重机作用在厂房轨道上的轮压可相差约20%，轮压的增大要求厂房及地基都随之加强。但是两种桥架的自重的差别是随着起重量增大和跨度减小而接近的。箱形梁式桥架比四桁架式桥架制造简单，约可以节省人力和制造工时30%～60%，且占用的施工场地也较少，对于专业化成批生产来说这些都是选型时不可忽视的因素。箱形梁式桥架可以采用带角形轴承箱的车轮部件，使运行机构的分组性和互换性比较好，安装和更换车轮比较方便，而桁架式桥架却不便于做到这一点。

综上所述，箱形梁式桥架虽然自重大些，但是从制造省工省场地、结构总高度小、运行机构安装维修方便以及对结构的疲劳强度有利等条件考虑，作为大批量生产的起重机桥架结构的主要形式是合理的。

3. 桥架结构的优化

桥架结构是减轻起重机自重和提高使用性能的一个关键性问题，近年来国内外的许多起重机研究和制造部门都很重视新型桥架结构的研制工作。因此，在上述箱形梁式和四桁架式桥架的基础上已发展出很多新结构。

图1-49所示为几种轨道偏置的箱形桥架的主梁截面，它们统称为偏轨箱形梁结构。图1-49（a）所示的偏轨箱形结构，其截面的宽高比与正轨箱形梁接近，只是由于轨道偏置在一块腹板上，可以减少一些正轨箱形结构中作为轨道支承的小加强板，同时减少了焊接量，

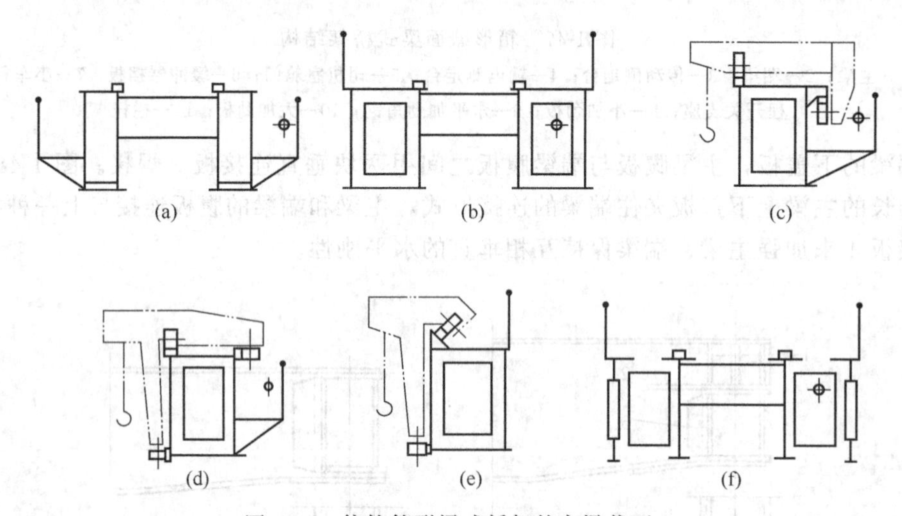

图1-49 偏轨箱形梁式桥架的主梁截面

但梁的受载情况因偏心而不利。这种结构在电动葫芦双梁桥式起重机中使用较为适宜，能在小车轨距较小的情况下使两主梁之间有较大的净空间尺寸，起重机较为紧凑。图1-49（b）所示的偏轨箱形结构与图1-49（a）原则上没有多大区别，只是梁的宽度接近甚至超过梁的高度。这种结构的整体刚性较好，在垂直、水平和扭转载荷作用下变形较小，适于作中等和大起重量的桥架。主梁的上盖板可兼做走台。桥架运行机构和起重机的电气控制设备都安装在箱形主梁的内部，这时主梁的加强板设计成中间开孔的刚性框架。该布置方式防尘性好，但对焊接施工、安装检修来说，通风条件较差，为此国外一些起重机中设置了专门的通风降

温设备，以改善高温环境下的工作条件。为了减轻自重，梁的主、副腹板可用厚度不同的钢板。

近年来大起重量桥架结构中采用了一种空腹桁架结构，也叫做无斜杆系统。如图 1-50 所示，主梁是由钢板组成的封闭截面，从每一个平面来看是一个无斜杆的空腹桁架。这种空腹桁架与一般桁架不同，它不是用型钢杆件拼接成的，而是在钢板上切割许多窗口所形成，为了提高强度和刚度，在主、副桁架平面的窗口边上镶有板条或型钢的框架。这种结构兼有实腹板箱形梁和桁架梁的优点，即自重轻而制造方便，刚性也很好，并且外形美观。我国生产的 100～250t 通用电动桥式起重机中采用了类似的结构（见图 1-50），其中主桁架做成实腹工字梁，副桁架是空腹结构，上、下水平桁架可以是空腹结构也可以是带斜杆的一般桁架结构。它与一般四桁架不同之处是在节间之间设有横向框形钢架取代斜撑杆，以保持主梁的整体钢性。主梁的截面尺寸足以将运行机构和电气设备安设在内。

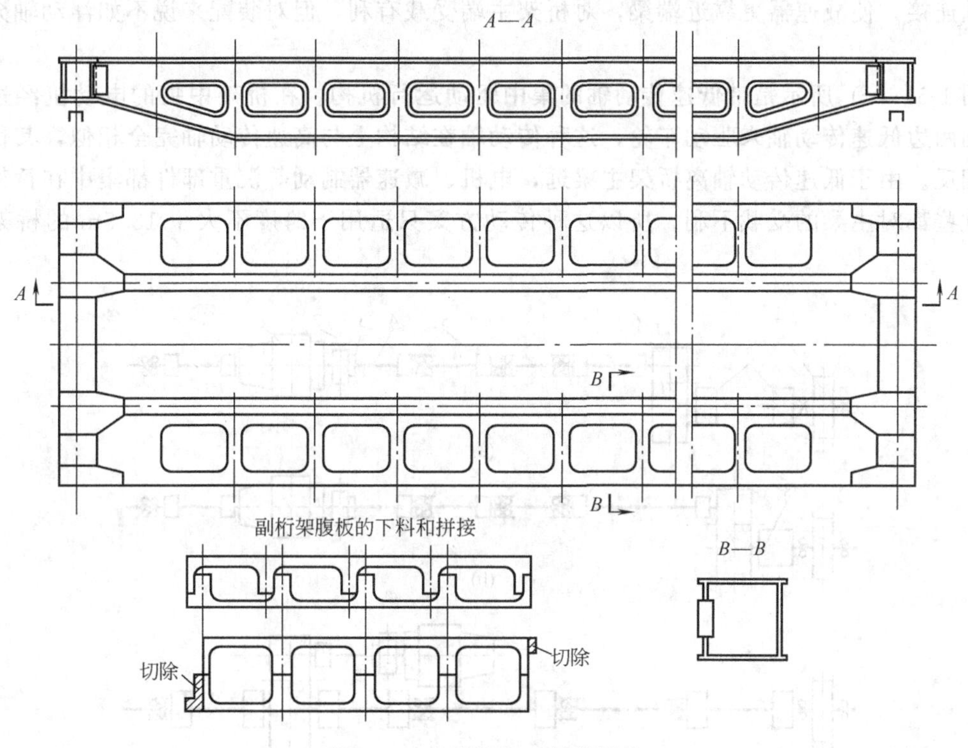

图 1-50 空腹桁架式桥架结构

（二）桥架运行机构

桥架运行机构又称为大车运行机构。桥架运行机构和起重小车运行机构一样，也是由电动机、制动器、减速器以及车轮组等组成，并且这些部件之间的连接方式也有很多共同之处。两者之间的主要差别在于车轮间的轨距，小车的轨距一般都不大，例如标准的 5～50/10t 起重小车的轨距为 1.4～2.5m 之间。而桥架运行机构的轨距就是起重机的跨度，一般至少在 10m 以上。因此连接两边主动车轮的传动轴要求很长，为了加工和装配的方便，都把传动轴分成几段互相间连接，并且还增加了一些支撑轴承，所以桥架运行机构中传动轴的设计成为研究机构传动形式的一个突出问题。由此引出了桥架运行机构的各种不同构造形式。

目前桥式起重机中采用的桥架运行机构基本可以分为两大类：一类是用长传动轴并由一台电动机驱动两边主动车轮的集中驱动；另一类是两边的主动车轮由各自的电动机驱动，并取消了长传动轴的分别驱动。在每一类驱动形式中，运行机构各部件之间的连接和布置的不同，又可以组成不同的传动方案。

1. 集中驱动的桥架运行机构传动方案

图 1-51（a）所示是带高速传动轴的集中驱动运行机构。电动机的两个伸出轴经高速传动轴与减速器相连。传动轴根据桥架跨度大小分为若干段，其中靠近电动机和减速器的两段做成浮动轴（即没有轴承支承的轴段），其他各段都有双列自位滚动轴承作支承，并且用半齿轮联轴器来连接。由于高速传动轴传递扭矩小，因而轴以及有关零件的尺寸小、质量轻。但是它也有缺点，即需要用两个减速器，要求传动轴具有较高的加工精度和装配精度，以减小因偏心质量在高速运转时引起的剧烈振动。这种传动方式适宜于跨度≥16.5m 的桥架运行机构。

图 1-51（b）与图 1-51（a）基本相同，只是在减速器与车轮之间用全齿轮联轴器代替浮动轴连接，使减速器更靠近端梁，对桥架主端受载有利，但对装配来说不如浮动轴允许偏差大。

图 1-51（c）所示是带低速传动轴的集中驱动运行机构。在桥架中央的电动机经过减速器带动两边低速传动轴来驱动车轮，这种传动轴在结构上与高速传动轴完全相似，其优缺点刚好相反。由于低速传动轴离桥架主梁远，电机、减速器制动等沉重部件都集中在桥架的中央，这些都对主梁的受载不利，所以这种传动方案只适用于跨度不大于 13.5m 的桥架运行机构。

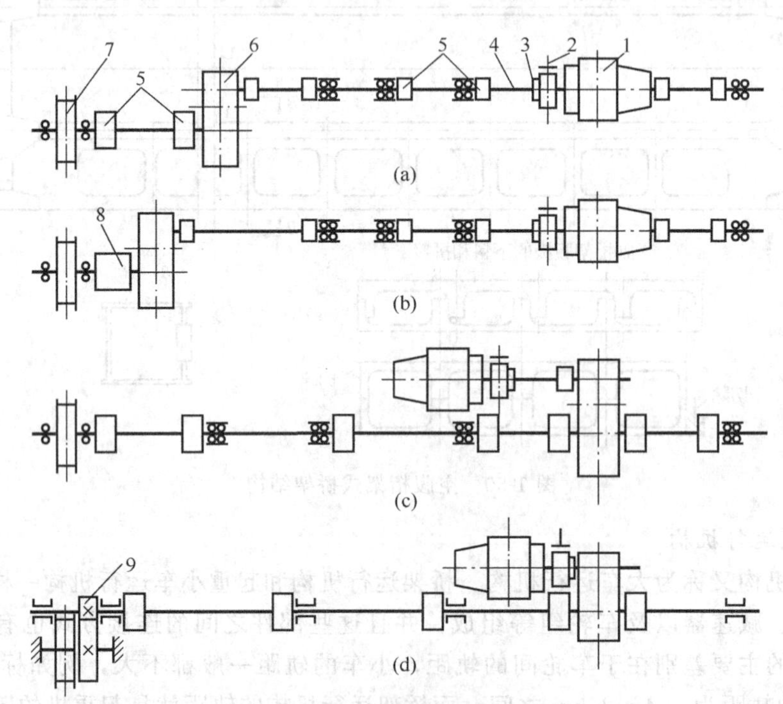

图 1-51　集中驱动桥架运行机构传动

1—电动机；2—制动器；3—带制动轮半齿轮联轴器；4—浮动轴；5—半齿轮联轴器；6—减速器；7—车轮；8—全齿轮联轴器；9—开式齿轮

以上所介绍的几种集中驱动传动方案都是在箱形梁式桥架结构中使用，这些机构都安装在主梁外侧的走台上，运行机构的传动轴与车轮轴在同一水平面内。

图 1-51（d）所示是带中速传动轴的集中驱动运行机构的传动，主要用于四桁架式桥架结构。电动机先经过一级齿轮减速器（立式）带动长传动轴，传动轴两端再利用一对开式齿轮来驱动主动车轮。这种传动方案的缺点是开式齿轮传动寿命低，机构分组性差，车轮拆装不便。

2. 分别驱动的桥架运行机构传动方案

在分别驱动的桥架运行机构中，两侧的主动车轮都有各自的电动机构通过制动器、减速器和联轴器等部件来驱动。两台电动机之间可以采用专门的电气联锁来保持同步工作，但是目前多数情况不采用电气联锁方法，而是利用感应电机的机械特性和机构的刚性，自行调整由于不同步而引起的桥架运行歪斜。

分别驱动桥架运行机构传动方案如图 1-52 所示。这些方案的不同之处仅是电动机、减速器和车轮之间的连接方法。为了补偿被连接轴端之间的歪斜和偏差，最好采用浮动轴的连接方式，如图 1-52（a）所示。浮动轴的长度一般应不小于 800mm，否则补偿效果不大。这是因为两端的半齿轮联轴器的内、外齿轮的允许倾斜角是一定的（≤0°30″），而轴端之间允许的径向偏差与浮动长度成正比。用全齿轮联轴器允许被连接的轴端有一定的歪斜和偏差，但不如浮动轴允许的偏差大。为使机构紧凑，目前采用图 1-52（b）方案较多。

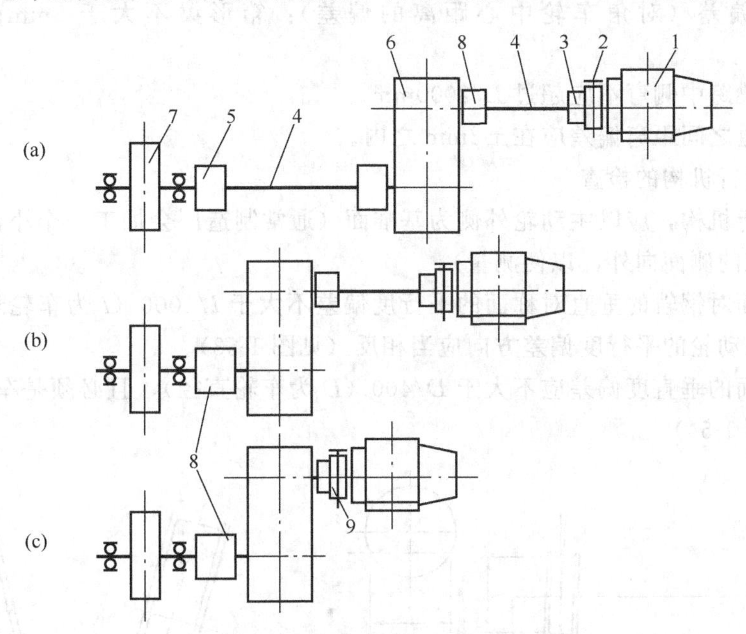

图 1-52　分别驱动桥架运行机构传动

1—电动机；2—制动器；3—带制动轮半齿轮联轴器；4—浮动轴；5—半齿轮联轴器；6—减速器；7—车轮；8—全齿轮联轴器；9—带制动轮的全齿轮联轴器

分别驱动桥架运行机构与集中驱动相比，具有下述优点：一是由于省去长传动轴，运行机构的自重大为减轻，安装维修更为简便；二是分别驱动受桥架变形的影响小，而且当一侧的电动机损坏后，还能靠另一侧的电动机维持短时间的工作，不致造成起重工作中途停车。我国生产的桥式起重机中普遍采用分别驱动的桥架运行机构。

近年来在一些桥式起重机的新产品设计中，采用了一种将电动机、制动器、减速器和主动车轮直接串接成一体，中间不用联轴器连接的桥架运行机构。机构中的电动机轴和车轮轴端分别直接与减速器高速和低速齿轮相接，而部件的壳体之间采用凸缘和螺钉连接，由于省掉了联轴器，使机构变得更紧凑而轻巧。制动电动机的结构可以是带锥盘制动器的锥形转子鼠笼式电动机，如前面电动葫芦所用的一样。机构的减速器除采用圆柱外啮合齿轮传动外，还有用摆线针轮或少齿差的行星传动形式。

四、桥式起重机的安装、运行与维护

(一) 起重机的组装与架设

1. 起重机桥架的组装

起重机运到现场后，首先按装箱单清点设备和零部件，检查金属结构及机电设备在运输过程中有无损坏和变形。发现损坏，必须在地面加以排除，然后才能进行桥架的组装和架设。

(1) 桥架的组装　为了便于运输，桥架在出厂时被分成数段，安装前必须重新组装。组装的方法是按图纸要求，将连接部位用螺栓连成一体。

桥架组装完后，必须进行检测，其主要尺寸应符合如下技术要求。

① 起重机的跨度偏差值应在±5mm之内。

② 两根主梁的上拱度 f，应在 $L/1000 \pm L/5000$ 之内（L 为跨度）。

③ 对角线偏差（对角车轮中心距离的偏差）：箱形梁不大于5mm；桁架梁不大于10mm。

④ 两根主梁跨中侧弯不应超过 $L/2000$mm。

⑤ 小车轨道之间距离偏差应在±2mm之内。

(2) 大车运行机构的检查

① 检查运行机构，应以主动轮外侧为基准面（通常制造厂会加工一个小沟槽作为标记，安装时将有标记的侧面向外，以便测量）。

② 每个端面对钢轨的垂直对称面的平行度偏差不大于 $l/1000$（l 为车轮最大弦长），且两个主动轮或从动轮的平行度偏差方向应当相反（见图1-53）。

③ 车轮端面的垂直度偏差应不大于 $D/400$（D 为车轮直径），且必须是车轮上侧偏向轨道的外侧（见图1-54）。

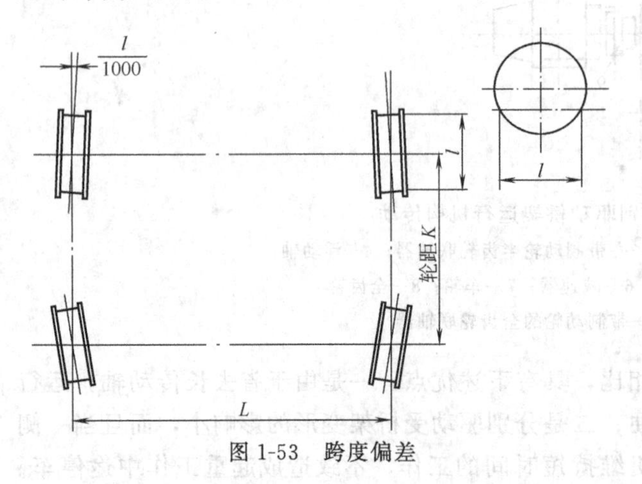

图1-53　跨度偏差

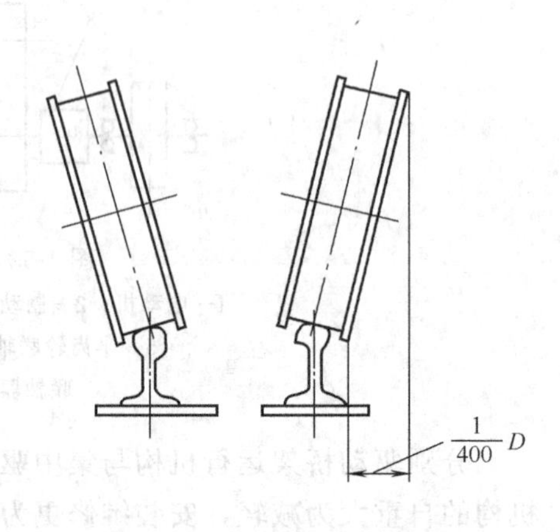

图1-54　车轮端面垂直偏差

④ 起重机无负载时，所有车轮均应同时和轨道接触。

⑤ 传动轴中心线的振幅不大于1mm。

⑥ 使车轮悬空，用手盘车一周，不得有卡住现象。

2. 起重机的架设

起重机组装后，将其提升至起重机轨道是一项重要的工作。根据现场条件不同，可以采用不同的提升方案。

（1）整体提升法（见图 1-55）　整体提升法利用起重桅杆和地面绞车将组装好的起重机桥架整体起升。起升时，先将起重机旋转一个角度，以便能从轨道中穿过。当穿过轨道后，再反向转正按正常工作位置放置于轨道上。大、小车可以一次提升，也可先提升大车再提升小车。

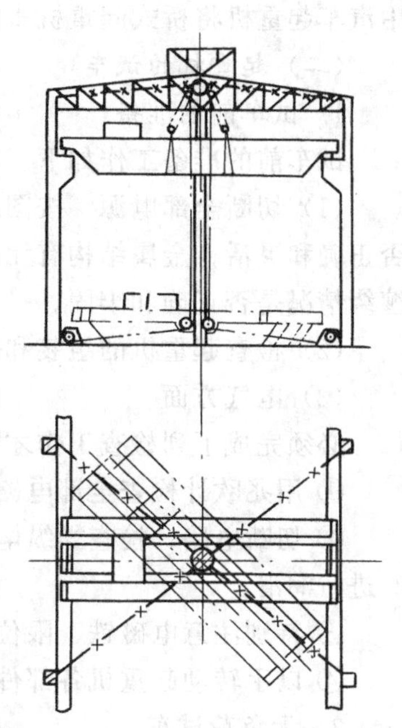

图 1-55　整体一次吊装示意图

将桅杆立在厂房的中央位置，用四根拉索固定，拉索的强度和固定方法应当经过预先计算和检验，拉索的位置不得妨碍桥架在空中旋转。同时，在起吊前必须首先测量轨道中心线至外侧墙壁的距离 a，其数值不应小于表 1-9 所允许的数值，否则桥架转动空间不足，影响吊装。

虽然整体提升法要求起重设备的起重量大，但由于桥架是在地面组装的，因此可以减少高空作业量。

（2）分部提升法　分部提升法是将端梁连接部分拆开，先把两根主梁分别吊到轨道上，再把小车提升到高于主梁的位置。使两根主梁靠拢，将端梁连接好后，再把小车放到主梁的轨道上（如图 1-56 所示）。这种提升方式高空安装作业量大。

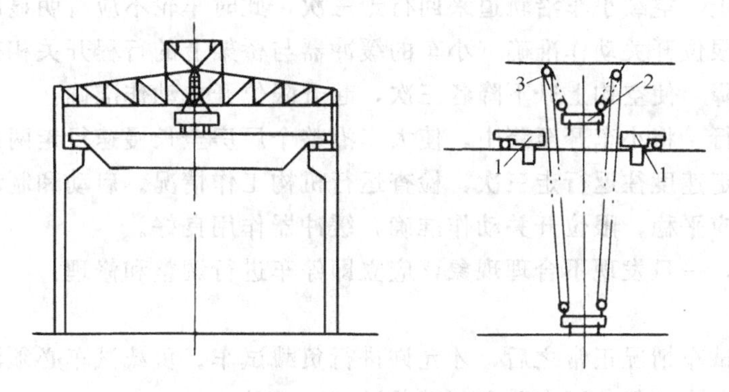

图 1-56　分部架设示意图

1—大车的半体；2—小车；3—定滑轮

表 1-9　转动大车时轨道中心至墙壁的最小距离 a（小车同时提升）/mm

跨度/m	起重量 Q/t					
	5	10	15/3	20/5	30/5	50/10
10.5～11	800	1150	1200	1200	1350	1450
13.5～14	700	950	900	1050	1100	1300
16.5～17	600	350	800	900	950	1000
19.5～20	600	750	750	800	850	900
22.5～23	550	650	700	750	750	800
25.5～26	650	750	650	750	700	750
28.5～29	600	600	600	650	650	700
31.5～32	600	600	550	600	600	650

近年来，由于汽车起重机的起重能力和提升高度大幅度提高，所以在一般厂房内，可以用汽车起重机将桥式起重机直接提升到轨道上，不必再安装临时性的起重设备，比较方便。

（二）起重机的试车

1. 试车前的准备

试车前的准备工作如下。

（1）切断全部电源　按图纸尺寸及技术要求检查整机各连接件是否牢固；各传动机构是否正确和灵活；金属结构有无变形、裂纹；焊缝有无开裂、漏焊；钢丝绳在滑轮和卷筒上的缠绕情况是否正确和牢固。

（2）检查起重机的组装和架设是否符合技术要求

（3）电气方面

必须完成下列检查工作才能试车。

① 用兆欧计检查全部电路系统和所有电气设备的绝缘电阻。

② 切断电路，检查操纵电路是否正确，所有操纵设备的运动部分是否灵活可靠，必要时进行润滑。

③ 特别注意电磁铁、限位开关、安全开关和紧急开关工作的可靠性。

④ 以手转动起重机各部件，应无卡死现象。

2. 无负荷试车

经过上述检查和修理，确定整机正常后，用手转动制动轮，卷筒和走动轮能灵活转动一周，且无卡死现象时，即可进行无负荷试车，其步骤和要求如下。

（1）小车行走　空载小车沿轨道来回行走三次，此时车轮不应有明显的打滑；起重机制动应平稳可靠；限位开关动作准确（小车的缓冲器与桥架上的行程开关相碰的位置准确）。

（2）空钩升降　使空钩上升下降各三次，起升限位开关动作准确。

（3）大车运行　将小车开至跨中，使大车沿整个厂房全长慢速行走两次，以验证厂房和轨道。然后以额定速度往返行走三次，检查运行机构工作情况。启动和制动时，车轮不应打滑或滑行，运行应平稳，限位开关动作准确，缓冲器作用良好。

无载试车中，一旦发现不合理现象，应立即停车进行调整和修理。

3. 负载试车

只有在无载试车情况正常之后，才允许进行负载试车。负载试车必须满足负载试车技术要求。负载试车分为“静载试车”和“动载试车”两种。

（1）负载试车的技术要求

① 起重机金属结构的焊接质量，螺栓连接质量，特别是端梁连接或主、端梁连接质量，应当符合技术要求。

② 机械设备、金属结构、吊具的强度和刚度以及钢轨的强度应符合技术要求。

③ 制动器应动作灵活，工作可靠。

④ 齿轮减速箱无异常噪声。

⑤ 润滑部位润滑良好，轴承温升不超过规定范围。

⑥ 各机构动作平稳，无激烈振动和冲击。

如有不良情况，应及时修理，检验合格后，才能进行负载试车。

（2）静载试车（见图 1-57）　让小车吊起额定负载，使其在桥架上往返几次以后，再将小车开至跨中及悬臂端部（装卸桥），将重物升至一定高度（离地面约 100mm），空中悬停十分钟，测量主梁跨中的挠度，该挠度不应超过起重机设计规范的规定数值：

A5 以下的电动单、双梁起重机 $\leqslant L/700$

A6 $\leqslant L/800$

AT、A8 $\leqslant L/1000$

对具有悬臂的龙门起重机和装卸桥，当满载小车位于悬臂端部时，该处的挠度应$\leqslant Lc/350$（Lc为悬臂长度）。

如此连续试验三次，且在第三次卸掉负荷后，主梁不得留有残余变形，每次试验时间不得少于10min。

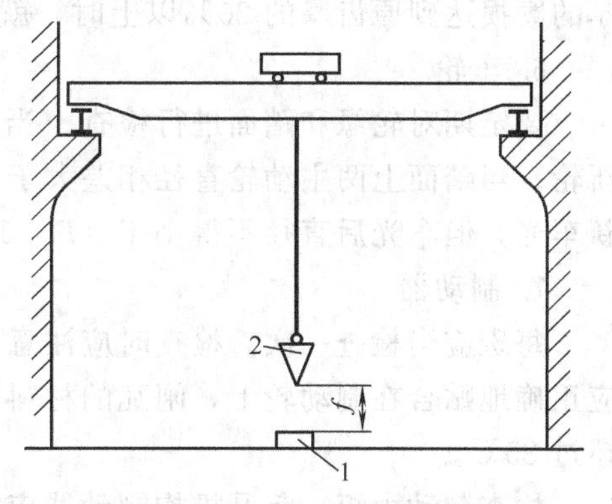

图 1-57 负载试车主梁挠度的测量

1—测量基点；2—线锤

只有额定负载试验正常后，才可进行超额定负荷试车，超负荷试车的负荷为额定负荷的125%，方法及要求同上。为了减少吊车梁弹性变形造成的测量误差，静载试车时应把起重机开到厂房立柱附近。

(3) 动载试车 静载试车合格后，方可进行动载试车。先让起重机小车提升额定负载反复进行起升和下降制动试车，然后开动满载小车沿其轨道来回行驶3～5次，最后停泊在跨中。让起重机以额定速度在厂房全行程内往返2～3次，并反复启动与制动，此时各机构的制动器、限位开关、电气操纵应可靠、准确和灵活；车轮不应打滑；桥架振动正常；机构运转平稳；卸载后机构和桥架无残余变形。

只有上述试车效果良好的情况下，才可进行超额定负荷10%的试验，试验的项目和要求与上述相同。

各项试验合格后（应有正式试车记录和施工单位的交工单和投产保证书），才可交付使用。

(三) 起重机的维护和保养

1. 起重机的润滑

起重机各机构的工作质量和使用寿命，在很大程度上取决于经常而正确的润滑。润滑时，应按起重机说明书的规定日期和润滑油牌号进行润滑，并且经常检查设备的润滑情况是否良好。

2. 钢丝绳

使用钢丝绳时，应注意钢丝绳断裂情况。如有断丝、断股和钢丝绳磨损量达到报废标准时应立即更换新绳。另外应定期用钢丝绳油脂进行润滑，定期检查、调节自动涂油器。

3. 取物装置

取物装置是起重机关键部件之一，必须定期检查，如果发现下列情况，应当将吊钩及其附件立即报废，更换新件。

① 表面出现任何断纹、破口或裂纹（严禁焊补使用）。

② 吊钩之危险断面或尾部有残余变形。

③ 钩尾部分退刀槽或过渡圆角附近，出现疲劳裂纹。

④ 螺母、吊钩横梁出现裂纹和变形。

4. 滑轮组

主要检查绳槽磨损情况，轮缘有无崩裂以及滑轮在轴上有无卡住现象。

5. 齿轮联轴器

每年至少检查一次，主要检查润滑、密封及齿形磨损情况。发现轮齿崩落、裂纹以及齿厚的磨损达到原齿厚的20%以上时，就要更换新的联轴器。

6. 车轮

要定期对轮缘和踏面进行检查。当轮缘部分的磨损或崩裂量达到30%厚度时，要更换新轮。当踏面上两主动轮直径相差大于（$D/600$）或踏面上出现严重的沟槽、伤痕时，应重新车光，但车光后直径不得小于（$D-10$）mm。

7. 制动器

每班应当检查一次。检查时应注意：制动装置应动作准确，销轴不得有卡死现象。闸瓦应正确地贴合在制动轮上，闸瓦的材料良好，松闸时两侧闸瓦间隙应相等。电磁铁的温升不超过85℃。

检查制动力矩，起升机构制动器应牢固地支承额定起重量的1.25倍的负载（在下降制动时）。运行机构制动器应调到及时刹住大、小车，又不发生打滑为原则。

当拉杆、弹簧有了疲劳裂纹，销轴的磨损量达到了公称直径的3.5%，制动瓦块衬层磨损达到2mm时，即应当更换。

8. 限位开关

要经常检查限位开关是否有效，控制位置是否正确。转动式限位开关的十字块联轴器和轴的连接有无松动。

9. 金属结构

检查有无裂纹、断裂、焊缝开裂、下挠、侧弯、表面变形等缺陷。

（四）起重机故障分析

1. 小车三轮支撑现象（三条腿现象）

小车工作过程中，如果出现只有三个车轮支撑，一个车轮悬空的现象（俗称三条腿现象），可能会引起车体振动、走斜、啃轨等现象，这对小车运行安全不利。产生这一现象的原因可能如下。

① 安装误差车架焊接变形造成四个车轮中心不在同一水平面上。

② 一个车轮直径过小。

③ 对角线上两轮的直径过小或过大。

④ 小车上质量分布不均匀。

发现小车三轮支撑现象时，应对车轮直径和四个车轮相对安装位置进行检查。如果小车只是在轨道局部区域发生三轮支撑现象，则可能是轨道存在问题，原因可能如下。

① 小车轨道本身弯曲变形。

② 主梁上盖板有严重的波浪形。

2. 小车打滑

小车打滑的原因可能是主动轮轮压不相等；轨道上有水、冰、油污等；启动时间过短、启动过猛等。可以通过观察小车在运行中是否发生车体摇摆来判断是否发生打滑现象，若要具体确定打滑的车轮，可在一根轨道上撒上细沙，使小车往返几次，如打滑现象仍然存在，表明撒沙一侧的主动轮正常，打滑可能是因为另一侧主动轮的轮压过小所至。同样可用撒沙的方法进行检验。

3. 起重机歪斜和啃轨

大车在运行中，主要的安全问题是“啃轨”。啃轨有可能导致起重机出轨及相关事故，特别是单梁起重机因啃轨导致的事故较多。

起重机在正常运行时，轮缘和轨道之间是有一定间隙的，但当车体走斜，起重机的一侧轮缘和轨道侧面产生挤压，轮缘和轨道间发生摩擦，增加了运行阻力，使车轮和轨道发生严重磨损，造成啃轨现象。

啃轨不仅增加了电动机功率损耗的电力系统的负荷，而且会使车轮寿命大为降低。一台中级工作制度的车轮，正常使用年限在10～20年。如果在啃轨严重的情况下使用，可能只需几个月就不得不更换车轮。另外，啃轨时车轮对轨道产生一个横向附加力（水平力），该水平力通过轨道传给厂房，导至桥架和厂房的受力状况不良，所以，应当尽量避免起重机在运中的歪斜和啃轨现象。

桥式起重机工作中是否发生啃轨，可以从下列迹象来判断：轨道侧面有明亮的痕迹，严重时痕迹上会有毛刺；车轮轮缘内侧有亮斑并有毛刺；轨道顶面有亮斑；起重机行驶时，在短距离内轮缘与轨道间隙有明显变化；起重机在运行中、特别是在启动与制动时，车体走偏、扭摆，特别严重时会发出较响的吭吭的声音。

起重机发生啃轨的原因较多，主要表现为：两边主动车轮直径不相等；在相同的转速下，两侧的行程不一样，造成歪斜啃轨；车轮安装位置不准确，四个车轮不在矩形的四角，同侧车轮不在一条直线上，车轮偏斜，这时不论是主动轮还是从动轮，都将造成大车走斜啃轨（表1-10列出了车轮偏差造成的歪斜啃轨情况，注意各偏差情况不都是孤立存在的，一台起重机往往同时存在几种偏差）；轨道安装不准确，一般要求跨度公差为±6mm，两根轨道相对标高误差为立柱处小于10mm，非立柱处小于15mm，轨道坡度小于1/100，表1-11列出轨道误差造成的啃轨现象；启动、制动中因驱动不同步或车架刚度不足导致车体歪斜，造成啃轨现象。

可以从设计、制造及使用维护等方面采取措施防止起重机歪斜啃轨。采取分别驱动形式，在桥架刚度较好的情况下，具有自动同步作用。当大车已经发生歪斜，那么导前一侧的电动机需带动落后侧的车轮，负载加大，电机转速有所降低。相反落后一侧电机因负载减轻而转速稍有增加，促使桥架自动恢复正常。但分别驱动必须注意调整两侧的制动器，使两侧制动力矩和松闸时间一致，否则会导致两侧的制动不同步。集中驱动装置中，使用圆锥形主动车轮（如图1-58），锥形主动轮的大端向内安装。当大车走斜时，导前侧的主动车轮和轨道的接触直径自然变小，落后侧的主动轮接触直径自然变大，在相同的转速下，导前侧较落后侧的线性移动距离小，桥架自动走正（从动轮仍为普通圆柱形车轮）。制造中应尽量减少主动轮直径的误差；提高表面淬火质量，减少踏面的磨损。在使用中则应经常检查车轮的直径，及时

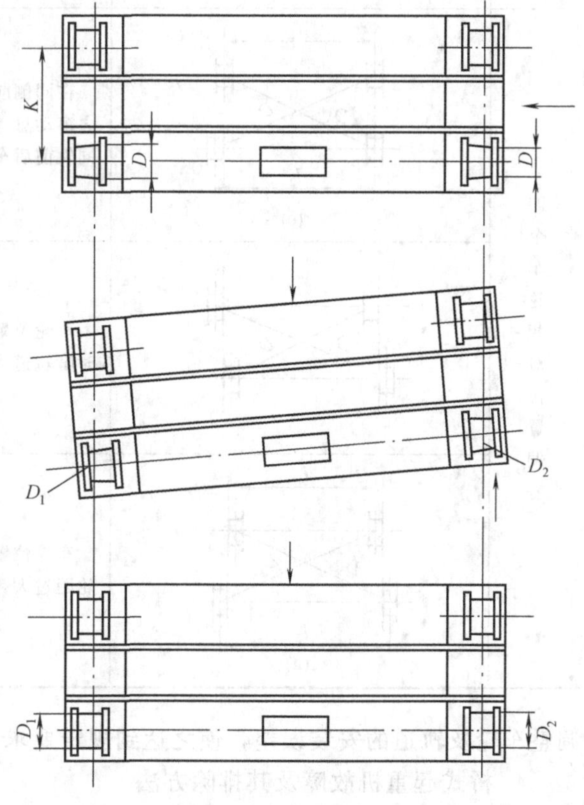

图1-58 采用圆锥形主动车轮的大车车架

表 1-10　车轮位置的偏差与啃轨情况

车轮位置偏差情况		啃　轨　特　征
车轮在水平面内的位置偏差	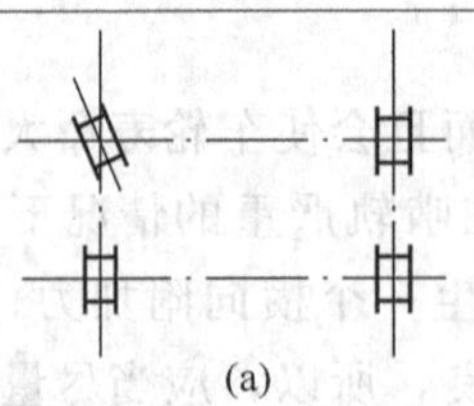 (a)	一个车轮有偏斜：当向一个方向运行时，车轮啃轨道的一侧。而反方向运行时，同一车轮又啃轨道另一侧。啃道现象较轻
	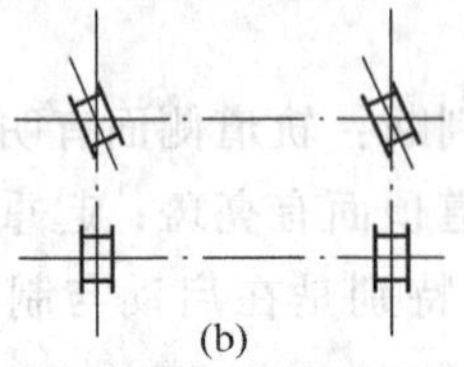 (b)	两个车轮同向偏斜，啃轨特征同上，啃轨较为严重
	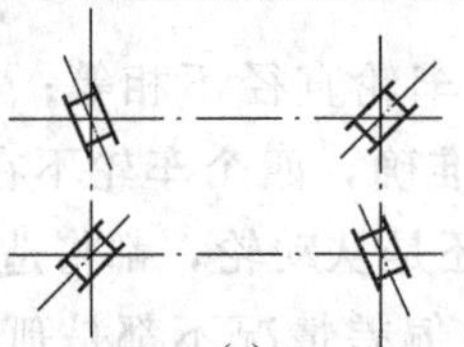 (c)	四个车轮反向偏斜，如果偏斜程度大致相等，运行就不会偏斜和啃轨，但这种偏斜对传动机构不利
车轮在垂直位置的偏差	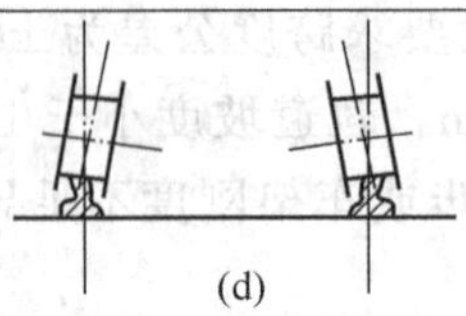 (d)	如果没有其他歪斜因素存在，车轮垂直偏斜不会引起啃轨，但如果由于其他原因已经造成啃轨，则这时之啃轨总是在轨道的一侧，车轮踏面磨损不均，严重时出现环形沟
四个车轮相对位置偏差	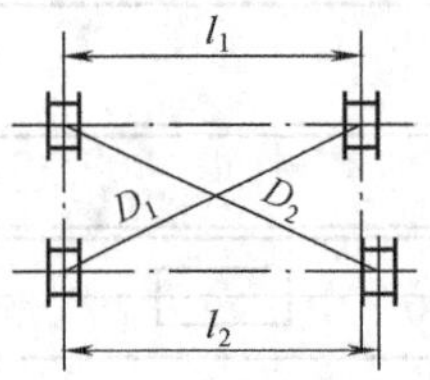 (e) l_1 D_1 D_2 l_2	在同侧前后车轮不在一条直线上，这时 $l_1 < l_2$，使桥架失去应有之窜动量，稍有不稳就会啃轨，啃轨的地段和方向都不定。啃轨时同轨前后车轮各啃轨道的一个侧面
	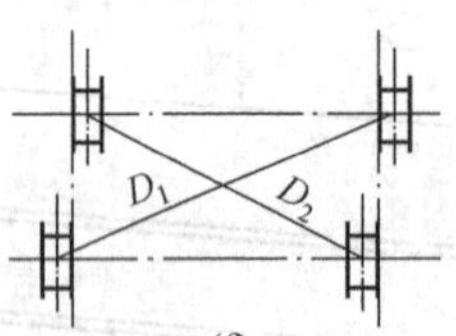 (f) D_1 D_2	车轮位置呈平行四边形，$D_1 < D_2$，啃轨车轮在对角线位置上（同时啃轨道内侧或外侧）
	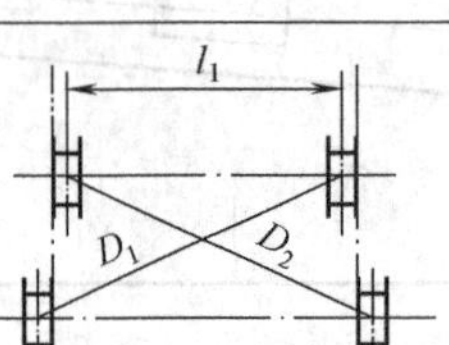 (g) l_1 D_1 D_2 l_2	车轮位置呈梯形，啃轨位置在同一条轴线上，$l_1 < l_2$，$D_1 = D_2$，若轮距过大，同时啃轨道之内侧；若轮距过小，同时啃轨道之外侧

调整车轮及轨道的安装误差，使之达到规定要求。

4．桥式起重机故障及其排除方法

桥式起重机机械故障主要包括零件故障、部件故障和电气设备故障，为便于查阅，分别将故障及排除方法列于表1-12、表1-13中。

表1-11 轨道误差与啃轨情况

轨道误差情况	啃 轨 情 况
轨道距离过大（或过小）	两边车轮同时啃外侧（或内侧）
两侧轨道标高误差太大	由于重力作用，轨道低的一边啃内侧，轨道高的一边啃外侧
轨道平面不正、轨道纵向弯曲	啃轨发生在轨道变形处

表1-12 起重机零件损坏与排除方法

零件名称	损 坏 情 况	原因与后果	消 除 方 法
锻造吊钩	吊钩表面出现疲劳性裂纹开口处危险断面磨损高度超过断面高度的1/10	超期使用、超载、材质缺陷可能造成吊钩突然断裂	每年检查1～3次，及时发现，及时更换
片式吊钩 板片 销轴 耳环 耳环衬套	 表面有疲劳裂纹 磨损量超过公称直径的3%～5% 裂纹和毛刺 磨损量达原厚的50%	 折钩 吊钩脱落 耳环断裂 受力情况不良	 更换板片，或整体更换 更新 更新 更新
钢丝绳	磨损断丝，断股	突然断绳	按标准更新
滑轮	轮槽磨损不均	材质不均，安装不合要求绳、累接触不均匀	轮槽壁磨损量达原厚的1/10径向磨损达绳径的1/4时应更新
	滑轮松动、倾斜	轴上定位件松动，或钢丝绳跳槽	调整，紧固定位件
	滑轮裂纹	滑轮破坏	更新
	滑轮轴磨损量达公称直径的3%～5%	可能折断	更新
卷 筒	疲劳裂纹 磨损量达原壁厚的15%～20% 卷筒键损坏	卷筒破裂 卷筒破裂 脱落，剪断，重物坠落	更新 更新 更新
制动器零件	拉杆上有疲劳裂纹 弹簧上有疲劳裂纹 小轴，心轴磨损量达公称直径3%～5% 制动轮磨损达1～2mm 闸瓦衬垫磨损达2mm	制动器失灵 制动器失灵 抱不住闸 溜车 制动器失灵	更换 更换 更换 重新车制、热处理车制后应大于原厚的50%以上 更换
齿 轮	齿轮磨损达原齿厚的15%～25% 因疲劳剥落而损坏的齿轮工作面积，大于全部工作面积的30%，以及剥落深度达齿厚的1/10 渗碳齿轮渗碳层磨损超过80%厚度时	超期使用，安装不正确 超期使用，热处理不合格	更换 圆周速度大于8m/s的减速箱的高速级齿轮磨损时应成对更换
轴	裂缝 轴的弯曲超过0.5mm/m	损坏轴 损坏轴颈，引起振动	更换 更新或加热矫正
联轴器	联轴器半体中有裂纹 连接螺栓和销轴的孔扩大 销轴橡皮圈磨损 键槽扩大	半体已损坏 机构启动时发生冲击所致 发生冲击 键脱落	更新 补焊 更换橡皮圈 起升机构只能更换、运行机构可以补焊后，旋转90°另开键槽
车轮	踏面、轮辐有疲劳裂纹 主动轮踏面磨损不均 踏面磨损达轮圈原厚度15%～20% 轮缘磨损达原厚50%～60%	车轮损坏 小车、大车走斜 车轮损坏 脱轨	更新 重新车制，热处理 更新 更新

表 1-13 部件故障及排除方法

故障名称		故障原因	消除方法
滚动轴承			
	温度过高	润滑油污脏,完全缺油或油过多	清除污脏,更换轴承,检查润滑油油量
	音哑(断续)	轴承污脏	清除污脏
	金属研磨声	缺油	加油
	锉齿声和冲击声	隔离环、滚动轴承体损坏	更新
制动器	闸不住重物	①杠杆铰链被卡死 ②润滑油滴入闸瓦上 ③电磁铁铁芯没有足够的行程 ④制动轮或制动瓦块有严重磨损 ⑤主弹簧损坏或松动 ⑥锁紧螺帽松动,拉杆松动	①消除卡死原因,润滑 ②用煤油清洗油污 ③调整制动器 ④更换闸皮 ⑤更换主簧或锁紧螺帽 ⑥锁紧螺帽
制动器	制动器打不开	①电磁铁线圈烧坏 ②通往电磁铁的导线断开 ③闸瓦粘连在制动轮上 ④活动关节被卡死 ⑤主弹簧力或配重太大	①更换 ②接好断线 ③用煤油清洗闸瓦及制动轮 ④消除卡死现象,润滑 ⑤调整主弹簧力
制动器	制动器发热 闸瓦发出焦味 闸皮很快磨损	①闸块或闸带在松闸后,没有均好地和制动轮完全脱开,因而产生摩擦 ②闸瓦两侧间隙不均匀,或间隙过小 ③短程制动器辅助弹簧损坏或弯曲	①调整间隙 ②调整间隙 ③更换或修理辅助弹簧
制动器	制动电磁铁发热或有响声	①主弹簧力过大 ②杠杆系统被卡死 ③衔铁与铁芯贴合位置不正确	①调整至合适大小 ②消除卡死原因,润滑 ③刮平贴合面
制动器	制动器易于离开调整位置	①调节螺帽或背帽没有拧紧 ②螺纹损坏	①拧紧 ②更新
滑动轴承	过度发热(轴瓦允许温度为60~65℃,外壳允许温度为50~55℃)	轴承偏斜或拧得过紧 间隙不当 润滑剂不足 润滑剂质量不合格	消除偏斜,合理地拧紧螺帽 调整间隙 加润滑油 换合格的油剂
减速箱	周期颤振现象	节距误差过大,齿侧间隙超过标准	修理,重新安装
减速箱	从动轮特别明显剧烈的金属摩擦声	传动齿轮侧隙过小、两个齿轮不平行、齿顶有尖锐的刃边	修整,重新安装
减速箱	机壳叮当声	轮齿工作面不平	更换
减速箱	齿轮啮合时,有不均匀的敲击声,机壳振动	齿面有缺陷,轮齿不是沿全齿面接触	调整油量(圆柱齿轮及伞齿轮减速器,油温<60℃;蜗轮减速器,油温<75℃)
减速箱	减速器发热	润滑油过多	
起重钢丝绳迅速损坏或经常破坏		①滑轮或卷筒直径太小 ②卷筒上绳槽尺寸和绳径不匹配,太小 ③有脏物,缺润滑 ④起升限位器的挡板安装不正确,磨绳 ⑤滑轮槽底或轮缘不光滑,有缺陷	①更换挠性好的钢丝绳,或加大滑轮及卷筒直径 ②更换起吊能力相等但直径较细的钢丝绳,或更换滑轮及卷筒 ③清除、润滑 ④调整 ⑤更换滑轮

续表

故障名称	故障原因	消除方法
个别滑轮不转	轴承中缺油，油垢和锈蚀	润滑，清洗
起重机大车走斜	①主动轮直径不同 ②主动轮不是全部和轨道接触 ③主动轮轴线不正(不是和轨道成直角)	①测量，更换 ②将满载小车开至大车落后一侧，如大车走正，此侧主动轮接触不良，可适当加大此侧主动轮直径 ③检查和消除轴线歪斜现象

习　题

1-1　起重机械通常由哪几部分组成？各有何作用？

1-2　桥式起重机的基本参数有哪些？货物的最大有效起重量与起重机的额定起重量之间有何关系？

1-3　见表 1-1，同为桥式起重机，不同的使用情况下，工作级别不同，为什么？

1-4　钢丝绳由哪几部分组成？绳芯的作用是什么？

1-5　钢丝绳的钢丝一般用什么材料加工制造？

1-6　线接触钢丝绳与点接触钢丝绳相比较有哪些优点？

1-7　试述确定钢丝绳直径的方法。

1-8　说明钢丝绳标记 18 ZAB 6×19＋NF 1850 ZS GB 1102—74 各部分的单位及含义。

1-9　滑轮和卷筒的作用是什么？

1-10　影响钢丝绳寿命的因素有哪些？

1-11　取物装置有哪些类型，各应用在哪些场合？

1-12　吊钩的种类有哪些？哪种截面的吊钩较好？

1-13　吊钩只能用哪些方法制造？哪些方法不能制造？

1-14　分析杠杆夹钳的工作条件。试推导公式（1-17）。

1-15　试述长行程电磁铁制动器的工作过程。

1-16　试述电力液压推动器的工作过程。

1-17　简述带式制动器的优缺点。

1-18　推导三种带式制动器的制动力矩，并比较大小（转向相同）。

1-19　如何确定车轮直径？

1-20　车轮和车轮组有哪些类型？应用在哪些场合？

1-21　试述机械千斤顶的工作原理。

1-22　试述油压式千斤顶的工作原理。

1-23　在手动葫芦中，为什么不采用块式或带式制动器？为什么停止牵引手链，重物就悬停在空中，并且必须反向曳引手链，重物才能下降？

1-24　能否将手动葫芦改为电动葫芦？试提出其驱动方案（结构力求简单，尽量保留原有零部件）。

1-25　桥式起重机的主要参数是什么？

1-26　为什么在相同起重量情况下，“电动葫芦双梁吊”的自重要小得多？

1-27　起重小车由哪些部件组成，各自的功能是什么？

1-28　桁架式桥架和箱型梁式桥架各有什么优缺点？

1-29　试比较大车运行机构的几种传动形式的优劣。

1-30　大车在运行中，经常在一段轨道上发生啃轨现象，试分析其原因和纠正方法。

1-31 桥式起重机在组合和架设前，应当做哪些测量和检查工作？

1-32 桥式起重机的试车方法有哪几种？如何进行？怎样才算是合格？

1-33 小车经常会有三条腿现象，而在大车中很少有这种故障，为什么？

1-34 经常见到的大车啃轨现象有哪几种？应如何消除之。

第二章 输 送 机

在现代化的大企业中，有大量的原料、半成品和成品（如矿石、焦炭、耐火材料、水泥、化肥、建筑材料、谷物等）需要机械搬运，除了起重机械搬运一部分可以装箱或堆垛的大件物品外，大量的散粒料和小件物品的运输，是靠各种形式的输送机来完成的，在有些工艺流程中，输送机械还是必不可少的生产机械。

输送机械的类型很多，这里只介绍连续输送机械。这类输送机械的特点是在工作时连续不断的沿同一方向输送散粒物料或质量不大的小件物品，装卸物品过程无需停车。因此，一般这类输送机械的生产率很高。

输送机械通常按有无挠性牵引件（链、绳、带）分为：

① 具有挠性牵引件的输送机，如带式输送机、板式输送机、刮板输送机、提升机、架空索道等。

② 无挠性牵引件的输送机，如螺旋输送机、滚柱输送机、气力输送机等。

连续输送机械的主要优点是生产率高，设备简单，操作简便；但也存在下面一些缺点，例如一定类型的连续输送机械只适合输送一定种类的物品（散粒物料或质量不大的小件物品）；只能布置在物料的运输线上；而且只能沿着一定路线向一个方向输送；因而在应用上连续输送机械仍有一定的局限性。

第一节 带式输送机

带式输送机是应用最广泛的一种连续输送机，它用来水平或倾斜方向输送散粒状物料，有时也用来输送大批的成件物品，例如袋装的或箱装的物品。

带式输送机的优点是生产率高（可达每小时数百吨，目前最高水平达到 37500t/h），输送距离长（普通长度是数十米，也有多达数百米的，目前世界上单机最长已达 13km），工作平稳，结构简单，可以在任意位置上装载卸载，自重小，工作可靠，物料适应性广，功耗小；缺点是允许的倾角小（一般小于 30°），带条磨损快，而且带条价格贵。

带式输送机的速度一般为 1～4m/s（最高可达 6m/s）。水平输送可用高速，倾角越大，带速越低。对于成件物品，带的速度为 0.5～1.5m/s。如在带上进行工艺操作，则速度应与操作速度相适应。

一、带式输送机的构成与类型

带式输送机是由挠性输送带作为物料承载件和牵引件的连续输送机械。根据摩擦传动原理，由驱动滚筒带动输送带。它的输送能力很大、功耗小、构造简单、对物料适应性强，因而应用范围很广。图 2-1 是典型的带式输送机总体结构。

带式输送机的主要类型分为普通型和特殊型两大类。

普通型包括通用带式输送机、轻型固定带式输送机和移动带式输送机；特殊型包括钢丝绳芯带式输送机、大倾角带式输送机、吊挂式带式输送机、气垫带式输送机和网带输送机等。

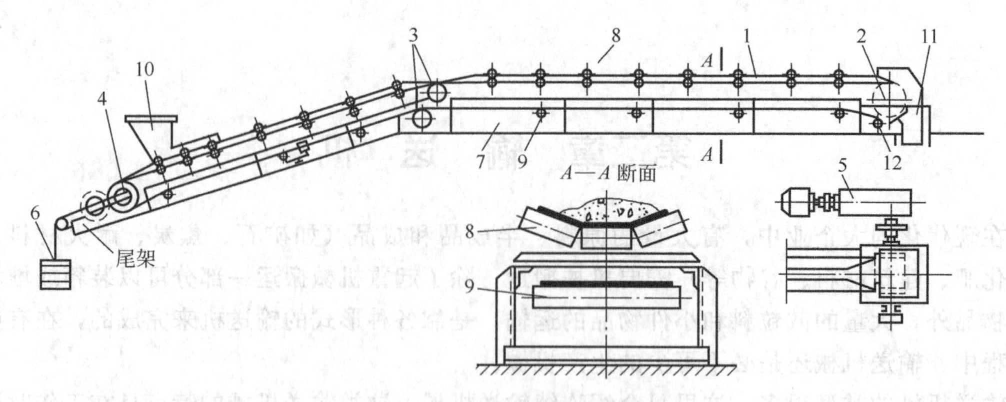

图 2-1 带式运输机总体结构

1—运输带；2—驱动滚筒；3—改向滚筒；4—张紧滚筒；5—驱动装置；6—张紧装置；7—机架结构；8—承载托辊；9—空载托辊；10—装料漏斗；11—卸料漏斗；12—清扫装置

二、带式输送机的主要零部件

1. 输送带

在带式输送机中，输送带既是牵引构件，又是承载构件，所以对它有较高的要求：强度高、自重小、延伸率小、挠性好、耐磨性强、抗剥伤性好、吸水性小，耐腐蚀和寿命长等。常用的输送带是橡胶帆布带，特殊情况时采用钢带或钢丝网带。

橡胶帆布带的构造如图 2-2 所示，它由若干层互相胶合的帆布层 1 及包在外面的橡胶覆盖层 2、3 制成。带上的拉力由帆布承受。普通橡胶带的布层是棉织物，强度较低，仅为 560N/(cm·层)。强力型胶布带的布层采用维尼纶，强度达 1400N/(cm·层)。拉力更大时，可以在胶布带的中性层处加细的钢丝绳（见图 2-3），强度可达 $(18\sim48)\times10^3$N/cm。

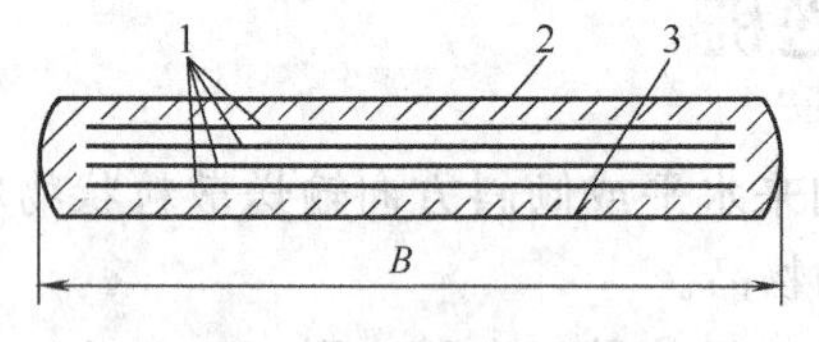

图 2-2 橡胶带构造

1—帆布层；2，3—橡胶覆盖层

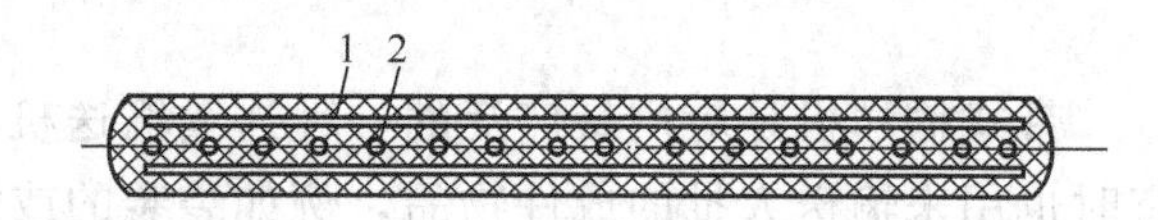

图 2-3 有钢丝绳的胶布带

1—橡胶覆盖层；2—钢丝绳

橡胶覆盖层不承受拉力，其作用只是保护输送带免受机械损伤、磨损及腐蚀等。覆盖层的厚度根据输送物料的特性选定。

覆盖层橡胶的种类分为普通型、耐热型、耐寒型、耐油型、耐酸型、耐碱型等。普通型适用于环境温度为－10～40℃之间。耐热型输送物料的温度可达 120℃。耐寒型工作温度可达－30～－40℃。

橡胶帆布带的接头采用硫化胶合或用皮带扣连接，前者的优点是强度较高，后者的优点是连接方便，可缩短检修时间。

我国生产的橡胶输送带的标准规格见表 2-1。

输送机用的钢带为碳钢或不锈钢带，用于输送高温炽热物品。其缺点是允许仰角小，挠性小，需要大直径的滚筒，对安装精度要求高。网状钢丝带用于输送混水的物料，可以使水从网孔流下。这种带最适于筛选和用于活动炉底。它的挠性好，可用直径较小的滚筒。

2. 支承装置

为了把输送带装到输送机上去并能输送物品，输送带的承载分支与无载分支都需要装设

表 2-1　橡胶运输带的宽度、布层数及覆盖胶厚度（GB 523—65）

类型	各类型运输带宽度(mm)及布层数										各类型运输带覆盖胶厚 $\frac{工作面胶厚}{非工作面胶厚}$
强力型	宽度	—	—	—	650	800	1000	1200	1400	1600	$\frac{6.0}{3.0},\frac{6.0}{1.5},\frac{4.5}{3.0},\frac{4.5}{1.5}$
	布层数	—	—	—	3～5	3～6	3～7	4～10	5～10	5～10	
井巷型	宽度	—	—	—	650	800	1000	1200	1400	—	$\frac{6.0}{3.0},\frac{6.0}{1.5},\frac{4.5}{3.0},\frac{4.5}{1.5},\frac{3.0}{3.0},\frac{3.0}{1.5}$
	布层数	—	—	—	3～9	3～10	3～11	4～12	5～12	—	
普通型	宽度	300	400	500	650	800	1000	1200	1400	—	$\frac{6.0}{3.0},\frac{6.0}{1.5},\frac{4.5}{3.0},\frac{4.5}{1.5},\frac{3.0}{3.0},\frac{3.0}{1.5}$
	布层数	3～5	3～6	3～8	3～9	3～10	3～11	4～12	5～12	—	
轻型	宽度	300	400	500	650	800	1000	1200	—	—	$\frac{3.0}{1.5},\frac{3.0}{1.0},\frac{2.0}{1.5},\frac{2.0}{1.0},\frac{1.5}{1.5},\frac{1.5}{1.0}$
	布层数	3～4	3～5	3～6	3～7	3～8	3～9	3～10	—	—	
耐热型	宽度	—	400	500	650	800	1000	1200	1400	—	$\frac{6.0}{3.0},\frac{4.5}{3.0},\frac{3.0}{3.0},\frac{3.0}{1.5}$
	布层数	—	3～6	3～8	3～9	3～10	3～11	4～12	512	—	

注：橡胶布带的统一标记方法为：宽度×布层数×(上胶厚+下胶厚)×长度。例：800×8×(6+3)×1000。

支承托辊。无载分支采用直辊［见图 2-4（b)］；承载分支若是输送散状物料的，一般采用三个托辊组成的支架［见图 2-4（a)］，以使输送带形成槽形。两侧倾斜托辊的倾斜角度通常是 20°～30°。运送成件物品的承载分支仍用直形托辊，有时也采用光滑的托板。

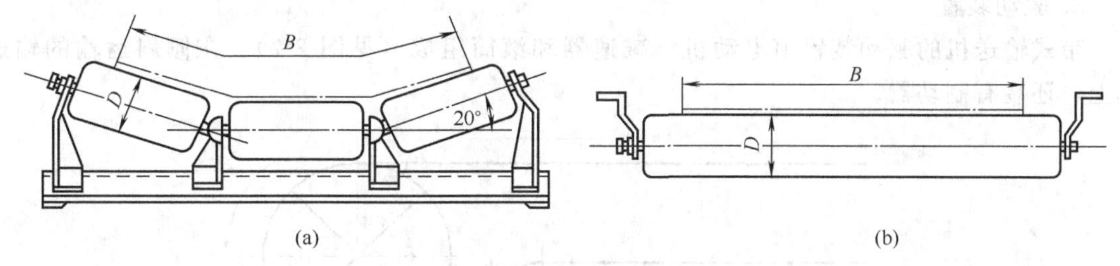

图 2-4　支承托辊

托辊多由无缝钢管制成。当带宽 B=500～800mm 时，托辊直径 D=89mm，当带宽B=1000～1400mm 时，D=108mm。托辊长度一般较带宽大 100～200mm。托辊也可以由铸铁或塑料制成。托辊支承在滚动轴承上，这样阻力小，便于维护，但应有良好的密封装置。托辊损坏的原因，多数是由于密封不良，轴承被粉尘卡死。密封装置可以用橡胶密封圈或迷宫式密封。

钢带的托辊如图 2-5（a)、(b）所示，它的长度可以略小于带宽。

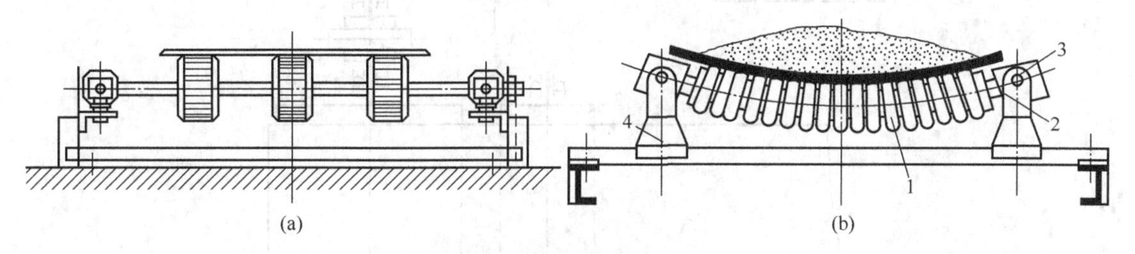

图 2-5　钢带用的托辊

1—弹簧；2—连接件；3—铰链；4—支座

承载分支托辊的距离一般在 1000～1500mm 范围内。支承托辊之间的距离不宜过大，否则，在运送散粒物料时，波浪形的输送带会扬起粉尘。这是因为物料以高速通过波峰时，离心力使它们飞离输送带，间距过大也使输送带寿命减低，运动阻力增加。无载分支托辊间距离一般为有载分支托辊距离的一倍。

图 2-6 为一种对中（纠正跑偏）胶带托辊支架的构造。这一组托辊的支架可以绕垂直轴线转动。在支架两侧沿运动方向稍后的地方还装有垂直挡辊。当输送带跑偏时，胶带与挡辊之间的摩擦力使支架转动一个角度，变成与胶带中心线成倾斜的方向。从而迫使输送带又回到中心位置。这种用来对中的托辊每隔 5～10m 装一个就可以。

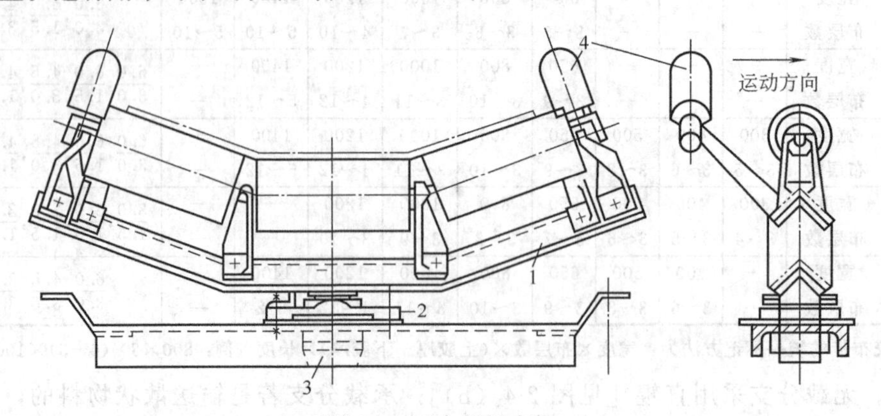

图 2-6　对中托辊支架

1—可旋转支架；2—支座；3—轴承；4—侧辊

3. 驱动装置

带式输送机的驱动装置由电动机、减速器和滚筒组成（见图 2-7）。在倾斜运输的输送机上，还装有制动器。

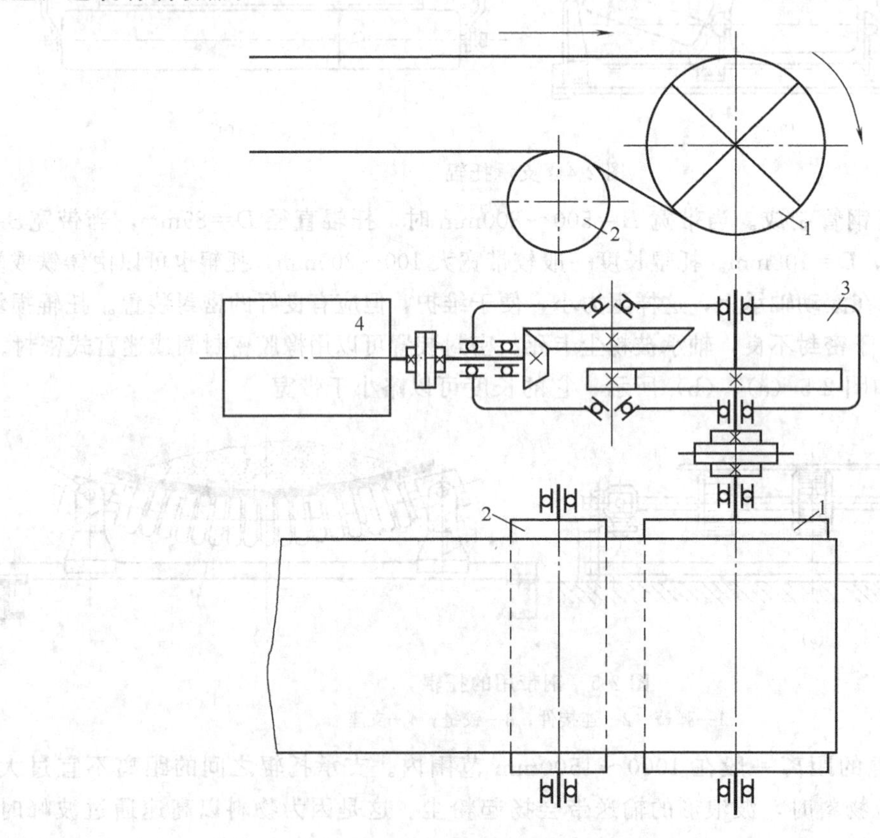

图 2-7　带式运输机的驱动机构

1—驱动滚；2—托辊；3—减速器；4—电动机

驱动滚筒用钢板或铸铁制造。有时为了输送带与滚筒之间的摩擦系数，在滚筒表面包上橡胶或木条。

滚筒直径 D 决定于输送带的帆布层数，一般取为

$$D=125i \tag{2-1}$$

式中 i——帆布层数。

对于钢输送带，卷筒直径为

$$D=(800\sim1200)\delta \tag{2-2}$$

式中 δ——钢带厚度。

驱动滚筒长度通常较输送带宽度大 100～200mm。为了防止带子跑偏，驱动滚筒制成中部凸起的形状，凸度为滚筒长度的 $1/200$。

滚筒的牵引力，应根据输送带不在滚筒表面滑动为条件来确定。根据欧拉公式，可以写出驱动滚筒具有的牵引力为

$$P=S_{ru}-S_{ch}\leqslant S_{ch}(e^{f\alpha}-1) \tag{2-3}$$

式中 S_{ru}、S_{ch}——输送带绕入端和绕出端的张力；

α——输送带滚筒上的包角；

f——输送带与滚筒之间的摩擦系数（胶带与钢之间 $f=0.2\sim0.3$）。

从式（2-3）可以看出，在 S_{ch} 为某一定值时，$e^{f\alpha}$ 值越大，滚筒的牵引力越大。所以，可以通过加大包角 α 和摩擦系数 f 的办法来增加滚筒的牵引力。

为了增大输送带在驱动滚筒上的包角，可以采取多种驱动滚筒布置方案。图 2-8 为几种驱动滚筒的布置方法，其中图（a）系利用导向轮增大包角；图（b）为用双滚筒同时驱动的，它的包角为两个滚筒上包角 α_1 和 α_2 之和；图（c）系利用一压紧带来增大输送带与驱动滚筒之间的压力来提高牵引力的。带 2 借坠重 3 把输送带 1 压到驱动滚筒 4 上。

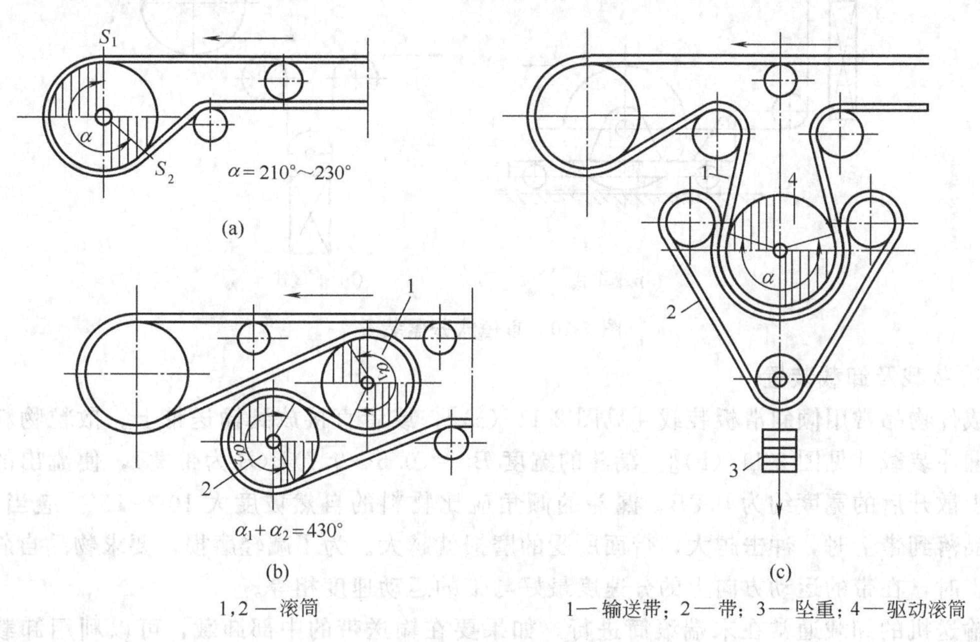

图 2-8 驱动滚筒布置方案

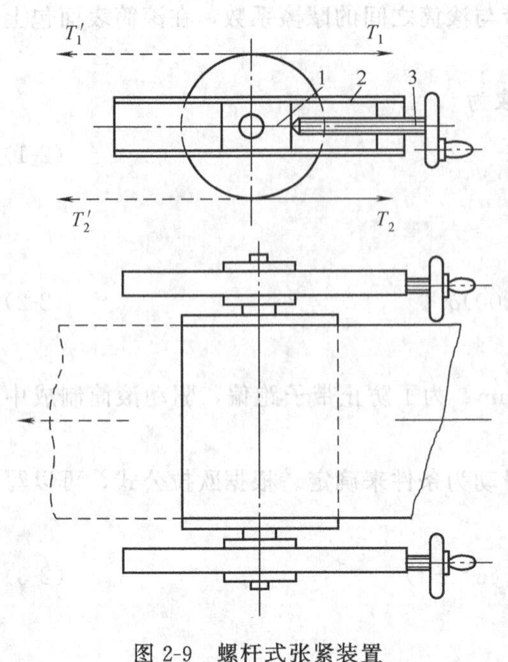

图 2-9 螺杆式张紧装置

1—滚筒支座；2—导轨；3—螺旋

4. 张紧装置

张紧装置的作用是保证输送带中有必要的张力，一方面是使驱动滚筒能够产生所需的驱动力，另一方面是限制输送带在托辊间的垂度。常用的张紧装置有两种：螺杆式张紧装置与重锤式张紧装置。

(1) 螺杆式张紧装置　图 2-9 为螺杆式张紧装置的构造简图。螺杆式张紧装置的优点是结构紧凑，构造简单。缺点是不能自动补偿胶带的伸长，并且调整的行程有限。这种装置适用于机长小于 80m 的带式输送机，张紧行程通常取为输送机长度的 1.0%～1.5%。

(2) 重锤式张紧装置　图 2-10 示出了两种重锤式张紧装置，图 (a) 为小车式，图 (b) 为垂直式。

重锤式张紧装置的优点是可以自动保持恒定的张力，张紧行程较长，适用于较长的输送机。它需要装在输送机的尾部，用于张紧机尾的滚筒。这种装置适用于 50～100m 长度路线复杂的输送机。当机尾的位置受到限制时，则可以采用垂直式的张紧装置。它的缺点是改向卷筒多，检修不便，物料易漏入输送带与张紧滚筒之间，损伤输送带。垂直式张紧装置在驱动滚筒的绕出边，使带子松边张力不变，这样布置可用较小的重锤质量。

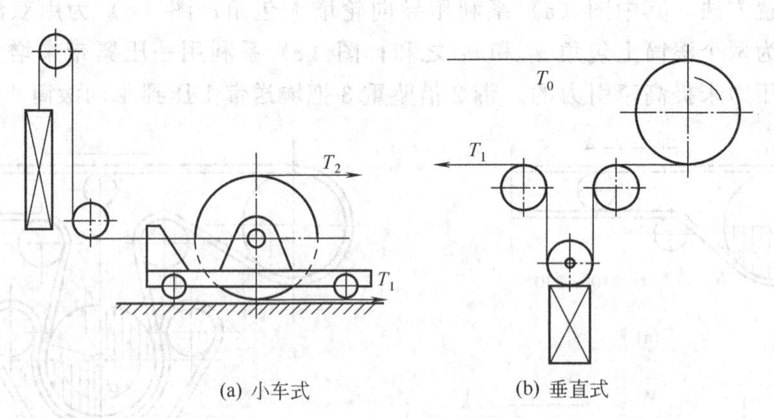

(a) 小车式　　(b) 垂直式

图 2-10 重锤式张紧装置

5. 装载及卸载装置

成件物品常用倾斜滑板装载 [见图 2-11 (a)]，或者直接放到输送带上。散粒物料利用装料漏斗装载 [见图 2-11 (b)]。漏斗的宽度 $B_1=(0.5\sim0.7)B$(B 为带宽)，使流出的物料在带上散开后的宽度约为 $0.8B$。漏斗的倾角应比物料的自然坡度大 10°～15°。应当指出，当物品落到带上时，冲击越大，带面所受的磨损就越大。为了减轻磨损，要求物品自斜面滑到带上时，在带的运动方向上的分速度最好与带的运动速度相等。

输送机的卸载通常在末端滚筒进行。如果要在输送带的中部卸载，可以利用卸载小车 [见图 2-11 (c)] 或卸料挡板 [见图 2-11 (d)]。后者的缺点是使输送带加速磨损。使用时，

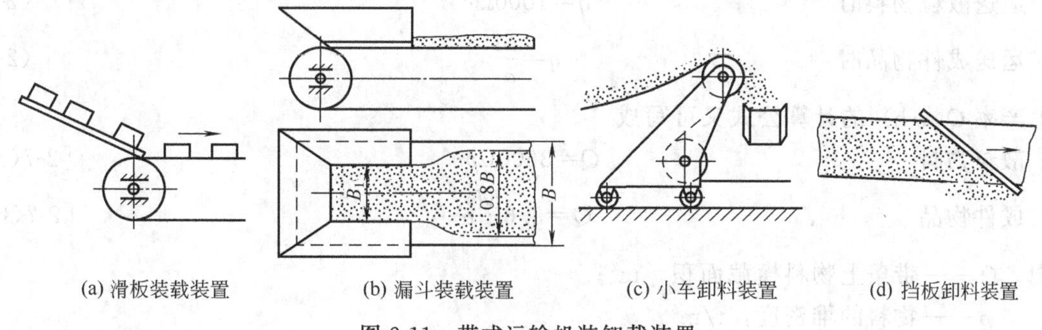

(a) 滑板装载装置　(b) 漏斗装载装置　(c) 小车卸料装置　(d) 挡板卸料装置

图 2-11 带式运输机装卸载装置

应使挡板与带子纵向的倾斜角能让物品顺利地滑出才好。

6. 清理装置

输送机在卸料之后仍将有少量的物料粘在带面上，这些物料将使胶带通过无载区段的托辊时产生剧烈的磨损，并且这些物料在无载区段运行过程中通过托辊时又会脱落，这样在输送机下面会逐渐堆积很多的物料，这些物料的清除工作将带来繁重的附加劳动。因此，在输送机的驱动滚筒处，即输送带由承载区段转向无载区段的地方应装有清理装置。

带式输送机上常用的清理装置有两种，一种是清理刮板［见图 2-12（a)］，它适用于清理干燥物品；另一种是清理刷［见图 2-12（b)］，它适用于清理潮湿或有黏性的物品。清理刷是由鬃毛制成的，在较少的情况下，则用特殊的金属丝制成。刷子的转动靠滚筒轴带动，并使刷的圆周运动方向与带的运动方向相反，以增加清理效果。

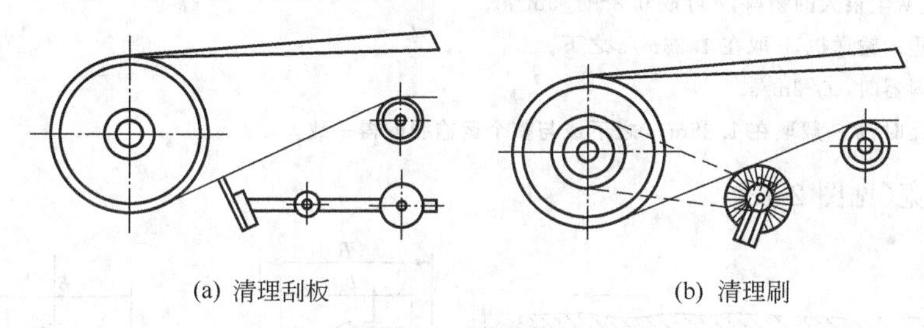
(a) 清理刮板　(b) 清理刷

图 2-12 清理装置

7. 安全装置

在倾斜的带式输送机中，当其向上运送物品时，特别要防止由于偶然事故停车而造成物品倒流的危险，必须装有停止器和制动器，作为安全装置。这些安全装置通常靠近驱动滚筒或安装在滚筒轴端。

除上述主要零件外，还有由型钢或钢管焊成的机架，机架用来固定各个零部件和支承全部质量。

三、带式输送机的生产率与带宽计算

1. 生产率的计算

单位时间内运送物料的数量（质量或体积）称为生产率，以 Q 表示，质量生产率的单位是 t/h 或 kg/h。如果带条的线速度为 v(m/s)，单位带长上的物料质量为 q(kg/m)，则带式输送机的生产率 Q(t/h) 为

$$Q=qv\times\frac{3600}{1000}=3.6qv \tag{2-4}$$

单位带长上物料质量 q(kg/m) 可以用下式计算

运送散粒物料时 $$q=1000\Omega\rho \tag{2-5}$$

运送成件物品时 $$q=\frac{M}{a} \tag{2-6}$$

则生产率 Q(t/h) 的计算公式又可写成

散粒物料 $$Q=3600\Omega\rho v \tag{2-7(a)}$$

成件物品 $$Q=3.6\frac{M}{a}v \tag{2-7(b)}$$

式中　Ω——带条上物料横截面积，m^2；

ρ——物料的堆密度，t/m^3；

a——成件物品的间距，m；

M——一件物品的质量，kg。

带条的运动速度 v 是很重要的参数，它直接影响到生产率和机器的强度及寿命，速度越高，生产率 Q 也越大；单位带长的负载也变小，减轻了带的负荷。但速度高了，在装载卸载处增加了带的磨损，对带的寿命也不利，通常按经验值选定，参见表 2-2。

表 2-2　运送散粒物品的带速 v/m·s^{-1}

物料特性	带条速度 v		
	带宽 B500m、650m	带宽 B800m、1000m	带宽 B1200m、1400m
磨损性较小的物料(如原煤、盐等)	1.25～2.50	1.25～3.15	1.25～4.00
磨损性中小的物料(矿石、石渣、砾石)	1.25～2.00	1.25～2.50	1.25～3.15
有磨损性的大块物料(大块矿石)	1.25～1.60	1.25～2.00	1.25～2.50

注：1. 对于输送灰尘很大的物料，v 可取 0.8～1.0m/s。

2. 人工配料称重的输送机，v 取在 1.25m/s 之下。

3. 采用犁形卸料器时，$v \ngtr 2$m/s。

4. 运送成件物品时，v 一般取在 1.25m/s 之下或与整个运输线取得一致。

2. 确定带宽(见图 2-13)

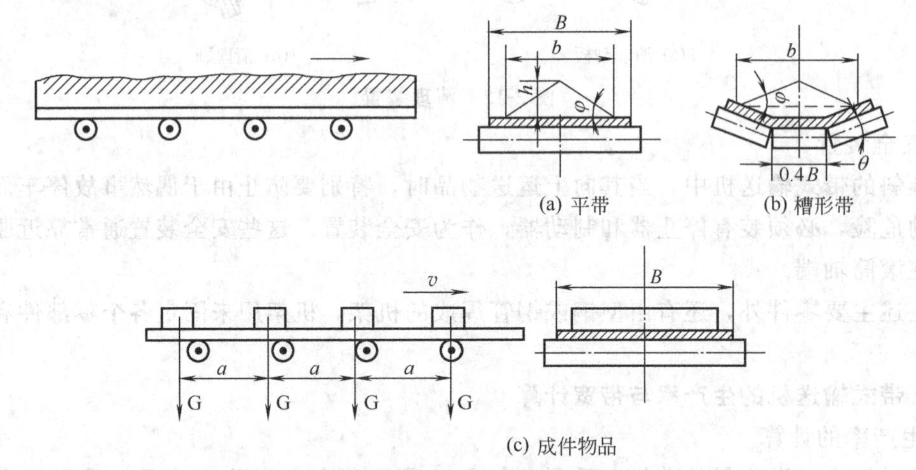

图 2-13　带条上物料断面积

带条的宽度 B 主要由生产率 Q 来决定，同时也要考虑到带条的速度和物料块度大小 a 的影响，计算时，先求出物料在带上的断面积 Ω 和带宽 B 的关系，继而可由生产率 Q 求出带宽 B。

(1)带条上物料的断面积 Ω(m^2)的计算

① 平带。物料在带条上的横断面积，难以精确计算，一般用近似方法来计算，可把它看成一个等腰三角形，取底边 $b=0.8B$（B 为带宽）；底角 $\varphi_{动}$ 为物料的“动自然坡角”，考虑到倾斜输送时，截面积有一定的缩小，用一个小于 1 的系数 C 来折算，则

$$\Omega=C\frac{bh}{2}=C\frac{b}{2}\times\frac{b}{2}\tan\varphi_{动}=0.16CB^2\tan\varphi_{动} \tag{2-8}$$

② 槽形带。把断面看成梯形面积 Ω' 与等腰三角形 Ω'' 之和，梯形上下底近似地取为 $0.4B$ 与 $0.8B$。则

$$\Omega=\Omega'+\Omega''=\frac{1}{2}(0.4B+0.8B)\times0.2B\tan\theta+0.16CB^2\tan\varphi_{动}$$

$$=B^2(0.12\tan\theta+0.16C\tan\varphi_{动}) \tag{2-9}$$

式中 B——沿槽形托辊度量的带条宽度。

(2)带宽 B 与生产率的关系 将式(2-8)、式(2-9)代入式(2-7)中，可得到生产率 Q(t/h)为

平带 $$Q=3600\Omega\rho v=3600\rho v(0.16CB^2\tan\varphi_{动})=576CB^2\rho v\tan\varphi_{动} \tag{2-10(a)}$$

槽形带 $$Q=3600\Omega\rho v=3600\rho v[B^2(0.12\tan\theta+0.16C\tan\varphi_{动})] \tag{2-10(b)}$$

则带宽 B(m)即可由式(2-10)求出

平带 $$B=\sqrt{\frac{Q}{576C\rho v\tan\varphi_{动}}} \tag{2-11(a)}$$

槽形带 $$B=\sqrt{\frac{Q}{3600\rho v(0.12\tan\theta+0.16C\tan\varphi_{动})}} \tag{2-11(b)}$$

对未经筛分的物料 $$B\geqslant2a_{max}+200 \tag{2-12(a)}$$

对经过筛分的物料 $$B\geqslant3.3a_{max}+200 \tag{2-12(b)}$$

式中 a_{max}——物料最大块度，mm；

$\varphi_{动}$——物料动自然坡角，见表 2-3；

ρ——物料的容积密度，t/m³，见表 2-3；

C——考虑带条倾斜运输时，物料断面积缩小的系数：当输送机倾角 $\beta<10°$时，$C=1$；当输送机倾角 $\beta=11°\sim15°$时，$C=0.97$；当输送机倾角 $\beta=16°\sim22°$时，$C=0.9$；

θ——托辊的倾斜角。

表 2-3 散料常用特性

物料名称	容积密度 ρ/t·m⁻³	堆积角		对钢的摩擦系数 f	
		动 $\varphi_{动}$	静 $\varphi_{静}$	动	静
稻谷	0.55～0.57	35～45		0.33	0.57
砂糖	0.72～0.88		51	0.85	1.0
尿素	0.65(粉)～0.78(块)		43(粉)～31(粒)		0.58(粒)
磷矿粉	1.47		38		
细盐	0.9～1.3	42	47.7	0.49	0.7
陶土	0.32～0.49		54	0.45	0.75
石英砂	1.3～1.5		40		0.75
型砂	0.8～1.3	30	45		0.71
白云石	1.2～2.0	32.5～35		0.625(粉)	
石灰石、砾石	1.5～1.9	30	45	0.58	1.0
生石灰	0.85～0.95	30	43		
熟石灰(粉)	0.6		43		0.725
水泥	0.9～1.7	35	40～45		0.73
焦炭	36～0.53	30	50	0.57	1.0

续表

物料名称	容积密度 $\rho/t\cdot m^{-3}$	堆积角		对钢的摩擦系数 f	
		动 $\varphi_{动}$	静 $\varphi_{静}$	动	静
褐煤	0.65～0.78	35	50	0.5～0.7	1.0
高炉渣	0.6～1.0	35	50	0.7	1.2
平炉渣	1.6～1.85		45～50		
煤渣	64	35	45		
铁矿石(含铁53%～60%)	2.4～2.9	30～35	40		
铁矿石(含铁33%)	2.2	30～35	38～40		
铁烧结块	1.7～2.0	35	45		
磁铁矿	2.5～3.5	30～35	40～45		
赤铁矿	2～2.8	30～35	40～45		
褐铁矿	1.2～2.1	30～35	40～45		

如果带宽 B 不能满足块度尺寸的要求，则可以把带宽 B 提高一级。有了带宽，即可初步选定带条的衬布层数（见表 2-4）。

表 2-4　橡胶布带橡胶覆层厚度推荐值

物料特性	材料名称	工作表面覆层 δ_1/mm	非工作表面覆层 δ_2/mm
粉末状或夹微粒的物料	水泥、高炉灰、生熟石灰	1.5	1.0
中小粒度	焦炭、石灰石、白云石、烧结矿、沙	3.0	1.0
块度	矿石、石块	3～4.5	1.5
块度	金属矿、岩石	4.5	1.5
块度	大块铁矿石、锰矿石	6	1.5
硬壳包装　质量	箱子、桶	1.5～3.0	1.5
硬壳包装　质量	箱子、桶	1.5～4.5	1.5
无包装之成件物品	机械零件	1.5～6.0	1.5

第二节　板式输送机

板式输送机也是连续式输送机的一种，如图 2-14 所示。它的基本结构是在一根或两根封闭环形牵引链上，安装有许多块互相靠近的板条 2，作为承载装置，把物料放在这些板条上。当链条带着链板移动时，物料也就被运移向前了。

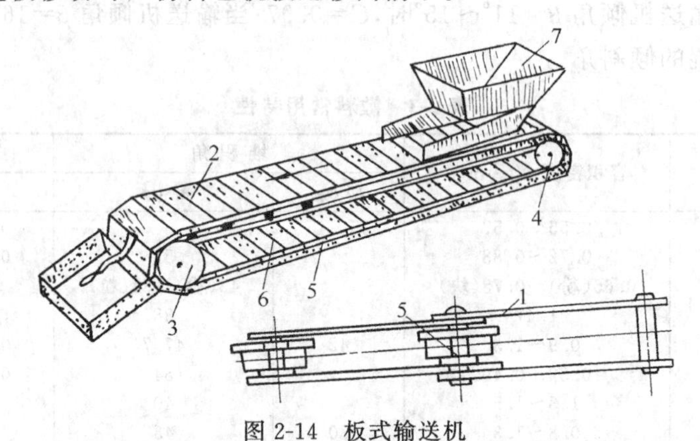

图 2-14　板式输送机

1—链条；2—链板；3，4—链轮；5—行走滚轮；6—机架；7—装载斗

(1) 链条　是输送机的曳引件，一般为片式关节链，在输送机两端绕过驱动链轮 4 和改向张紧链轮 3。链轮的驱动方式和带式输送机相似。而张紧装置则都采用螺栓式的。为了支承链条和物料，在链条上隔一定间距安装有行走滚轮 5，可沿导向的机架行走。

（2）链板　是板式输送机的主要零件。它的形状因物料不同而异，当运送成件物品时，链板和链板之间应当有间隙［见图 2-15（a)］；当运送散料时，为防止物料从链板缝隙中漏出，要求链板之间没有缝隙［见图 2-15（b)］。也可以采取带侧板的链板。

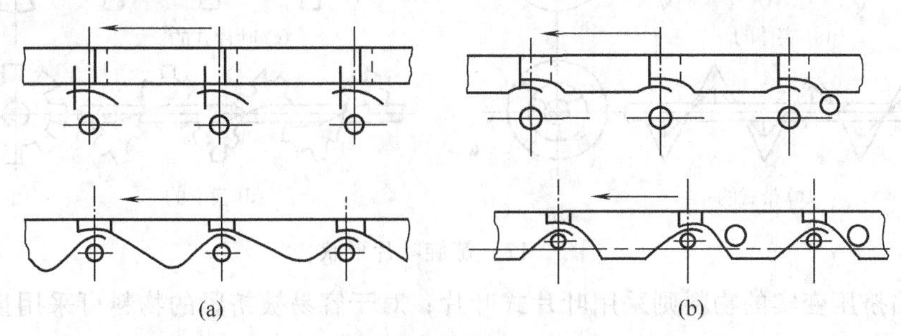

图 2-15　链板的形式

板式输送机可以水平运输，也可以倾斜向上运输，其倾角较带式输送机大（可达 45°）。由于它的牵引件与承载件强度高，输送长度也较大，并且特别适合运送沉重的、大块的、易磨损的和炽热的物料。它的生产率也很高，可达 1000t/h，所以广泛地应用在冶金、煤炭、化工等部门。

板式输送机的优点是工作平稳、声音小，在水平与倾斜过渡段只需很小的曲率半径，这些都是比带式输送机优越的地方。缺点是自重大、制造复杂、成本较高，运输速度小(0.2～0.6m/s)，链条关节多，维护工作量大。

第三节　螺旋输送机

螺旋输送机是利用带有叶片的螺旋杆旋转推动物料运动的机械。螺旋输送机可以水平方向输送物料，也可以是倾斜、甚至是垂直向上输送。图 2-16 所示为水平螺旋输送机，由电动机、联轴器及减速器组成的驱动装置 1 带动有叶片的螺旋轴 4 旋转。从图中可以看出，在右螺旋线的中心螺旋轴很长，因此除首端、末端有轴承外，还设有若干个悬挂式中间轴承 6。从承载漏斗 3 所在的装料端看，若螺旋逆时针方向旋转，按判定主动件轴向力方向的定则，螺旋的轴向力是指向左边。把物料看成螺母，它所受到的轴向推力应指向右边，所以，从装料口装入物料，至末端卸载口 9 卸出物料。图示螺旋输送机设有中间卸载口 10，可以改变螺旋的转动方向，向不同方向输送物料。

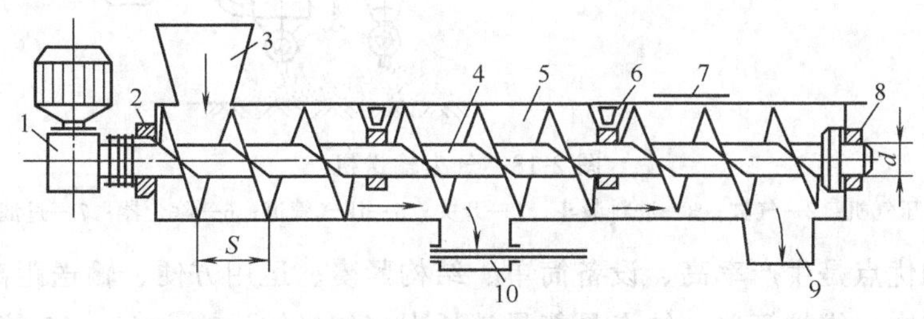

图 2-16　水平螺旋输送机

1—驱动装置；2—末端轴承；3—承载漏斗；4—轴；5—料槽；6—中间轴承；
7—中间装载口；8—首端轴承；9—末端卸载口；10—中间卸载口

螺旋的叶片形状随着所运送的物料性质不同可分为四种（见图 2-17)：对于干燥、无黏性的粒状或粉状物料采用实体的叶片；对于粒度稍大而带有黏性的物料采用带式的叶片；对

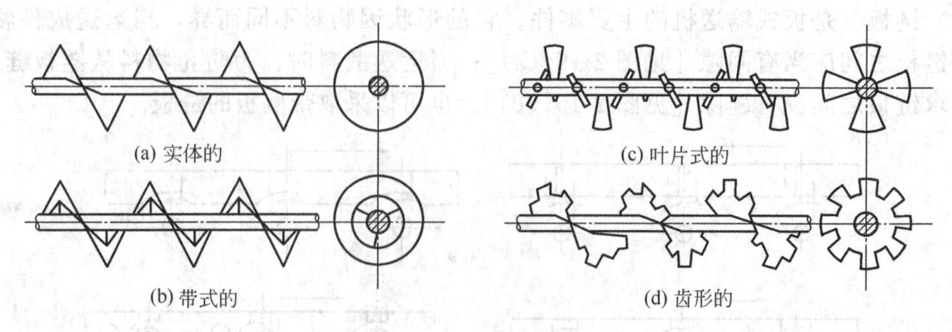

图 2-17 螺旋叶片形状

于黏性的或怕挤压变实的物料则采用叶片式叶片；对于容易被挤紧的物料可采用齿形的叶片。

螺旋输送机的优点是构造简单紧凑、外形封闭，粉状物品不会飞散，可减少环境污染，输送路线上多处可以装、卸物料。缺点是能量消耗大，料槽和螺旋的磨损快，被运送物品容易挤碎；对超载敏感，易产生堵塞现象。因此，螺旋输送多用于输送距离不大，生产率不高，物料琢磨性小的粉末状、颗粒状及小块的散碎物料。

第四节 气力输送机

气力输送机（见图 2-18）是利用气流来运送物料的。它的工作原理是：把物料吸入到气力输送的管内空气流中，构成了悬浮流动的气料混合物，通过管道将物料输送至目的地，然后将物料从气流中分离出来。它主要用来输送粒散物料：如碎煤、煤粉、水泥、沙子、谷物、化学物料、黏土等。广泛用于农业、木材加工、铸造车间、港口、建材等部门。

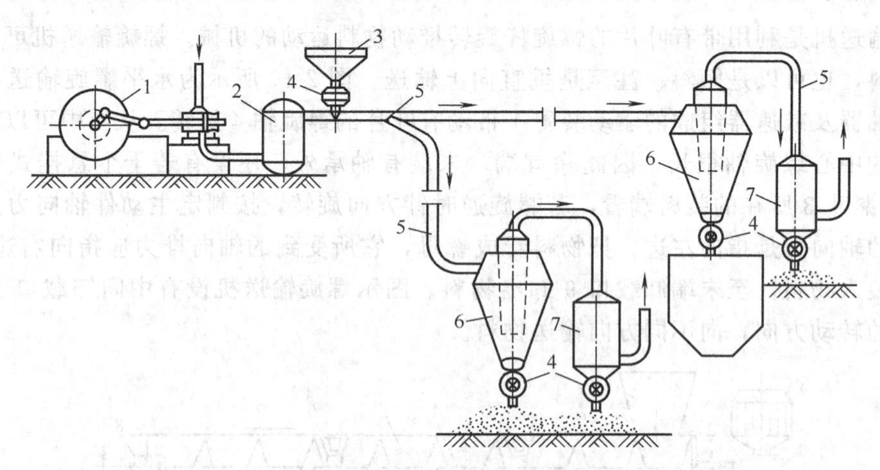

图 2-18 气力输送机

1—压气机；2—气缸；3—进料漏斗；4—开关；5—压气管道；6—除尘器；7—过滤器

气力输送的优点是生产率高、设备简单、结构紧凑、运用方便、输送距离长，管线可以敷设在地下或空中、维护简单。缺点是能量消耗大（比机械运输大 10～15 倍），不能输送黏性、潮湿和大块的物料。

气力输送机根据其动力设备是抽气机或压气机分为吸气式气力输送机或压气式气力输送机两种形式。前者物料由吸嘴吸入、与空气混合经管道送到分离器进行卸料，空气经过滤器滤净后送出。吸气的真空度，近距离为 9.8kPa 以下，远距离输送至少应在 0.039～

0.049MPa之上。这种输送机的主要缺点是吸力有限，运输距离不长。压气式气力输送机，物料由供料器送入气流，到分离器卸料，空气被滤净后排入大气。这种输送机又分为低压式和高压式两种，低压式的空气压力在0.049MPa以下，高压式的空气压力可达0.588～0.686MPa。这种输送机输送距离长，可以向几处同时卸料，消耗电能较吸气式的气力输送机低。

习 题

2-1 绘简图并说明带式输送机有哪几部分组成？各部分的作用？

2-2 常见的托辊有哪几种？各用于何处？

2-3 生产率、带宽与带速间的关系是怎样的？

2-4 与带式输送机相比，板式输送机有什么优点？

2-5 根据螺旋的情况如何判定物料的输送方向？

2-6 螺旋输送机的螺旋形式有哪四种？

2-7 螺旋输送机的优缺点如何？

2-8 气力输送机的工作原理是什么？

2-9 气力输送机根据什么进行分类？各类型的特点如何？

第三章 离心式水泵

水泵是抽吸输送液体的机械。它能将原动机的机械能转变成液体的功能和压力能，使液体获得一定的流速和压力，从而把液体输送到一定的高度并克服管路中液体流动的阻力。本章将着重叙述离心式水泵的工作原理、性能构造特点、运行中的主要问题及选型计算等方面的知识。

第一节 概 述

一、离心式水泵的工作原理与分类

如图 3-1 所示为单级单吸式离心泵装置示意图。叶轮 1 固定在转轴上，并装置在泵壳 3 中，叶轮上面有一定数量的叶片 2。泵的吸入口和吸水管 5 连接，吸水管末端安装有底阀 7，用以防止停车时泵内液体倒流回贮槽。底阀中滤网的作用是防止杂物进入管道和泵壳。排液口和压水管 6 连接，并装有阀门 8，用以调节泵的流量。

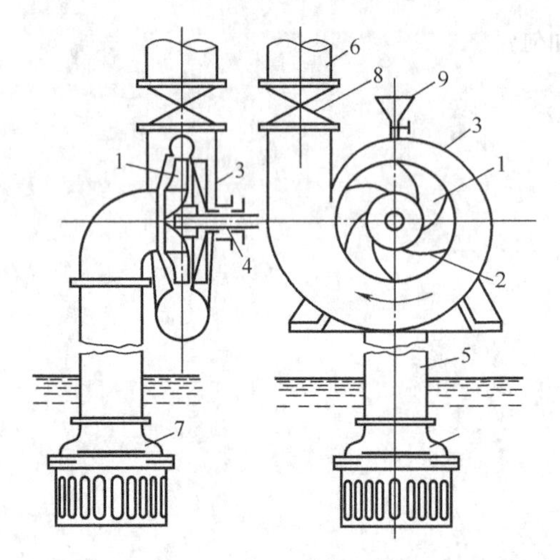

图 3-1 离心泵装置示意

1—叶轮；2—叶片；3—泵壳；4—泵轴；5—吸水管；6—压水管；7—底阀；8—阀门；9—引水漏斗

在泵启动前，泵壳内须先充满液体。当原动机驱动转轴旋转时，叶轮也随着旋转，叶轮间的液体在叶片的推动下作高速旋转运动。在离心力的作用下，液体便从叶轮中心被抛向叶轮外缘，使液体压强升高，利用此压强将液体经过泵壳压向泵出口，由于泵壳中流道逐渐加宽，液体流速逐渐降低，部分动能转变为压力能，至泵出口处，液体的压强进一步提高，最后进入排出管中，这个过程称为压液过程。与此同时，叶轮中心处液体压强降低形成真空，造成了吸水管贮槽液面与叶轮中心处的压强差，在这个压强差的作用下，液体便被吸入，称为吸液过程。

如叶轮不停地转动，液体便不断地被吸入和压出，由此可见，离心泵的送液是由于离心力的作用，故称为离心泵。

由于在不同情况下工作需采用不同结构和规格的离心泵。因此，离心泵的类型较多，主要分类方法如下。

1. 按输送液体分类

(1) 清水泵 适用于输送不含固体颗粒、无腐蚀性的溶液或清水。

(2) 杂质泵 用于输送含有泥沙的矿浆、灰渣等。

(3) 耐腐蚀泵 输送含有酸性、碱性等有腐蚀作用的溶液。

(4) 铅水泵 专门输送铅溶液，其使用温度可高达 460℃。

2. 按吸入方式分类

(1) 单吸式 液体从叶轮的一侧进入叶轮，如图 3-2 (a) 所示。这种泵结构简单，容易制造，但因叶轮两侧受力不均，易产生轴向力。

(2) 双吸式 液体从叶轮的两侧同时进入叶轮，如图 3-2 (b) 所示。这种泵制造较为复杂，但可避免轴向力的产生，延长泵的使用寿命。

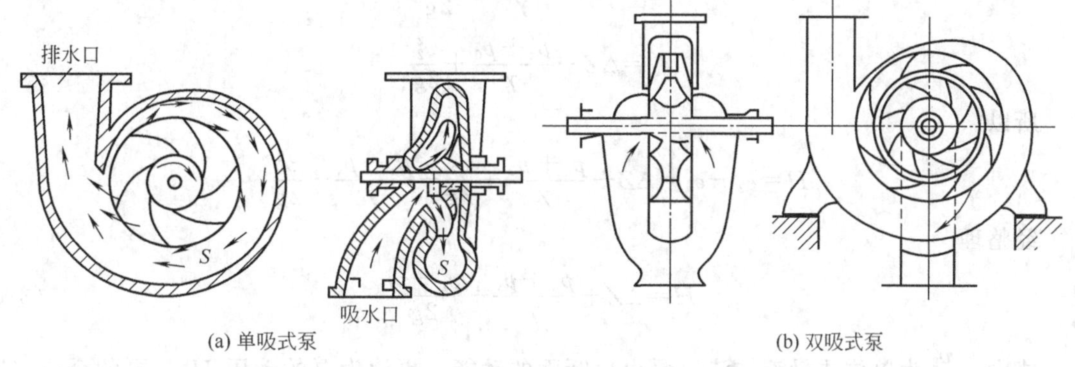

(a) 单吸式泵　　(b) 双吸式泵

图 3-2 泵的吸入方式

3. 按叶轮数目分类

(1) 单级泵 泵的转子只有一个叶轮，结构简单，但泵的扬程不大。

(2) 多级泵 泵的转子由多个叶轮串接而成，这种泵的扬程可随叶轮数目的增加而增加。

4. 按泵体的剖分位置分类

(1) 水平中开式泵 剖分面为水平位置，该泵外壳可以水平打开，检修清洗较为方便。

(2) 节段式泵 剖分面为垂直位置，制造方便。

二、离心式水泵的工作参数

要正确选用和运转离心泵，必须了解它的工作性能。在离心式水泵的铭牌上均标有流量、扬程、功率、效率、转速、允许吸上真空高度或必需汽蚀余量等数据，注明泵在效率最高时的主要性能。这些表达离心泵性能的技术数据，称为泵的工作参数。

(一) 流量

泵的流量是指单位时间内泵能排出的液体的体积。用符号 Q 表示，单位为 m^3/s 或 m^3/h 等。泵的流量不是一个固定值，而能在一定范围内变动。

(二) 扬程 (或压头)

泵的扬程指的是单位质量液体在泵中实际获得的能量，又称之为泵的压头。用符号 H 表示，单位为 m。

离心泵的扬程与叶轮的直径平方成正比，也与叶轮的转速平方成正比。叶轮直径和转速固定时，流量越大，则扬程减小。

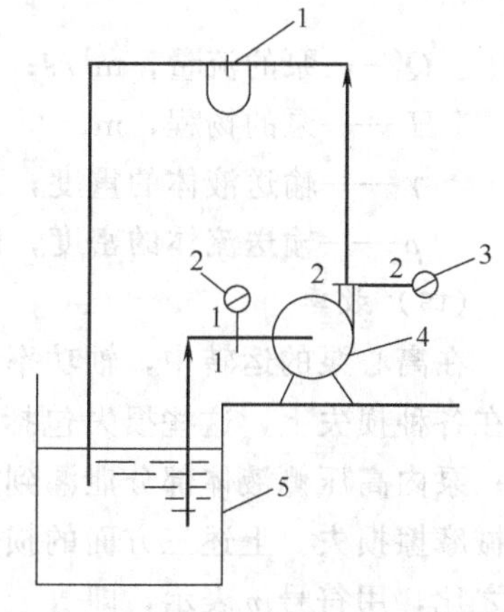

图 3-3 测定流量和扬程的实验

1—流量计；2—真空表；3—压力表；4—离心泵；5—贮槽

泵的流量和扬程，目前还不能从理论公式算出，只能用实验方法测定。测定离心泵流量和扬程的实验装置如图 3-3 所示。1—1 断面为泵的进口，装有真空表，其读数为 p_v。2—2 断面为泵的出口，装有压力表，其读数为 p_0，大气压强为 p_a。出口与入口的高度差为 ΔZ。由测得的流量和管径算出入口和出口处的流速为 v_1 和 v_2。

根据扬程的定义可知，单位质量液体在泵出口处的总压头 e_2 和泵入口处的总压头 e_1 之差即为扬程。

$$H=e_2-e_1$$

以泵入口中心的水平面为基准，单位质量液体在1—1断面和2—2断面处的总压头分别为

$$e_1=0+\frac{p_a-p_v}{\gamma}+\frac{v_1^2}{2g}$$

$$e_2=\Delta Z+\frac{p_a+p_0}{\gamma}+\frac{v_2^2}{2g}$$

所以

$$H=e_2-e_1=\Delta Z+\frac{p_a+p_0}{\gamma}+\frac{v_2^2}{2g}-\frac{p_a-p_v}{\gamma}-\frac{v_1^2}{2g}$$

经整理

$$H=\Delta Z+\frac{p_0+p_v}{\gamma}+\frac{v_2^2-v_1^2}{2g} \tag{3-1}$$

式中，$\frac{v_2^2}{2g}$为单位质量液体流过泵出口断面的动能，也称为泵的动压 H_d，泵的全压（即扬程）H 与动压 H_d 之差称为泵的静压 H_{st}，即

$$H=H_{st}+H_d$$

$$H_{st}=H-H_d=\Delta Z+\frac{p_a+p_v}{\gamma}-\frac{v_1^2}{2g}$$

离心泵的静压用来克服液体在管路中的流动损失，将液体送往高处，即提高液体的位能，是全压中的有效部分。因此，应尽量设法增大泵的静压，减小动压。

（三）功率

泵在单位时间内所做功的大小，称为水泵的功率，用符号 P 表示，单位为kW。

(1) 轴功率 P_a　原动机传到离心泵叶轮轴上的功率称为泵的轴功率，又称为输入功率。

(2) 有效功率 P_u　单位时间内液体流过泵所获得的实际有效能量称为泵的有效功率(单位为kW)，又称为输出功率。计算式为

$$P_u=\frac{\gamma QH}{1000} \tag{3-2}$$

式中　Q——泵的流量，m^3/s；

H——泵的扬程，m；

γ——输送液体的重度，N/m^3，$\gamma=\rho g$；

ρ——输送流体的密度，kg/m^3。

（四）效率

在离心泵的运转中，轴功率 P_a 并不可能全部转化为有效功率 P_u，其中一部分功率将消耗在各种损失上，这些损失包括液体在泵内流动时要克服沿程及局部阻力所产生的能量损失；泵内高压侧液体部分泄漏到泵入口甚至漏到泵外所造成的容积损失；泵轴转动时产生的机械摩擦损失。上述三方面的损失使有效功率小于轴功率。显然，效率等于有效功率与轴功率之比，用符号 η 表示，即

$$\eta=\frac{P_u}{P_a}=\frac{\gamma QH}{1000P_a} \tag{3-3}$$

例题 3-1　为了核定某台离心式水泵的性能，在转速为 2900r/min 时测得以下数据：流量为 12.5L/s，泵出口处压力表的读数为 260kPa，入口处真空表的读数为 26.7kPa，出口和入口的高度差为 0.8m。实验装置如图 3-3 所示。入口和出口的直径相同，测得轴功率为 5.74kW。求泵的总效率。

解　(1) 计算泵的扬程　因泵的入口、出口直径相等，所以 $v_1=v_2$。由式 (3-1)

$$H=\Delta Z+\frac{p_0+p_v}{\gamma}+\frac{v_2^2-v_1^2}{2g}=0.8+\frac{(260+26.7)\times 10^3}{1000\times 9.81}=30\ (\mathrm{m})$$

(2) 计算泵的总效率　由式 (3-3)

$$\eta=\frac{\gamma QH}{1000P_a}=\frac{9.81\times 1000\times 0.0125\times 30}{1000\times 5.74}=0.64=64\%$$

(五) 转速

转速是指泵轴每分钟的转速，用符号 n 表示，单位为 r/min。转速是影响水泵性能的一个重要参数，当转速变化时，泵的其他性能参数都相应地发生变化。

(六) 允许吸上真空高度或必需汽蚀余量

允许吸上真空高度或必需汽蚀余量是表征离心泵汽蚀性能的参数，用 H_{sa} 或 $(NPSH)_r$ 表示，单位是 m。将在第六节详细介绍。

(七) 比转数

生产中使用的水泵有着不同的尺寸和转速，如果泵的对应几何尺寸都成比例，对应的同名角相等，叶片数目相等，则称它们为同类型泵或相似泵。由泵的相似理论可知，同类型泵的运行参数间存在一个不变的关系式，即

$$n_1\frac{Q_1^{0.5}}{H_1^{0.75}}=n_2\frac{Q_2^{0.5}}{H_2^{0.75}}=\cdots=\text{常数}$$

我国规定对这个常数乘以 3.65 所得到的整数，就是这一同类型泵的比转数 n_s：

$$n_s=3.65n\frac{Q^{0.5}}{H^{0.75}} \tag{3-4}$$

式中　n ——泵的转速，r/min；

Q ——泵的流量，m^3/s；

H ——泵的扬程，m。

计算比转数时应注意 n、Q、H 值必须是泵的额定值，而且是以单级单吸叶轮为准，对于双吸叶轮，流量应以 $Q/2$ 代入公式，对于级数为 i 的多级泵，扬程应以 H/i 代入公式。

同类型泵的比转数相等。它综合反映泵的性能、结构特点。

当泵的转速相同时，比转数大则表明该泵流量较大，压头较小，效率较高，叶轮出口直径 D_2 与入口直径 D_0 之比（尺寸比 D_2/D_0）较小，叶道较短，泵的工作稳定性较好，过载能力大等。

第二节　离心式水泵的特性曲线

一、离心式水泵基本方程式

离心式水泵的基本方程又称欧拉方程，它是反映离心泵理论压头（扬程）与液体运动状

况变化的关系式。

由于液体在叶轮内的运动很复杂，为便于研究，对液体性质和在叶轮内的运动状况作如下假设。

① 液体为理想液体，即不考虑叶轮内液体运动的能量损失。

② 叶轮的叶片数目为无限多且厚度为无限薄。即液体的流动与叶片完全一致，在叶轮同一半径处的各质点流速、压强相等。

③ 液体在叶轮内的流动是稳定流。

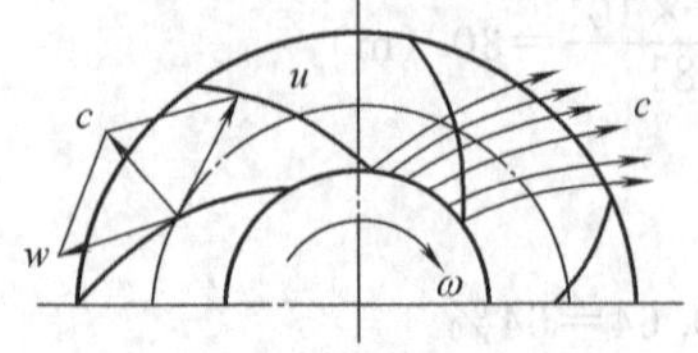

图 3-4 流体在叶轮内的运动

叶轮转动时，液体质点既随叶轮旋转作圆周运动，又相对于旋转叶轮的叶片作相对运动，所以液体质点运动是这两种运动的合成运动，称为绝对运动，其速度称为绝对速度 c，如图 3-4 所示。则有

$$c=u+w$$

式中 u——圆周速度，方向与叶轮圆周相切；

w——相对速度，方向与叶片相切。

图 3-5 为液体在叶轮中的运动，图中示出了液体在叶轮进、出口处的速度，并将绝对速度分解为径向分速度 c_r 及圆周分速度 c_u 两个垂直分量。绝对速度 c 和圆周速度 u 间的夹角用 α 表示；相对速度 w 与圆周速度 u 反方向的夹角用 β 表示，称为叶片安装角。

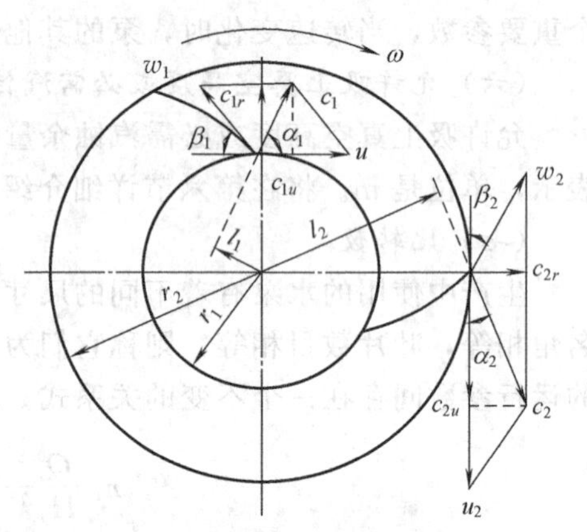

图 3-5 离心式水泵叶轮进、出口流体质点速度

对叶轮入、出口应用动量矩定理：单位时间内液体流过叶轮时对叶轮轴的动量矩的变化量，等于作用于该叶轮轴的合外力矩 M，即

$$M=mc_2l_2-mc_1l_1=\frac{\gamma Q}{g}(c_2r_2\cos\alpha_2-c_1r_1\cos\alpha_1) \tag{3-5}$$

若泵理论压头为 H_T，则叶轮轴上的功率 P_a 为

$$P_a=\gamma QH_T=M\omega$$

将上式代入式 (3-5)，又 $u=\omega r$ 整理后得

$$H_T=\frac{1}{g}(u_2c_2\cos\alpha_2-u_1c_1\cos\alpha_1)$$

因 $c_2\cos\alpha_2=c_{2u}$，$c_1\cos\alpha_1=c_{1u}$，于是

$$H_T=\frac{1}{g}(u_2c_{2u}-u_1c_{1u}) \tag{3-6}$$

式 (3-6) 即为离心式水泵的基本方程式，又称欧拉方程。

为了提高扬程和改善吸水性能，大多数离心泵液流径向流入叶轮，即 $\alpha_1=90°$，$c_{1u}=0$，则

$$H_T=\frac{1}{g}u_2c_{2u} \tag{3-7}$$

由基本方程 (3-6) 可知，离心泵理论压头 H_T 只与液体在叶片进、出口的速度大小和

方向有关，而与液体种类和性质无关。

由基本方程可以分析离心泵叶片的形式。按叶片出口安装角 β_2 的不同范围，离心式水泵的叶片形式可分为三种：$\beta_2 < 90°$ 的后向叶片；$\beta_2 = 90°$ 的径向叶片；$\beta_2 > 90°$ 的前向叶片，如图 3-6 所示。

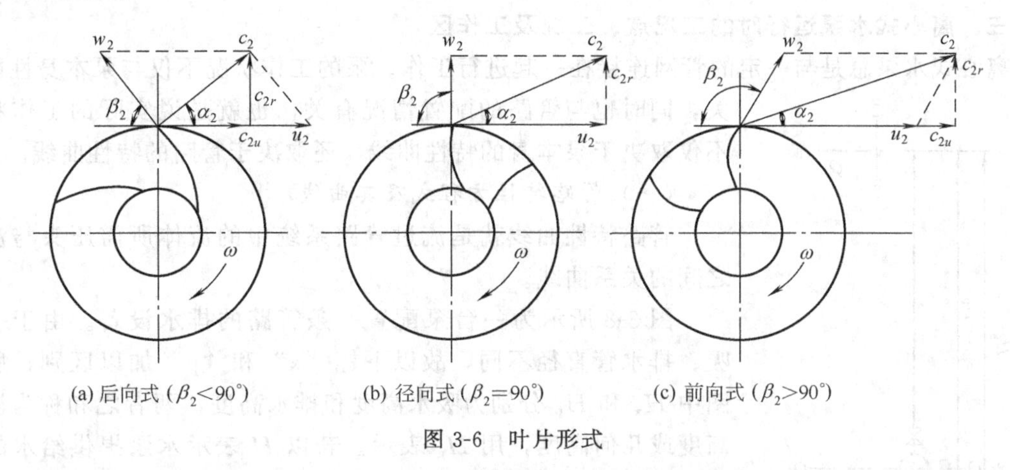

图 3-6　叶片形式

可以看出，前向或径向叶片的出口绝对速度 c_2 大，动压在理论全压中占有较大的比例，液体在泵内流动时的能量损失大。为减少能量损失，提高泵的效率，实践中离心泵叶轮的叶片都采用向后弯曲的形式，叶片出口角 β_2 一般在 20°～30°范围内。

二、离心式水泵实际运转特性曲线

离心泵的基本方程是在叶轮叶片数目为无限多时，流体流过叶轮而无能量损失的理想情况下得到的。实际上，叶轮叶片的数目是有限的，实际流体是有黏性的，流体流过泵时，不可避免地要产生各种能量损失，而且各种损失是错综复杂的，这样用解析的方法来绘制泵的实际运转特性曲线与实际情况有很大误差，所以在实际使用时，只能采用试验方法测定绘制离心泵的实际运转特性曲线，由生产泵的厂家提供。

图 3-7 所示为 IS100-80-125 型离心式水泵的运转特性曲线。它包括扬程曲线（即实际压头特性曲线）、功率曲线、效率曲线。这些曲线反映了泵在一定的转速下，扬程 H、轴功率 P_a、效率 η 随流量 Q 变化的规律，称为泵的实际运转特性曲线。

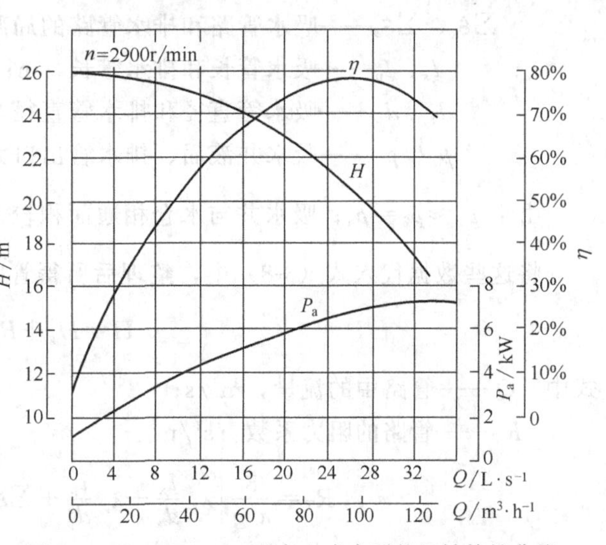

图 3-7　IS100-80-125 型离心式水泵的运转特性曲线

各种型号的离心泵各有其运转特性曲线，但都有以下几个共同点。

① 从扬程曲线可知，当流量较小时，扬程较大，随着流量增加，扬程逐渐下降。对常用的后向叶片水泵，其扬程曲线一般都是单调下降的。流量为零时（调节闸阀完全关闭时）的扬程称为关死扬程，用 H_{so} 表示。

② 从功率曲线可知，流量越大，则轴功率越大。当 $Q=0$ 时，轴功率 P_a 不等于零，为

最小，这个功率称为空载功率。所以离心式水泵要在调节闸阀完全关闭的情况下启动。

③ 从效率曲线可知，随 Q 的增大，η 由低到高，又由高到低，曲线上有一个最高点，称为最高效率点。与最高效率点相对应的参数 Q、H、P_a 称为设计工况。一般都标注在铭牌上，也称为额定参数。

三、离心式水泵运行时的工况点、工况及工作区

离心式水泵总是与一定的管网连接在一起进行工作。泵的工作状况不仅与泵本身性能有关，同时也与管路的配置情况有关，也就是说实际的工作状况不仅取决于泵本身的特性曲线，还取决于管路的特性曲线。

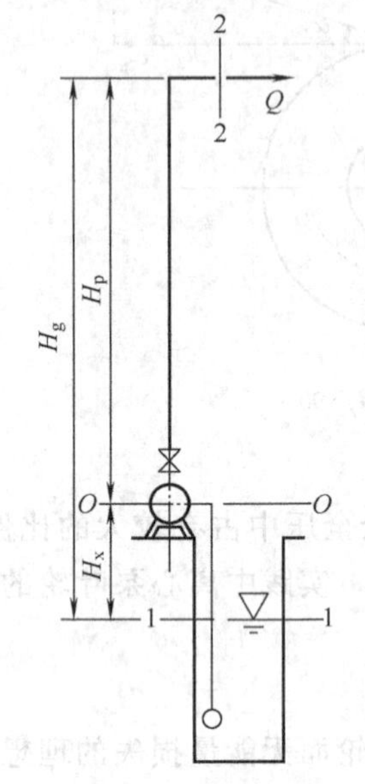

图 3-8　排水设备

（一）管路特性方程式及其曲线

管路特性曲线就是流过管路系统中的流体所需压头与流量之间的关系曲线。

图 3-8 所示为一台泵配置一条管路的排水设备。由于一般吸、排水管直径不同，故以下标“x”和“p”加以区别，所以图中 H_x 和 H_p 分别为吸水高度和排水高度，两者之和称为测地高度或几何高度，用 H_g 表示。若以 H 表示水泵提供给水的压头（单位为 m）并取吸水井液面 1—1 为基准面，列 1—1 面和排水管出口截面 2—2 的伯努利方程

$$\frac{p_1}{\gamma}+\frac{v_1^2}{2g}+H=H_g+\frac{p_2}{\gamma}+\frac{v_2^2}{2g}+\lambda_x\frac{l_x}{d_x}\times\frac{v_x^2}{2g}+\sum\xi_x\frac{v_x^2}{2g}+\lambda_p\frac{l_p}{d_p}\times\frac{v_2^2}{2g}+\sum\xi_p\frac{v_2^2}{2g} \tag{3-8}$$

式中 v_1、v_x 和 v_2——1—1 截面水流速度、吸水管和排水管中的流速，m/s；

λ_x、λ_p——吸水管路和排水管路的沿程阻力系数；

$\sum\xi_x$、$\sum\xi_p$——吸水管路和排水管路的局部阻力系数和；

l_x、l_p——吸水管长和排水管长，m；

d_x、d_p——吸水管直径和排水管直径，m；

p_1、p_2——吸水井液面、排水管出口大气压强。

由于 $p_1\approx p_2=p_a$；吸水井与水仓相通面积较大，故 $v_1\approx0$；而 $\frac{v_x^2}{2g}=\frac{8Q^2}{\pi^2gd_x^4}$；$\frac{v_2^2}{2g}=\frac{8Q^2}{\pi^2gd_p^4}$。

将这些数据代入式（3-8）中，整理后所得管路的特性方程为

$$H=H_g+R_TQ^2 \tag{3-9}$$

式中　Q——管路中的流量，m^3/s；

R_T——管路的阻力系数，s^2/m^5。

$$R_T=\frac{8}{\pi^2g}\left[\lambda_x\frac{l_x}{d_x^5}+\lambda_p\frac{l_p}{d_p^5}+\sum\xi_x\frac{1}{d_x^4}+(\sum\xi_p+1)\frac{1}{d_p^4}\right]$$

若 $d_x=d_p=d$，$\lambda_x=\lambda_p=\lambda$，$\sum\xi=\sum\xi_x+\sum\xi_p$，$l_x+l_p=l$，则

$$R_T=\frac{8}{\pi^2g}\left[\lambda\frac{1}{d^5}+\frac{1}{d^4}(\sum\xi+1)\right]$$

式（3-9）叫做泵的管路特性方程式。该式表明了管路所需水泵提供的压头与管路流量

的关系。将公式（3-9）中的 Q 与 H 的对应关系画在 Q-H 坐标图上，则为一顶点交于纵坐标轴 H_g 处的抛物线，称为排水管路特性曲线，如图 3-9 所示。

由式（3-9）可知，排水管路所需水泵提供的能量 H，一部分用来提高单位质量水的位能（H_g），另一部分用来克服排水管路总的阻力损失（R_TQ^2）。显然，H_g 所得的能量为有效能量，而 R_TQ^2 消耗的能量为无效能量。H 转化为有效能量的多少，用管路效率 η_g 来衡量，即

$$\eta_g=\frac{H_g}{H} \tag{3-10}$$

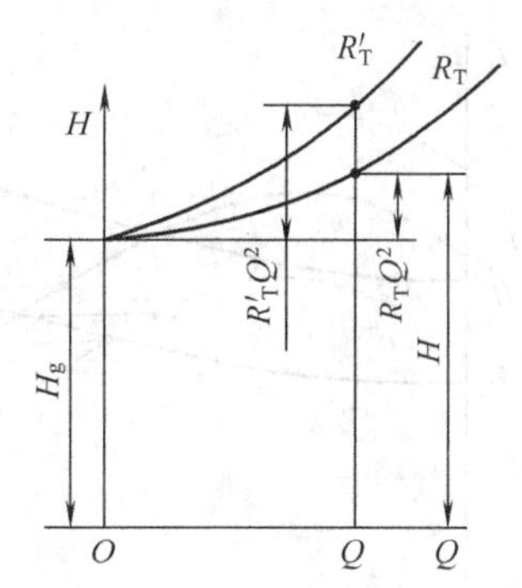

图 3-9　排水管路特性曲线

为了提高管路效率，在 H_g 一定的情况下，必须减小管路阻力系数 R_T，即合理布置吸、排水管路，合理选择管径及配套管件，经常清洗管路，保持管壁清洁等，以减小水泵压头 H 来提高经济效益。由图 3-9 可知，R_T 大，阻力大，管路特性曲线较陡，反之则平缓。

（二）离心式水泵的工况点、工况及工作区

泵是和管路连接而工作的。泵的流量就是从管路中流过的液体的量；泵的扬程就是液体流经管路时所需的压头。所以，将离心泵的特性曲线与管路特性曲线用同样的比例绘在同一坐标图上，泵的压头特性曲线（H-Q 曲线）与管路特性曲线（$H=H_g+R_TQ^2$）的交点 M 就是泵在管路中的工况点，如图 3-10 所示。工况点 M 所对应的流量 Q_M、压头（扬程）H_M、效率 η_M、功率 P_M 的值均称为工况。M 点的工况既符合泵的正常运转，又能满足管路的需求，所以在 M 点工作时，供求能量平衡，工作稳定。

当泵的压头特性曲线或管网特性曲线发生改变时，工况点也将改变，但为了保证离心式泵能正常合理运转，工况点不应超过压头特性曲线的一定区域，这个区域称为工作区，它是根据离心式泵运转时的经济性和稳定性两者划定的。

如图 3-11 所示，效率曲线最高点 E 为效率最大点，与这一点所对应的工况 Q_e、H_e、P_e 均称为额定工况（或最佳工况）。当离心式泵运转时，工况点如能在效率较高的区域内，就能减少能耗，提高经济效益。一般规定水泵工作点的效率 $\eta\geqslant0.85\eta_{max}$，根据此效率而决定流量的范围 $Q'\sim Q''$，即为所规定的经济工作区。

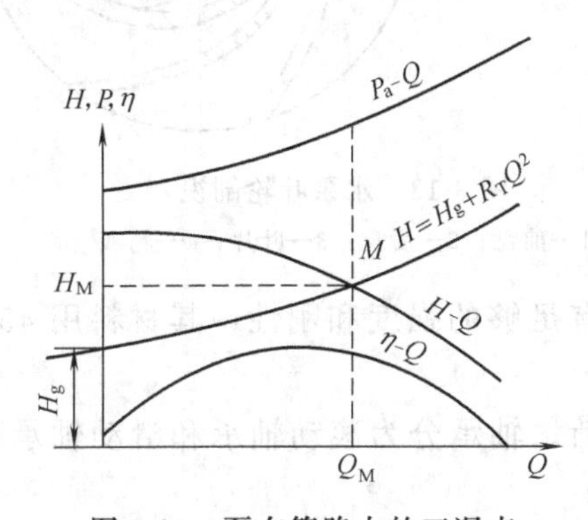

图 3-10　泵在管路中的工况点

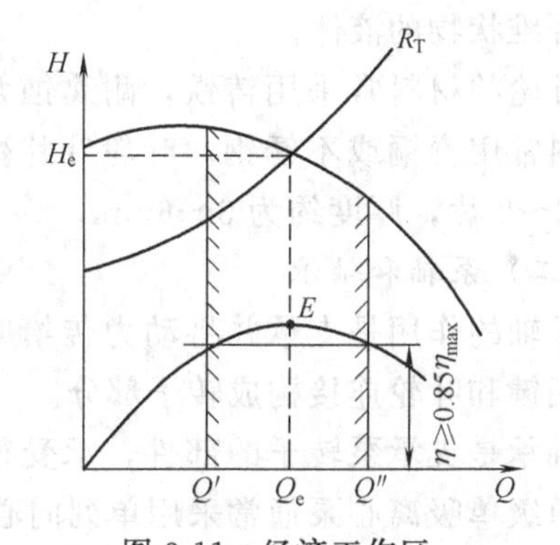

图 3-11　经济工作区

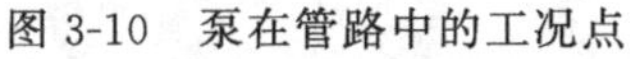

所谓稳定性，是指泵运转时只有一个确定的工况点，不因电网电压波动等原因，引起工作压力和流量发生跳动。离心式泵的稳定性条件，就是排水管路的测地高度（几何扬程）H_g 不超过离心泵流量为零时的压头（关死扬程）H_{so} 的 0.9 倍，也就是

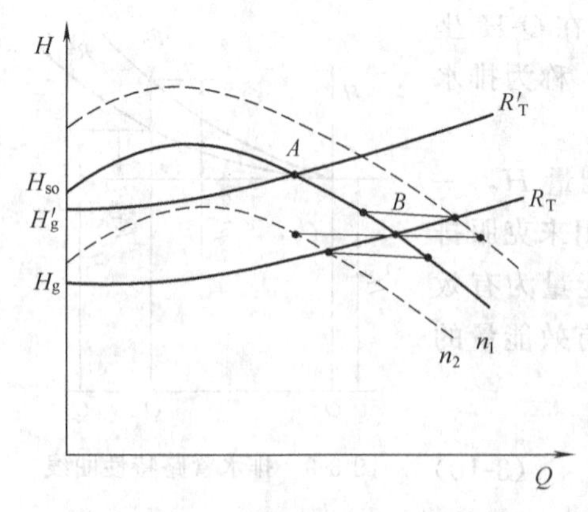

图 3-12　离心式水泵工作稳定性条件

$$H_g \leqslant 0.9H_{so} \tag{3-11}$$

如图 3-12 所示，如果管路的特性曲线为 R'_T，此时测地高度 H'_g过大，或者说所选泵的关死扬程 H_{so}太小，当电网电压正常时的工作点在 A 点。若电压下降，泵的转速也将由 n_1 下将至 n_2，泵的压头特性曲线也将下降，而这时泵的压头特性曲线与管路特性曲线无交点，泵将停止排水，电压恢复后，工作点又回复到 A 点。即电网电压的波动将引起泵时而排水，时而不排水，引起工作不稳定。若测地高度 H_g 小于泵的关死扬程 H_{so}的 0.9 倍，如图管路特性曲线为 R_T，它与泵的压头特性曲线交与 B 点，当因电压下降，泵的压头特性曲线在一定范围内下降时，泵的瞬时工况却变动较小，电压稳定后，仍能回复到 B 点运行。

第三节　离心式水泵的构造

一、离心式水泵的主要零部件

离心泵的主要零部件有：叶轮、泵轴和轴承、吸入室、压出室、导叶、密封部分等，现分述如下。

（一）叶轮

叶轮是离心泵重要的工作部件。它的形状、尺寸及加工工艺对泵的性能有很大的影响。常用的闭式叶轮由前盘、后盘、轮毂及叶片组成，如图 3-13 所示。叶轮形式有闭式、半开式和开式三种。闭式叶轮有前、后盘板，适用于输送澄清的液体；半开式叶轮只有后盘板，而开式叶轮既无前盘亦无后盘。后两种叶轮常用于输送含有固体、纤维状物的液体。

叶轮的材料常采用铸铁，耐腐蚀泵叶轮材料常用青铜或不锈钢。叶轮叶片数一般为 6～8 片，厚度约为 3～6mm。

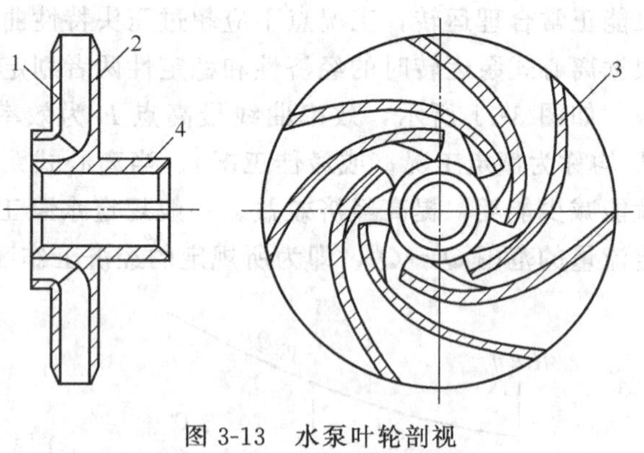

图 3-13　水泵叶轮剖视

1—前盘；2—后盘；3—叶片；4—轮毂

（二）泵轴和轴承

泵轴的作用是支承并将动力传给叶轮。泵轴应有足够的强度和刚性，其材料用 45 钢。泵轴用键和叶轮连接构成转子部分。

轴承是支承泵转子的部件，承受径向和轴向载荷。轴承分为滚动轴承和滑动轴承两大类。单级单吸离心泵通常采用单列向心球轴承。

（三）吸入室

吸入室是指吸入连接盘接口至叶轮进口前的空间，其作用是将吸液管路中的液体以最小的能量损失均匀地引向叶轮。吸入室的结构对其性能影响较大，通常采用锥体管形、圆环形及半螺旋形吸入室三种。

锥体管形吸入室，其锥度一般为 7°～18°，如图 3-14 所示。该吸入室结构简单，制造方便，叶轮入口前流速均匀，损失较小，常用于悬臂式单级离心泵中。

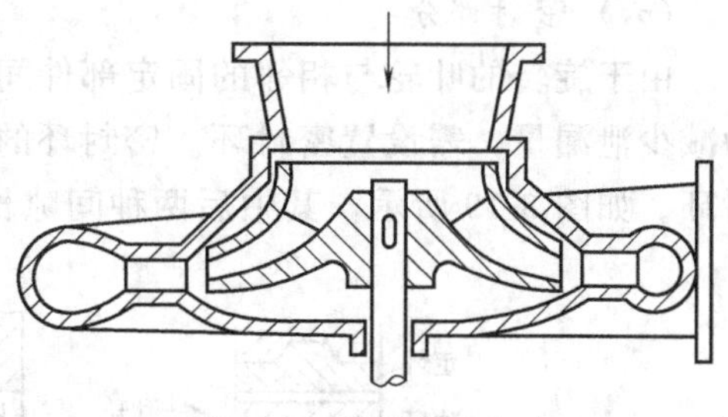

图 3-14　锥形管吸入室

圆环形吸入室，如图 3-15 所示，轴向尺寸较小，但液体进入叶轮的冲击大，流速分布不均匀，总水头损失较大。多级泵因其扬程高，吸入室中能量损失所占的比例较小，故常采用圆环形吸入室。

半螺旋形吸入室，如图 3-16 所示，液体进入叶轮前有预旋，会降低泵的扬程，多用于水平中开式泵中。

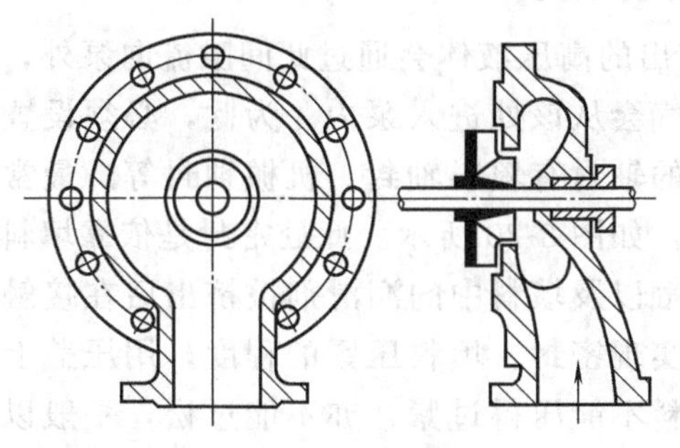

图 3-15　圆环形吸入室

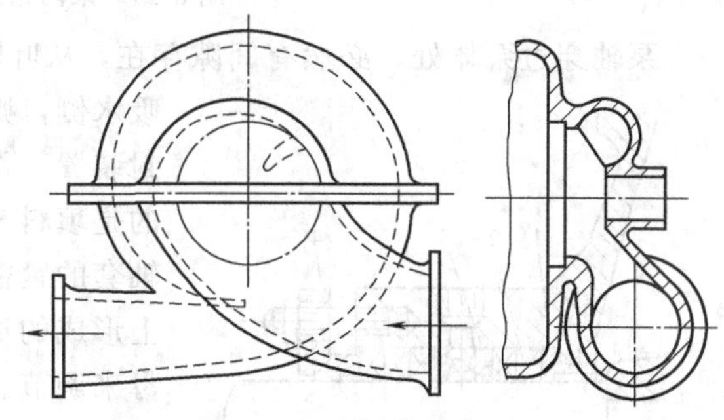

图 3-16　半螺旋形吸入室

（四）压出室

压出室是指叶轮出口处与泵吐出口连接盘接口之间的空间。压出室的形状常采用螺壳形，其流道截面逐渐扩大，如图 3-17 所示，用于单级泵和多级泵的最后一级。压出室的作用是汇集叶轮流出的液体，并输送到排出口，将液体的部分动压转变为静压。

图 3-17　泵壳内液体流动情况

（五）导叶

导叶用于节段式多级离心泵中。导叶安装于叶轮外缘，由若干叶片组成，并有返水道，如图 3-18 所示，其作用是接受叶轮流出的液体，使流速在流道中均匀减小，将一部分动能转换为静压能。导叶叶片数应比叶轮的叶片数多 1 或少 1，否则会使流速脉动，产生冲击和振动。返水道的作用是以最小的损失把液体引入到次级叶轮入口。

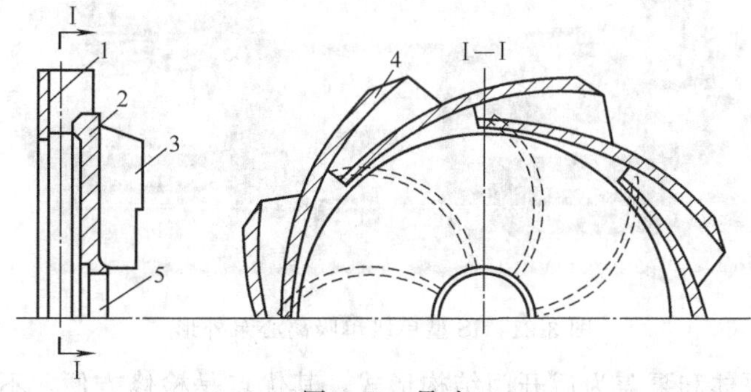

图 3-18　导叶

1—前盘；2—后盘；3—返水道叶片；4—导叶叶片；5—轴孔

（六）密封部分

由于旋转的叶轮与相邻的固定部件间有缝隙，造成液体的泄漏，使泵的容积效率降低。为减少泄漏量，需设置密封环。密封环的形式较多，常用的有圆柱形、迷宫形以及锯齿形密封环。如图 3-19 所示，其中后两种间隙长，阻力大，可以减少泄漏损失。

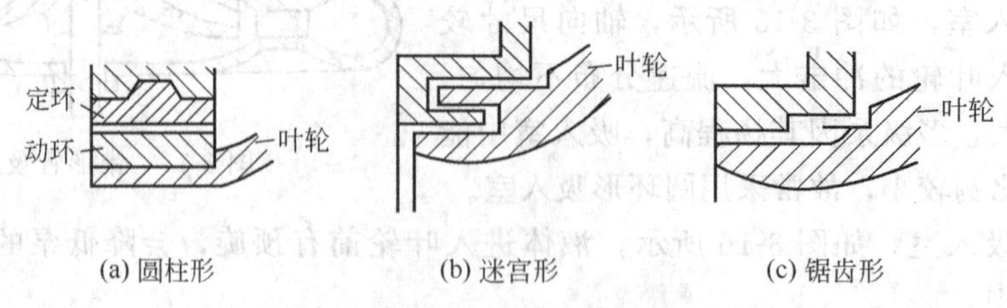

图 3-19　泵内密封环的几种形式

泵轴穿过泵体处，必然有间隙存在，从叶轮流出的高压液体会通过此间隙流向泵外，在吸水侧，则空气会从该处进入泵内。为此，必须设置轴封装置。常用的轴封有填料轴封、机械轴封等。最常用的是填料轴封，如图 3-20 所示。此处密封是依靠填料与轴套的紧密接触以及填料中的润滑剂被挤出后在接触面上形成的油膜实现密封。填料压紧的程度，用压盖上螺母来调节。填料不能压得过紧，亦不能过松，一般以液体漏出时成滴状为宜。常用的填料物质为浸透石墨或黄油的棉织物。

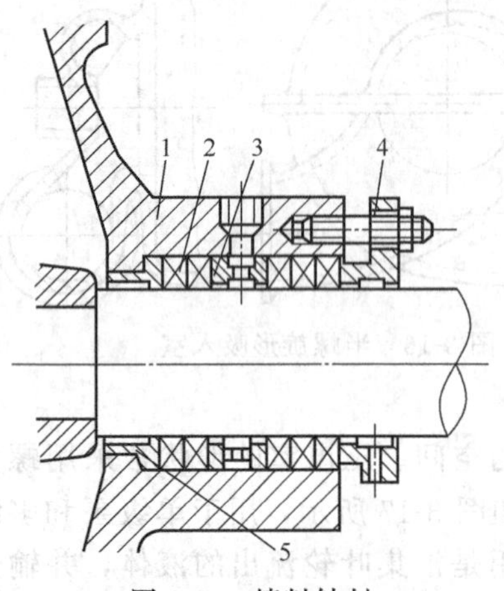

图 3-20　填料轴封

1—填料函壳；2—软填料；3—水封环圈；4—填料压盖；5—内衬套

二、几种常用离心式水泵

（一）IS 型单级单吸离心泵

IS 型单级单吸悬臂式离心泵适用于工矿企业及城市给、排水和农田排灌。可输送清水或黏度与水相近、无腐蚀以及无固体颗粒的液体。其性能范围：流量 Q 为 6.3～400m^3/h，扬程 H 为 5～125m。

IS 型单级单吸悬臂式离心泵是根据 ISO 国际标准所设计的统一系列产品，其外形如图 3-21 所示。泵结构主要由泵体、泵盖、叶轮、轴、密封环、轴套和悬架轴承等部件组成，如图 3-22 所示。

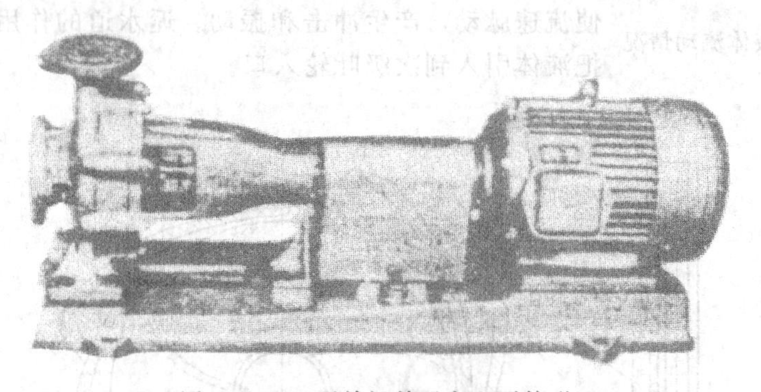

图 3-21　IS 型单级单吸离心泵外形

IS 型离心泵的泵体和泵盖为后开门结构形式，其优点是检修方便，不用拆卸泵体管路和电机，只要拆下加长联轴器的中间连接件，就可退出转子部件。为了平衡泵的轴向推力，在叶

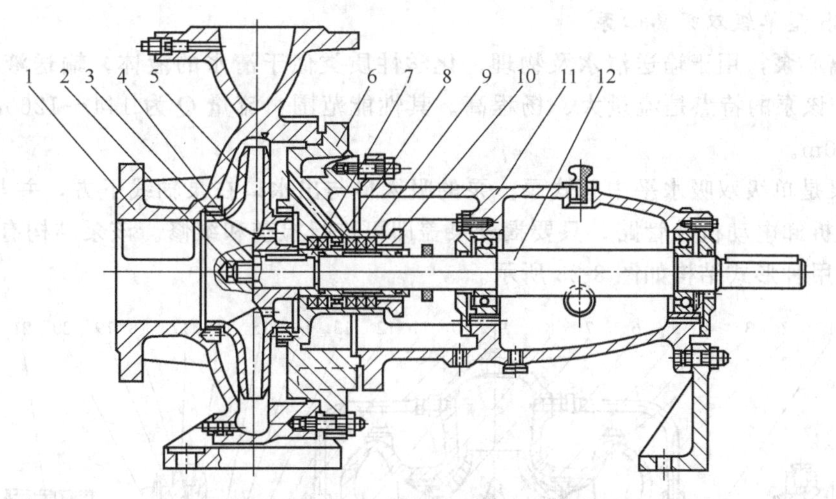

图 3-22　IS 型单级单吸离心泵结构

1—泵体；2—叶轮螺母；3—制动垫片；4—密封环；5—叶轮；6—泵盖；7—轴套；8—填料环；9—填料；10—填料压盖；11—轴承悬架；12—轴

轮前、后盖处设有密封环，叶轮后盖板上开有平衡孔，滚动轴承承受泵的径向力和残余轴向力。

(1) 轴封　采用填料密封，由填料后盖、填料环及填料等组成，以防止进气或漏水。在轴通过填料腔的部位装有轴套，用以保护轴，轴套与轴之间装有“O”形密封圈，防止进气和漏水。

(2) 传动　传动方式是通过加长弹性联轴器与电机轴相连接。从电机方向看，泵的旋转方向为顺时针方向旋转。

(3) 型号表示意义

例　IS50-32-125

IS——国际标准单级单吸清水离心泵；

50——泵入口直径，mm；

32——泵出口直径，mm；

125——泵叶轮名义直径，mm。

表 3-1 列举了部分 IS 型泵的性能参数。

表 3-1　IS 型离心泵性能表

水泵型号	流量 /$m^3 \cdot h^{-1}$	扬程 /m	转数 /$r \cdot min^{-1}$	电动机功率/kW	允许吸上真空高度/m	效率/%	叶轮直径 /mm	泵质量/kg
IS50-32-125	6.25	5	1460	0.25	8	55	125	32
IS50-32-160	6.25	6	1460	0.37	8	48	160	37
IS50-32-200	6.25	12.5	1460	0.75	8	39	200	41
IS50-32-250	6.25	20	1460	1.5	8	31	225	72
IS65-50-125	12.5	5	1460	0.37	7.8	64	125	34
IS65-50-160	12.5	8	1460	0.55	7.8	60	160	40
IS80-50-315	50	125	2900	37	6.5	52	315	87
IS100-80-125	100	20	2900	11	5.8	81	125	42
IS100-80-160	100	32	2900	15	5.8	79	160	60
IS100-65-200	100	50	2900	22	5.8	75	200	71
IS100-65-250	100	80	2900	37	5.8	72	250	84
IS100-65-315	100	125	1460	75	5.8	65	315	100

（二）Sh 型单级双吸离心泵

Sh 型离心泵，用于输送清水及物理、化学性质类似于清水的液体，输送液体的最高温度为 80℃。该泵的特点是流量大、扬程高。其性能范围：流量 Q 为 144～1260m³/h，扬程 H 为 9～140m。

Sh 型泵是单级双吸水平中开式泵。泵的吸入口与出水口在泵轴线下方，并与泵轴垂直。检修时不需拆卸电动机及管路，只要揭开泵盖即可进行检查和维修。该泵结构有甲、乙两种形式，其中甲种形式结构如图 3-23 所示。

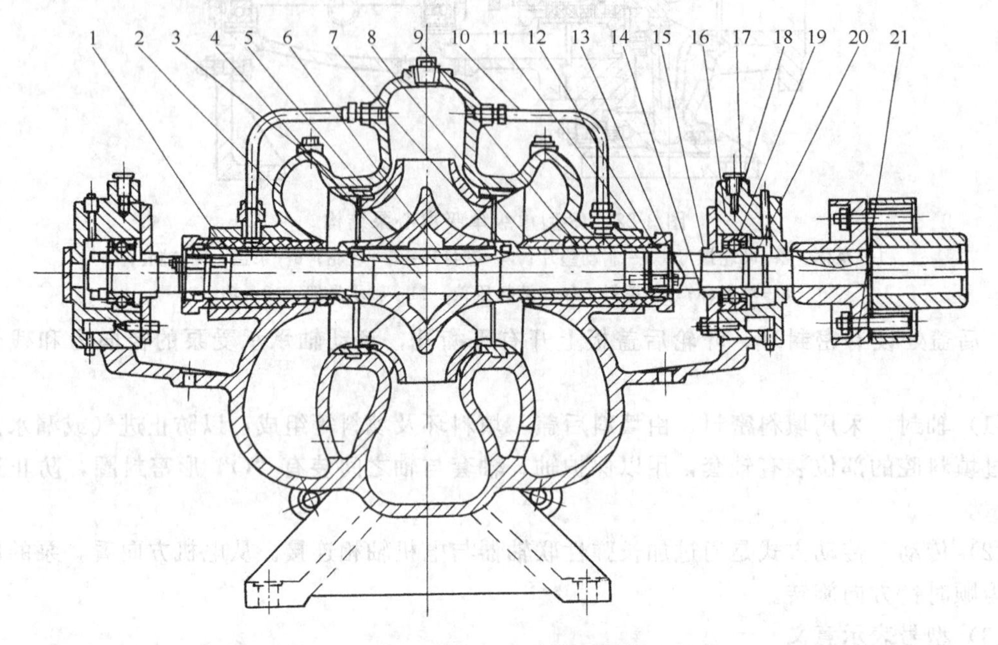

图 3-23　Sh 型单级双吸离心泵结构（甲式）

1—泵体；2—泵盖；3—叶轮；4—轴；5—双吸密封环；6—键；7—轴套；8—填料袋；9—填料；10—水封管；11—填料压盖；12—轴套螺母；13—双头螺栓；14—轴承体压盖；15—轴承挡套；16—轴承体；17—固定螺钉；18—轴承端盖；19—轴承；20—圆螺母；21—联轴器

（1）密封　Sh 型泵采用软填料密封，在轴封处装有可更换的轴套，填料室轴封处设有水封环，从压出室引出的压力水与水封环相通，起水封作用，同时对软填料进行冷却。

（2）轴承　该泵的轴承有两种，分别为单列向心球轴承（甲式）和滑动轴承（乙式）。泵的轴向力由双吸式叶轮自身平衡，残余轴向推力由滚动轴承平衡。

（3）传动　泵轴通过弹性联轴器与电机连接，从电机方向看，泵为逆时针方向旋转。

单级双吸离心泵目前有 Sh、S 型两个系列，S 型泵是替换 Sh 型泵的更新产品，其性能更加完善。

（4）型号表示意义

例　12Sh-13

12 ——泵入口直径，in(in＝0.0254m)；

Sh ——单级双吸水平中开式离心式水泵；

13 ——泵的比转数除以 10 的整数值。

例　100S-90A

100 ——泵入口直径，mm；

S——单级双吸离心泵；

90——泵设计点的扬程，m；

A——泵叶轮外径经第一次切削。

两种 Sh 型泵的性能参数见表 3-2。

表 3-2　Sh 型离心泵性能

泵型号	流量		扬程	转速	功率		效率	允许吸上真空高度/m	叶轮直径	泵质量
	$/m^3\cdot h^{-1}$	$/L\cdot s^{-1}$	/m	$/r\cdot min^{-1}$	轴功率/kW	电机功率/kW	/%		/mm	/kg
6Sh-6	126 162 198	35 45 55	84 78 70	2900	40 46.5 52.4	55	72 74 72	5	248	150
6Sh-6A	111.4 144 180	31 40 50	67 62 55	2900	30 33.8 38.5	40	68 72 70	5	220	150

D 型泵适用于矿山或工厂供水。用于输送温度低于 80℃的不含固体颗粒的清水或性质接近于清水的液体，该泵流量小，扬程高。扬程可根据使用需要，通过选用叶轮的级数来达到。其性能范围：流量 Q 为 $10.8\sim485m^3/h$，扬程 H 为 $17.5\sim600m$。

D 型泵是单吸多级节段式离心泵，泵入口为水平方向，出口为垂直方向。分成吸入段、中段、压出段，各段通过螺栓连接，如图 3-24 所示。

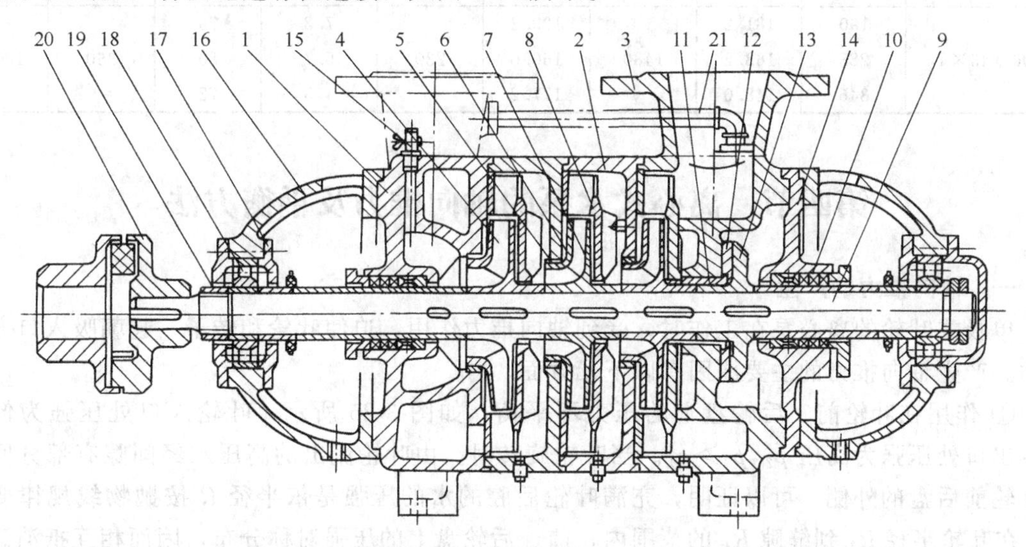

图 3-24　D 型多级节段式离心泵结构

1—吸入段；2—中段；3—吐出段；4—首级叶轮；5—密封环；6—次级叶轮；7—导叶套；8—导叶；9—轴；10—轴套；11—平衡套；12—平衡板；13—平衡盘；14—尾盖；15—气嘴；16—轴承体；17—轴承盖；18—轴承；19—轴套螺母；20—联轴器；21—平衡水管

转子由泵轴、叶轮、平衡盘及轴套等组成，泵轴采用滚动轴承支承，轴承用油脂润滑，泵的轴向推力由平衡盘平衡。泵运行时，液体经导叶逐级进入叶轮，最后由螺壳形的压出段流至泵的出水口。

(1) 密封　D 型泵的密封环采用圆柱形，用螺钉固定在泵的外壳上。轴封采用软填料密封，通过螺栓用压盖压紧填料。另外在吸入段设高压水环，压力水由内部通道自第一级叶轮前盘外侧腔室引来，起水封作用。

（2）传动　泵通过弹性联轴器与电动机直接连接，从电动机一侧看，泵为顺时针方向旋转。

（3）型号表示意义

例　200D-43×4

200——吸水口直径，mm；

D——单吸多级节段式离心泵；

43——平均单级额定扬程，m；

4——级数。

三种D型泵的性能参数见表3-3。

表3-3　D型泵性能

水泵型号	流量 $/m^3\cdot h^{-1}$	扬程 /m	转数 $/r\cdot min^{-1}$	轴功率 /kW	电动机功率/kW	允许吸上真空高度/m	效率 /%	叶轮直径 /mm	泵质量 /kg
125D-25×8	72.0	204.8	2950	58.8	75	6.0	70.5		
	101	172.0		60.8			77.5		
	119	140.0		61.2			74.0		
150D-30×8	119	248	1480	108	180	7.0	74	305	1020
	155	232		127		6.5	77		
	190	212		147		5.3	75		
200D-43×4	190	181.2	1480	129.2	230	7.2	73	360	1000
	288	163.2		160.0		5.7	80		
	346	148.0		177.2		4.5	72		

第四节　离心式水泵的轴向推力及平衡方法

一、轴向推力的产生

单吸式叶轮的离心泵在工作时，受到轴向推力作用，迫使叶轮和转子一起朝吸入口方向移动。产生轴向推力的主要原因有以下几方面。

① 作用在叶轮前、后轮盘上的压力不平衡。如图3-25所示，叶轮入口处压强为低压 p_1，出口处压强为高压 p_2，$p_2>p_1$。当叶轮旋转时，由叶轮流出的高压水经间隙有部分回流到叶轮前后盘的外侧。可以证明，充满叶轮后腔的水的压强是依半径 R 按抛物线规律变化的。在叶轮半径 R_2 到缝隙 R_1 的范围内，前、后轮盘上的压强对称分布，因而相互抵消。在

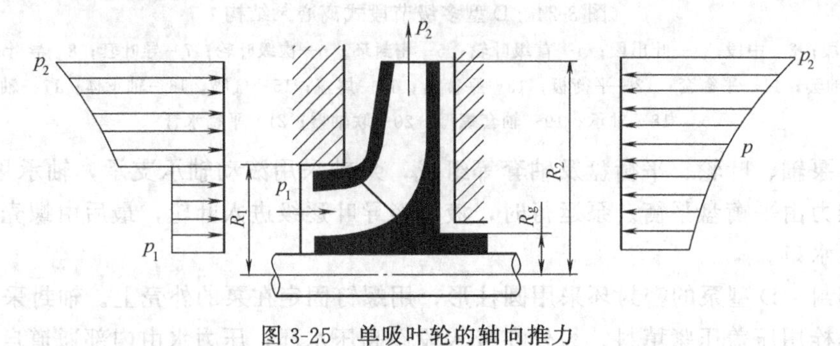

图3-25　单吸叶轮的轴向推力

缝隙 R_1 到轮毂半径 R_g 的范围内，作用在叶轮左侧的压强是入口低压，而作用在叶轮右侧的压强为出口高压，故作用在叶轮两侧的压强不平衡，从而产生一个使叶轮向进水口一侧移动的轴向推力。这个轴向推力是水泵总轴向推力的主要部分。

② 叶轮内水流动量发生变化。水在叶轮内流动过程中，速度方向是由轴向逐渐变为径向的。由于速度的变化，引起动量变化，其结果对叶轮也产生一个冲力，这个冲力在一般情况下较小，并且与因叶轮前后轮盘上所受压力不平衡而产生的轴向推力的方向相反。

③ 大小口环磨损严重。大小口环磨损严重后泄漏量增加，使叶轮前后轮盘上的压强分布规律发生了变化而引起轴向推力的增加。在正常状态下，这个数值很小可以不予考虑，但在非正常状态下，这个数值可能较大。

由此可见，单吸式离心泵的轴向推力是由上述三方面原因引起的。其中，叶轮前后轮盘上所受压强不平衡，是产生轴向推力的主要原因。总轴向推力的方向，是沿水泵轴向并指向吸水侧。

二、轴向推力的大小

作用在一个叶轮上的轴向推力可按经验公式进行计算

$$F_i = kH_i\rho g\pi(R_1^2 - R_g^2) \tag{3-12}$$

式中　F_i——作用于一个叶轮上的轴向推力，N；

H_i——单级叶轮的扬程，m；

ρ——水的密度，kg/m^3；

R_1——叶轮进水口处缝隙半径，m；

R_g——叶轮轮毂半径，m；

k——实验系数，与泵的比转数有关。当泵的比转数 $n_s = 40 \sim 200$ 时，$k = 0.6 \sim 0.8$。

对于单吸多级离心式水泵，总的轴向推力为

$$F = iF_i \tag{3-13}$$

式中，i 为水泵的级数。

三、轴向推力的危害

经过上述分析知，随着水泵级数的增加，轴向推力也愈大，致使整个转子向吸水侧移动的距离增加，使互相对正的叶轮出水口与导水圈的导叶进口发生偏移，引起冲击和振动，减少流量，影响泵的效率，严重时可使叶轮在吸水侧面与泵壳发生摩擦和碰撞，轴承发热，甚至损坏，导致水泵无法正常工作。因此，必须设法减小或消除轴向推力。

四、轴向推力的平衡方法

平衡轴向推力的方法有很多种，下面介绍常用的几种。

（一）平衡孔与平衡管

在叶轮的后轮盘上靠近轮毂处打一圈小孔，如图 3-26 所示，将小室 E 中的高压水引到叶轮入口 A 处，使叶轮前后盘的压力相等（也可用平衡管代替平衡孔，从泵体外接通小室 E 和吸入口 A）。小室 E 用密封环与高压区隔开。

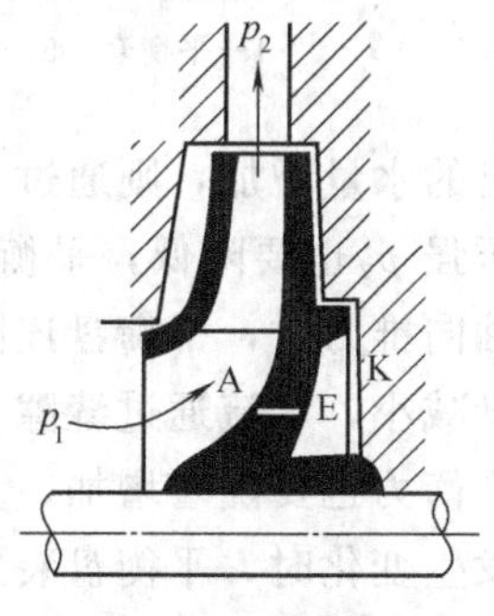

图 3-26　平衡孔

这种方法结构简单，但不能完全平衡轴向推力，必须与止推轴承配合使用。另外此法会使水泵的漏损量增大，效率降低 4%～

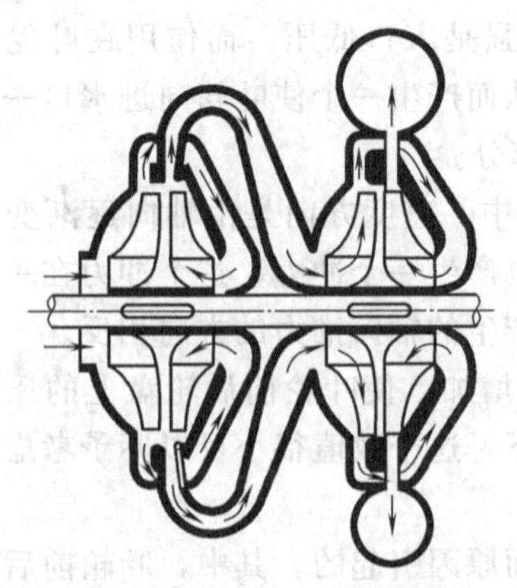

图 3-27 多级单吸串联对称布置叶轮

6%，一般用于小型单吸单级离心式水泵。

（二）对称布置叶轮

在级数为偶数的多级泵中，可采用叶轮对称布置，使叶轮产生的轴向推力大小相等，方向相反，互相抵消。图 3-27 所示为所有叶轮串联工作，级间导流道由外部串接而成，为达到良好的平衡效果，最后一级叶轮与中间叶轮之间应严格密封，以防止因泄漏而可能产生的较大的附加轴向推力。由于此力方向不定，因此必须在泵轴上安装双作用的止推轴承。

这种平衡方法工作可靠，效率较高，便于清洗和检修，有利于排除混水，但泵的制造较复杂，流道长，叶轮排列松散，泵的轮廓尺寸较大。

（三）双吸式叶轮

单级水泵可以采用两面吸水的叶轮，使两侧的轴向推力基本相等，以达到互相平衡的目的，如图 3-28 所示。这种方法也不能完全平衡轴向推力，其原因是叶轮单方向的密封被磨损，或者两侧密封磨损的不均匀，都可能会产生任一方向的轴向推力。因此，必须在泵轴的两端安装双作用的止推轴承。

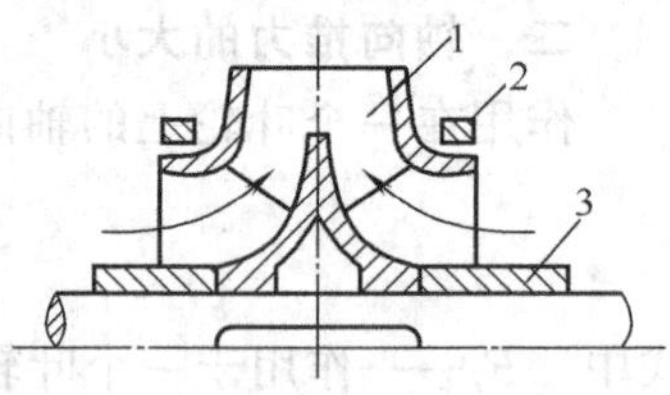

图 3-28 双吸式叶轮

1—叶轮；2—密封环；3—轴套

（四）平衡盘

多级节段式离心泵常采用平衡盘装置平衡轴向推力。平衡盘装置安装在最后一级叶轮的后面，用键固定在泵轴上，随轴一同旋转，如图 3-29 所示。由最后一级叶轮出来的高压水 p_2 经过平衡盘装置的轮毂 5 与泵壳（D 型泵在其上镶有平衡套）之间的径向间隙流到平衡盘 1 的内室，给平衡盘施加一个向右的压力 p'_2，由于沿程损失，p'_2 低于 p_2，平衡盘的外侧承受近似大气压强或吸水侧的低压。由于平衡盘内外两侧形成压力差，对转子产生一个指向出水侧的推力，使泵能在平衡状态下工作。

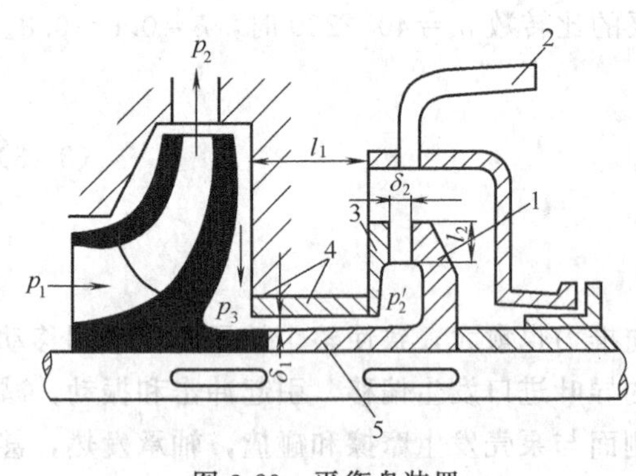

图 3-29 平衡盘装置

1—平衡盘；2—卸荷管；3—平衡环；

4—平衡套；5—平衡盘轮毂

平衡盘平衡轴向推力的原理是：平衡力可以随轴向推力的大小变化而变化，并达到自动平衡。

泵在运转过程中，当平衡力大于轴向推力时，转子向出水侧移动，间隙 δ_2 增加，由 δ_2 泄出的水量增加，则通过 δ_1 的流速要增加，因而水流通过 δ_1 时的水力损失增加，平衡室内的压强 p'_2 也要降低，平衡力也随着减小，一直到平衡力等于轴向推力时为止；当平衡力小于轴向推力时，平衡盘连同转子部分又向吸水侧方向移动，间隙 δ_2 减小，此时由 δ_2 泄出的水量减小，水流通过缝隙 δ_1 时的流速降低，因而水力损失降低，平衡室内的压强 p'_2 要增加，平衡力也要随着增加，直到与轴向推力平衡。由此可见，当水泵工况发生改变，使轴向推力发生变化时，平衡盘装置产生的平衡力则可依靠间隙 δ_2 的变化与轴向推力随时取得平衡。

平衡盘平衡轴向推力的缺点是平衡盘容易磨损，泄漏量大，会降低泵的容积效率，一般常用于 D 型泵，DA 型泵中。

（五）背叶片

有些泵在叶轮后圆盘外侧做有径向肋条形小叶片，如图 3-30 所示。当叶轮转动时，漏入后圆盘外侧的高压水在肋条形小叶片作用下，甩向圆周，在轮毂附近形成低压，使轴向推力完全平衡或部分平衡。根据减压程度的要求，决定肋条小叶片的长度和数目，叶片与泵壳间的轴向间隙由加工来保证。间隙越小，平衡能力越大，但要求加工精度也愈高，相反间隙越大，平衡能力越小，加工则容易。

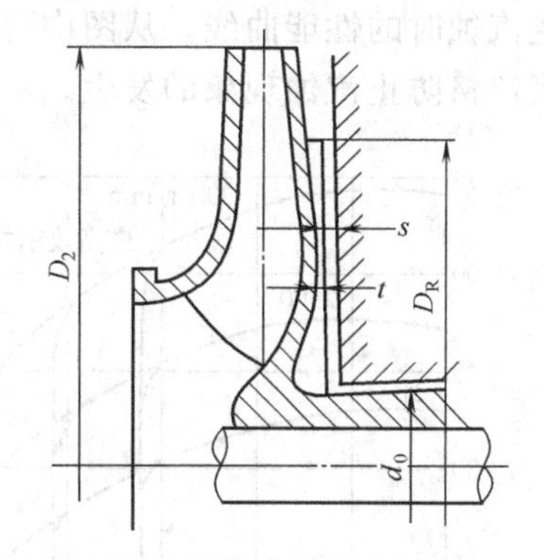

图 3-30 背叶片平衡工作轮

D_2—工作轮直径；D_R—径向肋条直径；d_0—轮毂直径

采用背叶片方法平衡轴向推力时，可防止或减少泥沙进入中间密封环，减少磨损，从而减少泄漏，并且结构简单，制造方便，加工容易，对单级水泵效率影响较小，是一种新型的平衡轴向推力的方法。

第五节 离心式水泵的汽蚀

一、汽蚀现象及对泵工作的影响

离心泵在管网中工作时，由于其入口处的压强低于大气压强，这样外界的水才能不断地被导入泵内。当泵内入口处最低点的压强低于该温度下水的汽化压强时，则有部分水开始汽化，形成气泡；同时由于压强降低，原先溶解于水的某些气体也自水中逸出形成气泡，这些气泡随水流进入泵内的高压区，受压后体积突然缩小，气泡迅速凝结而破裂形成“空洞”，此时“空洞”周围的水以高速度流向“空洞”，造成高频率的强大冲击，不断打击泵内部件，特别是叶轮，致使其表面成为蜂窝状或海绵状，此外在凝结热的作用下，活泼气体（如氧气等）还对金属发生化学腐蚀，致使金属表面逐渐剥落而破坏，把这种气泡的形成、发展、破裂以致材料受损的全过程，称为离心泵的汽蚀现象。

当形成的气泡不多，汽蚀不严重时，对泵运行和外部性能影响不大，把这种未影响泵的外部性能时的汽蚀称“潜伏汽蚀”。泵长期在“潜伏汽蚀”状态下工作时，泵的材料仍要受到破坏，影响其使用寿命。如果产生大量气泡，发生严重的汽蚀，则泵的外部性能受到严重影响，使水泵难以维持正常工作。汽蚀的结果如下。

（1）材料受到破坏　发生严重汽蚀时，由于机械剥蚀和化学腐蚀的共同作用使水泵部件被损坏，尤其是叶轮会出现“麻坑”状或“海绵”状损坏。

试验研究证明，不论是金属材料，还是非金属材料，都会受到汽蚀的破坏，只是相对破坏的程度不同而已，如果选择较好的抗汽蚀材料，如不锈钢、铝青铜及聚丙烯等，则可延长水泵部件的使用寿命。

（2）产生噪声和振动　发生汽蚀时，水泵的吸水侧产生强烈的噪声，由于汽蚀过程是一种反复冲击、凝结的过程，伴随着很大的脉动力，因而会导致水泵设备发生强烈的振动。

（3）泵的性能下降　汽蚀发展到严重程度时，由于产生大量的气泡会堵塞流道的面积，减少流体从叶片获得的能量，导致泵的扬程下降，流量减小，效率也随着降低。这时泵的外部性能有了明显的变化，这种变化，对于比转数不同的泵情况不同。如图 3-31 所示为比转数 $n_s=70$ 的单级离心泵发生汽蚀时的性能曲线。图 3-32 为比转数 $n_s=150$ 的双吸离心泵发生汽蚀时的性能曲线。从图中可以看出，汽蚀对泵的工作影响较严重，因此水泵在运转中应当严格防止汽蚀现象的发生。

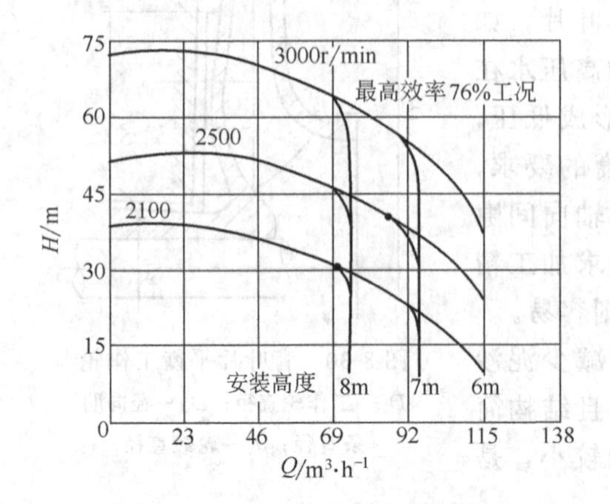

图 3-31　$n_s=70$ 的单级离心泵发生汽蚀的性能曲线

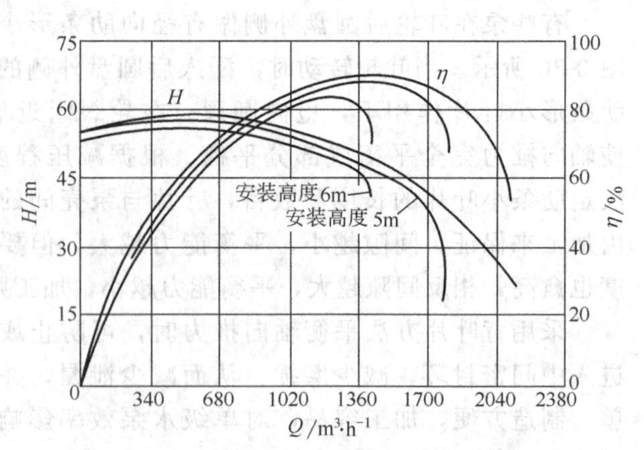

图 3-32　$n_s=150$ 的双吸离心泵发生汽蚀的性能曲线（$n=1200$r/min）

导致水泵发生汽蚀的原因有很多，但归纳起来主要有以下几种。

① 水泵的安装位置高出吸水面的高差太大，即水泵的吸水高度过大。

② 泵的安装地点大气压强较低。如安装在海拔较高地区。

③ 泵所输送的液体温度过高。

④ 吸水管的水头损失过大。

对于上述各原因将在后面加以阐明。

二、离心式水泵的吸水高度

如前所述，正确决定泵吸入口的压强是控制水泵运行时不发生汽蚀的关键，水泵吸入口压强的大小与其吸水侧管路系统以及吸水面压强大小密切相关。如图 3-31 所示，对某一台水泵来说，尽管其他性能可以满足使用要求，但是，如果几何安装高度不合适，由于汽蚀的原因，会限制流量的增加，从而使性能达不到设计要求。因此，正确地确定泵的几何安装高度即吸水高度是保证水泵在设计工况下不发生汽蚀的重要条件。

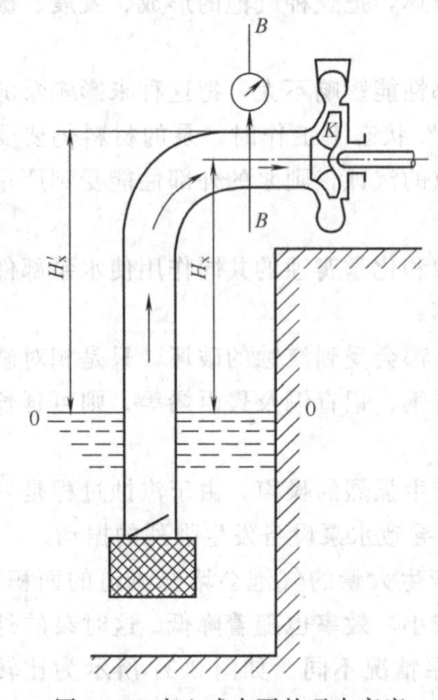

图 3-33　离心式水泵的吸水高度

如图 3-33 所示，以 0—0 为基准面，以自由水面及真空表所在位置 B—B 断面列伯努利方程如下

$$\frac{p_0}{\gamma}+\frac{v_0^2}{2g}=\frac{p_B}{\gamma}+\frac{v_x^2}{2g}+H_x+\Delta h_x$$

式中　p_0——吸水面的压强，Pa；

v_0——吸水面的流速，$v_0\approx0$；

p_B——泵入口处的压强，Pa；

v_x——吸水管流速，m/s；

H_x——吸水高度，指吸水面至泵的轴心线之间的垂直距离，m；

Δh_x——吸水管路的水头损失，m。

由上式得

$$\frac{p_0}{\gamma}-\frac{p_B}{\gamma}=H_x+\frac{v_x^2}{2g}+\Delta h_x$$

从式中可以看出，吸水面与泵入口之间的压头差是使水得到一定的流速，克服吸水管阻力而吸升 H_x 高度的原动力。如吸水面受大气压的作用，则水泵入口处的压头 p_B/γ 就要低于大气压头 p_a/γ，这正好是泵入口 B 处的真空压力表所指示的吸入口压头，用 H_v 来表示，称吸上真空度，单位为 m 水柱[1]。因此上式可写成

$$H_v=\frac{p_a-p_B}{\gamma}=H_x+\frac{v_x^2}{2g}+\Delta h_x \tag{3-14}$$

一般情况下，对吸水管流速 v_x 有严格的规定（$v_x<2\text{m/s}$），吸水管路系统确定后，$v_x^2/2g$ 和 Δh_x 为定值，则泵的吸入口真空度 H_v 将随泵的吸水高度 H_x 的增加而增加。如果泵的吸上真空度增加到最大值 H_{vmax} 即最大吸上真空度，泵的入口处压强降低到水在该温度下的汽化压强 p_n 时，则泵内将会开始发生汽蚀，通常，开始汽蚀的临界吸上真空高度 H_{sc} 值是由制造厂家用试验的方法确定的。为避免发生汽蚀，由式（3-14）确定的实际 H_v 值应小于 H_{sc}。为保证不发生汽蚀，机械部标准（JB 1039—67 和 JB 1040—67）规定保留 0.3m 以上的安全余量，因此泵的允许吸上真空高度 H_{sa}

$$H_{sa}=H_{sc}-0.3 \tag{3-15}$$

在已知泵的允许吸上真空高度 H_{sa} 的条件下，可以计算出水泵的允许吸水高度

$$[H_x]<H_{sc}-0.3-\frac{v_x^2}{2g}-\Delta h_x$$

$$[H_x]=H_{sa}-\frac{v_x^2}{2g}-\Delta h_x \tag{3-16}$$

水泵的实际安装高度或实际的吸水高度应该小于允许的吸水高度，即 $H_x<[H_x]$，才不会汽蚀。

由于泵的流量增加时，流体流动损失和速度水头都增加，致使叶轮入口的压强更低，因而用式（3-16）确定 $[H_x]$ 时，必须以水泵在运行中可能出现的最大流量为准。

H_{sa} 值是由制造厂家在大气压强 101.325kPa 和 20℃清水条件下试验得出的。当泵的使用条件与上述情况不符时，应对样本上规定的 H_{sa} 进行修正

$$H'_{sa}=H_{sa}-(10.33-h_A)+(0.24-h_v) \tag{3-17}$$

式中　H'_{sa}——修正值，m；

H_{sa}——泵样本上规定的允许吸上真空高度，m；

h_A——泵使用地的大气压头，m；

h_v——泵所输送水温下的汽化压头，m；

10.33 和 0.24——分别为标准大气压头和 20℃时水的汽化压头，m。

泵安装地点的海拔越高，大气压强就越低，允许吸上真空高度就越小。输送水的温度越高时，所对应的汽化压强就愈高，水就越容易汽化。这时泵允许吸上真空高度也越小。不同海拔高度时的大气压头和不同水温时的汽化压头值见表 3-4 和表 3-5 所示。

[1] $1\text{mmH}_2\text{O}=9.80665\text{Pa}$。

表 3-4　不同海拔高度的大气压头

海拔高度/m	−600	0	100	200	300	400	500	600	700	800	900	1000	1500	2000	3000	4000	5000
大气压头/m	11.3	10.3	10.2	10.1	10.0	9.8	9.7	9.6	9.5	9.4	9.3	9.2	8.6	8.4	7.3	6.3	5.5

表 3-5　不同水温的汽化压头

水温/℃	0	5	10	15	20	30	40	50	60	70	80	90	100
汽化压头/m	0.06	0.09	0.12	0.17	0.24	0.43	0.75	1.25	2.02	3.17	4.82	7.14	1.33

例题 3-2　设某一双吸单级泵，吸入口直径为 500mm，用以输送 20℃的清水，流量为 $0.6m^3/s$，泵允许吸上真空高度 H_{sa} 为 3.5m，吸水管段的阻力损失为 0.4m 水柱，求：①如果该泵安装在距水面 3m 的地方，大气压强为常压，该泵能否正常工作？②如果该泵安装在海拔为 1000m 的地区，输送 40℃的清水，泵的允许安装高度又为多少？

解　(1) 求泵的入口速度 v_x

$$v_x=\frac{Q}{A}=\frac{4Q}{\pi d^2}=\frac{4\times 0.6}{3.14\times 0.5^2}=3.06\ (\text{m/s})$$

$$\frac{v_x^2}{2g}=\frac{3.06^2}{2\times 9.8}=0.47\ (\text{m})$$

水泵允许的安装高度

$$[H_x]=H_{sa}-\frac{v_x^2}{2g}-\Delta h_x=3.5-0.47-0.4=2.63\ (\text{m})$$

由于实际的安装高度为 3.0m，大于泵允许的安装高度 2.63m，因而该泵不能正常工作。

(2) 由表 3-4 查出海拔高度 1000m 处的大气压头为 9.2m，由表 3-5 查出 40℃时水的汽化压头为 0.75m，按式 (3-17) 计算 H'_{sa} 修正值。

$$H'_{sa}=H_{sa}-(10.33-h_A)+(0.24-h_v)=3.5-10.33+9.2+0.24-0.75=1.86\ (\text{m})$$

将 H'_{sa} 代入式 (3-16)，得水泵的允许安装高度即允许的吸水高度为

$$[H_x]=H'_{sa}-\frac{v_x^2}{2g}-\Delta h_x=1.86-\frac{3.06^2}{2\times 9.8}-0.4=1\ (\text{m})$$

泵允许的安装高度是 1m，若超过此值将可能发生汽蚀，而导致泵不能正常工作。

三、离心式水泵的汽蚀余量

现在简单介绍另一个表示泵汽蚀性能的参数，叫允许汽蚀余量，用符号 [NPSH] 表示，如果已知泵的允许汽蚀余量，则允许吸水高度 $[H_x]$ 按如下公式计算

$$[H_x]=\frac{p_a}{\gamma}-\frac{p_n}{\gamma}-[NPSH]-\Delta h_x \tag{3-18}$$

式中 $\frac{p_a}{\gamma}$——水泵安装地大气压头，m，见表 3-4；

$\frac{p_n}{\gamma}$——泵所输送水温下的汽化压头，m，见表 3-5；

[NPSH]——水泵允许汽蚀余量，m；

Δh_x——吸水管路的水头损失，m。

在泵的样本中，有的给出泵的允许吸上真空高度 H_{sa}，有的给出允许的汽蚀余量 [*NPSH*]。而 [*NPSH*] 则更能说明汽蚀的物理现象，用 [*NPSH*] 来计算泵的几何安装高度 [H_x] 更方便。因为两式相比，式（3-18）少算一项速度水头，[*NPSH*] 且不需换算。

此式说明了影响泵的安装高度的几个因素，即泵的安装地的海拔高度，泵所输送水的温度，吸水管路的水头损失和水泵自身的汽蚀性能。从式（3-18）可以看出，泵的 [*NPSH*] 愈小，泵的汽蚀性能愈好，[H_x] 愈大，工作愈安全。

四、提高水泵抗汽蚀性能的措施

（1）合理确定吸水管路　由上述分析知，水泵产生汽蚀的主要原因是入口处压强过低引起的，而造成泵入口压强过低的主要因素是水泵的吸水高度。因此水泵的吸水高度必须小于其允许值。一般常温下，矿山水泵站的吸水高度大多在 4.5～5m 左右；再者，水泵吸水管段的阻力损失也是一个不可忽视的因素，应该正确选择管径大小、吸水管长度、接管零件、底阀以及合理的流速，并且应加强对吸水井及滤网的清洗，有条件的可以采用无底阀水泵。

另外，某些矿井还采用加压泵，即在主水泵吸水管上安装一台与主水泵串联工作的低速辅助水泵，这样可以消除由任何情况而引起的汽蚀现象，不过须增加设备，不够经济，也使司机的操作复杂化。

（2）改进泵的本身结构　在离心泵的入口前安装诱导轮或超汽蚀轮和采用双重叶片叶轮，如图 3-34 和图 3-35，图 3-36。可以提高叶轮的入口压强，改变泵的吸水性能。

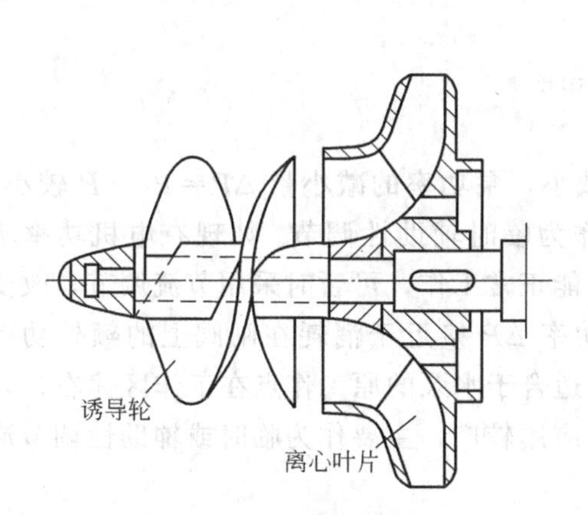

图 3-34　带有诱导轮的离心泵

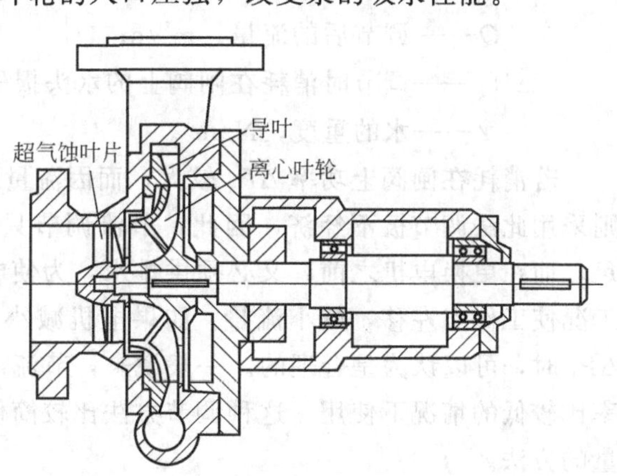

图 3-35　超汽蚀泵

增大叶轮入口直径和宽度可以减小允许汽蚀余量 [*NPSH*]，提高泵抗汽蚀性能，因此多级泵第一级叶轮入口直径，一般设计比后几级要大些，改变叶片入口冲击角，改善叶轮入口形状及采用双吸式叶轮都可不同程度提高泵的抗汽蚀性能。

（3）采用抗汽蚀材料制造叶轮　采用抗汽蚀材料制造叶轮，如铝青铜、不锈钢 2Cr13、稀土合金铸铁和高镍铬合金等，一般说来，零件表面越光洁，材料强度和韧性越大，则它的抗汽蚀性能越好。

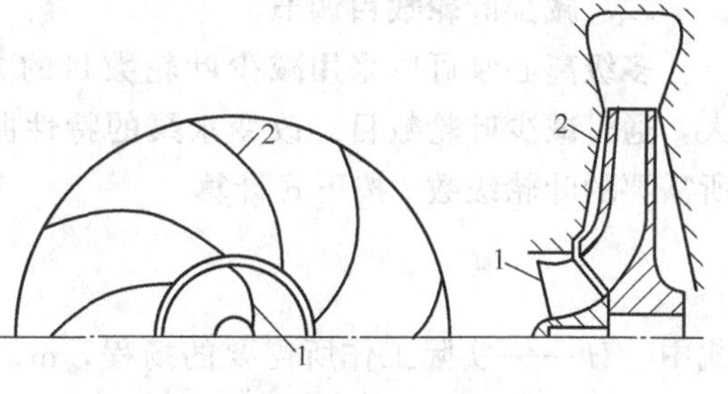

图 3-36　双重叶片工作轮

1—前置轮；2—主工作轮

第六节 离心式水泵的调节

离心泵在正常运转情况下不需要调节，但当外界条件发生变化时，如流量、扬程过大，电机的容量不够，则必须要对泵的运行加以调节，即改变离心泵在管路中的工作点。而改变工作点，可以从改变泵的性能曲线，或改变管路特性曲线着手。常用的方法有以下几种。

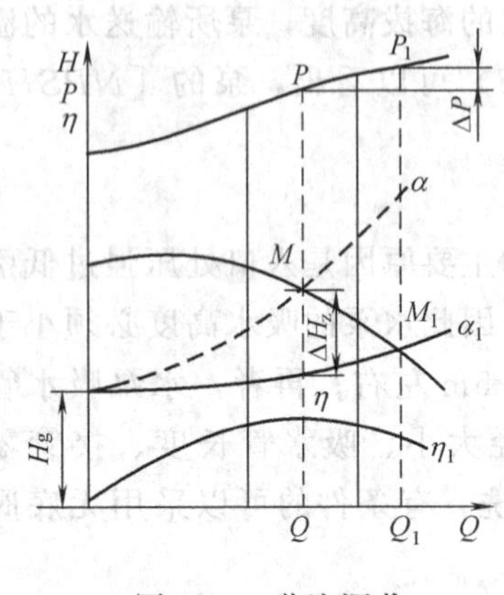

图 3-37 节流调节

一、节流调节

节流调节法是在水泵转速不变的情况下，利用改变排水管上闸阀的开口度，从而使管阻力发生改变，使管路曲线发生改变，以达到调节流量的目的。如图 3-37 所示，若水泵的原来工作点为 M_1，对应的流量为 Q_1 消耗的功率为 P_1，此时泵的效率为 η_1，当闸阀的开启度减小时，管网阻力加大，工作点左移到 M，流量减小为 Q，功率为 P，效率增加到 η，但因所需压头相对增加，消耗在闸阀上的无益功为

$$\Delta P_z=\frac{\gamma Q\Delta H_z}{10^3\eta}$$

式中 ΔP_z——闸阀额外损耗的功，kW；

Q——调节后的流量，m^3/s；

ΔH_z——调节时消耗在闸阀上的水头损失，m；

γ——水的重度，N/m^3。

若消耗在闸阀上功率 ΔP_z 较大，而因流量的减小，泵功率的减小量 $\Delta P=P_1-P$ 较小，则采用此法调节极不经济，因此，节流调节只能作为临时辅助性调节。如现有电机功率不足，而在更换电机之前，又必须供排水，为使电机能正常工作，可暂时采用节流调节，改变工况使工作点左移，减小流量。如果电机减小的功率 ΔP 接近于消耗在闸阀上的额外功率 ΔP_z 时，可以认为是合理的。一般说来，节流调节适合于水泵的原工作点在工作区偏右、效率比较低的情况下使用。这种调节方法比较简便，应用较广，主要作为临时或辅助性调节流量的方法。

需要说明的是，闸阀应该装在水泵的出水端，因为若装在吸水管上，则可能会造成泵入口真空度增大，引起汽蚀。

二、减少叶轮数目调节

多级离心泵可以采用减少叶轮数目的方法调节。此种调节法用于现有水泵的总扬程过大，通过减少叶轮数目，改变水泵的特性曲线，以达到改变工作点的目的。离心泵工作时，所需要的叶轮级数 i 按下式计算

$$i=\frac{H}{H_i}$$

式中 H——实际工作所需要的扬程，m；

H_i——单个叶轮所能产生的扬程，m。

由上式计算出的级数 i 向大的方向圆整成整数。知道了水泵工作时所需要的叶轮数目，

则可以确定必须拆除的多余叶轮数。一般说来，不能拆除第一级叶轮，否则增加吸水段阻力容易产生汽蚀，可以拆除包括叶轮的中间一段，但必须配新的拉紧螺栓或轴。

三、改变叶轮转速调节

由相似定律知，当改变泵的转速时，其效率基本不变，而流量、压头及功率则随转速的变化而变化，其关系如下

$$\frac{Q_2}{Q_1}=\frac{n_2}{n_1};\frac{H_2}{H_1}=\left(\frac{n_2}{n_1}\right)^2;\frac{P_2}{P_1}=\left(\frac{n_2}{n_1}\right)^3$$

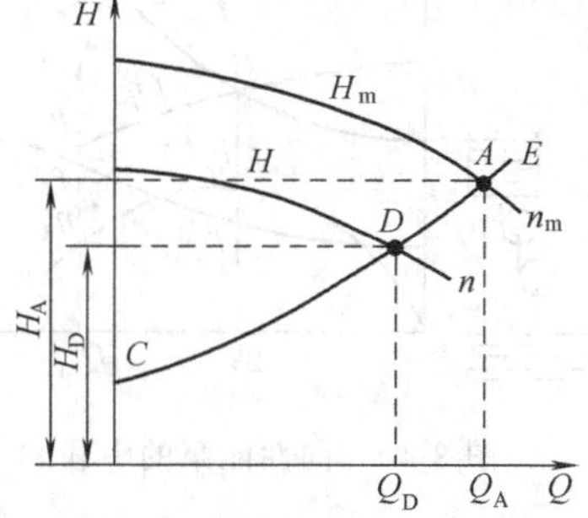

图 3-38 改变泵转速调节

因而，通过改变转速可以改变泵的性能特性曲线，而管路曲线不变，工作点发生变化，以达到调节流量或扬程的目的，如图 3-38 所示。这种调节方法受叶轮允许的最大圆周速度和电机容量的限制。

叶轮最大允许速度由其机械强度条件和不产生汽蚀现象为原则来决定。对于铸铁叶轮，按机械强度条件，允许的最大圆周速度应在 35～45m/s 范围内。改变转速的方法有以下几种。

① 改变电机转速。

② 更换电机。

③ 采用液力联轴器调速。

四、切割叶轮叶片长度调节

切割叶轮叶片长度，降低叶轮圆周速度，可以改变泵的特性曲线，是离心泵的一种独特的调节方法。适用于降低水泵的流量和压头范围不大的情况，此时可将叶轮的叶片长度沿外径车削到 D_2'（但要保留内外圆盘的直径 D_2 不变）。如图 3-39 所示。

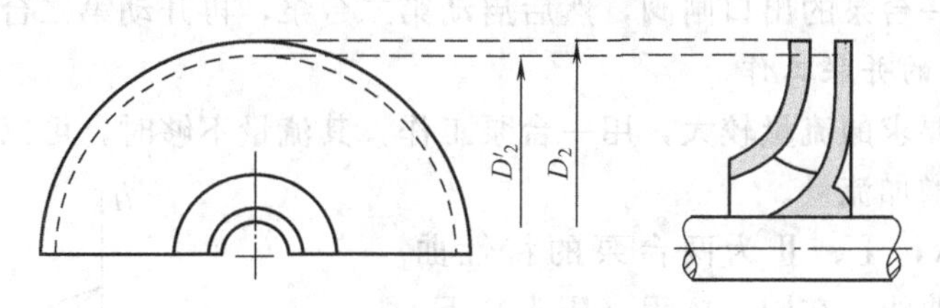

图 3-39 削短叶片长度调节法

实验表明，如果切割量不大，水泵效率则近似保持不变，因此，这种调节方法是经济的，常用于水平中开式水泵和具有导水轮的组合式水泵。如果切割量过大，水泵效率则要大大降低，故切割时不能超过表 3-6 所给的切割限度 $[(D_2-D_2')/D_2'\times100\%]$，从表中可以看出，泵的比转数越大，切割量应越小。

表 3-6 切割限度和切后的效率下降值

n_s	60	120	200	300	350	350 以上
$\frac{D_2-D_2'}{D_2'}$ 切削限度	20%	15%	11%	9%	7%	0
效率下降值	每切下 10%，下降 1%		每切下 4%，下降 1%			

五、离心式水泵的联合工作

前面讨论的是单台泵的调节方法，在实际工作中，有时单台泵无论如何调节都不能满足

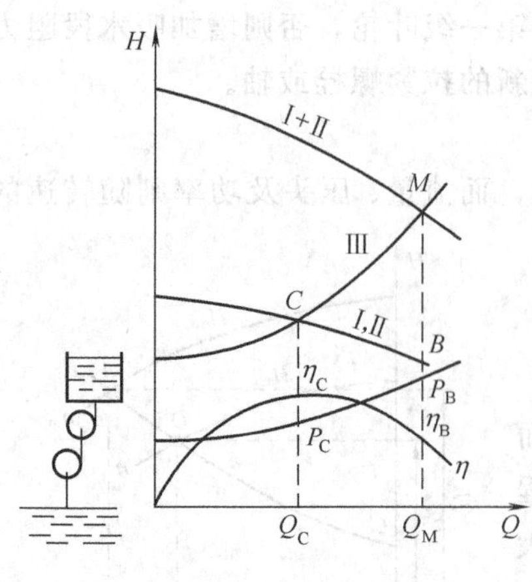

图 3-40 同性能泵的串联

要求，这时可考虑采用两台或多台泵在一个共同管路中联合工作，以达到增加系统的流量或扬程的目的。联合工作的基本方式有串联和并联两种。

（一）同性能泵的串联工作

串联指前一台泵的出口向另一台泵的入口输送液体的工作方式，其目的是为了增加扬程。

如图 3-40 所示，Ⅰ、Ⅱ为两台泵的特性曲线，Ⅲ为管路特性曲线，Ⅰ＋Ⅱ为两台泵串联运行时的联合特性曲线，联合特性曲线Ⅰ＋Ⅱ是由单台泵的特性曲线在流量相同的情况下，将压头相叠加而得到的。联合特性曲线Ⅰ＋Ⅱ与管路特性曲线Ⅲ的交点 M 即为串联运行时的工作点，流量为 Q_M，扬程为 H_M。过 M 点作纵坐标的平行线（等流量线）与单台泵的特性曲线交于 B 点，B 点为串联后单台泵的实际工作点，流量为 Q_B，扬程为 H_B。串联工作的特点是流量相等，总扬程为单台泵扬程之和。

$$Q_M = Q_B > Q_C$$

$$H_M = 2H_B < 2H_C$$

Q_C，H_C 为单台泵运行工作点的参数。

上式说明，两台泵串联工作时，所产生的总扬程 H_M 小于泵单独工作时的两倍，但大于串联前单独运行的扬程 H_C，而串联后的流量 Q_M 比单台泵工作要大。其原因是泵串联运行时扬程的增加大于管路阻力的增加，多余的扬程促使流量有所增加。

两泵串联运行时，后一台泵所承受的压强较高，因而选择时要注意泵的结构强度。启动第一台泵后再开第一台泵的出口闸阀，然后启动第二台泵，再开动第二台泵的出口闸阀。

（二）同性能泵的并联工作

当管路系统中要求的流量较大，用一台泵工作，其流量不够时，可以采用水泵并联。并联的目的，是为了增加流量。

如图 3-41 所示，Ⅰ、Ⅱ为两台泵的特性曲线，Ⅲ为管路特性曲线。在同一扬程（压头）下，将曲线Ⅰ、Ⅱ的横坐标（流量）相加，即可得到并联运转时的联合特性曲线Ⅰ＋Ⅱ。

联合特性曲线Ⅰ＋Ⅱ与管路特性曲线Ⅲ的交点为 M，即为并联运转时的工作点。并联后的总流量为 Q_M，扬程为 H_M。

过 M 点作流量轴的平行线交单台泵的特性曲线于 B 点，B 点即为并联运转时，单台泵的实际工作点，流量为 Q_B，扬程 $H_B = H_M$。并联的特点是，扬程彼此相等，$H_M = H_B > H_C$，总流量为两台泵流量之和 $Q_M = 2Q_B < 2Q_C$。

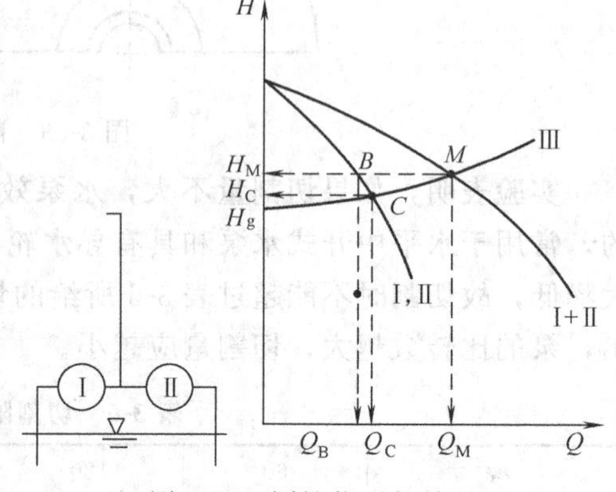

图 3-41 同性能泵的并联

由图可知，当一台泵在此管路上工作时，工作点为 C，流量为 Q_C，扬程为 H_C。

显然，两台性能相同的水泵并联时的流量 Q_M 大于每台泵单独运转时的流量 Q_C，但小于每台泵单独运行时的流量之和 $2Q_C$，并联后的扬程大于单独工作时的扬程。这说明，并联后水泵的总流量增加了，达到了并联的目的，而流量的增加导致管路阻力损失增加，因而扬程随着增加。

值得注意的是，作为联合工作的水泵应该采用型号、性能相同或相似的泵，泵的转速应该相等，否则达不到较好的联合效果。原因分析见下章通风机的联合工作。

（三）串并联运转方式的确定

从上面的讨论可看出水泵串联的主要目的是为了增加扬程，并联的主要目的是为了增加流量，但在某些情况下，不一定能达到良好的效果。

如图 3-42 所示，曲线Ⅰ是两台相同性能水泵的特性曲线，曲线Ⅱ是这两台泵并联运转时的联合特性曲线，曲线Ⅲ是它们串联运转时的联合特性曲线。当管路特性曲线为 A 时，并联运转的工作点 $M_{\text{Ⅱ}}$ 的流量和扬程均大于串联运转时的工作点 $M'_{\text{Ⅲ}}$，当管路特性曲线为 B 时，串联运转时的工作点 $M_{\text{Ⅲ}}$ 的流量和扬程又大于并联运转时工作点 $M'_{\text{Ⅱ}}$ 的流量和扬程。由此可见，当管路曲线较平缓时采用并联运转较为有利，而当管路曲线较陡（阻力损失较大）时，采用串联运转较合理。

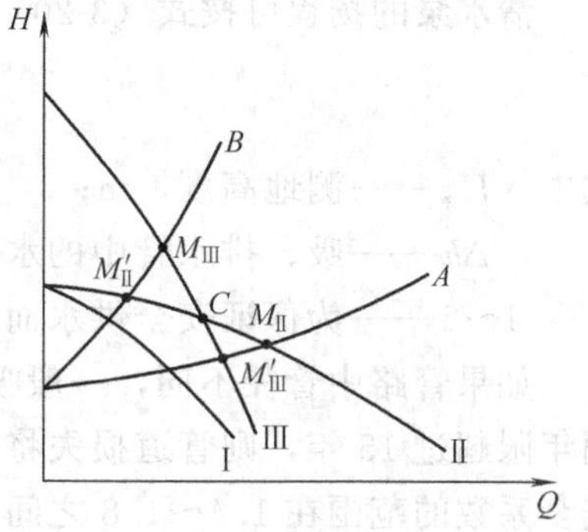

图 3-42 相同性能泵串、并联运转比较

第七节 离心式水泵的选择计算

一、离心式水泵选择计算步骤

由于泵的用途和使用条件千变万化，而泵的种类又较多，因而合理地选择泵的类型和规格，以满足实际工程需要是十分重要的。在选择时应同时满足使用与经济两方面的要求。现以工厂常用离心泵为例，介绍其选择计算的方法与步骤。

（一）选择依据

① 输送液体的性质。清水还是砂浆，浓度、重度及酸碱性等。

② 输送的流量。包括正常流量、最大、最小流量。

③ 水位高度、运输距离以及管道布置情况等。

（二）选择泵的类型

根据输送液体的性质、流量及最大扬程来选择泵的类型。如输送不含酸碱性的清水时，可采用清水泵；流量小，扬程低时采用 IS 型；流量较大则常用 Sh、S 型；扬程较高时，可采用多级泵。

（三）确定管路系统，绘制管道布置简图

管道直径根据流量和流速来决定

$$d'=\sqrt{\frac{4Q}{3600\pi v'}} \tag{3-19}$$

式中 d'——管道大致直径，m；

Q——流量，m^3/h；

v'——经济流速，m/s。

由于流速对设备的经济性影响较大，流量一定时，流速取得小些，管道阻力损失小，效率高，可节约用电，但管径增大，管网造价增加。相反，流速取得大些，管径减小，管网造价低，但管道阻力增大，效率降低，用电增加。因此，应按一定年限内（投资偿还期）管网造价和管理费用之和为最小时的经济流速来确定管径。合理的经济流速 $v'=1.5\sim2.2\text{m/s}$，根据式（3-19）的计算结果选择标准管径，吸水管径可比排水管径稍取大些。

管道直径确定后，要绘制管道布置图，并根据实际情况确定管道长度及所需的弯管、阀门（闸阀、底阀、逆止阀）及其他管件。

（四）确定泵的扬程和型号

清水泵的扬程可按式（3-20）计算

$$H=H_g+\Delta h+(1\sim2) \tag{3-20}$$

式中 H_g ——测地高度，m；

Δh ——吸、排水管中的水头损失总和，m；

1～2 ——为保证安全供水而附加的压头余量。

如果管路中管径不同，一般吸水管径较排水管径大，则需分段计算阻力损失。若管路使用年限超过 15 年，则管道损失将会大大地增加，为安全计，需要乘以一个安全系数，一般安全系数的范围在 1.4～1.8 之间。

根据计算的扬程和流量，查阅泵的样本或手册，选择合适的型号和转速，注意工作点应落在工作区内。

（五）验算泵的吸水高度

在选择水泵时，为防止发生汽蚀，需要从样本上查出泵在标准状态下的允许吸上真空高度或允许汽蚀余量，按式（3-16）或式（3-18）验算泵的允许安装高度或吸水高度。

$$H_x<[H_x]=H_{sa}-\frac{v_x^2}{2g}-\Delta h_x$$

或

$$H_x<[H_x]=\frac{p_a}{\gamma}-\frac{p_n}{\gamma}-[NPSH]-\Delta h_x$$

若上式中各参数与规定的条件不符合时，应按照对应的关系进行修正。

（六）电机及传动配件的选择

用性能表选择水泵时，在性能表上附有电机功率及型号，可以一起选用。若用性能曲线选择水泵，则因图上只有轴功率，因而电机及传动件应另外选配，配套电机的功率 P_d（单位为 kW）可按下式进行计算

$$P_d=K\frac{\gamma Q_M H_M}{\eta_M \eta_i} \tag{3-21}$$

式中 Q_M——泵工作点的流量，m^3/s；

H_M——泵工作点的扬程，m；

γ ——被输送的液体重度，kN/m^3；

K ——电机安全系数，见表 4-1；

η_M——工作点效率；

η_i——传动效率。泵与电机直联时取 1.0；联轴器直联传动时，$\eta_i=0.95\sim0.98$；三角皮带传动时，$\eta_i=0.9\sim0.95$。

根据功率和转速选择合适的电动机。

二、离心式水泵选择计算实例

例题 3-3 某冶金厂需要将深 3.5m 的井水送入高 50.5m 的水塔中，水塔距井的水平距

离大约 130m，需要流量 Q 为 $90m^3/h$，输送常温清水，使用年限计划为 20 年，试进行泵设备的选择计算。

解　① 根据已知条件，$Q=90m^3/h$，测地高度 $H_g=50.5+3.5=54m$，吸水高度大约为 4m，又因输送的是清水，流量不大，因而可暂选 IS 型清水泵。

② 确定管路并绘制简图。

由式（3-19）得

$$d'=\sqrt{\frac{4Q}{3600\pi v'}}$$

v' 在 1.5～2.2m/s 范围内，可暂取 $v'_p=2.0m/s$。

$$d'=\sqrt{\frac{4\times 90}{3600\times 3.14\times 2.0}}=0.126\ (m)$$

根据上式计算结果选择标准管径：排水管的直径 $d_p=125mm$，吸水管的直径 $d_x=150mm$，材料均为无缝钢管。绘制管道布置图如图 3-43 所示。

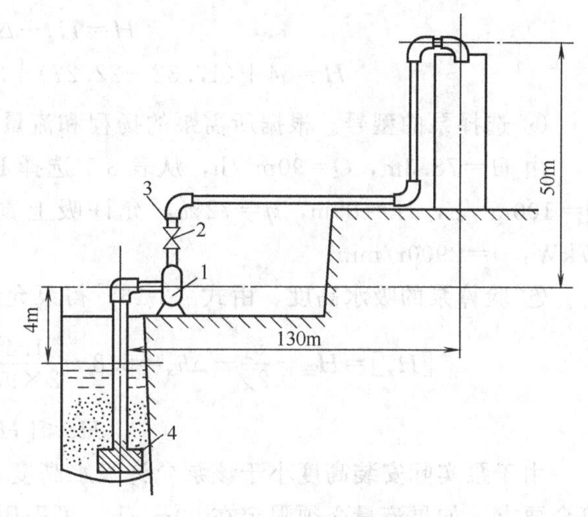

图 3-43　例题 3-3 图

1—泵；2—闸阀；3—逆止阀；4—底阀

③ 计算管路中的阻力损失。吸水管的阻力损失按下式计算

$$\Delta h_x=\lambda\frac{l_x+l_{ex}}{d_x}\times\frac{v_x^2}{2g}$$

式中，$\lambda=0.03$，$l_x=7.5m$，$d_x=0.15m$，而

$$v_x=\frac{4Q}{3600\pi d_x^2}=\frac{4\times 90}{3600\times 3.14\times 0.15^2}=1.4\ (m/s)$$

l_{ex} 为吸水管件当量长度，从管件的当量长度表中可查出底阀的当量长度为 27m，在吸水管路中装 90°弯头 1 个，当量长度为 1.13m，因而吸水管段的当量长度 $l_{ex}=27+1.13=28.13$（m）。

吸水管段阻力损失 Δh_x

$$\Delta h_x=0.03\times\frac{7.5+28.13}{0.15}\times\frac{1.4^2}{2\times 9.8}=0.71\ (m)$$

排水管段阻力损失

$$\Delta h_p=\lambda\frac{l_p+l_{ep}}{d_p}\times\frac{v_p^2}{2g}$$

式中，$\lambda=0.03$，$l_p=180m$，$d_p=0.125m$，而

$$v_p=\frac{4Q}{3600\pi d_p^2}=\frac{4\times 90}{3600\times 3.14\times 0.125^2}=2.04\ (m/s)$$

排水管路中装有闸阀、逆止阀各 1 个，90°弯头 4 个，查出它们的当量长度分别为 $l_{ep1}=1.31m$，$l_{ep2}=43m$，$l_{ep3}=4\times 1.13m$。因而

$$l_{ep}=l_{ep1}+l_{ep2}+l_{ep3}=1.3+43+4\times 1.13=48.83\ (m)$$

$$\Delta h_p=0.03\times\frac{180+48.83}{0.125}\times\frac{2.04^2}{2\times 9.8}=11.66\ (m)$$

吸、排水管路中的总水头损失如下。

考虑到使用年限较长，超过15年，因而需乘以一定的安全系数

$$\Delta h=(1.4\sim1.8)(\Delta h_x+\Delta h_p)=17.32\sim22.27\ (\text{m})$$

④ 所需泵的总扬程。由式（3-20）得

$$H=H_g+\Delta h+2$$

$$H=54+(17.32\sim22.27)+2=73.32\sim78.27\ (\text{m})$$

⑤ 选择泵的型号。根据所需泵的扬程和流量选择泵的型号。

由 $H=78.3\text{m}$，$Q=90\text{m}^3/\text{h}$，从表3-1选择IS100-65-250型单吸单级离心泵，其性能为 $Q=100\text{m}^3/\text{h}$，$H=80\text{m}$，$\eta=72\%$，允许吸上真空高度 $H_{sa}=5.8\text{m}$，配套电机特性 $P_e=37\text{kW}$，$n=2900\text{r/min}$。

⑥ 验算泵的吸水高度。由式（3-16）得泵允许吸水高度

$$[H_x]=H_{sa}-\frac{v_x^2}{2g}-\Delta h_x=5.8-\frac{1.4^2}{2\times9.8}-(1.8\times0.71)=4.42\ (\text{m})$$

$$H_x<[H_x]$$

由于泵实际安装高度小于该泵允许吸水高度，故水泵在工作时不会发生汽蚀，所选水泵符合要求。如果流量必须限定在 $90\text{m}^3/\text{h}$，可采用闸阀适当调节。

第八节 离心式水泵的安装、运转与维修

一、离心式水泵的安装

离心式水泵安装得好与否对其性能和寿命影响较大，必须按照厂家的《安装使用说明书》进行安装。

首先，泵的安装地点应保证维修方便，水平中开卧式泵要求顶部有足够的空间，以便起吊不带转子的上半部泵体；节段式离心泵的内部组装件沿轴向抽出，因而必须留出空间，使组装件抽出时不致偏斜，另外安装位置应尽可能接近供水源，只要有可能，泵的中心线应安装在吸水液面的下方。

其次，地基要用结实的结构，以使底座的整个面积足以提供永久的刚性支撑，并能吸收任何正常的应变或震动，最好在密实土上打混凝土基础。

现以多级节段式离心式水泵为例，说明离心式水泵的安装步骤和技术要求。

（1）泵机组的安装　泵机组应该在紧靠地脚螺栓地点，用短小的带状钢板或垫块支撑在地基上，并调整到泵轴找正，吸入连接盘和吐出口连接盘处于所需的垂直或水平位置，直至泵达到规定高度和部位为止，底座找平后用地脚螺栓拧紧并固定。

（2）驱动装置（电机）的安装　驱动装置通过联轴器与泵轴连接，在安装时，要保证电机与泵的轴心线必须在同一平面内成直线，即满足同轴度要求，电机与泵联轴器之间应保持一定的轴向间隙值，此值应大于泵的窜动量，联轴器两端面应保持互相平行，满足平行度要求，可用塞尺或千分尺测量联轴器的端面和径向跳动差值，电动机的转动方向应和泵的转动方向一致。

（3）吸水管段安装　吸水管段在安装时应当避免漏气，管内要注意不能积存空气，否则会破坏泵入口处的真空度，甚至导致断流。对于水平段，除应有顺流动方向的向上坡度外，

要避免设置易积存空气的部件。底阀应淹没于吸水面以下一定的深度。不能在吸入管段上设置调节闸阀，否则会使吸水管路的阻力增加，在闸阀关小时，会使吸上真空度增大，以致提前发生汽蚀。

二、离心式水泵的运转

（一）启动

水泵启动前除应全面检查各部螺栓有无松动、联轴器间隙是否合乎规定、填料的松紧程度是否合适外，对于有吸水管段的离心泵，应先向泵及吸水管注水，或用真空泵抽出泵内及吸水管段的空气（采用后一种方法时，可以不设底阀），并关闭出口闸阀和泵压力表旋塞。水泵启动后，打开压力表旋塞，逐渐打开泵出口闸阀使压力表指针指到所需位置为止，当泵的压力上不来时应立即停机，以免产生较大的磨损。

（二）运行中的注意事项

① 经常注意电压、电流的变化。当电流、电压超过额定值的±5%时，应停止水泵，检查原因，进行处理。

② 注意轴承温度。最高温度不得超过60～70℃，滚动轴承润滑油脂每工作2个月需更换一次。

③ 检查泵轴窜动是否在允许范围内，填料压紧程度应保持均匀滴水，但不成线。

④ 注意水泵工作一定时间后，应进行检修，依据是泵流量和扬程下降情况。

⑤ 密封环和叶轮的间隙因磨损超过最大值的两倍时，应更换密封环。

（三）停泵

停泵应先关闭泵出口闸阀，而后关闭真空表的旋塞，再关闭电动机。

停泵后，还需关闭压力表旋塞，并及时清除在工作中发现的缺陷，查明疑点，做好清洁工作。如水泵停机后在短期内不工作，为避免锈蚀和冻裂，应将水泵内的水放空。若水泵长期停用则应对水泵施以油封，并每隔一定时期，电动机空运转一次，以防受潮。但空转前，应将联轴器分开，让电动机单独运转。

三、离心式水泵的维修

（一）离心式水泵的拆卸与装配顺序及注意事项

离心式水泵因其型号、结构不同，拆卸和装配顺序也有所不同，拆装时必须按照厂家的总配图进行。现以多级节段式离心式水泵为例，简要说明其拆、装顺序及要求。

1. 拆卸顺序

(1) 轴承体的拆卸　先拆除联轴器，再卸下泵轴两侧的轴承端盖，拧下花螺帽，卸下轴承体的连接螺栓，取下轴承体，然后将滚动轴承、挡水圈短轴套，密封圈取下。

(2) 填料压盖的拆卸　拧下压盖与泵体间的连接螺栓，并沿轴向推出压盖，然后取出填料。

(3) 尾盖的拆卸　拧下尾盖与出水段之间的螺栓，卸下尾盖，再把平衡盘装置卸下。

(4) 拉紧螺栓的拆卸　拧下拉紧螺栓两端的螺母即可卸下。

(5) 出水段的拆卸　用手锤轻敲出水段的凸缘，使之松脱后即可拆下。

(6) 叶轮的拆卸　从泵轴上取下叶轮时，应用手拆卸，切不可猛敲硬打，可用木锤沿叶轮四周轻敲，使其松动，然后用撬棒斜插入叶轮流道内，并尽量靠近叶轮，再用手锤轻轻敲打撬棒，卸叶轮。

(7) 中段的拆卸　用撬棒沿中段两脚撬动即可卸下。中段卸下后，取出大小口环，然后再依次继续拆卸，直到水泵入水段。

在拆卸过程中应注意，几个中段拆下后，泵轴就处在悬臂状态，为防止弯曲，应加设临时支撑。此外拆下的叶轮、键、中段等零部件，最好编号放置，以便装配。

另外在拆卸水泵时，可能会遇到水垢多、叶轮和轴等相互连接的零件锈蚀严重、不易拆的困难，这时，应先刮去水垢、铁锈等污物，再用煤油等适当润滑接触部位，然后用锤子轻轻敲打并取下。若仍难拆下，可借助拆卸器拆卸，切不可用大锤乱打乱敲。

卸下的零部件应及时进行清洗，具体做法如下。

① 刮去叶轮内外表面及密封环等处积存的水垢、铁锈，用清水洗净，并检查叶轮流道内有无杂物，叶片有无损伤，是否出现麻面或蜂窝孔。

② 清理泵体各接合面积存的油垢及铁锈。

③ 清洗水封管，并检查是否畅通。

④ 刮去轴承内油垢，用汽油清洗滚动轴承，并检查轴承的磨损情况。

⑤ 如果水泵不是立即进行装配，应在清洗后的零部件上涂保护油。

2. 水泵的装配顺序

水泵的装配质量对其性能的影响特别显著。各叶轮的出口中心必须对准导水圈的入口中心，若稍有偏差，水泵的性能便会受到影响。另外，水泵的转动部分和固定部分之间的密封间隙，也有严格规定，若间隙过小，会引起零件的磨损和泵的振动，缩短水泵的使用寿命；间隙过大，则会导致泄漏量增大，降低水泵的效率。具体的装配顺序如下。

① 将大口环紧装在入水段和中段上，并把小口环装在所有中段上。

② 将平衡盘装在出水段上。

③ 将装好吸水段轴套和键的轴穿过吸水段，并顺键推入叶轮，在中间段上铺一层青壳纸，装上中间段和另一键再顺键推入另一叶轮，重复以上步骤，至所有叶轮和中间段装完。

④ 将出水段装到中间段上，然后用拉紧螺栓将吸水段、中间段、出水段紧固在一起，并均匀牢固地拧紧。

⑤ 装上平衡盘和泵轴两侧的轴套及密封圈，并将尾盖用螺栓固定于出水段上。

⑥ 依次在两端填料箱内放入填料和水封环，并装上填料压盖和挡水圈。

⑦ 把轴承体装入水泵前、后段上，然后再装上滚动轴承，并在轴承内加入黄油，装上两端侧盖，拧上侧盖螺母。装好后，转动一下泵轴，检查转子部分是否灵活，如转动灵活，表明装配良好；若很紧，则应检查调整。同时还应检查泵轴窜动量，泵轴的轴向窜动量的允差，按每个零件轴向尺寸公差的极大、极小值来考虑，将其叠加，即为总窜动量的允许偏差值。对于10级以内的泵来说，一般在1.0～1.5mm左右。

⑧ 在泵轴两端的填料箱内放入水封环外侧的填料，拧上填料压盖，并注意水封环中心孔与水封管对正。

⑨ 装上水封管、回水管、联轴器和所有四方螺塞，最后再转动泵轴，观察填料的压紧程度。

（二）离心式水泵的日常维护

① 操作者每天注意观察泵的运转情况，主要是噪声变化情况，轴承温度有否突变，填料的漏水是否正常。并记录流量、扬程、功率等参数变化。

② 定期检查填料压盖是否能自由移动，填料是否需要更换。

③ 定期检查泵和电机轴的同轴度，如有必要应予以找正。

④ 轴承在运转 800～1000h 后，应放出轴承盒内热油，清洗轴承盒，然后充以新油，对于滚动轴承还应检查有无擦伤和磨损。

（三）常见故障及处理方法

了解离心式水泵工作中的常见故障，分析产生的原因，给出处理方法，是本章重要的实践性内容，现将离心式水泵运转中的常见故障、产生原因及处理方法列于表 3-7 中，以供参考。

表 3-7 水泵运转中常见故障、产生原因及处理方法

故障	产生原因	处理方法
开泵后不出水	① 未注满水或空气未抽尽 ② 进水管路或填料箱漏气 ③ 安装高度太高 ④ 电动机反转 ⑤ 叶轮装反 ⑥ 进水管安装不正确 ⑦ 叶轮流道堵塞 ⑧ 电动机转速过低	① 继续注水或抽气 ② 检查进水管路，压紧或更换填料 ③ 降低安装高度 ④ 改换接线 ⑤ 重装叶轮 ⑥ 重装进水管道，消除隆起部分 ⑦ 检查并清洗叶轮 ⑧ 检查电源电压是否降低
运行中压头降低	① 转速降低 ② 叶轮损坏和密封磨损 ③ 水中含有空气	① 检查电动机及电源 ② 拆开修理，必要时更换 ③ 检查进水管和填料的严密性，压紧或交换填料
电动机发热	① 转速过高 ② 水泵流量太大 ③ 填料压得太紧 ④ 联轴器不同心或间隙太小 ⑤ 泵轴弯曲，轴承磨损或损坏	① 检查电动机及电源 ② 调节流量至允许范围 ③ 旋松填料压盖 ④ 校正同心度，调整两联轴器之间间隙 ⑤ 校正调直，检查或换轴承
轴承发热	① 轴承磨损 ② 油质不良或油内混有杂物 ③ 泵轴弯曲或联轴器不同心 ④ 轴承装配不正确	① 修理或更换轴承 ② 更换油，并清洗轴承 ③ 修理或更换 ④ 重新装配
水泵机组发生振动和噪声	① 水泵基础不稳固或地脚螺钉松动 ② 泵轴弯曲，轴承磨损或损坏 ③ 叶轮损坏或局部堵塞 ④ 轴承装配不同心 ⑤ 进水管口淹深不够，空气吸入泵内 ⑥ 产生汽蚀	① 加固基础，旋紧螺钉 ② 校正调直，修理或更换轴承 ③ 修理或更换叶轮，清除杂物 ④ 校正同心度 ⑤ 增加淹深 ⑥ 查明原因再行处理

习 题

3-1 试述离心式水泵的工作原理及构造。

3-2 离心式水泵的工作参数有哪些？各参数的意义是什么？

3-3 离心式水泵的叶轮为何只采用后向式叶片？

3-4 什么是离心式水泵运行时的工况点？泵的工作区如何划定？满足什么条件？

3-5 常用的离心式水泵有哪些？各有什么特点？

3-6 水泵的吸水管直径为 200mm，排水管直径为 150mm。当流量为 90L/s 时，泵入口处真空计的读数为 0.03MPa，出口处压力表的读数为 0.22MPa，出、入口高度差为 0.5m。测得轴功率为 30kW，求：(1) 泵的压头；(2) 泵的总效率。

3-7 一离心式水泵安装在测地高度 $H_g=4$m 的排水管路中，吸水管长 $l_1=10$m，直径 $d_1=600$mm，吸水管局部阻力系数总和$\sum\xi_1=3.4$。排水管长$l_2=900$m，直径$d_2=500$mm，排水管局部阻力系数总和$\sum\xi_2=6.6$，管路的沿程阻力系数$\lambda=0.03$，流量为100L/s，排水管通入排液池下部。求水泵的压头，并绘制管路特性曲线。

3-8 离心式水泵工作时产生轴向推力的原因是什么？有哪些消除方法？各有何特点？

3-9 什么是汽蚀现象？如何提高水泵的抗汽蚀性能？

3-10 离心式水泵工作时为什么要调节？有哪些调节方法？

3-11 离心式水泵运转中应注意哪些问题？

3-12 为什么安装水泵时必须使叶轮出口与导水圈入口吻合好？

3-13 以D型泵为例，说明如何拆卸和装配离心泵？

3-14 有一水泵装置的已知条件如下：$Q=0.12\text{m}^3/\text{s}$，吸水管直径$d_x=0.25$m，水温为40℃，$H_{sa}=5$m，吸水面标高为102m，水面为大气压强，吸水管段的阻力损失为0.79m，试求泵轴的标高最高为多少？如果该泵安装在海拔高度为1800m的昆明地区，泵的安装位置高应为多少？

3-15 某双吸单级离心泵铭牌参数为，流量$Q=300\text{m}^3/\text{h}$，转速$n=1450$r/min，允许汽蚀余量$[NPSH]=4$m，该泵装于海拔500m处，输送50℃的清水，若吸水管路损失为0.5m，求泵允许吸水高度。

第四章　通　风　机

通风机是把原动机的机械能转变为气体的动能和压力能的一种机械，在各个生产部门的应用十分广泛。本章将着重讨论离心式和轴流式通风机的工作原理、性能、构造特点、运行调节及选择计算等方面的知识。

第一节　概　述

一、风机的分类与应用

风机的种类繁多，按工作原理可分为容积式和叶轮式，通风机大都是叶轮式，故本章主要讨论叶轮式风机的分类。

（一）按气体在旋转叶轮内部流动方向分类

（1）离心式　气体沿轴向进入叶轮，在叶轮内转为径向流出。

（2）轴流式　气体沿轴向进入叶轮，经叶轮后仍沿轴向流出。

（3）混流式　气体在叶轮中斜向流动。

（二）按结构形式分类

1. 按叶轮数目分类

（1）单级　风机内只有一个叶轮。

（2）多级　风机内有两个或两个以上叶轮，而且空气按一定顺序经过各叶轮。

2. 按叶轮入口数目分类

（1）单入口（单侧进风）　指一个叶轮只有一个引入流体的进口。轴流式通风机只能有单一入口。

（2）双入口（双侧进风）　指一个叶轮的两侧可以同时引入流体。

（三）按排气压强的不同分类

（1）通风机　排气压强在 14.7kPa（表压）以下。

（2）鼓风机　排气压强（表压）在 14.7～245kPa 之间。

（3）压气机　排气压强在 245kPa（表压）以上。

由上面可知，当气体通过后，其压力增加不大，气体的密度变化很小时，这种风机称为通风机。为了简化计算，可将通风机中的气体看作是不可压缩流体，这样就可将不可压缩流体理论用于通风机中，本章讨论只涉及通风机。由于气体经过鼓风机和压气机

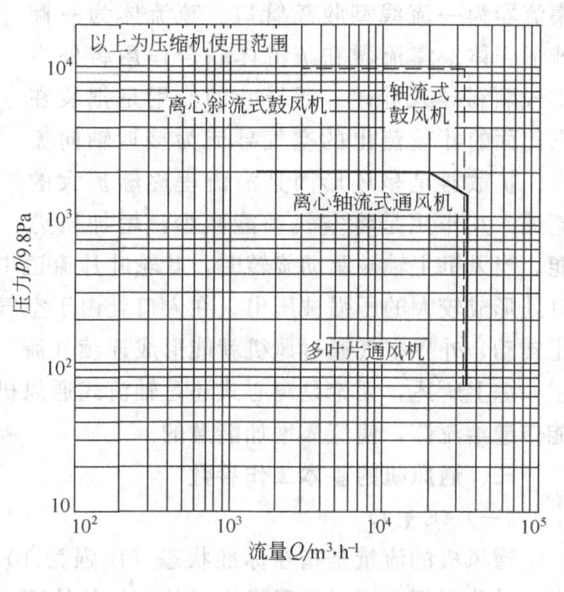

图 4-1　各种风机的使用范围

时密度变化较大，必须考虑压缩性，故不在本章讨论范围之内。

各种风机的使用范围见图 4-1，从图中可以看出，离心式和轴流式通风机所占区域最大，应用范围最广。

二、通风机的工作原理

（一）离心式通风机的工作原理

离心式通风机（见图 4-2）的主要部件是叶轮 1、外壳 2、叶片 6 和集流器 3。叶轮由前盘、后盘和固定在两盘之间的叶片组成。外壳的作用是汇集叶轮出流的气体并由其出口排出风机，集流器呈流线型收缩状，其作用是将风机入口和叶轮入口连通并光滑地导入空气。叶轮 1 固定在转轴上并装在外壳 2 中，当原动机驱动转轴旋转时，叶轮 1 也随着旋转。叶片 6 推动泵壳中的气体作高速旋转运动，在惯性离心力的作用下，使叶轮外缘处的气体压强升高，此压强将气体压向风机出口。在气体经过泵壳被压向风机出口的过程中，由于外壳的过流断面逐渐增大，气体流速不断减小，使得气体部分动能转化成了压力能。与此同时，由于叶轮中心处气体外流，因而在叶轮入口处压强降低形成真空，气体便不断被吸入。如叶轮不停地转动，离心式通风机就源源不断地将气体吸入和压出。

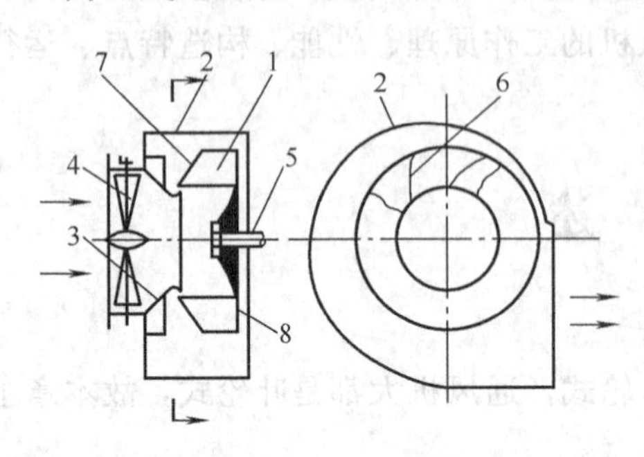

图 4-2　单级、单侧进风离心式通风机示意
1—叶轮；2—外壳；3—集流器；4—轴向导流器；5—主轴；6—叶片；7—前盘；8—后盘

（二）轴流式通风机的工作原理

轴流式通风机（见图 4-3）的主要部件是叶轮 1、外壳 2、集流器 3、后导叶 4、疏流体 5 和扩散器 6。叶轮由叶片 8 和轮毂 9 组成。轮毂表面呈柱面型，它装在主轴上随轴一起转动。叶片按一定角度装在轮毂表面上并均匀分布。外壳呈柱面形，叶轮装在其中，在壳内表面和叶片外缘之间保留可以转动的间隙。集流器为一流线型收缩管口。疏流体为一椭球形壳体。集流器和疏流体联合作用将外界空气顺利导入叶轮。后导叶的作用是把装在它前面的叶轮流出的空气导流为接近轴向流出。扩散器是呈环形而且沿流程逐渐扩大的流道，其作用是将空气动能减少，增加压力能。当风机主轴被驱动旋转时，叶轮叶片流道中的气体受到叶片的作用获得能量，在风机出口处形成较大的压强被压出。在入口处由于空气流动产生了真空，空气被吸入。如主轴不停止转动，外界空气通过风机就能形成连续气流。

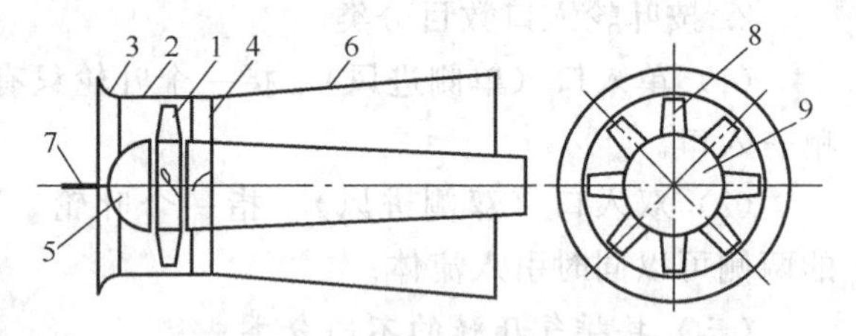

图 4-3　单级轴流式通风机示意
1—叶轮；2—外壳；3—集流器；4—后导叶；5—疏流体；6—扩散器；7—主轴；8—叶片；9—轮毂

综上所述，无论是离心式还是轴流式通风机，都是借助叶轮叶片的作用把原动机的机械能传递给流体，使流体增加能量的。

三、通风机的基本工作参数

（一）流量 Q

通风机的流量是指在标准状态（压强为 101.325kPa、温度为 20℃、相对湿度为 50%）下，单位时间内流过通风机入口的气体的体积，也就是体积流量，又称为风量，用 Q 表示，

单位为 m^3/s 或 m^3/h。

（二）风压 p

通风机的压力是指单位体积的气体，流过通风机出口断面的能量与流过入口断面的能量之差，即单位体积的气体流过通风机时获得的总能量，也称为通风机的全压或风压，用 p 表示，单位为 Pa 。

通风机的全压为

$$p=\left(p_2+\frac{\gamma}{2g}v_2^2\right)-\left(p_1+\frac{\gamma}{2g}v_1^2\right)=\left(p_2+\frac{\rho}{2}v_2^2\right)-\left(p_1+\frac{\rho}{2}v_1^2\right) \tag{4-1}$$

式中　p_1、p_2——分别表示通风机入口和出口断面的压力（Pa），也称为入口静压和出口静压，Pa；

v_1、v_2——分别表示通风机入口和出口断面的平均流速，m/s，$\frac{\rho}{2}v_2^2$ 和 $\frac{\rho}{2}v_1^2$ 分别称为出口动压和入口动压；

γ、ρ ——分别表示输送气体的重度、密度。

单位体积的气体流过通风机出口断面时具有的动能，称为通风机的动压，用 p_d 表示，单位为 Pa。对于抽出式通风系统，p_d 是未被利用的能量。显然有

$$p_d=\rho\frac{v_2^2}{2} \tag{4-2}$$

通风机的全压与动压之差，称为通风机的静压，通风网路的输送阻力要由静压来克服，静压用 p_{st} 表示，单位为 Pa，计算式为

$$p_{st}=p_2-p_1-\rho\frac{v_1^2}{2} \tag{4-3}$$

由上可知，通风机的全压 p（单位为 Pa）包括静压 p_{st} 和动压 p_d 两部分，即

$$p=p_{st}+p_d \tag{4-4}$$

（三）功率

1. 轴功率 P_a

原动机传到通风机叶轮轴上的功率称为轴功率，也叫输入功率，用 P_a 表示，单位为 kW。

2. 有效功率 P_u

单位时间内流体流过通风机所获得的实际有效能量，称为通风机的有效功率，也叫输出功率，用 P_u 表示，单位为 kW，计算式为

$$P_u=\frac{Qp}{1000} \tag{4-5}$$

式中　Q ——通风机的风量，m^3/s；

p ——通风机的风压，Pa。

（四）效率 η

在通风机的运转中，轴功率 P_a 并不可能全部转化为有效功率 P_u，其中一部分功率将消耗在各种损失上，所以有效功率小于轴功率。显然，效率等于有效功率与轴功率之比，即

$$\eta=\frac{P_u}{P_a}=\frac{pQ}{1000P_a} \tag{4-6}$$

在通风机中又把 η 称为全压效率。在抽出式通风系统中，由于动压 p_d 是未被利用的能量，所以使用静压效率 η_{st} 来说明通风机能量利用程度。将式（4-6）中的全压 p 换成静压 p_{st}，可得静压效率的计算式为

$$\eta_{st}=\frac{p_{st}Q}{1000P_a} \tag{4-7}$$

对选定的风机，从铭牌上可知道流量 Q、全压 p，要选择与其相匹配的电动机时，电动机的额定功率 P_d（单位为 kW）为

$$P_d \geqslant \frac{KpQ}{1000\eta_t\eta} \tag{4-8}$$

式中 K——电动机容量安全系数（见表 4-1）；

η_t——传动效率（见表 4-2）。

表 4-1 电动机功率与容量安全系数

电动机功率/kW	电动机容量安全系数 K	电动机功率/kW	电动机容量安全系数 K
<0.5	1.5	2～5	1.2
0.5～1	1.4	5～50	1.15
1～2	1.3	>50	1.08

表 4-2 传动方式与传动效率

传动方式	传动效率 η_t
电动机直联传动	1.00
联轴器直联传动	0.98
三角皮带传动	0.95

（五）转速 n

通风机的转速是指叶轮轴的转速，用 n 表示，单位为 r/min。

（六）比转数 n_s

像离心式水泵一样，同类型通风机的运行参数也存在一个不变的关系式，即

$$n_1\frac{Q_1^{0.5}}{p_1^{0.75}}=n_2\frac{Q_2^{0.5}}{p_2^{0.75}}=\cdots=常数$$

此常数即为通风机的比转数，用 n_s 表示，则比转数为

$$n_s=n\frac{Q^{0.5}}{p^{0.75}} \tag{4-9}$$

式中 n—— 风机的工作转速，r/min；

Q—— 风机的风量，m^3/s；

p—— 风机的全风压，9.8Pa。

与离心泵比转数一样，计算比转数时应注意 n，Q，p 必须是通风机的额定值，而且是以单吸单级叶轮为准，对于双吸叶轮，流量应以 $Q/2$ 代入，对于级数为 i 的多级风机，风压应以 p/i 代入公式。比转数 n_s 的计算结果同样应取整数。

同类型通风机的比转数相同，它综合反映通风机的性能，结构特点。

选择通风机时可以用比转数确定风机的类型，比转数大则表明该风机的风量大而压力小，比转数小则表明该风机的风量小而压力大。$n_s<10$ 时，采用容积式风机；$15<n_s<90$ 则采用离心式风机；$n_s>100$ 时采用轴流式通风机。

由于通风机叶轮的叶片有前向、后向、径向之分，所以同一比转数或比转数相近的通风机结构上的差别也可能很大。

第二节　通风机特性曲线

一、通风机基本方程式

离心式与轴流式通风机与离心式水泵一样，都是以高速旋转的叶轮为增压部件，使流体获得能量的。所不同的是输送流体种类的不同。因此，对离心泵的基本方程［式（3-6）］稍加变化，就可得到通风机的基本方程式。

已知离心式水泵的基本方程式为

$$H_{T\infty}=\frac{1}{g}(u_2c_{2u}-u_1c_{1u})$$

由于通风机通常用压力来表示所获得的能量，其理论全压 $p_{T\infty}=\gamma H_{T\infty}$，$p_{T\infty}$ 的单位为 Pa。将其代入上式即可得到离心式通风机的基本方程式

$$p_{T\infty}=\rho(u_2c_{2u}-u_1c_{1u}) \tag{4-10}$$

以 $u_1=u_2=u$ 代入上式，则可得到轴流式通风机基本方程

$$p_{T\infty}=\rho u(c_{2u}-c_{1u}) \tag{4-11}$$

当入口旋绕速度为 c_{1u} 为零时，理论压力 $p_{T\infty}$ 将得到最大值，所以设计时总使 $\alpha_1=90°$，让 $c_{1u}=0$。此时流体按径向进入叶片间的流道，对应的流量称为额定流量，式（4-10）可简化为

$$p_{T\infty}=\rho u_2c_{2u} \tag{4-12}$$

通风机在装置前导器的情况下，叶片进口就会有正预旋（c_{1u} 与 u_1 同向），或负预旋（c_{1u} 与 u_1 反向），此时风机的理论全压为

$$p_{T\infty}=\rho(u_2c_{2u}\pm u_1c_{1u}) \tag{4-13}$$

式中正预旋取“－”号，负预旋取“＋”号。

由式（4-12）可以看出，影响通风机理论压力的主要因素是输送气体的种类、叶轮的转速和直径、叶片形式及叶片出口安装角等。

二、离心式通风机的叶型分类及选择

按离心式通风机叶轮叶片出口安装角 β_2 的不同范围，叶型可分为后向式（$\beta_2<90°$）、径向式（$\beta_2=90°$）和前向式（$\beta_2>90°$）三种类型（见图 3-6）。

由比较可知，后向叶片的出口绝对速度 c_2 最小，理论动压力最少，所以理论静压力在理论全压中所占比例较大，前向叶片则较小，径向叶片居中。

另外，前向叶片因气体流速大，故流动损失和扩压损失大，所以其效率比后向叶片低。

大型高压离心式通风机由于压力、流量都较大，能量消耗也大，为了提高其运转的经济

性，需要通风机有较高的效率。而且，在一般情况下，后向叶片的通风机在运转中振动和噪声均比前向叶片的小，其过载能力比前向叶片大，因此，大型离心式通风机绝大多数均采用后向叶片的叶轮，一般取 $\beta_2=30°\sim60°$，常用 $\beta_2=35°\sim45°$。

小型低压离心式通风机由于压力低，流量小，可采用前向叶片的叶轮。因为，当其和后向叶片叶轮的转速、流量及产生的理论压力相同时，可以减小叶轮出口直径 D_2，缩小其体积，减轻质量。又因通风机所输送的是气体，其重度 γ 较液体小，阻力损失也较小，效率并不作为重要指标来考虑，故小型低压离心式通风机前向叶片叶轮的出口安装角常取为 $\beta_2=145°\sim155°$左右。

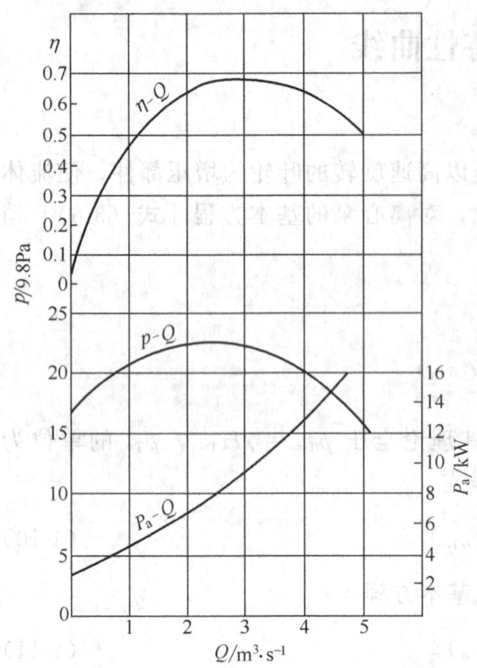

图 4-4　离心式通风机的运转特性曲线

离心式通风机在输送粉尘较多的气体时，也采用径向叶片的叶轮。因为径向叶片的叶轮结构简单，不易积灰，静压力的比例又高于前向叶片叶轮，其他性能介于后向叶片叶轮和前向叶片叶轮之间。

综上所述，大、中型离心式通风机大多数采用后向叶片的叶轮，少数采用径向叶片的叶轮，小型低压离心式通风机可采用前向叶片的叶轮。当然，选择何种叶型，并不是绝对的，只有扬长避短，按需选择，才是合理的。

三、通风机运转特性曲线

通风机运转特性曲线包括压力特性曲线（p-Q 曲线）、功率特性曲线（P-Q 曲线）和效率特性曲线（ηQ 曲线）。用这一组曲线可以说明一定尺寸和转速的通风机压力 p（或静压 p_{st}）、轴功率 P、效率 η 随流量 Q 变化的规律。

图 4-4 所示为某高压离心式通风机的运转特性曲线，图 4-5 所示为轴流式通风机的运转特性曲线。

与水泵一样，通风机的运转特性曲线必须通过风机运转实验获得，由生产厂家提供。

离心式通风机运转特性曲线与离心泵特性曲线类似，特点相同，此处不再赘述。

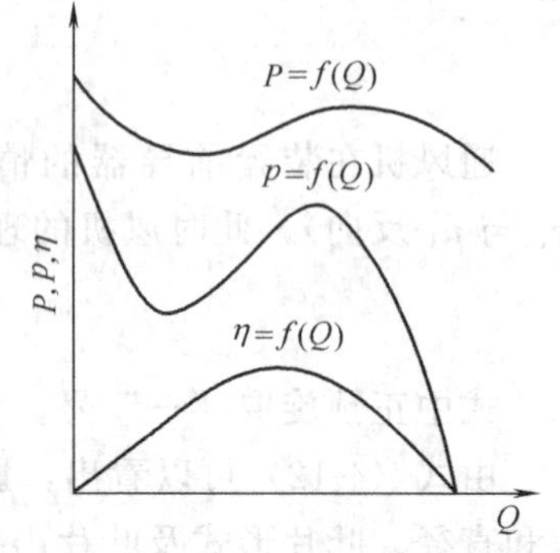

图 4-5　轴流式通风机运转特性曲线

从图 4-5 不难看出轴流式通风机有如下特点。

① p-Q 曲线较陡且具有“马鞍形”部分，当风量增大时，风压也随之增大（“马鞍形”产生的原因与叶片表面上的涡流有关）。

② P-Q 曲线与 p-Q 曲线一样，也具有“马鞍形”，但曲线较平缓，说明过载能力比离心式强。当风量 $Q=0$ 时，功率 P 达到最大值。此值要比最高效率工况时所需的功率大 1.2～1.4 倍，甚至达到 2 倍以上。这一点也与离心式通风机完全不同。所以轴流式通风机应稍打开闸门启动，减小启动电流，以防止启动时电机过载。

③ 从 ηQ 曲线可以看出，该曲线在高效区两侧均迅速下降，说明高效区很小，而离心式风机的 ηQ 曲线较平缓，所以轴流式通风机一般不采用闸门调节方法来调节流量，而采用

调节叶片安装角或改变叶轮转速的方法。

四、通风机运行时的工况点，工况及工作区

（一）通风网路特性方程及曲线

与通风机相连接的风管或风道（如矿井通风中的井巷）及其附件统称为通风网路。通风网路中所需的压力（风压）随流量而变化的关系曲线，称为通风网路特性曲线。

图 4-6 所示为装有进风管（道）和出风管（道）的离心式通风机网路。0—0 断面为吸气空间，2—2 断面为出风管口，吸气空间的气体压强和流速分别为 p_0 和 v_0，出风管出口处气体的压强和流速分别为 p_2 和 v_2。设通风机产生的压力为 p，进风管的压力损失为 Δp_x（包括沿程和局部阻力损失），出风管的压力损失为 Δp_p（包括沿程和局部阻力损失）。

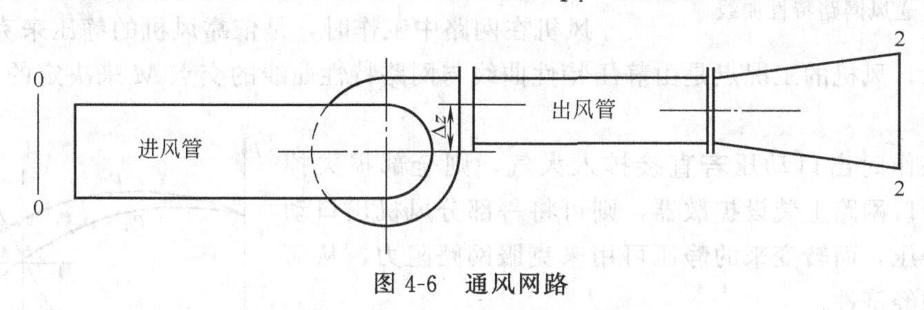

图 4-6　通风网路

以进风管轴线为基准，建立 0—0、2—2 断面的伯努利方程

$$p_0+\rho\frac{v_0^2}{2}+p=\gamma\Delta z+p_2+\rho\frac{v_2^2}{2}+\Delta p_x+\Delta p_p$$

$$p=p_2-p_0+\rho\frac{v_2^2-v_0^2}{2}+\gamma\Delta z+\Delta p_x+\Delta p_p$$

对于通风系统，$p_0\approx p_2=p_a$；吸气空间较大 $v_0\approx 0$；由于气体的重度 γ 小，故 $\gamma\Delta z$ 与式中其他项相比可以忽略不计；设出风口的面积为 F，则 $v_2=\frac{Q}{F}$。设总压力损失 $\Delta p_x+\Delta p_p=h$，将这些数据代入上式得

$$p=h+\frac{\rho}{2F^2}Q^2 \tag{4-14}$$

p 的单位为 Pa。式（4-14）表明，在通风网路中，通风机产生的全压等于通风网路总阻力损失消耗的静压 h 加上出风口处的动压$\frac{\rho}{2F^2}Q^2$。

由于风道、闸门、弯道等件的阻力损失均与流量的平方成正比，故通风网路总压力损失（单位为 Pa）

$$h=\sum_{i=1}^{n}\xi_i\frac{\rho}{2F_i^2}Q=RQ^2 \tag{4-15}$$

式中　R——通风网路阻力系数，$\mathrm{N\cdot s^2/m^8}$，网路一定，R 为常数；

F_i——各段风管（道）或部件的断面积，$\mathrm{m^2}$；

ξ_i——各段风管（道）或部件的阻力系数。

将式（4-15）代入式（4-14）得

$$p=\left(R+\frac{\rho}{2F^2}\right)Q^2=bQ^2 \tag{4-16}$$

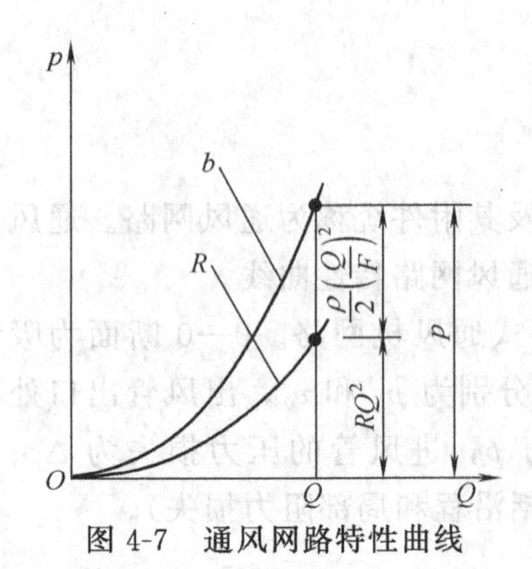

图 4-7 通风网路特性曲线

式中 b——通风网路的全压系数，N·s²/m⁸，网路一定，b为常数。

式（4-16）称为通风网路特性曲线方程。由此方程绘出的、通过坐标原点的二次抛物线，就是通风网路的特性曲线，也称为网路全压特性曲线，如图 4-7 所示的b曲线。由式(4-15) 绘出的如图 4-7 所示的R曲线，称为通风网路的静压特性曲线。显然b或R越大，阻力越大，特性曲线越陡，反之则平缓。

（二）通风机运转时的工况点、工况和工作区

风机在网路中工作时，是依靠风机的静压来克服网路阻力的，因此，风机的工况点是由静压特性曲线与网路特性曲线的交点M来决定的，如图 4-8 所示。

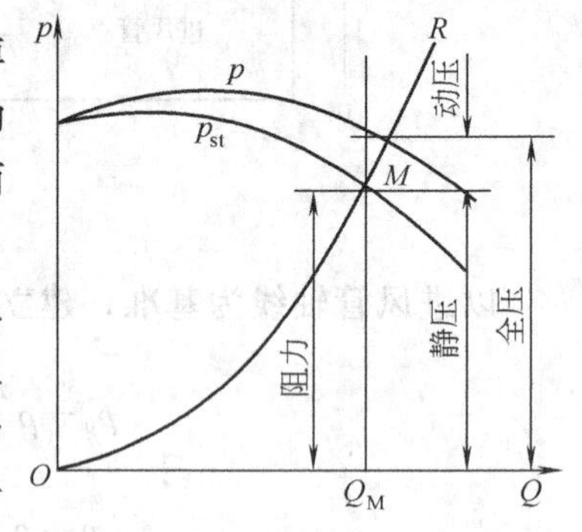

图 4-8 通风机的工况点

风机工作时出口动压若直接排入大气，则全部损失掉了。若在出口网路上装设扩散器，则可将一部分风机出口动压转变为静压，而转变来的静压可用来克服网路阻力，从而提高风机的经济性。

当风机压力特性曲线或管网特性曲线发生改变时，工况点也将改变，但为了保证通风机能正常合理运转，工况点不应超过压力特性曲线的一定区域，这个区域称为工作区，它是根据通风机运转时的经济性和稳定性两者划定的。

如图 4-9 所示，效率曲线最高点E为效率最大点，与这一点所对应的工况，Q_e、p_e、H_e、P_e均称为额定工况（或最佳工况）。当离心式风机运转时，工况点如能在效率较高的区域内，就能减少能耗，提高经济效率。一般风机的静压效率η_{st}不得低于0.6。根据效率而决定流量的范围$Q'\sim Q''$，即为所规定的经济工作区。

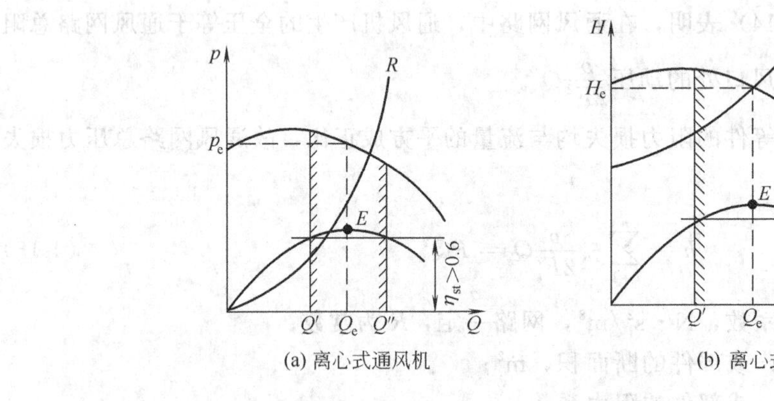

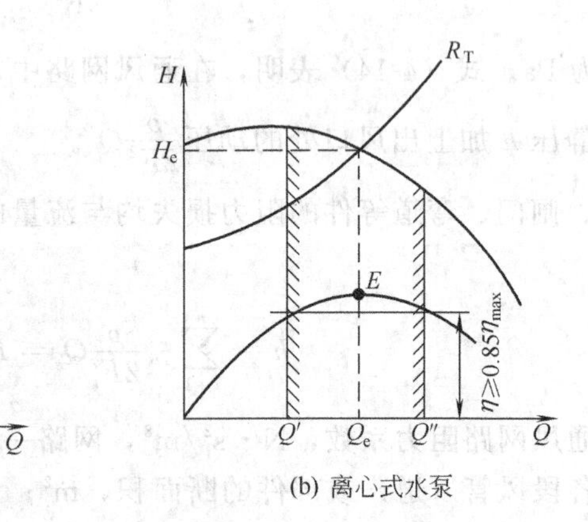

图 4-9 经济工作区

所谓稳定性，是指风机运转时只有一个确定的工况点，不因电网电压波动等原因，引起工作压力和流量发生跳动。为了说明通风机的稳定性条件，以电网电压波动为例，说明其工

作的稳定与不稳定现象。

离心式通风机的压力特性曲线在稳定电网电压下如图 4-10 中实线所示。通常当电网电压突然降低时，风机转速也随之突然降低，压力特性曲线由实线转为虚线。如果管网特性曲线为 A_1，原工况点位于压力曲线最高点 K 的右侧，由于空气有惯性，瞬时压力不变，工况点由点 1 移到点 2，此时通风机产生的压力比管网所需压力高，能力有余，因此风量逐渐增加，由点 2 移到点 3 工作，点 3 即为电网电压降低后的暂时工况点，压力流量比原工况点均稍有降低。如果电网电压恢复，则由点 3 经点 2′回至原工况点 1 工作，这时风机的工作是稳定的。

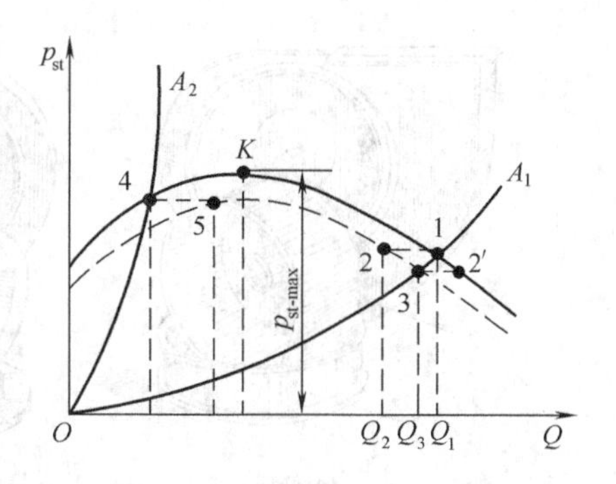

图 4-10　离心式通风机的稳定性条件

如果管网阻力较大，其特性曲线为 A_2，工况点 4 位于压力最高点 K 的左侧，电压降低后，通风机工况点由点 4 移至点 5，此时通风机所产生的压力，已不能满足管网所需压力，通风机则停止送风，这时风机的工作是不稳定的。

因此，为了保证通风机工作稳定，工况点必须位于压力曲线最高点 K 的右侧，即随流量增加，压力下降的一段上。为了避开曲线的波动范围，确保工作的稳定性，通风机工况点的静压不超过 K 点静压的 0.9 倍，即

$$p_{Mst} \leqslant 0.9 p_{st\text{-}max} \tag{4-17}$$

通风机在不稳定工况区运行时，除引起流量、压力、电流等大幅波动外，有时，通风机和管道还会发生强烈的振动，产生间歇的噪声，这种现象叫“喘振”。

轴流式通风机的稳定性条件与离心式通风机相同，只是由于轴流式通风机的压力特性曲线具有“马鞍形”，压力曲线最高点 K 离纵坐标更远，所以轴流式通风机的稳定工作区比离心式小，即其工作的稳定性不如离心式。

第三节　离心式通风机

一、离心式通风机的类型、型号编制及构造

（一）离心式通风机类型及型号编制

在标准状况下，风机的全压 p 小于 14710Pa 者为通风机。按离心式通风机产生的压力高低可分为：低压离心式通风机，通风机全压 $p \leqslant 980$Pa；中压离心式通风机，通风机全压 p 为 980～2942Pa；高压离心式通风机，通风机全压 p 为 2942～14710Pa 。

图 4-11 (a)、(b)、(c) 分别是低、中、高压离心式通风机的外形。进口直径低压最大，中压其次，高压最小；叶轮上的叶片数目一般随压力的大小和叶轮的形状而改变，压力越高，叶片数目越少，也越长，一般低压离心式通风机的叶片数目为 48～64 片。

习惯上常按通风机的用途分类，通风机的用途以汉语拼音字头代表，如表 4-3 所示。离心式通风机也从属于表中的分类。离心式通风机的型号编制（JB 1418—74）包括名称、型号、机号、传动方式、旋转方向、出风口位置等六部分内容，排列顺序如下。

现以 Y4-73-11NO20D 右 90°离心式通风机为例，说明其命名方法。

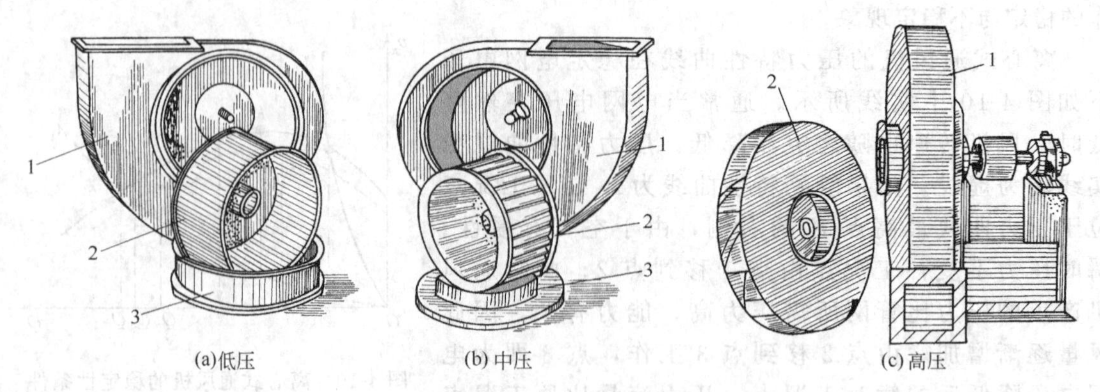

图 4-11　离心式通风机

1—机壳；2—叶轮；3—集流器

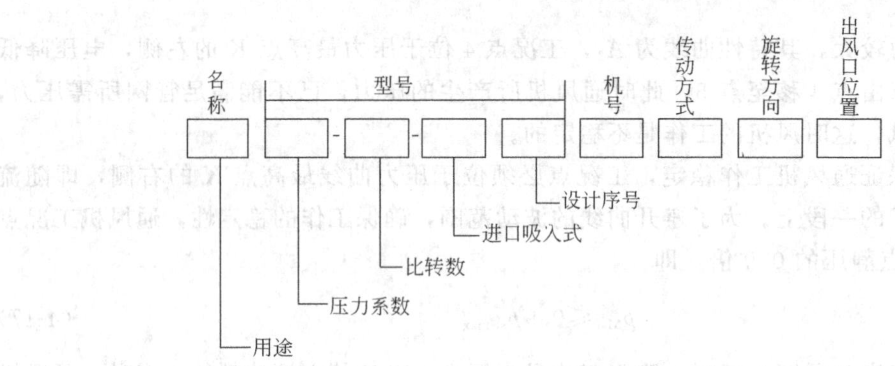

a. 名称。指通风机用途，见表 4-3。Y 表示锅炉引风机。

表 4-3　通风机按用途分类

用途类别	代号		用途类别	代号	
	汉字	拼音简写		汉字	拼音简写
1. 一般气体通风机	通用	T	16. 谷物粉末输送	粉末	FM
2. 防爆气体通风机	防爆	B	17. 热风吹吸	热风	R
3. 防腐气体通风机	防腐	F	18. 隧道通风换气	隧道	CD
4. 排尘通风	排尘	C	19. 烧结炉通风	烧结	SL
5. 高温气体输送	高温	W	20. 高炉鼓风	高炉	GL
6. 煤粉吹风	煤粉	M	21. 转炉鼓风	转炉	ZL
7. 锅炉通风	锅通	G	22. 空气动力用	动力	DL
8. 锅炉引风	锅引	Y	23. 柴油机增压用	增压	ZY
9. 矿井主体通风	矿井	K	24. 煤气输送	煤气	MQ
10. 纺织工业通风换气	纺织	FZ	25. 化工气体输送	化气	HQ
11. 船舶用通风换气	船通	CT	26. 天然气输送	天气	TQ
12. 船舶锅炉通风	船锅	CG	27. 降温凉风用	凉风	LF
13. 船舶锅炉引风	船引	CY	28. 冷冻用	冷冻	LD
14. 工业用炉通风	工业	GY	29. 空气调节器	空调	KT
15. 工业冷却水通风	冷却	L	30. 特殊场所通风换气用	特殊	TS

b. 型号。4 表示最高效率下的全压系数乘以 10 后取整数的值（实际全风压系数为 0.43）；73 表示该风机的比转数。“11”中第一个“1”，表示该风机为单侧吸风（“0”表示双吸）；第二个“1”，表示设计顺序号，即指该风机为第一次设计。

c. 机号。用通风机叶轮直径的分米数表示，尾数四舍五入。NO20 表示该通风机外径约为 2m。

d. 传动方式。共有六种，参见图 4-18。“D” 表示叶轮悬臂安装，用联轴器传动。

e. 旋转方向。“右” 表示从原动机一侧看，叶轮顺时针旋转，习惯上称为右旋，反之称为左旋。

f. 出风口位置。基本出风口位置共有八个，如图 4-17 所示。“90°” 表示出风口位置在 “90°” 处。

我国冶金厂矿中常用的离心式风机有 4-72 型、G4-73 型及 K4-73 型等。

4-72 型离心式通风机有 NO8～NO20 共有 12 个机号。B4-72 型离心式通风机，又称为防爆离心式通风机，作为易燃易爆气体的进风换气之用，不适宜工艺流程中使用，输送气体的温度不得超过 80℃。B4-72 型离心式通风机有 NO2.8～NO12 共 10 个机号，其性能和结构与 4-72 型相应机号的离心式通风机完全相同，除采用防爆电机外，均可按 4-72 型通风机的性能与选用件表选择使用。图 4-12 所示为 4-72 型离心式通风机结构，它是由叶轮 1、集流器 2、机壳 3、皮带轮 4、机轴 5、轴衬 6、出风口 7 和轴承架 8 组成。

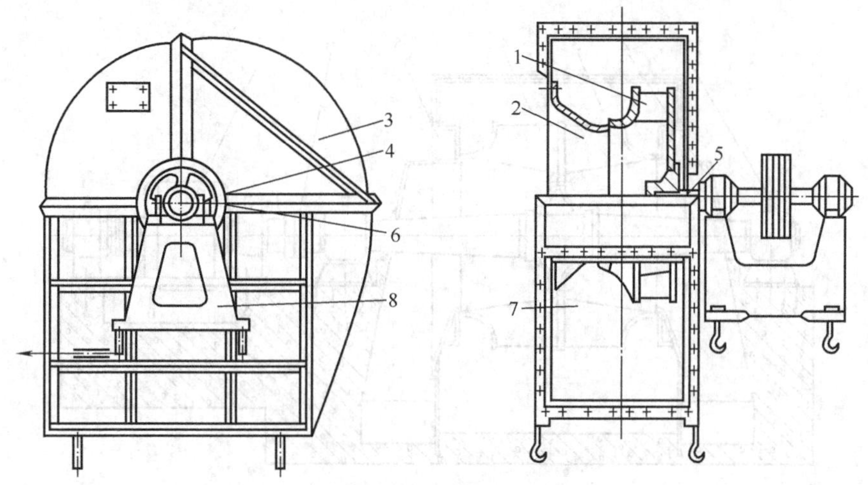

图 4-12　4-72 型离心式通风机结构

1—叶轮；2—集流器；3—机壳；4—皮带轮；5—机轴；6—轴衬；7—出风口；8—轴承架

G4-73 型离心式通风机适用于矿井通风，有 NO8～NO28 共 12 个机号。与 4-72 型离心式通风机相比，结构不同之处是在风机进口前装有调节门，由 11 片瓣状形叶片组成，用以调节风机的风量。如图 4-13 所示，该类型风机是由机壳 1、叶轮 2、调节门 3、轴 4、轴承箱 5、进风口 6、联轴器 7 和电动机 8 组成。

该类型风机最高效率可达 93%，且风机的强度高、噪声低，叶轮经过静、动平衡校正，保证运转平稳。风量为 17000～680000m^3/h；全压在 600～700Pa 之间。

K4-73 型矿井离心式通风机有 K4-73-01 型和 K4-73-02 型之分。

K4-73-02 型风机共有 4 个机号：NO25、NO28、NO32、NO38，可供大型矿井作主通风机之用，输送介质为空气，具有效率高的特点。图 4-14 所示为 K4-73-02NO28F 离心式通风机结构，是由止推轴承 1、进气箱 2、机壳 3、转子组 4、进风口 5、联轴器 6 和电动机 7 组成。

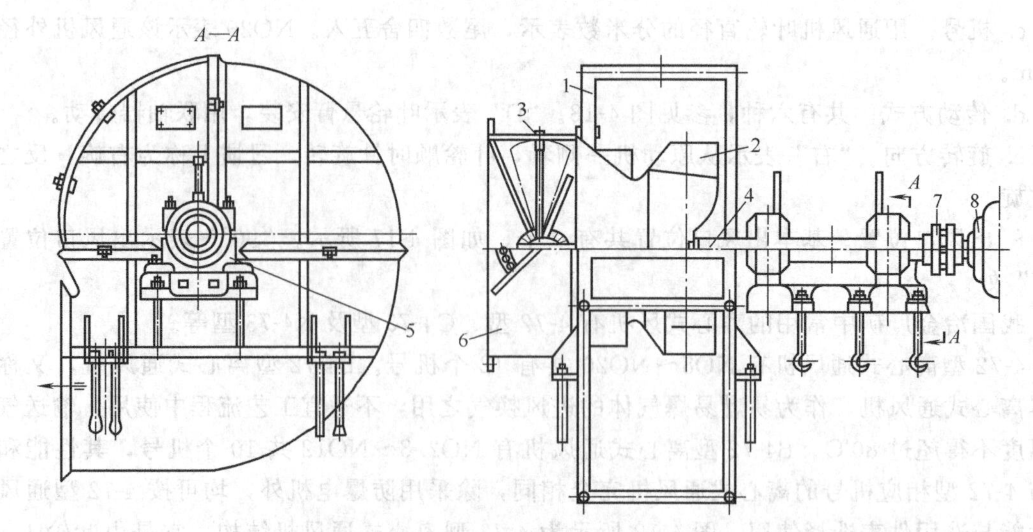

图 4-13　G4-73 型锅炉离心式通风机

1—机壳；2—叶轮；3—调节门；4—轴；5—轴承箱；6—进风口；7—联轴器；8—电动机

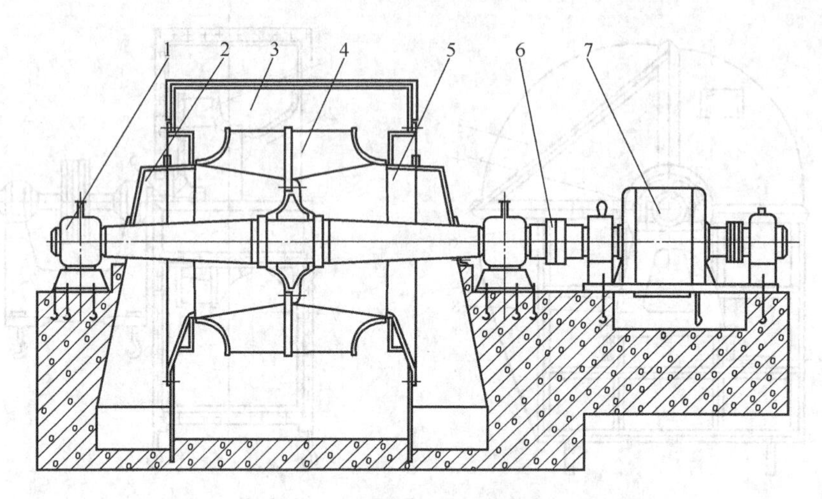

图 4-14　K4-73-02NO28F 离心式通风机结构

1—止推轴承；2—进气箱；3—机壳；4—转子组；

5—进风口；6—联轴器；7—电动机

（二）离心式通风机的构造及主要零部件

由图 4-12 可知，离心式通风机主要零部件有：叶轮、集流器、机壳、传动部件、扩压器等，现以 4-72 型离心式通风机为主，结合其他风机结构特点加以分析。

1. 叶轮

叶轮是离心式通风机的主要部件，其尺寸和几何形状对通风机的性能有着重大影响。叶轮一般采用焊接件或铆接件，叶轮前盘的形状有平前盘、锥形前盘、弧形前盘和双吸弧形前盘四种，如图 4-15 所示。平前盘制造简单，对气流产生不良影响，效率低，为 8-18 型风机所采用；锥形前盘次之；弧形前盘叶轮虽然制造较复杂，但叶轮的效率和强度最好，4-72 型和 4-73 型均采用弧形前盘。

叶片是叶轮的主要零件，其出口安装角对风机性能影响极大，按叶片出口角分为前向、后向和径向三种。在一般情况下，使用后向叶轮的离心式通风机的耗电量最小。

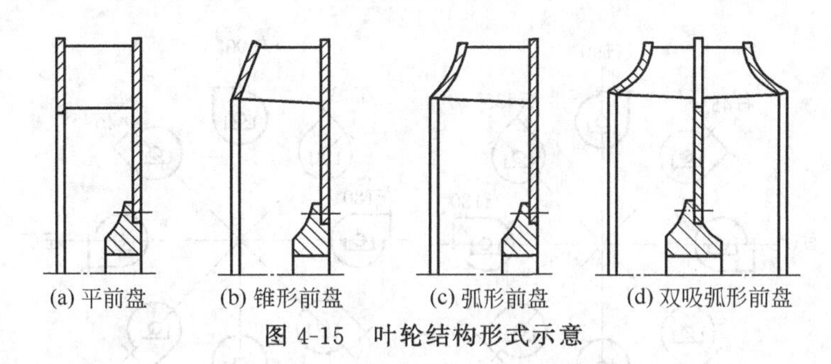

图 4-15　叶轮结构形式示意

离心式通风机叶片形式有平板叶片、圆弧叶片和机翼叶片三种。机翼叶片具有良好的空气动力性能，而且叶片强度高、刚性大，目前已被大型通风机采用。中、小型离心式通风机则用后向圆弧或后向平板叶片，平板叶片制造简单，为小型通风机采用。叶片形式见图4-16。

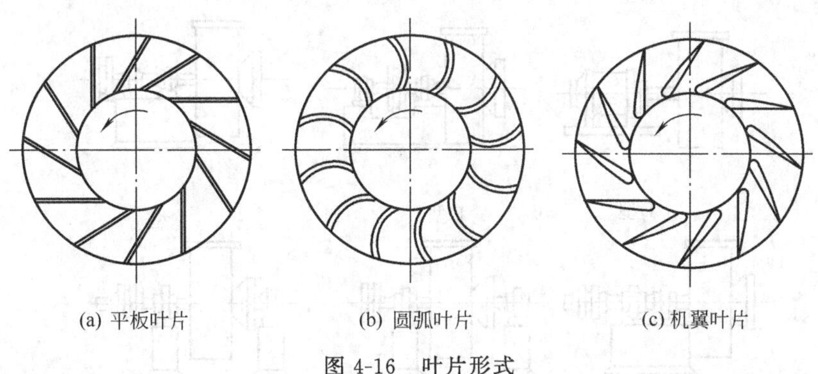

图 4-16　叶片形式

2. 集流器

集流器是通风机的入口，其作用是在损失较小的情况下，将气体均匀地导入叶轮，集流器有圆筒形、圆锥形、圆弧形和喷嘴形四种类型，圆筒形集流器引导气体损失大，加工方便；喷嘴形集流器能量损失小，加工较复杂，主要采用在高效率通风机上；圆弧形集流器使用较广泛。

3. 机壳

机壳为包围在叶轮外面的壳体，是由涡板和左右两侧板焊接或钣结而成。机壳的作用是收集从叶轮出来的气体，并引导到机壳的出口，同时将气流的部分动能转变为压力能。机壳的涡板是一条对数螺旋线，为了制造方便，一般将机壳设计制成等宽矩形端面。

通风机的出风口位置可以根据安装要求决定，在购买通风机时注明，如图 4-17 所示。

4-72 型离心式通风机的机壳有两种形式，NO2.8～NO12 机壳做成整体，不能拆开，NO16、NO20 的机壳制成三开式，除沿中分水平面分成两半外，上半部再沿中心垂直分为两半，用螺栓连接。

4. 传动部件

离心式通风机的传动部件包括轴和轴承，有的还包括联轴器和皮带轮，是通风机与电动机的连接构件，机座一般用铸铁成形或型钢焊成。通风机的轴承大多采用滚动轴承。离心式通风机与电动机的连接方式共有六种，如图 4-18 所示。A 型为直接连接；当风机尺寸较大时应采用 B、C、D 型；E、F 型为叶轮安装在两轴承之间，适用于大型风机。

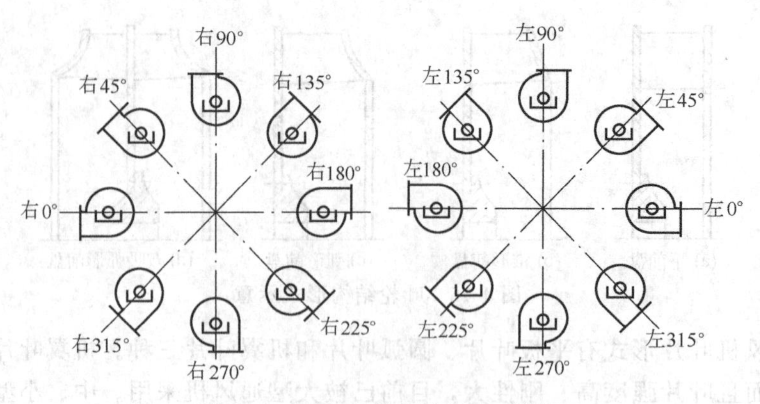

图 4-17　离心式通风机出风口位置

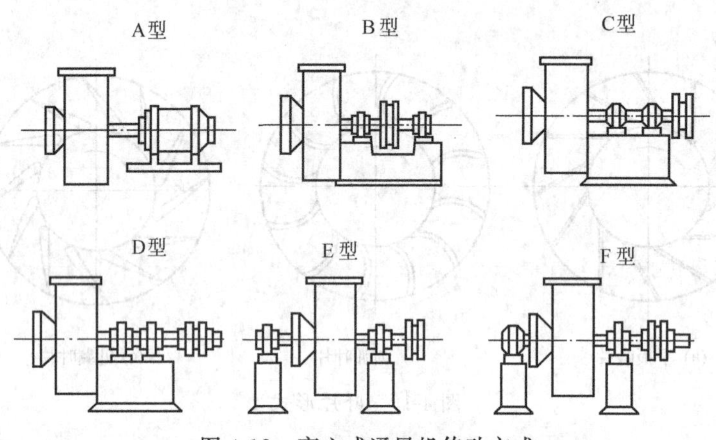

图 4-18　离心式通风机传动方式

5. 扩压器

离心式通风机的扩压器是一个加装在风机出口处断面逐渐扩大的筒体，气流通过它时，速度降低，动能减少，从而使静压增加，提高风机的静压效率。扩压时，由于克服阻力将消耗部分能量。离心式通风机出厂时，不随机提供扩压器，当出口速度超过推荐值（低压通风机出口速度为 12～19m/s；中压通风机为 15～22m/s；高压为 20～30m/s）很多时，用户可自行增设扩压器，扩压器的设计应以阻力损失小、加大静压强为目的。

二、离心式通风机的调节

在生产运行中，为了适应网路性能曲线的变化，保证管道通风装置对压力或流量特定值的要求，就需要改变通风机的性能，使其在新的工况点下工作，这种改变通风机性能的方法，称为通风机调节。

常用的通风机调节方法有：节流调节、改变转速调节和改变通风机进口处导流叶片角度调节三种方法。

（一）节流调节

离心式通风机的节流调节，按节流阀门设置位置不同分为出口节流调节和进口节流调节；按调节任务要求可分为等压力调节和等流量调节等。

1. 节流调节的方法

通风机出口节流调节是通过改变出口管道中的闸阀开度来调节网路阻力，使流量或压力满足生产运行中的需要。图 4-19 为通风机出口节流调节系统示意。

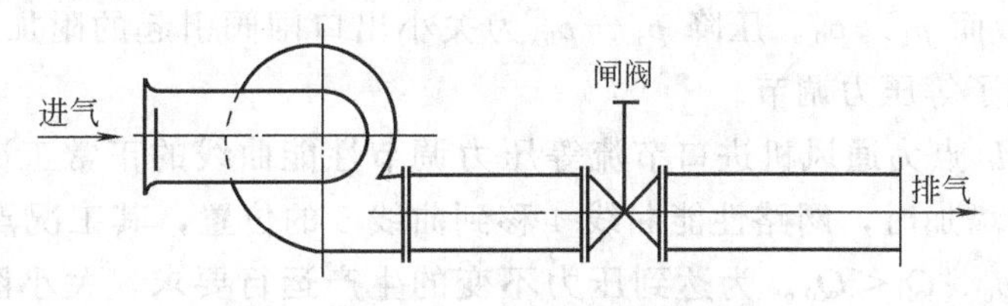

图 4-19　出口节流调节系统示意

图 4-20 为通风机进口节流调节系统示意，其原理是通过改变通风机进口节流门的开度，改变进口风压，使通风机性能曲线方式变化，以达到生产运行对流量或压力的需要。

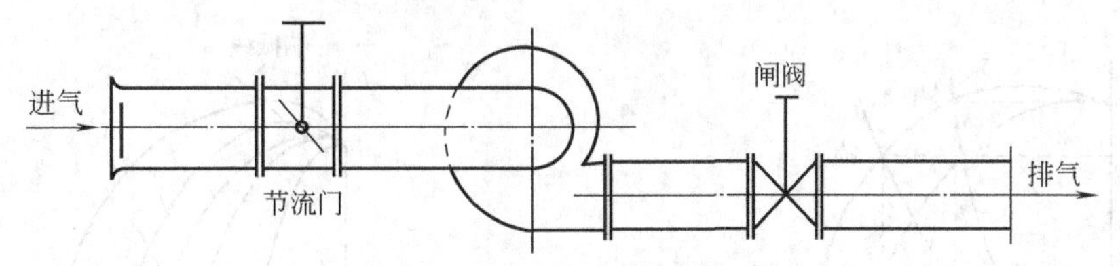

图 4-20　进口节流调节系统示意

(1) 等流量调节　图 4-21 所示为通风机出口节流等流量调节特性曲线。M_0 为正常工况点，其参数为 Q_0、p_0。当运行中的网路阻力减小时，网路性能曲线 2 变到曲线 3 位置，通风机在 M_1 点的参数为 Q_1 和 p_1，且 $Q_1>Q_0$、$p_1<p_0$。当生产运行要求流量不变时，可关小出口网路的闸阀开度，使网路性能曲线复归到 2 位置，此时产生了附加的压力损失 Δp，流量仍为 Q_0，实现了通风机的等流量调节。

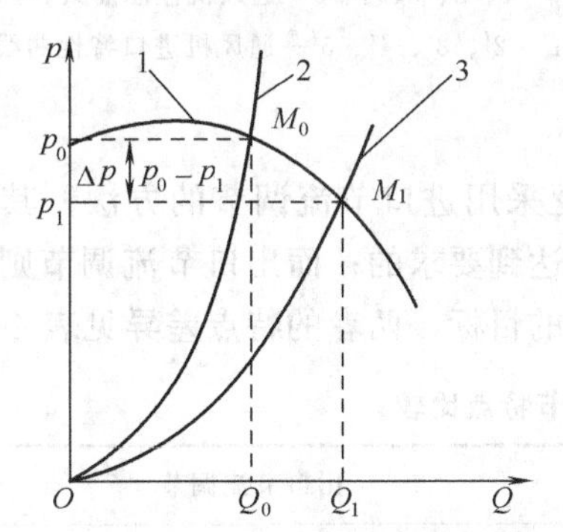

图 4-21　出口节流等流量调节

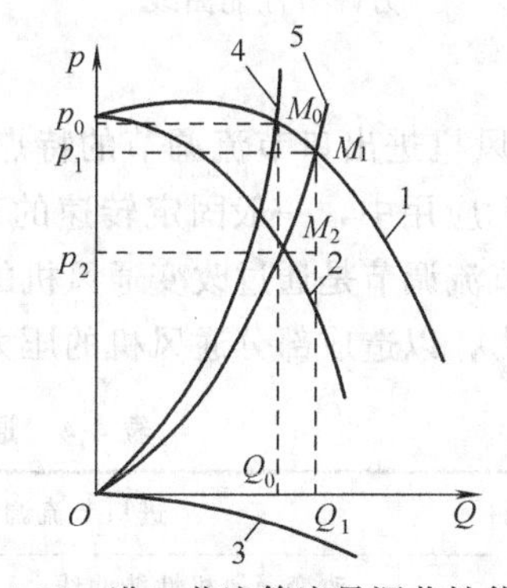

图 4-22　进口节流等流量调节性能曲线

图 4-22 所示为通风机进口节流等流量调节性能曲线，当网路阻力减小，网路性能曲线由 4 位置变到 5 位置，为了保证流量不变，关小图 4-20 的进口节流门的开度，当关小到某一角度时，通风机的性能曲线 1 变为曲线 2 的位置，并与网路性能曲线 5 交于 M_2 点，其参数为 Q_2（等于 Q_0）和 p_2（$p_2<p_1$），实现了通风机的等流量调节。曲线 3 为通风机进口特性曲线。

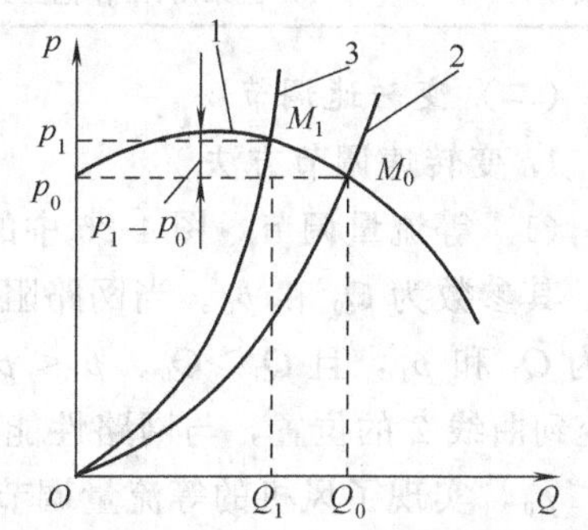

图 4-23　出口节流等压力调节特性曲线

(2) 等压力调节　图 4-23 上的 M_0 点，为通风机出口节流等压力调节特性曲线的正常工况点，其参数为 Q_0 和 p_0。当生产运行要求通风机的排气压力不变而

流量减小为 Q_1 时，可将出口闸阀开口关小，使网路性能曲线 2 变到曲线 3 的位置，达到了流量为 Q_1 的要求，而 $p_1>p_0$。压降 p_1-p_0 为关小出口闸阀引起的附加损失，进入的气体压力仍为 p_0，实现了等压力调节。

图 4-24 中的 M_0 点为通风机进口节流等压力调节性能曲线的正常工况点，其参数为 Q_0 和 p_0。当网路阻力增加时，网路性能曲线 4 移到曲线 5 的位置，其工况点为 M_1，其参数为 Q_1 和 p_1，且 $p_1>p_0$、$Q_1<Q_0$。为达到压力不变的生产运行要求，关小图 4-20 的风机进口节流门的开度，使通风机性能曲线 1 变为曲线 2 的位置并与网路性能曲线 5 交于 M_2 点，其参数为 Q_2 和 p_2，且 $p_2=p_0$，$Q_2<Q_1$，实现了通风机的等压力调节，曲线 3 为通风机进口特性曲线。

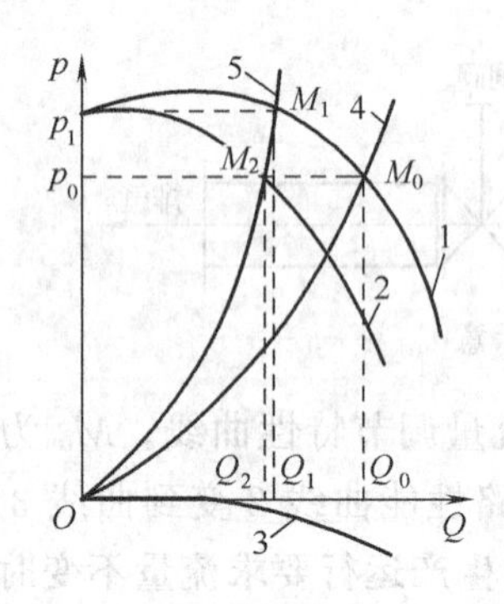

图 4-24 进口节流等压力调节性能曲线

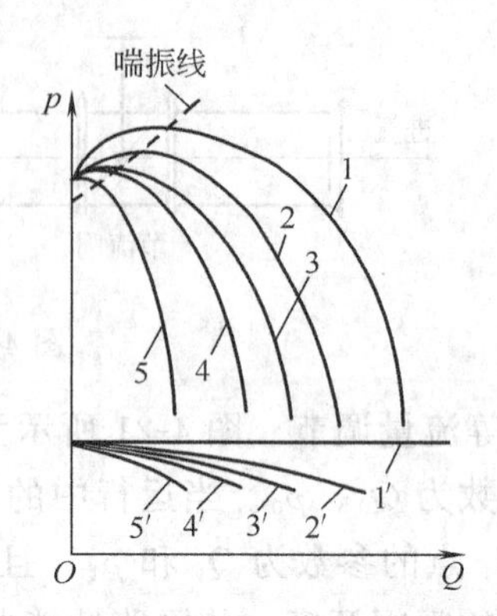

图 4-25 进口节流调节性能曲线

1、2、3、4、5—通风机性能曲线；

1′、2′、3′、4′、5′—通风机进口特性曲线

2. 通风机进出口节流调节的特点

在实际应用中，一般固定转速的离心式通风机广泛采用进口节流调节的方法，其原因在于：进口节流调节是通过改变通风机的进口状态参数来达到要求的；而出口节流调节则人为地增加了阻力，以造成部分通风机的压力损失而达到调节的目标。两者的特点差异见表 4-4。

表 4-4 通风机进出口节流调节特点比较

比较项目	进口节流调节	出口节流调节
调节方法	改变通风机性能曲线	改变管路特性曲线
调节原则	实现图 4-25 中曲线下方的所有工况	实现位于通风机性能曲线 $p\text{-}f(Q)$下方的所有工况
经济性	改变通风机的进口压力	认为增加管路阻力
实用性	广泛采用,工作范围大	方法简单,用于小功率发动机

（二）变转速调节

1. 变转速调节方法

（1）等流量调节　图 4-26 中的 M_0 点为通风机变转速等流量调节性能曲线的正常工况点，其参数为 Q_0 和 p_0。当网路阻力减小，管路性能曲线 3 移到曲线 4 位置时，工况点参数变为 Q_1 和 p_1，且 $Q_1>Q_0$、$p_1<p_0$。现将通风机工作转速由 n_0 调节为 n_1，通风机性能曲线 1 变到曲线 2 的位置，与网路性能曲线 4 交于 M_2 点，其参数为 Q_2 和 p_2，此时 $Q_2=Q_0$，且 $p_2<p_0$，实现了风机的等流量调节。

（2）等压力调节　图 4-27 中的 M_0 点为通风机变转速等压力调节性能曲线上的正常工

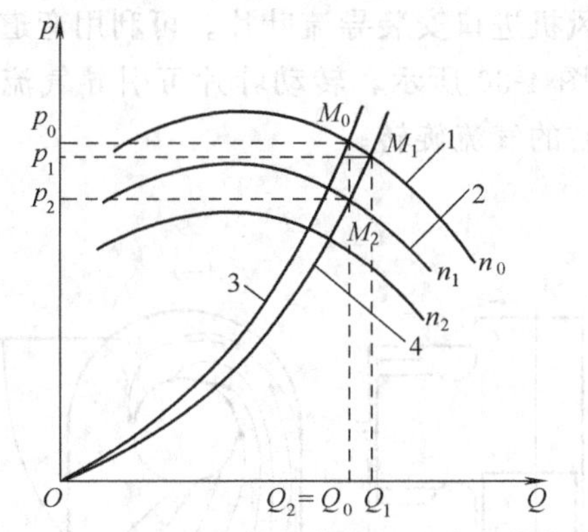

图 4-26　通风机变转速等流量调节性能曲线

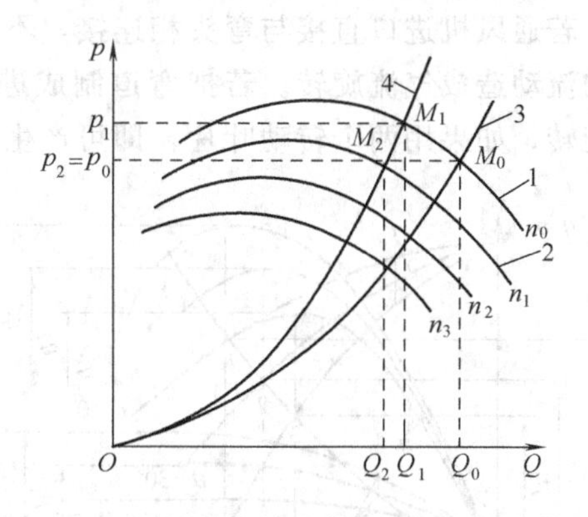

图 4-27　通风机变转速等压力调节性能曲线

况点，其参数为 Q_0 和 p_0。当网路阻力增加，网路性能曲线 3 移到曲线 4 位置，其参数为 Q_1 和 p_1，且 $p_1>p_0$、$Q_1<Q_0$。通过对通风机变转速调节达到压力不变的生产要求。现将通风机的工作转速由 n_0 调节为 n_1，通风机性能曲线 1 变到曲线 2 的位置，与网路性能曲线 4 交于 M_2 点，其参数为 Q_2 和 p_2，且 $Q_2<Q_0$，$p_2=p_0$，实现了风机的等压力调节。

2. 变转速调节的特点

① 通风机变转速调节时，通风机的流量、全压、功率与转速的关系，遵循比例定律，调节范围广。

② 通风机变转速调节，可采用皮带轮变速、齿轮箱变速、液力偶合器变速等方式，若需要通风机在高于工作转速下变速使用，必须充分考虑叶轮的强度、原动机是否超载以及转子的临界转速。

③ 通风机变转速调节时，经济性好，不产生附加调节损失，变转速后的工况虽不处于最佳效率点，但效率仅略有下降，是大、中型离心式通风机广泛采用的调节方法。

（三）通风机进口导叶调节

1. 进口导叶调节方法

进口导叶调节的通风机可分为两类：一类是叶轮以轴向吸入气流进行计算，即通过调节进口导叶角度，改变通风机的进口压力，来改变通风机的性能曲线；另一类是根据导流叶片的旋转气流作特殊计算，借助于进口导流叶片，使气流沿叶轮旋转方向，以负 c_{1u} 的速度进入叶轮，不会出现升压的降低，按公式 $p=\rho(u_2c_{2u}-u_1c_{1u})$，会产生一个压力的增量。

通风机的导流叶片与叶轮叶片一样有平板型、机翼型和圆弧形三种，常用的叶片数为8～12 片。

离心式通风机采用导流叶片的布置方式有轴向和径向两种，见图 4-28。径向布置的缺点是：叶片在零位置时，其阻力必须尽可能低，以避免不必要的峰值效率的降低；且调节复杂，目前应用较少。将导流叶片设置在通过管道中心的平面内，其调节简单，并可采用机械联动调节。

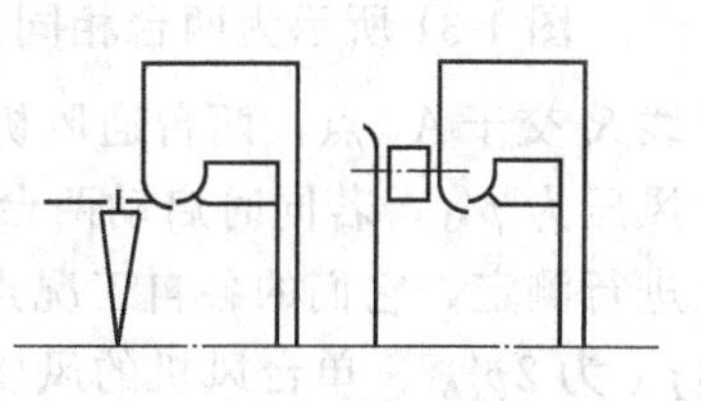

图 4-28　导流叶片布置方式

图 4-29 为某一通风机的导流叶片角度分别为 0°、30°、60°时的管路工作情况，工况点分为 1、2、3。当调节叶片而减小流量时，通风机的功率沿着曲线 P_1、P_2、P_3 下降。故其调节的经济性好。

若通风机进口直接与弯头相连接，不可能在通风机进口安装导流叶片。可利用弯道中固有的流动造成气流旋转。若把弯道制成进气箱，如图 4-30 所示，转动叶片可引导气流的周向旋转，如果用两个转动叶片，即可产生向左或向右的气流旋转。

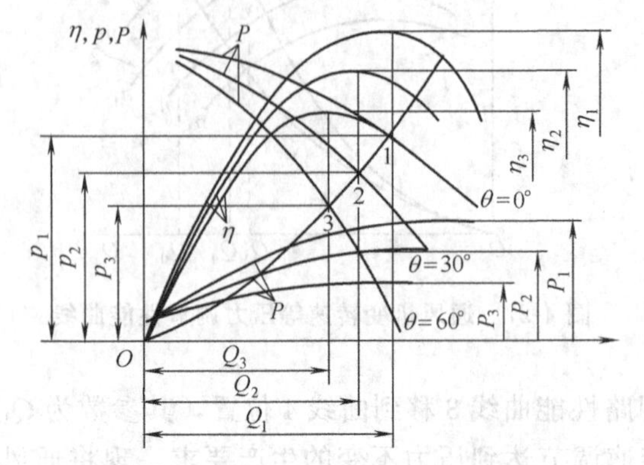

图 4-29　不同导流器叶片角度的特性

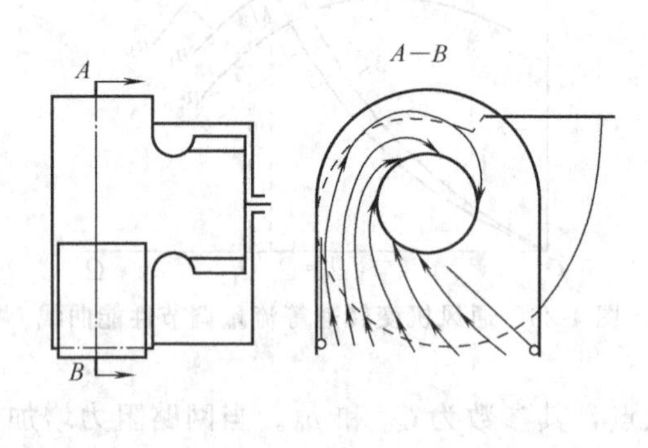

图 4-30　利用侧板导叶产生的旋转

2. 进口导叶调节特点

① 叶轮轴向吸入气体的通风机进口导叶调节，其实质是进口节流调节，其经济效果好于对通风机气流进行旋转调节。

② 对圆盘内外直径比（D_1/D_2）大的通风机，正、负旋转调节的有效范围是很大的。

③ 进口导叶调节有较高的经济性和较大的调节范围，并可实现自动调节，如机械或液压控制，所以进口导叶调节得到广泛的应用。

三、离心式通风机的联合工作

在实际中，有时需要将风机并联或串联在网路系统中联合运行，目的在于增加系统中的流量或全压。因此，通风机的联合工作其实也是一种调节方法。例如在扩建工程中要求增加流量时，加装设备并与原有设备并联，可能比用一台大型设备替换原有设备更为经济合理；又如在较大幅度内改变流量的通风系统中，增开或停开部分并联的离心式通风机以调节流量也是可取的。

（一）通风机的串联工作

当网路阻力大，而一台通风机又难以克服，可选用两台以上的通风机串联运行，串联风机在网路中输出相同风量，各台风机所克服的阻力之和应为网路阻力。

1. 两台相同的通风机的串联运行

图 4-31 所示为两台相同的通风机的串联运行，单台通风机的特性曲线 L 与网路特性曲线 R 交于 A_1 点，两台通风机串联后合成特性曲线$\overline{L}$与之交于 A 点，若启动一台风机，得到风压为 p_{A1}，若同时启动两台风机，得到风压为 p_A，显然 $p_A<2p_{A1}$。分别对这两台通风机进行测定，它们的各自工况点为 A'_1 点，相当于在特性曲线为 R'的网路中工作，合成风压 p_A 为 $2p'_{A1}$，单台风机的风压却由 p_{A1} 下降为 p'_{A1}，其输出风量比单机运行略有增加。

2. 两台不同的通风机的串联运行

图 4-32 为两台不同的通风机的串联运行，若网路特性为 R_1，使用小型通风机产生的风压为 p_{A1}；使用大型通风机产生的风压为 p_{A2}。若两台风机同时使用，产生的风压为 p_A，则 $p_A<p_{A1}+p_{A2}$。如果改变网路特性曲线使 R_2 与大型通风机特性曲线 L_2 交于 B 点，与串联合成特性曲线$\overline{L}$也交于B点，这两者分别使用却产生相同的风压p_B，而小型风机则不起

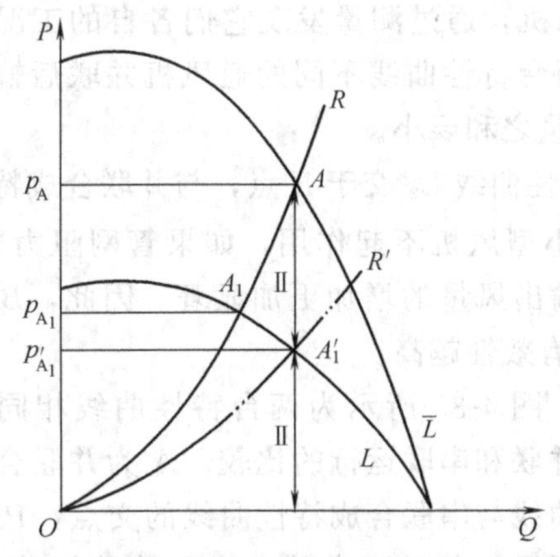

图 4-31　两台相同的通风机的串联运行

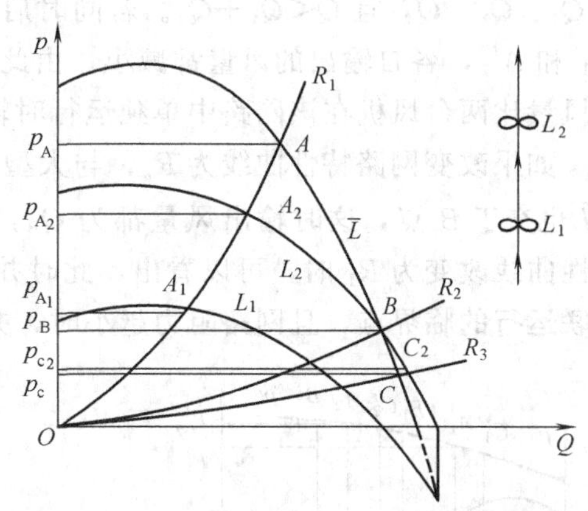

图 4-32　两台不同的通风机串联运行

作用。当网路特性曲线为 R_3 时，单独作用的大型通风机产生的风压为 p_{c2}，而串联使用的风压反而降为 p_c，与此同时输出流量也减小，小型风机起负作用。显然，只有当网路阻力较大时，网路特性曲线在 B 点的左上方时，串联才能产生增加风压的效果，B 点称为串联运行的临界点，且网路阻力越大时，串联运行的有效性越高。

两台通风机串联使用中，通风机 L_2 进口压力及温度也是通风机 L_1 的出口压力及温度，当通风机 L_1 的出口压力及温度不高时，对风机 L_2 的特性影响不大，可忽略。反之应按进口气体的密度进行换算。

（二）通风机的并联工作

通风机的并联，是为了加大风量。并联后的压力，对每台通风机都是相同的，但总流量则为各台通风机流量之和。

1. 两台相同的通风机并联

图 4-33 所示为两台特性曲线相同的通风机并联的情况，网路特性曲线 R 与单台风机特性曲线 L 交于 A_1 点，与两台并联通风机的合成曲线 $\overline{L}$ 交于 A 点。使用一台通风机，网路的风量为 Q_{A1}，使用两台通风机时风量为 Q_A，显然 $Q_A < 2Q_{A1}$。对两台通风机分别测量，可发现各自的工作点为 A'_1 点，相当于各自工作在特性曲线 R' 的网路中，这时单台风机的风量由 Q_{A1} 减小到 Q'_{A1}，而网路中输出的总风量为 $Q_A = 2Q'_{A1}$。两台通风机并联中，其中一台通风机给另一台通风机制造了阻力，由此造成风量的减少。所以两台性能相同的通风机并联使用后的流量，无论如何也永远不能提高到一台通风机单独工作的两倍。

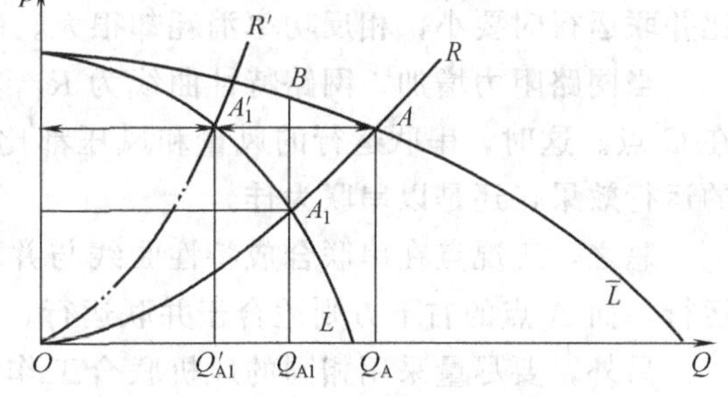

图 4-33　两台相同的通风机并联运行

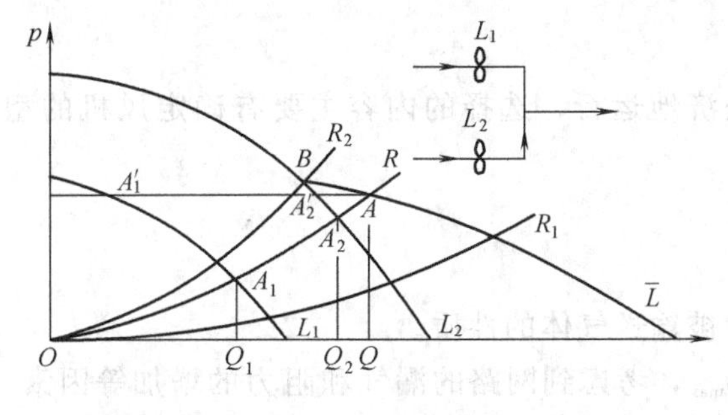

图 4-34　两台不同的通风机并联运行

2. 两台不同的通风机并联

图 4-34 所示为两台特性曲线不同的通风机并联的情况。网路特性曲线 R 分别与特性曲线 L_1、L_2 交于 A_1 和 A_2 点，与两台并联的通风机的合成曲线 $\overline{L}$ 交于 A 点，网路风量分别

为 Q_1、Q_2、Q，且 $Q<Q_1+Q_2$。若同时启动两台风机，通过测量发现它们各自的工况点为 A'_1 和 A'_2，各自输出的风量都减小。由此可知，两台特性曲线不同的通风机并联后输出的总风量比两台风机在该网路中单独运行时输出的风量之和要小。

如果改变网路特性曲线为 R_2，与大型通风机特性曲线 L_2 交于 B 点，与并联合成特性曲线 $\overline{L}$ 也交于 B 点，这时输出风量都为 Q_B，并联时小型风机不起作用，如果管网阻力减小，特性曲线改变为 R_1 时，可以看出，此时并联运行输出风量的增加更加显著。因此，B 点为并联运行的临界点，且网路阻力越小时，并联运行有效性越高。

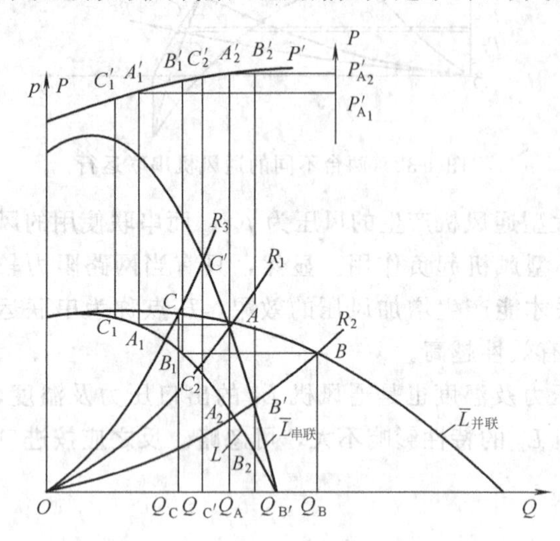

图 4-35 并联运行与串联运行的比较

图 4-35 所示为两台特性曲线相同的风机并联和串联运行的比较。A 为并联合成特性曲线与串联合成特性曲线的交点，P' 为单台通风机的功率曲线。当网路特性曲线 R_1 通过 A 点时，并联和串联的运行效果相同。但是，如若是并联运行，A_1 点为单台风机的运行工况点，其所耗功率为 P'_{A1}；若为串联运行，A_2 点为单台风机的运行工况点，其所耗功率为 P'_{A2}，且 $P'_{A1}<P'_{A2}$。由此可见，在串、并联运行等效时，串联运行要比并联运行消耗功率多，不经济。

当网路阻力减小时，网路特性曲线为 R_2 时，B 点为并联运行的工况点，B' 点为串联运行的工况点，串联运行的风量和风压比并联运行时要小，相反功率消耗却很大。串联运行在网路阻力减小情况下极不合理。

当网路阻力增加，网路特性曲线为 R_3，C 点为并联运行工况点，而串联运行的工况点在 C' 点。这时，串联运行的风量和风压都比并联运行时要大，消耗功率也略大，综合它们的运行效果，还是以串联为佳。

总之，工况点在串联合成特性曲线与并联合成特性曲线的交点 A 的左上方，适合串联运行，而 A 点的右下方则适合于并联运行，所以称 A 点为串联运行和并联运行的临界点。

另外，要尽量采用相同的风机联合工作，因为此时串、并联运行的临界点 B 分别在横坐标或纵坐标上，有效运行区最大。如若采用二台不同风机联合工作，则会出现合成运行压力和风量不如单机运行的情形，从而失去了联合运行的意义。

还有一点应予以注意，联合运行时每台风机的实际工作点应在工作区内，即满足风机的经济性与稳定性要求。

四、离心式通风机的选择计算

风机的选用原则在于使其合理、安全和经济地运行，选择的内容主要有确定风机的型号、台数、规格、转速以及原动机的功率。

（一）通风机的选择原则和原始数据的确定

选用通风机的步骤和方法一般如下。

① 充分了解风机装置的用途、网路布置、被输送气体的性质。

② 合理地确定最大流量 Q_{max} 和最大全压 p_{max}，考虑到网路的漏气和阻力的增加等因素，可增加10%～20%的富余量。

③ 根据工作条件选用合适的风机类型。输送易燃易爆的气体时，选用防爆通风机；排尘或输送煤粉的应该选择排尘或煤粉通风机；输送高温气体时应该选择高温通风机等。

④ 应使所选用通风机的运行工况点尽可能靠近它的设计工况点，为了提高通风机的工作稳定性，还应让其工作点位于 p-Q 曲线的最高点右侧段。

⑤ 在满足使用要求的前提下，应优先选择效率较高、机号较小、调节范围较大的一种，并权衡利弊确定。

⑥ 选择离心式通风机时，当其选配的电动机功率小于或等于 75kW 时，可不装配仅为启动用的阀门，当输送高温烟气而选择离心锅炉引风机时，应设置启动用的阀门，以防止冷态运行时过载。

⑦ 在确定风机型号的同时，也要确定其转速、原动机型号、传动方式、皮带轮大小以及进风口方向，使之与网路系统相协调。

⑧ 对有消声要求的通风机，应首先选择效率高、叶轮圆周速度低的通风机，使其在最高效率点上工作，还应该根据系统产生噪声和振动的传播方式，采取相应的消声和减振措施。

通风机样本所列数据是规定条件下取得的，若输送的气体介质参数与标准状态不相符合，必须对流量、全压、功率按下列公式进行换算

$$Q=Q_0 \tag{4-18}$$

$$\frac{p}{p_0}=\frac{P}{P_0}=\frac{\rho}{\rho_0}=\frac{p_b}{p_a}\times\frac{273+t_0}{273+t} \tag{4-19}$$

式中 p_b——当地大气压强，kPa；

Q_0、p_0、P_0——风机样本给出条件下的风量（m^3/s、m^3/h）、风压（Pa）和轴功率（kW）；

Q、p、P——风机在使用条件下的风量（m^3/s、m^3/h）、风压（Pa）和轴功率（kW）；

ρ——被输送气体的密度，kg/m^3；

t——被输送气体的温度，℃。

以下标“0”代表样本条件。

对通风机：$t_0=20$℃，$p_a=101325$Pa，$\rho_0=1.2kg/m^3$，相对湿度为 50%。（对引风机，其他条件相同，只是 $\rho_0=0.745kg/m^3$）。

（二）通风机的选型计算

1. 利用通风机性能曲线选型

① 决定计算流量 Q 和计算风压 p，若输送介质参数与标准状态不符合，进行换算。

② 根据所选定的 Q、p，在风机的性能曲线上作相应的坐标垂线，由其交点即可知风机的机号、转速和功率。若交点不落在性能曲线上，可垂直往上找，找到最靠近性能曲线上的一点或另一点，然后对比风机的工况点是否处于最高效率区，一般选择转速高、叶轮直径较小的性能曲线上的点来选定风机。

例题 4-1 为锅炉选配一台通风机，其进口状态的大气压强 $p=96$kPa，温度 $t=50$℃，使用要求：流量 $Q=49400m^3/h$，全压 $p=2590$Pa，如采用 G4-73 系列锅炉通风机，试用通风机性能曲线选择。

解 换算成标准状态下的参数

$$Q_0=49400/3600=13.72\ (m^3/s)$$

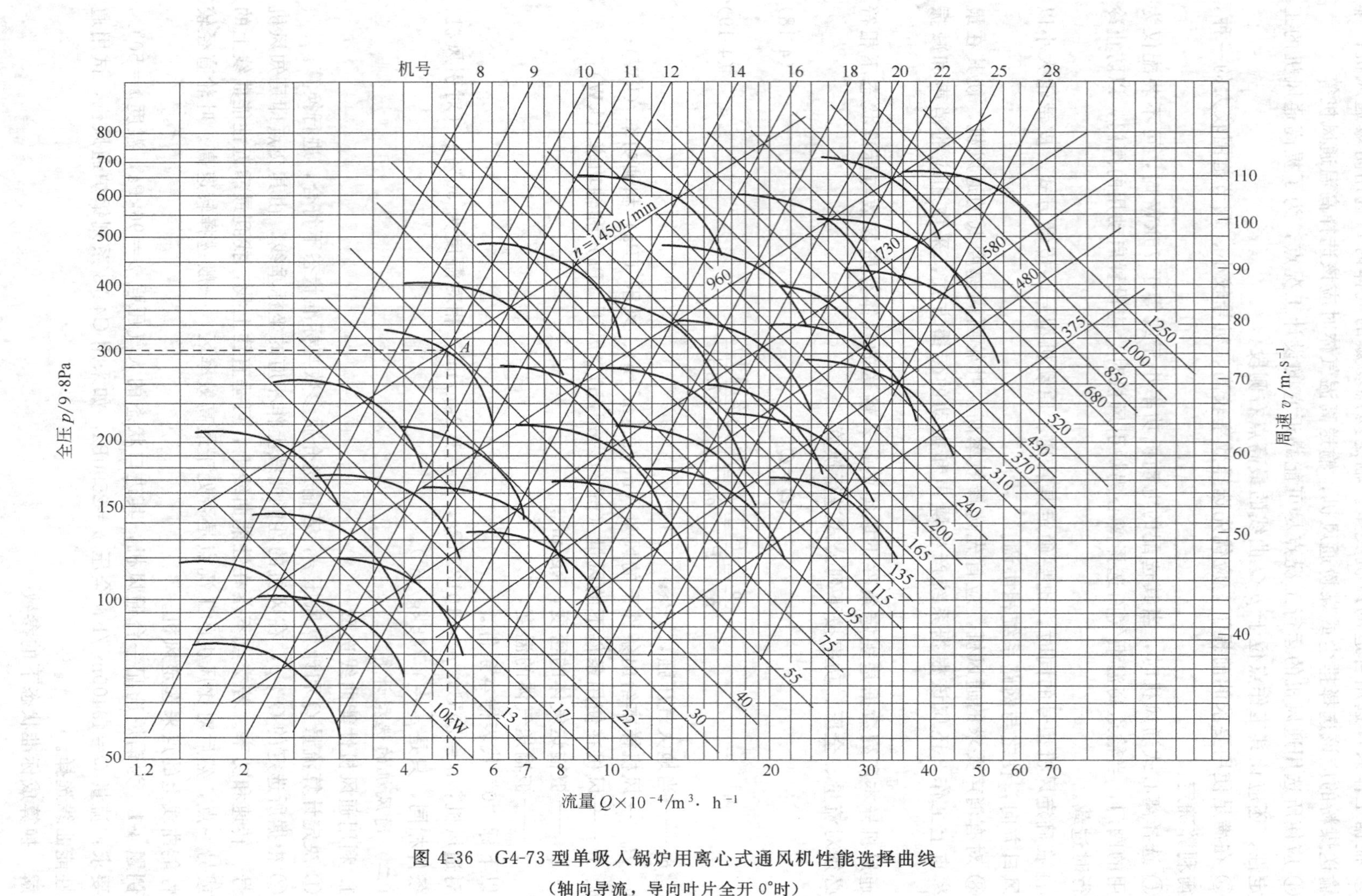

图 4-36 G4-73 型单吸入锅炉用离心式通风机性能选择曲线
（轴向导流，导向叶片全开 0°时）

$$p_0 = p \times \frac{p_a}{p_b} \times \frac{273+t}{273+t_0}$$

$$= 2590 \times \frac{101325}{96000} \times \frac{273+50}{273+20}$$

$$= 3014\ (\text{Pa})$$

在 G4-73 系列性能曲线上（见图 4-36），取横坐标 $Q_0=49400\text{m}^3/\text{h}$，作其垂直线；取纵坐标 $P_0=3014\text{Pa}$ 作其水平线，得二者交于点 A，即应选取 NO10 通风机，其叶轮转速 $n=1450\text{r/min}$，该叶轮圆周速度 $u_2=76\text{m/s}$，电动机应有一定的安全余量，故取电动机功率 $P=55\text{kW}$。计算比转数

$$n_s = n \times \frac{Q^{0.5}}{p^{0.75}} = 1450 \times \frac{13.72^{0.5}}{\left(\frac{3014}{9.8}\right)^{0.75}} = 73$$

选取 G4-73 系列即可。若能改变转速 n，得到不同的比转数 n_s 值，再对应通风机的不同系列进行选择。

2. 按通风机性能表选型

(1) 根据现场所需，决定计算流量和计算风压，公式为

$$Q=(1.1\sim1.2)Q_{\max} \tag{4-20}$$

$$p=(1.1\sim1.2)p_{\max} \tag{4-21}$$

(2) 根据风机用途查表选择合适的型号、转速和电动机功率。

例题 4-2　某地大气压强为 98kPa，输送温度为 80℃的空气，风量为 $12\times10^3\text{m}^3/\text{h}$，管道阻力为 1500Pa，试选用通风机及配置电机。

解

$$Q=1.15Q_{\max}=1.15\times12\times10^3=13.8\times10^3\ (\text{m}^3/\text{h})$$

$$p=1.15p_{\max}=1.15\times1500=1725\ (\text{Pa})$$

$$Q_0=13.8\times10^3\text{m}^3/\text{h}$$

$$p_0 = p \times \frac{p_a}{p_b} \times \frac{273+t}{273+t_0}$$

$$= 1725 \times \frac{101.325}{98} \times \frac{273+80}{273+20} = 2150\ (\text{Pa})$$

查表 4-5 选用 4-72-11NO5A 离心式通风机，该机性能表序号 7 的工况点参数为：$n=2900\text{r/min}$，$p_0=2410\text{Pa}$，$Q_0=13750\text{m}^3/\text{h}$，所需功率为 10.7kW，配用电动机型号为 Y160M2-2，$P=15\text{kW}$，地脚螺栓 M12×300。

五、离心式通风机的维修、常见故障及消除方法

在通风机正常运行中，必须经常检查通风机润滑油的温度和压力、通风机工作介质的温度和压力及电动机的电流和电压，并注意检查与通风机配套的除尘装置的运行情况，注意电动机和通风机有无异常声响。

表 4-5 4-72-11NO5A 风机性能与选用件（摘录）

转速/r·min^{-1}	序号	全压/9.8Pa	流量/m^3·h^{-1}	轴功率/kW	电动机		地脚螺栓 GB 799—76(4 套)
					型号	功率/kW	
2900	1	324	7950	8.52	Y160M2-2 (B35)	15	M12×300
	2	319	8917	8.9			
	3	313	9880	9.45			
	4	303	10850	9.9			
	5	290	11830	10.3			
	6	268	12780	10.5			
	7	246	13750	10.7			
	8	224	14720	10.9			
1450	1	81	3977	10.6	Y100L1-4 (B35)	2.2	M10×220
	2	79	4460	11.1			
	3	78	4943	11.8			
	4	76	5426	12.3			
	5	72	5909	12.9			
	6	66	6392	13.1			

（一）离心式通风机的维修

通风机的维护检修分为运行中和停车后的检修。检修周期和检修形式，随通风机的用途、结构形式、使用条件的不同而各不相同。对于中、小型风机的检修要求不甚严格，一般进行不定期检修，以保证通风机高效运行。对于大型通风机，必须按照机械设备检修要求，进行正常的大、中、小修。对于大、中、小修的内容和周期，也是根据各自使用条件的不同而各不相同。对于辅助用途的通风机的检修可与主设备的检修及停产结合起来进行，一般不需另行安排检修时间。在一般情况下，无论哪种通风机，最好至少在一年内进行一次定期检修。通风机安装使用中，应建立每台风机的保养台账，应记入每次维修保养的检修记录和检修结果，成为确定检修周期的重要资料和数据。

通风机应定期进行的维护和检查工作内容有：风机连续运行 3～6 个月，应对滚动轴承作一次检查，以保证合理的接触情况及内外圈的松紧程度；更换一次润滑脂，以装满三分之二的轴承空间为宜；定期检查风机配用的仪表的准确度和灵敏度，并消除风机内部的灰尘和污垢等。对于停机时间过长或未使用的风机，应定期将转子旋转 120°～180°，防止主轴弯曲变形。

通风机的检修一般包括拆卸以及叶轮、主轴、联轴器、密封、轴承的检修和通风机的装配等内容。

1. 拆卸通风机时应注意的内容

① 对于输送煤气或其他有害气体的通风机，应关闭进、出管路中的阀门，以防止有害气体渗漏于工作现场。

② 起吊上机壳和转子时，防止撞坏机件。排送高温气体的通风机的拆卸工作，必须在冷却后方可进行。

③ 拆卸滑动轴承时，应先测量轴衬间隙和推力面间隙，拆卸密封件时，应先测量密封间隙的大小。

④ 拆卸时，应检查所拆卸的机件是否有打印的标志。需要打印标志的有：不许装错位置或方向的机件以及影响平衡的机件，如键、盖、轴衬用垫片环等。

2. 叶轮的检修

叶轮是转子中较易磨损的机件。当通风机输送含有粉尘的气体时，则叶轮的磨损较快，如锅炉引风机和煤粉排风机的叶轮，常常在短期内被磨损而报废。为此对通风机的叶轮要进行定期检修，有时还要更换新叶轮或采取补焊措施来提高叶轮的耐磨性。例如，4-72 型吸风机的所有叶片出口靠后盘处，加焊 8～10mm 厚的扇形钢板，叶轮的使用寿命可提高近一倍。

更换个别叶片或制造新叶片时，应注意叶片材料的一致，在剪切叶片时，应注意叶片的出口边缘，应与新叶片的钢板延压纹路方向一致。

叶片通常由成型胎模压制而成。装配叶轮上的叶片时，应先将叶片逐一称过，将质量相差较少的叶片安放在叶轮盘的对应孔位置上，借以减小叶轮的偏心，也有利于叶轮的平衡。铆接叶轮的叶片与前后盘的对应孔，最好应配钻。叶片安装正确与否直接关系到通风机性能，为此，叶轮叶片的入口安装角 β_1 和出口安装角 β_2 的角度安装偏差不应大于±1°；叶片的安装垂直度允差不应超过叶片最大宽度的 1%；叶轮上的任意两个相邻叶片之间弦长的允差不应超过 $0.1\sqrt{D}$（D 为叶轮外圆直径）。

3. 主轴的检修

主轴是通风机的关键部件，主轴的检修主要是检修主轴表面的损坏。主轴表面损坏及检修方法见表 4-6。

如需更换新轴，一般应向通风机厂购买，以保证轴的质量。若自制，一定要保证主轴的材质与原主轴相同。新制的轴，不应有裂纹、凹痕等，装轴承的轴颈粗糙度不应低于 0.8～0.4μm，轴上每个配合表面的圆度和圆柱度的允差，不大于直径公差的一半。

表 4-6　主轴的表面损坏及其检修方法

缺　陷	产　生　原　因	检　修　方　法
表面受伤或损坏	① 受撞击出现碰伤、磨痕等 ② 风机长期振动，轴的阶梯断面处产生龟裂或表面裂纹	① 用锉刀和砂皮打磨，若伤痕深于 2mm，应更换 ② 情况严重应更换新轴
轴颈表面磨损	① 轴承螺栓松弛，轴弯曲、动平衡过大或润滑不良 ② 润滑油带入铁屑，磨出沟槽	若磨损不大于 1mm，可进行车削或磨削，利用修补巴氏合金来补偿
轴弯曲过大	① 安装不正确，轴与密封件间隙过小，因摩擦过热弯曲 ② 基础下沉不均，摩擦过热而弯曲或振动撞击弯曲	轴弯曲后直线度超过 0.5～1mm 时，应进行矫正或更换新轴

4. 联轴器的检修

通风机的联轴器通常采用标准的弹性橡皮圈柱销联轴器。联轴器的弹性圈易磨损，若磨损过量，应予更换。更换时，应将同一联轴器上的全部弹性圈同时换成新的，并将质量相等或接近的销钉装入对称位置上。

5. 转子的装配

通风机的转子有悬臂式和双支承式两种。常用的是悬臂式转子，只有在双吸式的通风机上才采用双支承式转子。转子装配后的技术要求见表 4-7，表中 D 为叶轮外径（m）。

新制或检修的皮带轮和叶轮，在装入轴前，应做静平衡校正，以提高转子的平衡精度。装在通风机主轴上的任何两个零件的接触面之间，均应具备规定的膨胀间隙。装配完毕的转子应做平衡校正，也保证处于工作之中的转子运转平稳。

<table>
<caption>表 4-7　转子装配后的技术要求</caption>
<tr><th>误差的外缘</th><th>误差名称</th><th>符　号</th><th>允差不大于/mm</th></tr>
<tr><td>叶轮的外缘</td><td rowspan="3">径向圆跳动</td><td>a_1</td><td>$0.07\sqrt{D}$</td></tr>
<tr><td>联轴器的外圆</td><td>a_2</td><td>0.05</td></tr>
<tr><td>主轴的轴承轴颈</td><td>a_3</td><td>0.01</td></tr>
<tr><td>叶轮的外缘两侧</td><td rowspan="3">端面圆跳动</td><td>b_1</td><td>$0.1\sqrt{D}$</td></tr>
<tr><td>联轴器的外缘端面</td><td>b_2</td><td>0.05</td></tr>
<tr><td>推力盘的推力面</td><td>b_3</td><td>0.01</td></tr>
</table>

6. 密封的检修

通风机密封的缺陷，主要是由于损坏或磨损使间隙过大。修刮水平中分面造成间隙过小，因修刮轴瓦使密封下部分间隙过小而使上部分间隙过大，对此，只要加以合理的修刮，即可达到修复的要求。倘若密封装置的间隙过大或损坏，应加以更换。

7. 机壳漏气的检修

对于钢板机壳的通风机，若机壳严重漏气，应更换中分面间的密封垫。密封垫一般为石棉绳或石棉板，如果因为飞灰或叶轮与机壳摩擦造成机壳磨损而漏气时，应首先抢修叶轮，再补焊机壳并将其内里的焊接毛刺打磨掉。

（二）通风机运转常见故障及消除方法

通风机的故障，可分为机械故障和性能故障。机械故障一般是由通风机的装配、安装以及通风机的制造质量引起的，而通风机的性能故障，往往与通风机的网路系统有关。通风机的常见故障、原因及排除的方法见表 4-8。

<table>
<caption>表 4-8　通风机主要故障、原因及排除方法</caption>
<tr><th colspan="2">故障现象</th><th>故障原因</th><th>消除故障方法</th></tr>
<tr><td rowspan="5">机械故障</td><td>叶轮损坏或变形</td><td>① 叶片磨损、磨穿，灰粒进入叶片内，使叶片失去平衡
② 铆钉头和叶片松动
③ 叶轮变形后歪斜，使其径向、轴向跳动超差</td><td>① 补焊或更换
② 用冲头紧固或更换铆钉
③ 卸下叶轮，用铁锤矫正或平放叶轮，压某侧边缘</td></tr>
<tr><td>密封圈磨损或损坏</td><td>① 密封圈与轴套不同心而造成磨损
② 机壳变形，使密封圈一侧磨损
③ 转子振动过大，其径向振幅之一半大于密封圈的径向间隙
④ 密封齿内进入硬杂物</td><td>先消除外部影响因素，后更换密封圈，调整和找正密封圈位置</td></tr>
<tr><td>机壳过热</td><td>阀门关闭下运转时间过长</td><td>停车，待冷却后再启动</td></tr>
<tr><td>皮带滑出或皮带跳动</td><td>① 两轮位置没有找正
② 两轮距离变动或皮带过长</td><td>① 重新找正带轮
② 调节皮带的松紧，调整带轮间距或更换皮带</td></tr>
<tr><td>主轴弯曲过大、轴颈表面磨损或伤损</td><td>因运输或长期搁置不当，由于本身质量而产生弯曲，其他原因同前</td><td>磨损量大于 1mm 时，则应补焊，然后切削修复，其他方法同前</td></tr>
</table>

续表

	故障现象	故障原因	消除故障方法
机械振动	通风机与电动机一起振动	① 轴与密封圈发生强烈磨损产生局部变形，使轴弯曲 ② 叶片质量不对称 ③ 叶片不均匀磨损并附有不均匀黏着物 ④ 通风机和电机转子不同心 ⑤ 双级通风机的两侧进气量不等 ⑥ 底座和基础之间安放垫铁不对或固定在底座上的机身螺栓松动	① 更换新轴，修复密封圈 ② 更换坏叶片或调换新叶片 ③ 清除叶片上的铁锈和灰粉 ④ 进行找正定心 ⑤ 使两侧进气口负压相等 ⑥ 重新安装底座并二次浇灌，检查所有螺栓的紧度
	轴安装不良，振动为空载时小，满载时大	① 联轴器不正，基础下沉 ② 皮带轮安装不正，两带轮轴不平行 ③ 减速器、通风机轴和电机轴找正时，未考虑运转时的位移补偿量或虽考虑但不符合要求	① 重新调整对中，修固基础 ② 按带轮安装要求加以调整与找正 ③ 进行调整，留出适当的位移补偿余量
	通风机内部有摩擦，振动不规则，启动和停车可听见金属嘶叫声	① 叶轮歪斜，与进气口圈相碰 ② 叶轮与机壳内壁相碰。或叶轮歪斜，或机壳左右摇晃 ③ 密封圈与密封齿相碰 ④ 推力轴衬歪斜、不平	① 修理叶轮和进气口圈 ② 修理叶轮，紧固机壳 ③ 更换密封圈，调整间隙 ④ 修补推力轴衬
	电机和通风机整体振动，机座刚性不够	① 机座和基础的刚度不够，造成转子不平衡 ② 基础地脚螺栓松动，垫片走动 ③ 通风机连接处的管道未加支撑，安装固定不好	① 查明原因，进行修补和加固，拧紧螺母，填充间隙 ② 拧紧螺母，填充间隙 ③ 进行调整和修理，加装支持装置
	转子固定部分松弛或活动部分间隙过大、润滑系统不良	① 轴衬和轴颈磨损间隙过大，轴衬与轴承箱之间不紧或有间隙 ② 叶轮、联轴器、带轮与轴有松动 ③ 给油不足，轴承密封差，润滑油入口油温低	① 调整垫片，或刮削轴承箱中分面 ② 修理轴、叶轮，重新配键 ③ 进行清洗，加润滑油，调节冷却水使油温升到规定范围内
轴承故障	轴承安装不良或损坏	① 安装位置不正确，轴衬磨损或损坏 ② 轴衬与轴间隙过大或过小 ③ 轴与轴承歪斜，主轴与电机轴不同心，推力轴承与支承不垂直，侧隙过大	① 重新找正 ② 调整轴承与箱孔、轴承箱盖与座之间的垫片 ③ 重新安装找正，或刮研找正
	轴衬磨损损坏	① 轴与轴承歪斜，推力轴承与支承轴承不垂直 ② 间隙过大或过小，接触弧度过小或接触不良，中分面处油沟斜度小 ③ 表面出现裂纹、擦伤、剥落、脱壳等	① 修理或更换轴承 ② 重新刮研找正 ③ 重新浇铸或进行补焊

续表

	故障现象	故障原因	消除故障方法
性能故障	转速正常，压力过高，流量减小	① 通风机旋转方向相反 ② 进风或出风管道堵塞 ③ 出风管破裂或法兰不严 ④ 叶片入口间隙过大或叶片严重磨损 ⑤ 通风机轴与叶轮松动	① 改变电动机电源接法 ② 清除堵塞 ③ 修补管道，紧固法兰 ④ 调整叶轮入口间隙或更换叶轮 ⑤ 检修紧固叶轮
	通风出口压力降低	① 管道阻力曲线改变，阻力增大，工作点改变 ② 通风机转速降低 ③ 制造质量不良或严重磨损	① 减小阻力，改变工况点 ② 提高通风机的工况点 ③ 检修通风机
	齿轮泵轴承外壳过热	① 轴承孔与轴间隙过小 ② 齿轮端面与侧盖端面的间隙过小 ③ 管道堵塞，油压过高	① 进行修刮 ② 修刮端面或调整侧盖 ③ 消除管道故障
	油压过低，供油量减少或中断，轴承油温升高	① 油环不能转动或带油过少，油箱油面过低 ② 轴衬安装时，给油口方向反或未对正 ③ 管道上机件发生故障 ④ 轴承保持架损坏，轴承剖分面外环过紧 ⑤ 轴承或轴套安装过紧	① 修理或更换油环，加油至要求的油位 ② 重新安装 ③ 检修管道上的机件 ④ 更换轴承，检查轴承圆度、接触面 ⑤ 检查并重新安装轴承

第四节　轴流式通风机

按照通风机的分类，叶轮式通风机可分为离心式通风机、轴流式通风机及混流式通风机。轴流式通风机是指风压在4900Pa以下，气体出口方向沿着叶轮轴线流动的通风机。轴流式通风机适用于风量大、风压低的工况，如送风机、引风机及矿山车间通风换气等。本节将主要介绍轴流式通风机的工作原理、构造与型号编制、轴流式通风机的调节。

一、轴流式通风机的工作原理、构造与型号编制

（一）轴流式通风机工作原理与构造

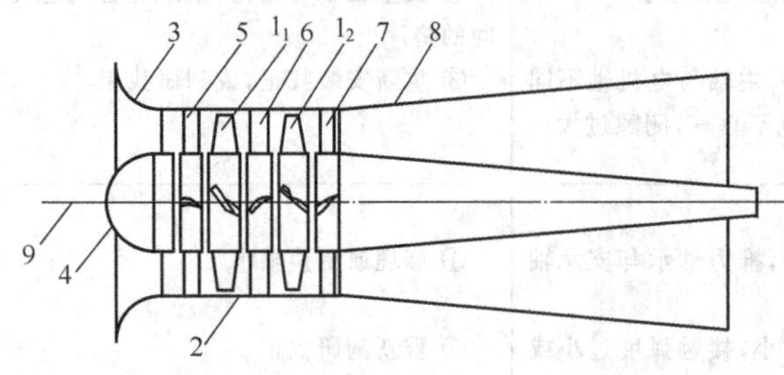

图4-37　两级轴流式通风机示意

1_1—第一级叶轮；1_2—第二级叶轮；2—外壳；3—集流器；4—疏流罩；5—前导叶；6—中导叶；7—后导叶；8—扩散器；9—主轴

两级轴流式通风机如图4-37所示。主要有叶轮1、前导叶5、中导叶6、后导叶7、集流器3、疏流罩4以及出口处的扩散器8、外壳2等构成。叶轮是风机的主要部件。决定着风机性能的主要因素是风机翼型、叶轮外径、外径对轮毂直径的比值（轮毂比）和叶轮转速。叶轮外径和风机轴转速决定圆周速度，直接影响到风机全压。

在多级轴流式通风机中，级间设置中导叶。它的作用是将前级叶轮的流出气流方向转为轴向流入后级叶轮。导叶通常采用圆弧形叶片。

后导叶的作用是将最后一级叶轮的出流方向转为接近轴向流出，有利于改善扩散器的工作。

扩散器的作用是把风机出口动压的一部分转换为静压，以提高风机的静效率。

风机外壳呈圆筒形，重要的是叶轮外缘与外壳内表面的径向间隙应尽可能小。某些风机设有前导叶，用以控制进入叶轮的气流方向，达到调节特性的目的。此导叶可分为两段，头部固定不动，尾部可以摆动。这样外界气流可以较小的冲击进入前导叶，而后改变方向进入叶轮。前导叶叶片的数目（以及中导叶和后导叶）应与叶轮叶片数互为质数，以避免气流通过时产生同期扰动。

集流器和整流罩的作用是，使气流顺利地进入风机的环形入口通道。目前，矿用轴流式通风机集流器型线为圆弧形，疏流罩的型面为球面或椭球面。

如图 4-37 所示，气体从集流器 3 进入，通过前导叶 5 进入第一级叶轮 1_1 使气体获得能量，然后进入中导叶 6，将一部分偏转的气流动能转化为压力能，再进入第二级叶轮 1_2 和后导叶 7，进一步提高气体能量。最后气流通过扩散器 8 将一部分轴向气流动能转变为静压能，从扩散器流出输入管道。

（二）轴流式通风机的型号与全称

1. 轴流式通风机的名称和型号

轴流式通风机名称型号举例如表 4-9 所示。

表 4-9　轴流式通风机的名称型号

名　称	型号		说　明
	形式	品种	
（通用）轴流通风机	T30	NO8	一般通风换气用。通风机叶轮毂比 0.3，叶轮外径为 800mm，用途（通用）两字一般可省略
（通用）轴流通风机	T30B	NO8	该型产品转子为立式结构，其他参数与第一例同
冷却轴流通风机	L30B	NO80	工业冷却水通风用。通风机叶轮毂比为 0.3，叶轮外径为 8000mm，转子为立式结构
矿井轴流通风机	K70	NO18	矿井主通风用。通风机叶轮毂比为 0.7，叶轮外径为 1800mm
（通用）轴流引风机	T40Ⅰ	NO5	T40 产品派生型。用Ⅰ代号区别，一般通风换气用，叶轮毂比为 0.4，叶轮外径为 500mm

轴流式通风机的名称与离心式通风机一样，也包括用途、作用原理和在管网中的作用等三部分。多数产品的“第三部分”不作表示。名称编制格式如下：

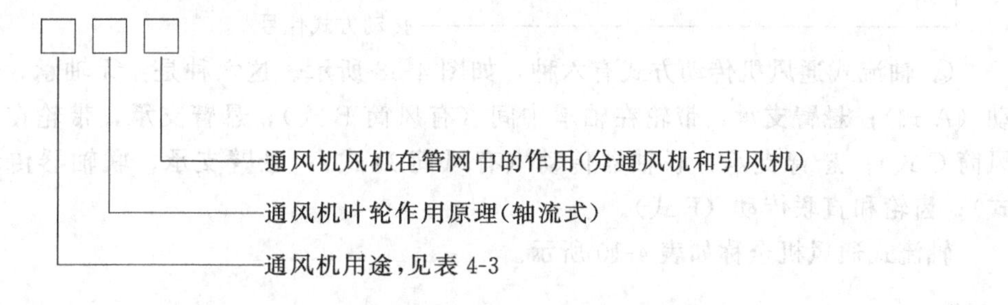

轴流式通风机的型号和离心式通风机一样，根据 JB 1418—74 标准规定进行编制，包括型式与品种两部分。格式如下：

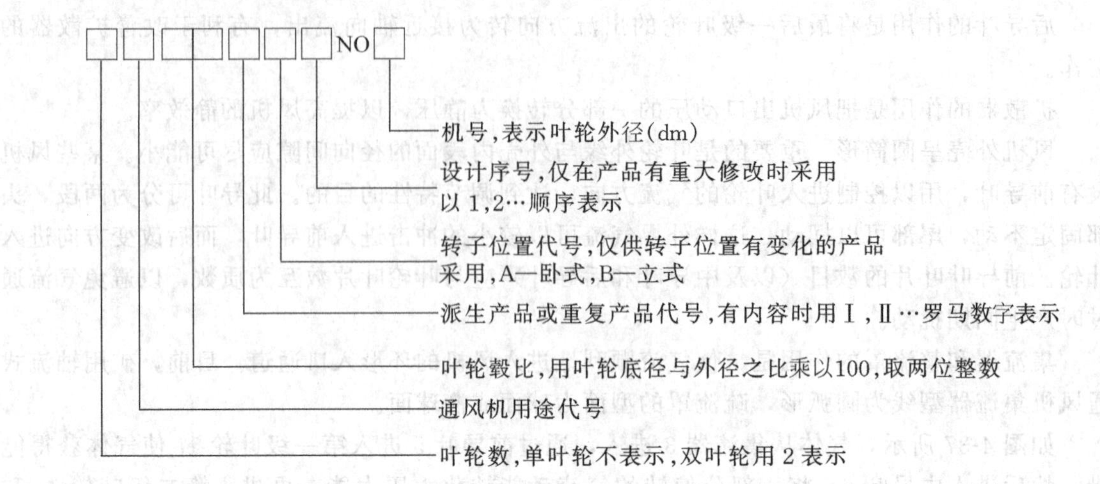

2. 轴流式通风机的全称

轴流式通风机的全称包括名称、型号及“规格内容”。“规格内容”中包括传动方式、叶片数、流量、风压、电动机的功率、电动机极数等。

按标准规定，轴流式通风机的“规格内容”格式如下。

① 同型产品中若传动形式、叶片数、叶片安装角、电源类别等代号无变化者，有关项目可省略。

② 若同一型号系列产品中无“规格内容”变化者，其规格内容各项均可省略，但这不多见。

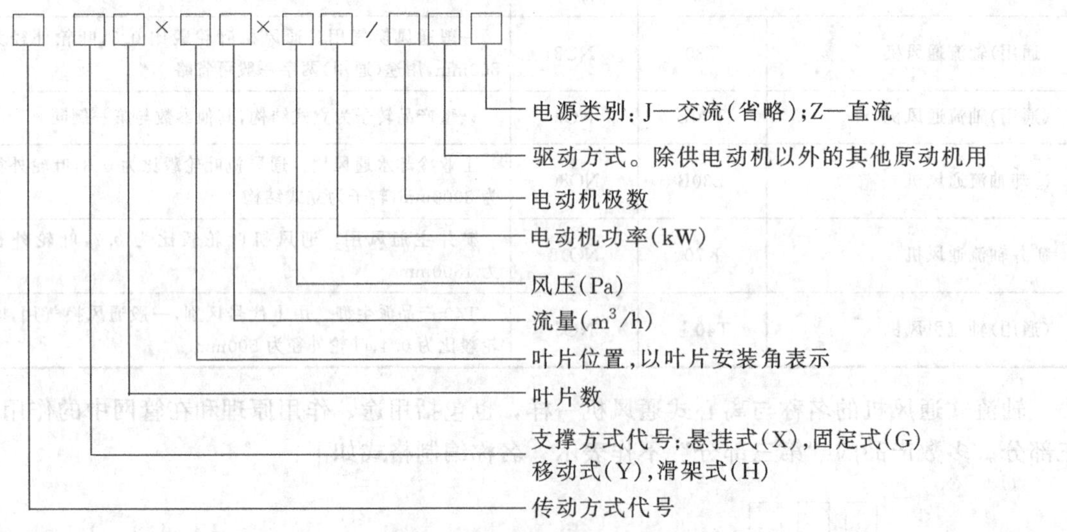

③ 轴流式通风机传动方式有六种，如图 4-38 所示。这六种是：无轴承，电动机直联传动（A 式）；悬臂支承，带轮在轴承中间（有风筒 B 式）；悬臂支承，带轮在轴承外侧（有风筒 C 式）；悬臂支承，联轴器传动（有风筒 D 式）；悬臂支承，联轴器传动（无风筒 E 式）；齿轮和直联传动（F 式）。

轴流式通风机全称如表 4-10 所示。

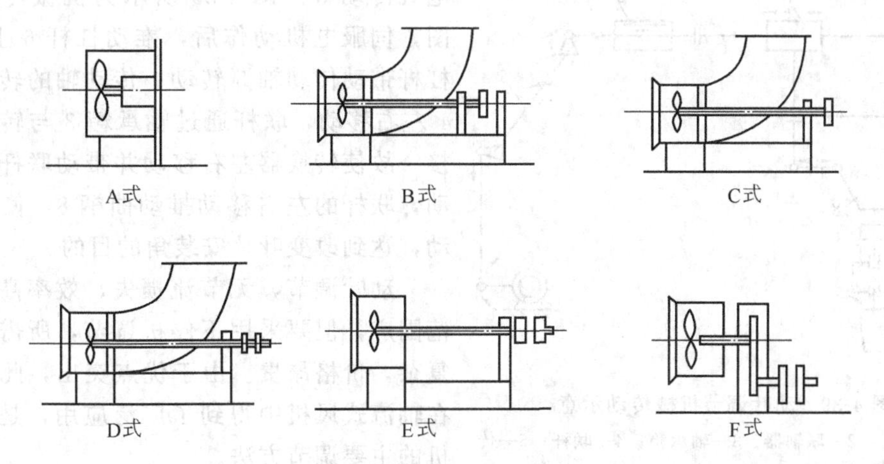

图 4-38　轴流式通风机传动方式

A式—直联传动；B式、C式—引出式皮带传动；D式—引出式联轴器传动；

E式、F式—长轴式联轴传动

表 4-10　轴流式通风机全称

名　称	型　号		规格内容	说　　明
	形式	品种		
(通用)轴流通风机	T30	NO4	A6×25° 6870×36 1.5/2	(通风)轴流通风机，叶轮毂比为0.3，叶轮直径为400mm，A式传动，叶片数为6，叶片安装角为25°，风量为6870m³/h，风压为360Pa，电动机功率为1.5kW，电动机极数为2级
(通用)轴流通风机	T30 Ⅰ	NO5	A4×30° 8050×15.2 0.75/2	(通风)轴流通风机，叶轮毂比为0.3，叶轮直径为500mm，A式传动，叶片数为4，叶片安装角为30°，风量为8050m³/h，风压为152Pa，电动机功率为0.75kW，电动机极数为2级

二、轴流式通风机的调节

轴流式通风机的调节方法主要有节流调节、改变转速调节、改变前导器叶片角度调节、动叶调节及改变叶片数目进行调节五种。其中前三种调节方法与离心式通风机的调节方法相似，前已述及，在此不再赘述，这里只着重讲述动叶调节及改变叶片数目进行调节这两种调节方法。

(一) 动叶调节

动叶调节是指改变轴流式通风机叶轮叶片安装角进行调节的一种方法。当风机转速、尺寸一定时，若改变叶片安装角，将导致工作轮入、出口速度三角形发生改变，从而引起风机特性曲线变化。因此，可用改变叶轮叶片安装角的方法来调节风机性能。

动叶可调机构有如下几种。

① 在通风机停止运行时，逐个改变叶片安装角，叶片可用普通销子固定。

② 通风机停车时，通过控制杆、转动套在主轴上的套筒（沿着轴转动），同时改变全部动叶的安装角。

③ 在通风机运行时，任意改变动叶片安装角，其操作方法可用液压传动、机械传动、

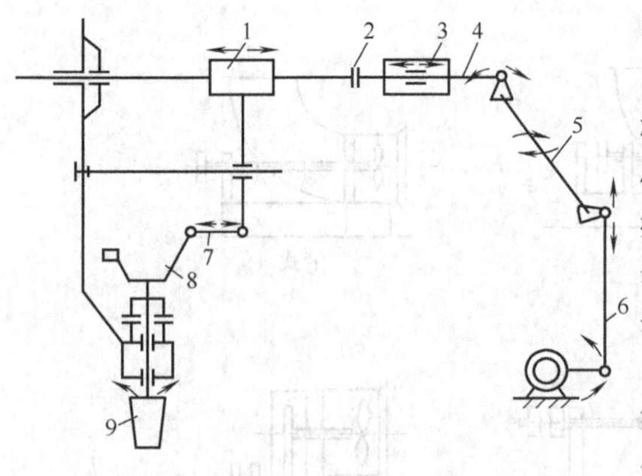

图 4-39 动叶调节机械传动示意

1—转换器；2—联轴器；3—轴承箱；4—联杆；5—传动轴；6—杠杆；7—联杆；8—曲柄；9—动叶

电气传动等。图 4-39 所示为机械传动的示意图，伺服电机动作后，推动杠杆 6 上下移动，杠杆带动传动轴 5 转动，传动轴的转动使联杆 4 左右移动，联杆通过轴承箱 3 与转换器 1 连接。故使转换器左右移动并带动联杆 7 左右移动，联杆的左右移动推动曲柄 8，使动叶 9 转动，达到改变叶片安装角的目的。

动叶调节，无节流损失，效率高，且调节范围广，但要采用不停机调节，所需附属机构复杂，价格昂贵。由于优点突出，此调节方法在轴流式风机中得到了广泛应用，是轴流式风机的主要调节方法。

（二）改变叶片数目调节

风机特性与叶片数目有关，对于轴流式通风机，可以利用改变叶片数目来调节风机的特性。调节时需要注意叶片分布的对称性和动转的平衡性。

图 4-40 所示为 2K60-NO28 型轴流式风机，转速为 500r/min，叶片数由 $Z_1=14$，$Z_2=$

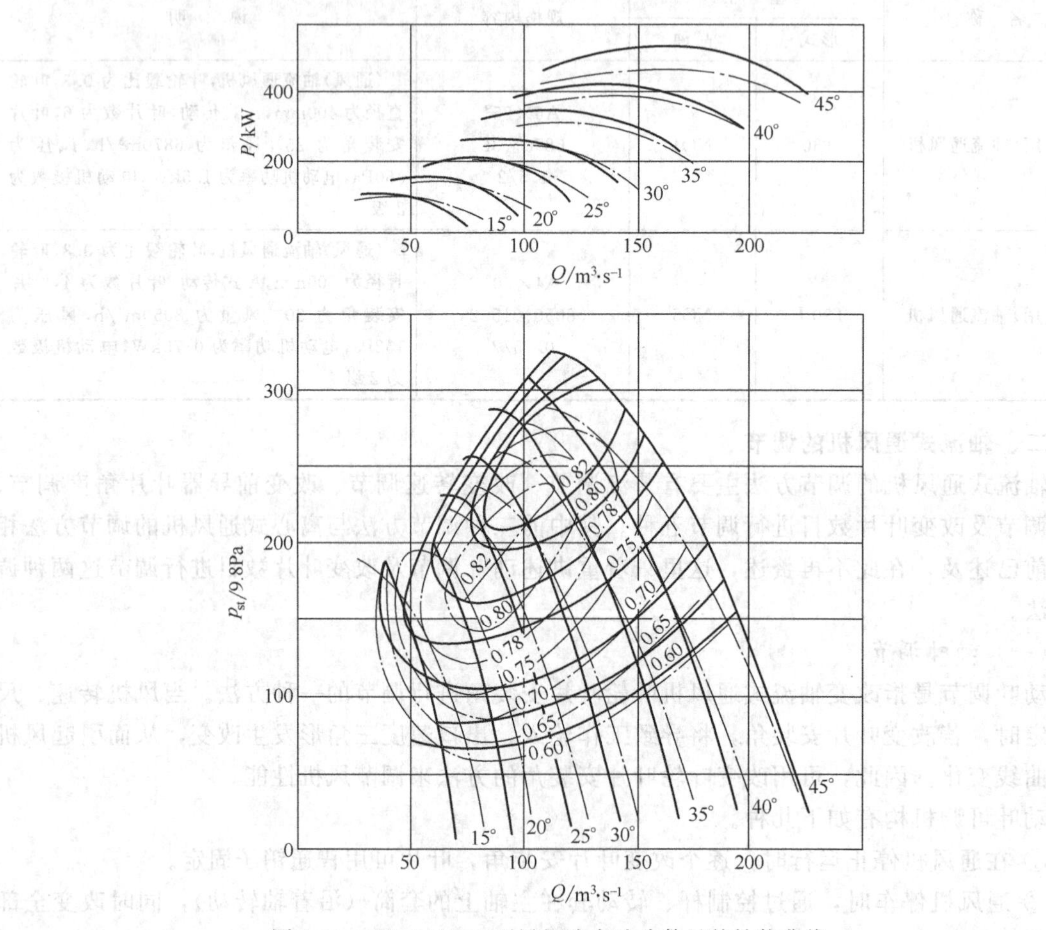

图 4-40 2K60-NO28 型风机改变叶片数目的性能曲线

（n=500r/min）

14 变动到 $Z_1=14$，$Z_2=7$ 时的性能曲线，前者用实线表示，后者用点划线表示。由图可知，叶片数目减少后，相应的风量、风压和轴功率也随之减少，达到调节目的。

改变叶片数目调节不需要增加附属装置，调节前后效率变化不大，但调节叶片的数目有限，且需停机调节。

三、轴流式通风机实例

（一）2K60 型轴流式通风机

2K60 型轴流式通风机为 1981 年研制成功并投入生产的替代原 2BY、70B2 型的新矿井通风机。可作为煤矿主通风机，也适用于金属矿通风换气及其他部门的通风。该系列中，2K60-1 型轴流式通风机有 NO18、NO24、NO28、NO30、NO36 五个机号。2K60-2 型轴流

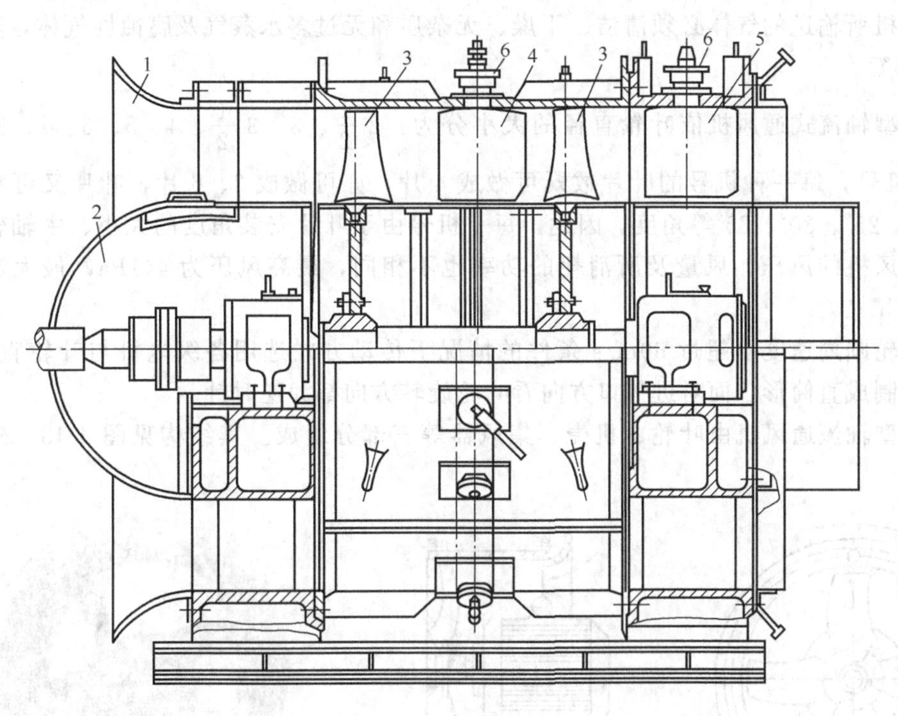

图 4-41 2K60 型轴流风机结构

1—集风器；2—流线体；3—叶轮；4—中导器；5—后导器；6—调节导叶用绳轮

式通风机有 NO18、NO24、NO28 三个机号。结构见图 4-41，其外形见图 4-42。

这类风机均为两级叶轮。叶轮轮毂为板结构，叶片为机翼型扭转叶片。为调节风机性能，可调节叶片安装角，调节范围 15°～45°，也可以改变叶片数目。

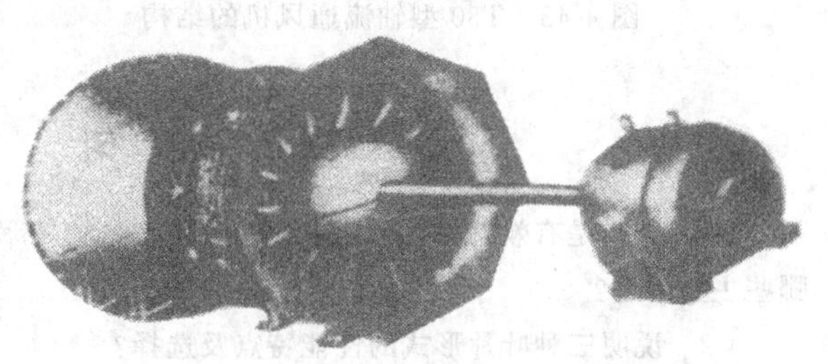

图 4-42 2K60 型轴流风机外形

为防止锈蚀，叶片固定部位应涂石墨油脂。2K60-1 型轴流式通风机设有可调导叶组，包括中导叶和后导叶，叶片也为机翼型扭曲叶片，叶片角度可以调节，以使叶轮反转，反转风量不低于正常风量的 60%。2K60-2 型轴流式通风机的结构中，后导叶均为固定机构，不带四套电动执行器，因而不能保证逆转反风性能。

该系列风机的主轴由滚动轴承支承，用油脂润滑。转动轴两端用调心联轴器（齿轮联轴器）分别与主轴和电动机相连。此类风机可作抽出式或压入式通风使用，作抽出式风机使用时，厂家可提供消声装置。

2K60 型轴流式通风机最高静压效率可达 80%，包括传动机械损失在内的风机装置静压效率可达 83%，最高静压可高达 4900Pa，风量可达 20～400m^3/s。

（二）T30 型轴流式通风机

T30 型轴流式通风机是一种结构简单、噪声小的低压轴流式通风机，可用于厂房、仓库、办公室、住宅通风换气，或加强暖气散热之用。若将风壳去掉，可作自由风扇。也可以在较长的排气管道门之间安装，以提高管道中的全压。

该风机所输送的气体必须清洁、干燥、无杂质和无过多水蒸气及腐蚀性气体，其温度不得超过 45℃。

T30 型轴流式通风机依叶轮直径的大小分为：$2\frac{1}{2}$、3、$3\frac{1}{2}$、4、5、6、7、8、9、10 共 10 种机号，每一种机号的叶片数既可做成 4 片，亦可做成 3、6 片，叶片又可装成 10°、15°、20°、25°、30°、35°等角度。因此，每一机号由于叶片安装角度的大小、主轴转速快慢的不同，风机的风压、风量及所消耗的功率也不相同，最高风压为 441Pa，最大流量可达 49500m^3/h。

在叶轮圆周速度不超过 60m/s 条件的情况下传动方式选用各级电机与叶轮直接连接，机体外壳制成直筒形。面对进气口方向看叶轮旋转方向都为逆时针。

T30 型轴流通风机由叶轮、机壳、集风器等三部分组成。其结构见图 4-43，外形见图 4-44。

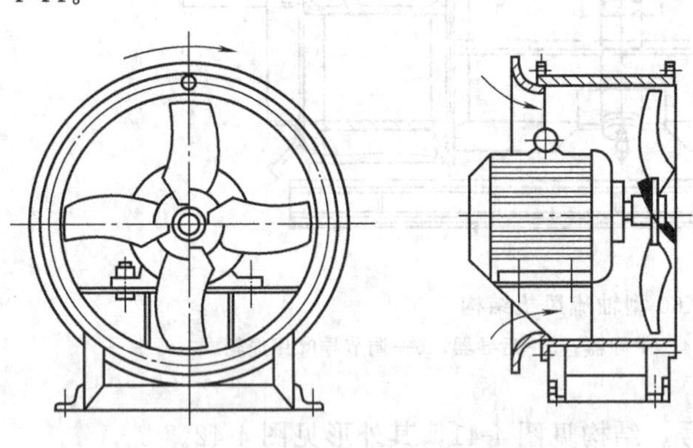

图 4-43　T30 型轴流通风机的结构

图 4-44　T30 型轴流风机外形

习　题

4-1　什么是有效功率、轴功率？有效功率与轴功率如何计算？它们之间有什么关系？类型特性曲线有哪些主要用途？

4-2　说明三种叶片形式的性能特点及选择？

4-3　说一说比转数的用途。

4-4　根据离心式通风机和轴流式通风机的运行特性曲线，比较它们的运转性能特性。

4-5　一台装有进、出风管的通风机，风量为 1m^3/s。测得风机进口静压为 −367.9Pa，动压为 63.77Pa，风机出口静压为 186.4Pa，动压为 122.6Pa。求：（1）风机的压力（全压）和静压；（2）若风机总效率为0.67，则轴功率和静压效率为多少？

4-6　某风机运行时流量为6000m³/h，压力为1960Pa，风机总效率为0.6，风机轴与电机轴由联轴器连接，其传动效率为0.98。求轴功率和电机功率。

4-7　某矿井通风网路的负压为1177.2Pa，风量为1500m³/min。试求网路阻力系数R，并绘制网路特性曲线。

4-8　举例说明离心式通风机的型号编制。

4-9　试述离心式通风机的工作原理和主要结构组成。

4-10　简述轴流式通风机的工作原理及主要结构组成。

4-11　试述离心式通风机和轴流式通风机的调节方法及特点。

第五章 鼓 风 机

风机出口表压力在 1.5×10^4Pa～0.2MPa 之间的属于鼓风机范畴。鼓风机在冶金工业中同样有着广泛的应用，如高炉冶炼中的送风等。本章将着重讨论离心式鼓风机和罗茨鼓风机。

第一节 离心式鼓风机

一、离心式鼓风机的工作原理

离心式鼓风机是利用装有许多叶片的工作轮旋转所产生的离心力来挤压空气，以达到一定的风量和风压的。图 5-1 所示的 C125-1.65 型离心式鼓风机为高炉用离心式鼓风机，图中

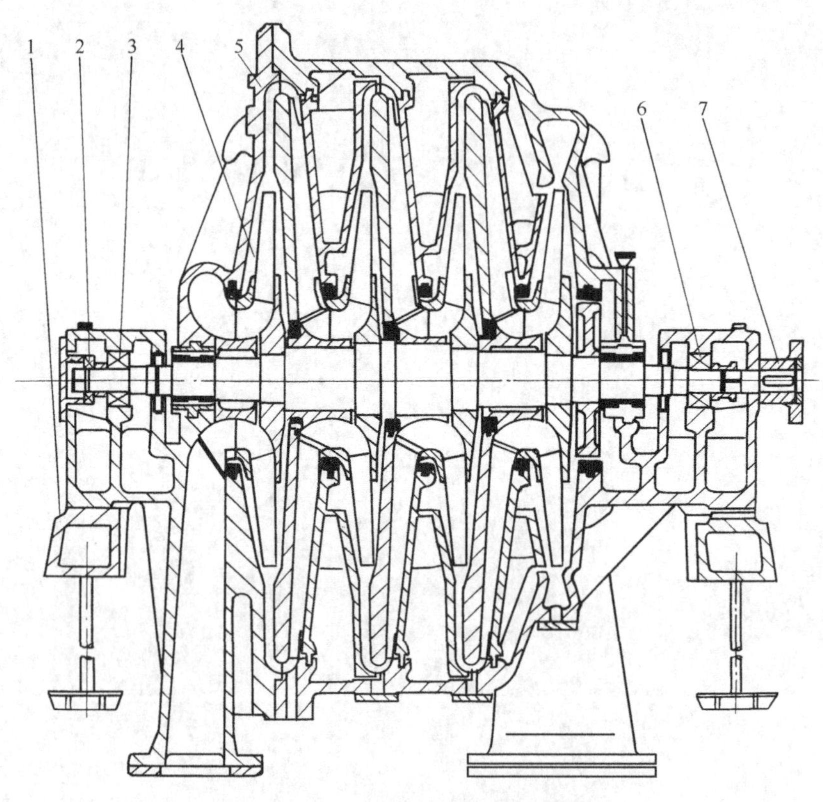

图 5-1 C125-1.65 型离心鼓风机结构

1—底座；2—推力轴承；3—滚动轴承；4—转子；
5—定子；6—滚动轴承；7—联轴器

属于转子的有轴、各级工作叶轮、轴向推力平衡盘；属于固定元件的有进气管、扩压器、弯道、回流器、蜗室、出气管。叶轮旋转的离心力把气体甩向叶轮顶端，因而提高了气体的速度和密度，进入环形空间——扩压器后，空气的部分动能转变为压力能，压力提高了，这样逐级升压，以致达到出口需要的水平，蜗室起汇集和引导排气的作用，排气的管口为一圆锥

形扩散段，将气体的部分动能再转变为压力能。空气从进气管经第一个叶轮，如此逐级升压，从最后一级叶轮经扩压器进入蜗室，最后由出气管排出。鼓风机叶轮的圆周速度常达250～300m/s，工作轮级数越多，获得的压力越高，一般经过2～5级可将风压提高到200～505kPa（绝对压力）送出。对于大型离心式鼓风机，常为两边进气中间出气，工作轮可多达8～10级。

在一定的吸气条件下，离心式鼓风机的（风）压（风）量关系，以特性曲线表示，如图5-2所示。以C125-1.65型为例，其吸气条件是进口压力为1×10^5Pa、进口温度为20℃，相对湿度为50%。

特性曲线说明如下。

① 风机风量随外界阻力（要求的出口压力）的增加而减少，反之风量会自动增加。

② 风机风压过低时，风量到达最大区段，此时原动机功率也增加，故大量排风时会导致原动机过载。

③ 风机风压过高时，风量迅速减少，超过飞动线（也叫喘振线）时，产生倒风现象，机体严重振动，风机处于飞动状态而损坏。安全运行线一般为飞动线向右风量增加20%处，偏左运行危险，偏右运行不经济。

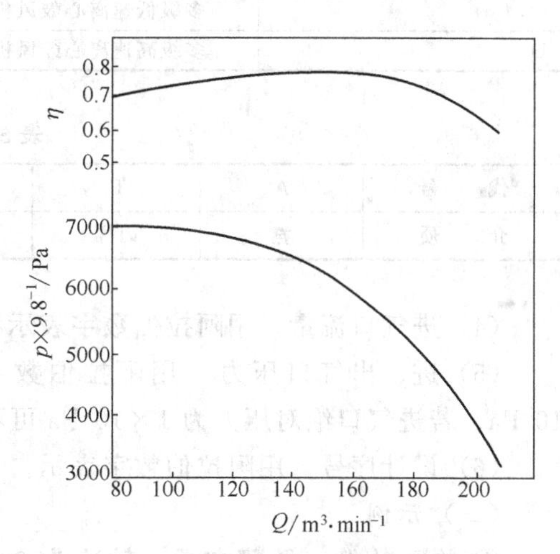

图5-2 C125-1.65型离心鼓风机性能曲线

④ 风机转速愈高，可获得愈高的风压风量，但特性曲线的曲率变陡，风量过大时，出口风压会突然降低，风量过小时，会较早地进入飞动区。风机调速有一定的限制范围，一般临界转速（或叫最低转速）为额定转速的1/2～2/3，如额定转速为3000r/min时，临界转速约在1840r/min左右。

二、离心式鼓风机的型号编制

（一）型号组成

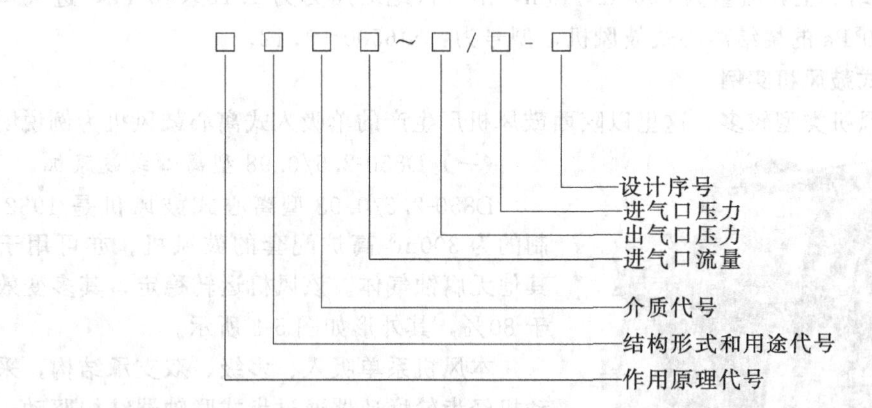

（二）各组成部分代号及其含义

（1）作用原理代号　离心式不表示，轴流式用字母Z表示。

（2）结构形式和用途代号　用途代号见前述。结构形式代号见表5-1。

（3）介质代号　用字母表示，见表5-2。

表 5-1 离心式鼓风机结构形式代号

代号	结构特征	主轴转速/r·min^{-1}	压升/kPa
A AⅠ AⅡ	单级低速离心鼓风机 悬臂式 双支承式	≤3000	≤30
B BⅠ BⅡ	单级高速离心鼓风机 单臂式 双支承式	>3000	≤50
C	多级低速离心鼓风机	≤3000	≤110
D	多级高速离心鼓风机	>3000	≤350

表 5-2 介质代号

代号	A	P	F	Q	Y	H
介质	氨	丙烯	氟利昂	氢	氧	混合气

(4) 进气口流量 用阿拉伯数字表示，单位为 m^3/min。

(5) 进、出气口压力 用阿拉伯数字表示，表示进、出气口绝对压力，单位为 1×10^5 Pa。若进气口绝对压力为 1×10^5 Pa 可不表示。

(6) 设计序号 用阿拉伯数字表示。

(三) 示例

① 单级叶轮，悬臂支承，转速为 3000r/min，流量为 $320m^3/min$，出气口绝对压力为 1.25×10^5 Pa，进气口绝对压力为 1.0×10^5 Pa 的离心式鼓风机，型号为：AⅠ320～1.25。

② 单级叶轮，双支承，转速为 3000r/min，流量为 $1250m^3/min$，出气口绝对压力为 1.30×10^5 Pa，进气口绝对压力为 1.0×10^5 Pa 的离心式鼓风机，型号为：AⅡ1250～1.30。

③ 多级叶轮，转速大于 3000r/min，流量为 $320m^3/min$，出气口绝对压力为 3.5×10^5 Pa，进气口绝对压力为 1.9×10^5 Pa 的离心式鼓风机，型号为：D320～3.5/1.9。

④ 用于烧结炉上，流量为 $6500m^3/min$，出气口绝对压力为 1.12×10^5 Pa，进气口绝对压力为 1.0×10^5 Pa 的烧结离心式鼓风机，型号为：SJ6500～1.12。

三、离心式鼓风机实例

离心式鼓风机类型较多。这里以陕西鼓风机厂生产的单吸入式离心鼓风机为例说明。

图 5-3 D850-2.5/0.98 型离心式鼓风机外形

(一) D850-2.5/0.98 型离心式鼓风机

D850-2.5/0.98 型离心式鼓风机是 1982 年研制的为 $300m^3$ 高炉配套的鼓风机。亦可用于输送其他无腐蚀气体。该风机运转稳定，其多变效率高于 80%，其外形如图 5-3 所示。

本风机系单吸入、多级、双支承结构，采用电动机经齿轮增速器通过齿式联轴器结构驱动。从电动机端看，鼓风机转子为顺时针方向旋转。其结构如图 5-4 所示。

机壳用铸铁制成，轴承与机壳铸成一体，沿轴线水平分成上、下两部分。进出风口皆垂直向下。

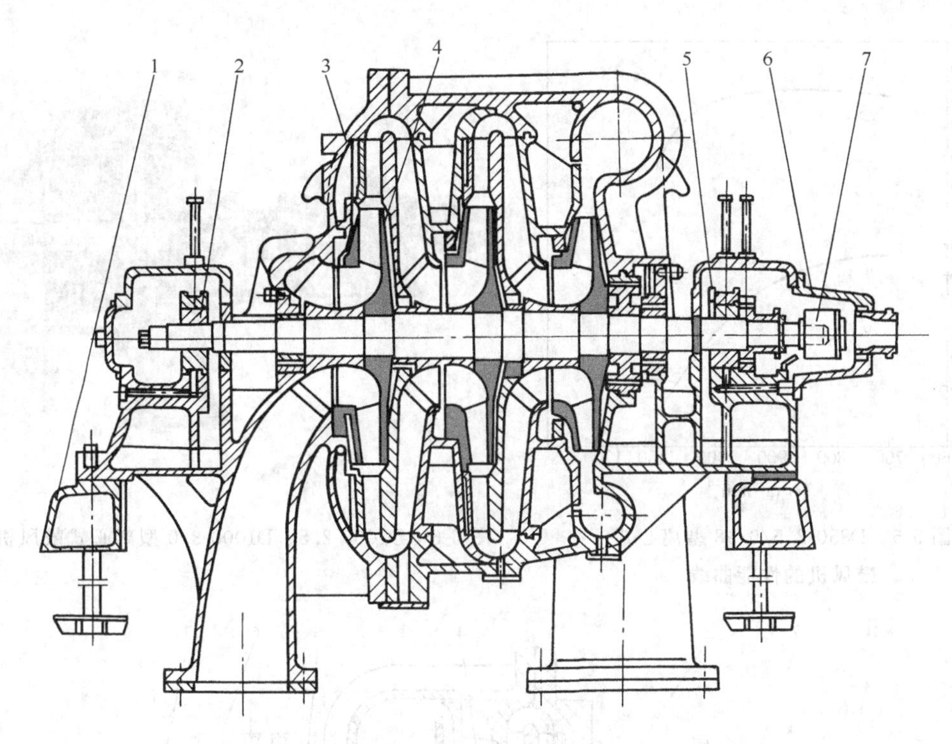

图 5-4　D850-2.5/0.98 型离心式鼓风机结构
1—底座；2—支承轴衬；3—定子；4—转子；5—止推轴衬；
6—护罩；7—联轴器

转子主轴用高强度合金钢制成，叶轮用高强度合金钢焊接而成。转子经静、动平衡校正，保证运转平衡。

本风机每级叶轮进口圈处和级间、机壳两端均装有梳齿形密封，以防止气体泄漏。鼓风机和增速器均采用滑动轴承，压力给油强制润滑。润滑系统包括主油泵、电动油泵、油箱、油冷却器、滤油器、安全阀及高位油箱等。电动油泵除启动或停机时使用外，当系统中油压降低至某一定值时尚能自动开启，保证机组正常润滑。由于停电而停机时，高位油箱能维持一定时间的润滑，保证机组安全停机。

本风机设有手动进口节流调节装置（包括节流门、节流门传动装置和手动调节装置）。本风机还装有液动防喘振装置和液压式轴向位移安全器，以保证机组安全运转。

图 5-5 所示为 D850-2.5/0.98 型离心式鼓风机的性能曲线。

（二）D1000-2.8，D1000-3.0 型离心式鼓风机

D1000-2.8，D1000-3.0 型离心式鼓风机为 1978 年正式生产产品，主要用于 $350m^3$ 左右高炉鼓风，输送空气。亦可用于其他无毒、无腐蚀气体的输送。其外形见图 5-6。

该两型风机均系多级、单吸入、双支承结构，采用电动机通过齿轮增速器驱动。从电动机端看，鼓风机转子为顺时针方向旋转。图 5-7 及图 5-8 所示分别为 D1000-2.8 及 D1000-3.0 型离心式鼓风机的结构。

机壳均用铸铁制成，轴承箱与机壳铸成一体，沿轴线水平分成上下两部分，用螺栓紧固连接成一体，出风口方向皆垂直向下。

转子主轴用高强度合金钢制成，叶轮用高强度合金钢焊接而成。鼓风机转子经过静、动平衡校正，保证运转平稳。

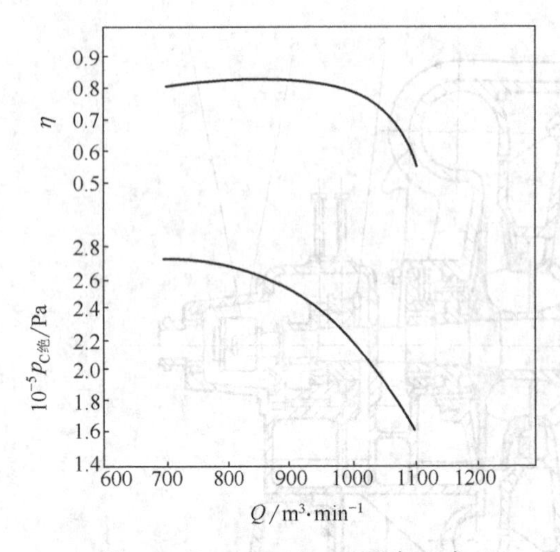

图 5-5 D850-2.5/0.98 型离心式鼓风机的性能曲线

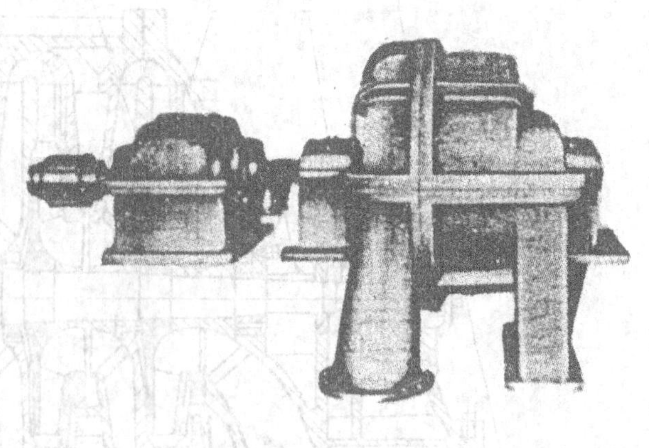

图 5-6 D1000-2.8、D1000-3.0 型离心式鼓风机外形

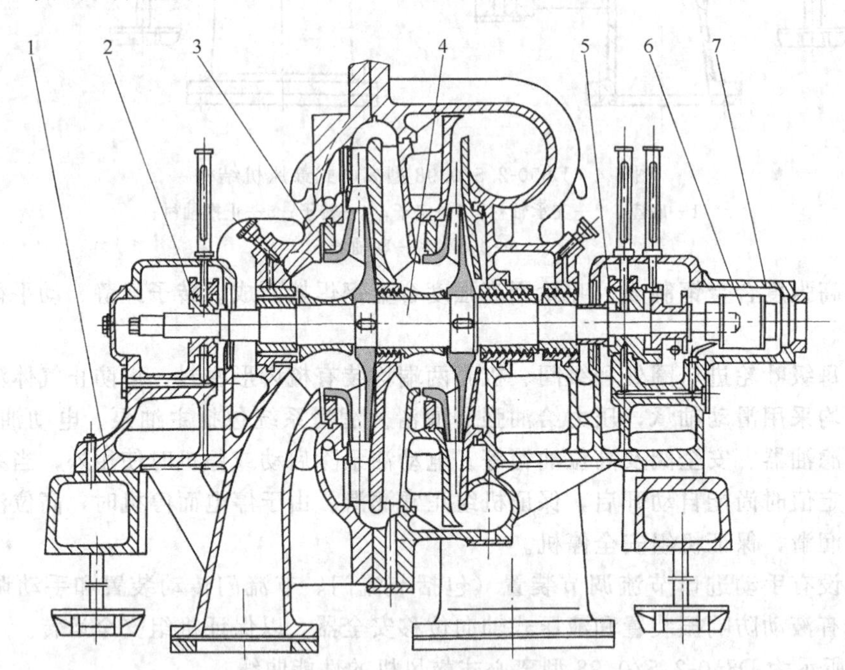

图 5-7 D1000-2.8 型离心式鼓风机结构

1—底座；2—支承轴衬；3—定子；4—转子；5—止推轴衬；6—联轴器；7—护罩

鼓风机及增速器均采用滑动轴承，压力供油强制润滑。润滑系统包括主油泵、电动油泵、油箱、油冷却器、滤油器、安全阀及高位油箱等。电动油泵除在启动或停机时使用外，当系统中油压降至某一定值时尚能自动开启，保证机组正常润滑。由于停电而停机时，高位油箱能继续维持一定时间的润滑，确保机组安全停机。

风机进口均设有手动进口节流调节装置，包括节流门、节流门传动装置和手动调节装置。出口设有排气阀。

风机还装有液压式轴向位移安全器，以保证机组安全运转。

图 5-9 所示为 D1000-2.8 型离心式鼓风机的性能曲线。

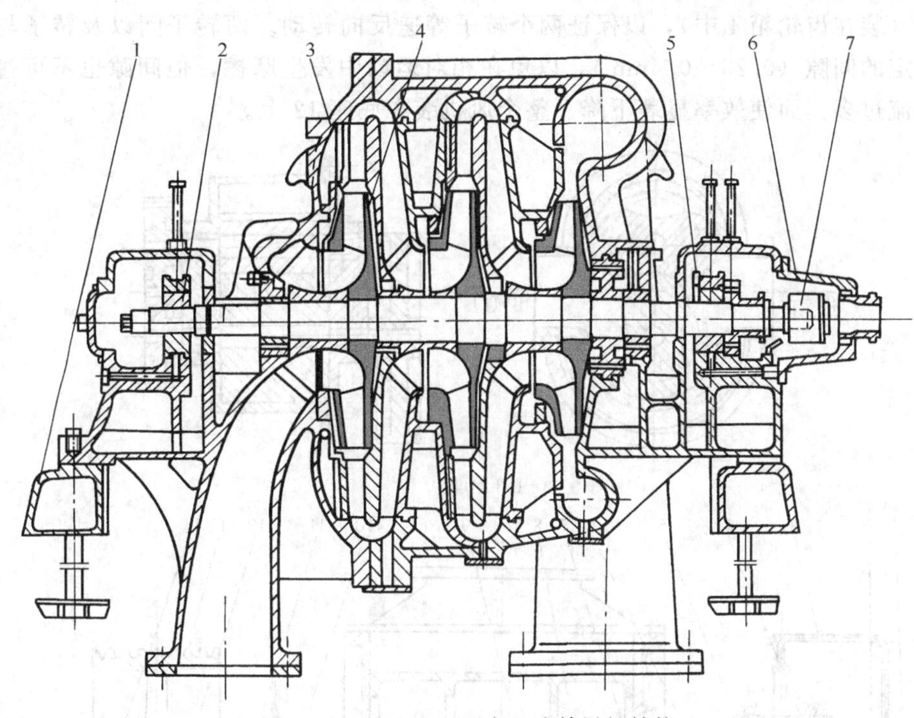

图 5-8　D1000-3.0 型离心式鼓风机结构

1—底座；2—支承轴衬；3—定子；4—转子；5—止推轴衬；6—护罩；7—联轴器

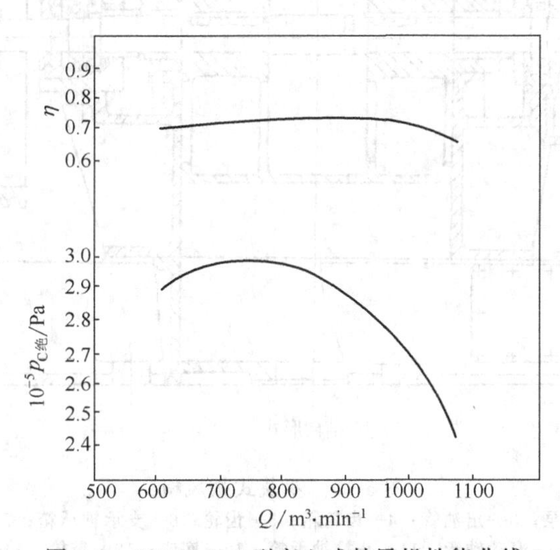

图 5-9　D1000-2.8 型离心式鼓风机性能曲线

第二节　罗茨式鼓风机

一、罗茨式鼓风机的工作原理

罗茨式鼓风机属容积式鼓风机，它是依靠两个外形是渐开线的“8”字形转子在旋转时所形成的工作室容积的改变来输送气体的，它的工作原理与齿轮泵相同，即每个转子相当于只有两个齿的齿轮。如图 5-10 所示，在一长圆形机壳 7 内，有两个铸铁或铸钢的转子（叶瓣）8，装在两平行的轴上，主动轴由电机通过皮带轮 13 带动。两轴装有一对相互啮合的等直径齿轮（装在齿轮箱4中），以保证两个转子等速反向转动。两转子间以及转子与机壳间均保持一定的间隙（0.25～0.4mm），以免在相对运动中发生摩擦，但间隙也不可过大，以防空气倒流过多，而使效率显著下降。整个风机装在底座12上。

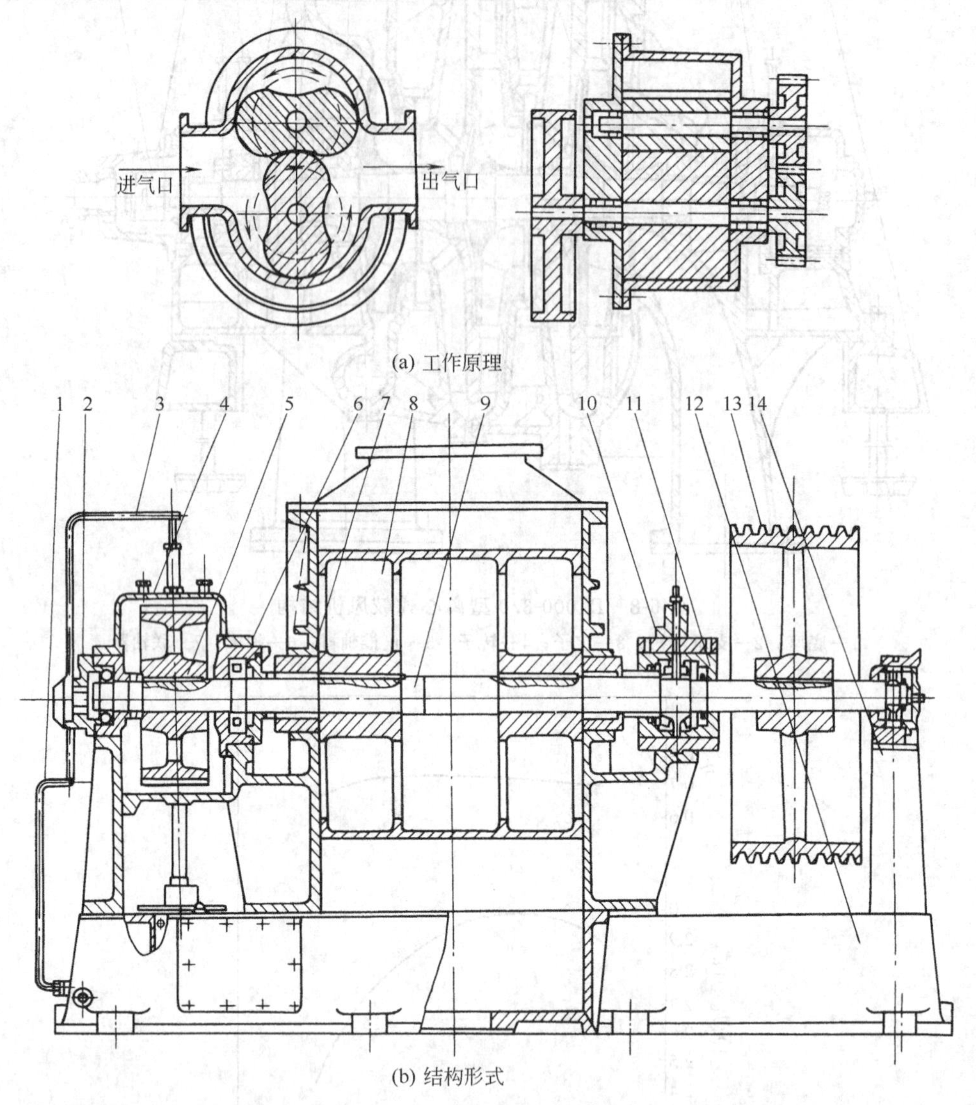

图5-10　罗茨式鼓风机

1—进油管；2—油泵；3—出油管；4—齿轮箱；5—齿轮；6—支承轴承箱；7—机壳；8—叶瓣；9—主轴；10—滚动轴承；11—止推轴承箱；12—底座；13—带轮；14—轴承支架

在主动轴轴承箱外侧，装有小型齿轮油泵2，当主动轴转动时，油泵也随之工作，将轴承箱座下部储油箱中的润滑油沿管道送到齿轮箱4的上端，并喷射到齿轮上去，以保证齿轮的润滑和冷却。然后油经过滤油斗流回油箱。

图5-11所示为罗茨式鼓风机的工作原理示意。图中1为机壳，2为转子，3为进风口，4为排风口。转子在图（a）所示位置将机壳分为A、B、C三室，A室与进风口相通，压力与进风管的压力相同，为低压。B室与排风口相通为高压。随着转子的旋转A室逐渐增大，气压降低则吸入气体［见图（b)］。与此同时，当C室和B室刚接通的瞬间，由于气压降低而有气体倒灌现象，但随着转子的旋转，B、C室体积逐渐缩小，压力增大，气体将被排

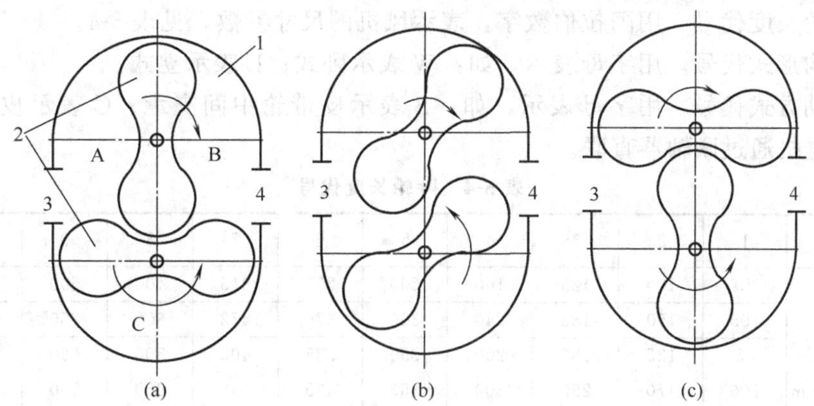

图 5-11 罗茨式风机工作原理

1—机壳；2—转子；3—进风口；4—排风口

出。至图（c）的位置时，转子旋转了 90°，风机完成了整个吸气和排气过程。转子旋转一周中，风机有四个吸气排气过程。

罗茨式鼓风机是一种低压（10～200kPa），排风量较大（75～24000m³/h），效率较高（η=65%～80%）的风机。它的优点是：风量几乎不随风压改变而改变，即风量几乎不受管道阻力影响，只要转速保持不变，风量也就基本不变（俗称"硬风"）。这是离心式和轴流式风机所没有的特性。因而它适用于要求风量稳定，风压要求不太高的生产中。其缺点是当压力较高时漏损率大，磨损严重，噪声大，对过流原件的加工要求较高，且鼓风机的流量和升压较低。罗茨式鼓风机在小型炼铁高炉和有色金属熔炼过程中被广为利用。

二、罗茨式鼓风机的型号编制

（一）型号组成

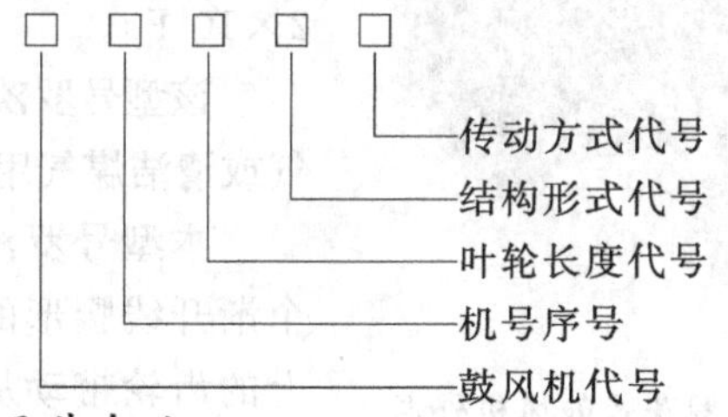

（二）各组成部分代号及其含义

（1）鼓风机代号　用字母表示，如：L 表示罗茨鼓风机；SL 表示水冷罗茨鼓风机。

（2）机号序号　用阿拉伯数字表示。表示风机的性能参数。见表 5-3。

表 5-3　机号序号

机号序号	流量/m³·min⁻¹	压升/kPa(/mmH₂O)	机号序号	流量/m³·min⁻¹	压升/kPa(/mmH₂O)
1	0.37～4.85	9.8～49.0 (1000～5000)	7	34.90～164.53	9.8～98.1 (1000～10000)
2	1.65～11.77	9.8～49.0 (1000～5000)	8	37.85～272.18	9.8～98.1 (1000～10000)
3	3.31～26.74	9.8～49.0 (1000～5000)	9	74.04～377.04	9.8～98.1 (1000～10000)
4	3.90～34.05	9.8～98.1 (1000～10000)	10	167.46～714.05	9.8～98.1 (1000～10000)
5	5.25～66.76	9.8～98.1 (1000～10000)	11	236.55～1083.83	9.8～98.1 (1000～10000)
6	19.83～101.41	9.8～98.1 (1000～10000)			

（3）叶轮长度代号　用阿拉伯数字，表示风机的尺寸参数，见表 5-4。

（4）结构形式代号　用字母表示，如：W 表示卧式；L 表示立式。

（5）传动方式代号　用字母表示，如：B 表示皮带轮中间支承；C 表示皮带轮悬臂支承；D 表示电机通过联轴器直联。

表 5-4　叶轮长度代号

叶轮长度代号		1	2	3	4	5	6	7	8	9	10	11
叶轮中心距	/mm	70	100	125	160	200	250	315	400	500	630	800
叶轮外径		105	150	188	240	300	375	472	600	750	945	1200
叶轮长度		85	125	180	200	250	335	400	500	690	850	1000
		106	170	250	300	355	435	545	630	850	1060	1200
		132	235	335	375	450	545	650	800	1060	1320	1400
		170				560	650	775	1000	1200	1550	1560
											1800	2000

（三）示例

机号序号为 1 号，第 3 种叶轮长度，立式，传动方式为联轴器与原动机直联的罗茨鼓风机，型号为：L13LD。

三、罗茨式鼓风机实例

L48×66.5-120/0.2 型罗茨式鼓风机的标准代号是 JB1418-74，其中 L 表示罗茨式；48 表示转子直径为 480mm；66.5 表示转子长度为 665mm；120 表示进口流量为 $120m^3/min$；0.2 表示出口压力为 2×10^4Pa。

图 5-12　L48×66.5-120/0.2 型罗茨式鼓风机外形

该型号罗茨式鼓风机主要供压送清洁空气或清洁煤气用。其外形如图 5-12 所示。

本型号罗茨式鼓风机的结构，是由两个渐开线腰形的风叶组成，依靠主动转子上的齿轮带动从动转子上的齿轮，使得二转子呈同步反向转动。风叶之间以及风叶及外壳之间均保持一定的间隙，在保证机器性能的前提下，允许对间隙作适当调整。其结构见图 5-13。

机器形式采用卧式，两转子水平放置并分别承托在各滚动轴承上。从联轴器端正视主动转子呈逆时针转动（主动转子在左方），进风口在上，出风口在下。

转子靠联轴器端轴承定位，另一端则可以轴向游动，以适应机器工作时的热膨胀移动。主动转子上装有弹性联轴器，与驱动电机直接连接。

机器轴孔处配有密封装置，外壳上开有油孔，以便注入润滑油，油封采用密封胀圈，轴承油封采用耐油橡胶骨架密封圈。

机器的传动齿轮，采用标准直齿，齿轮齿面部分浸入油中，在油箱盖的圆弧形隔层板处，开有吸油孔，齿轮旋转时，将油从底部吸入，飞溅而构成润滑冷却系统，油位应保持一定，并按季节或机器工作环境、温度的变化，定期更换新油，最好每工作 500h，换油一次。建议夏季采用 L-AN68 号机械油，冬季采用 L-AN46 号机械油。

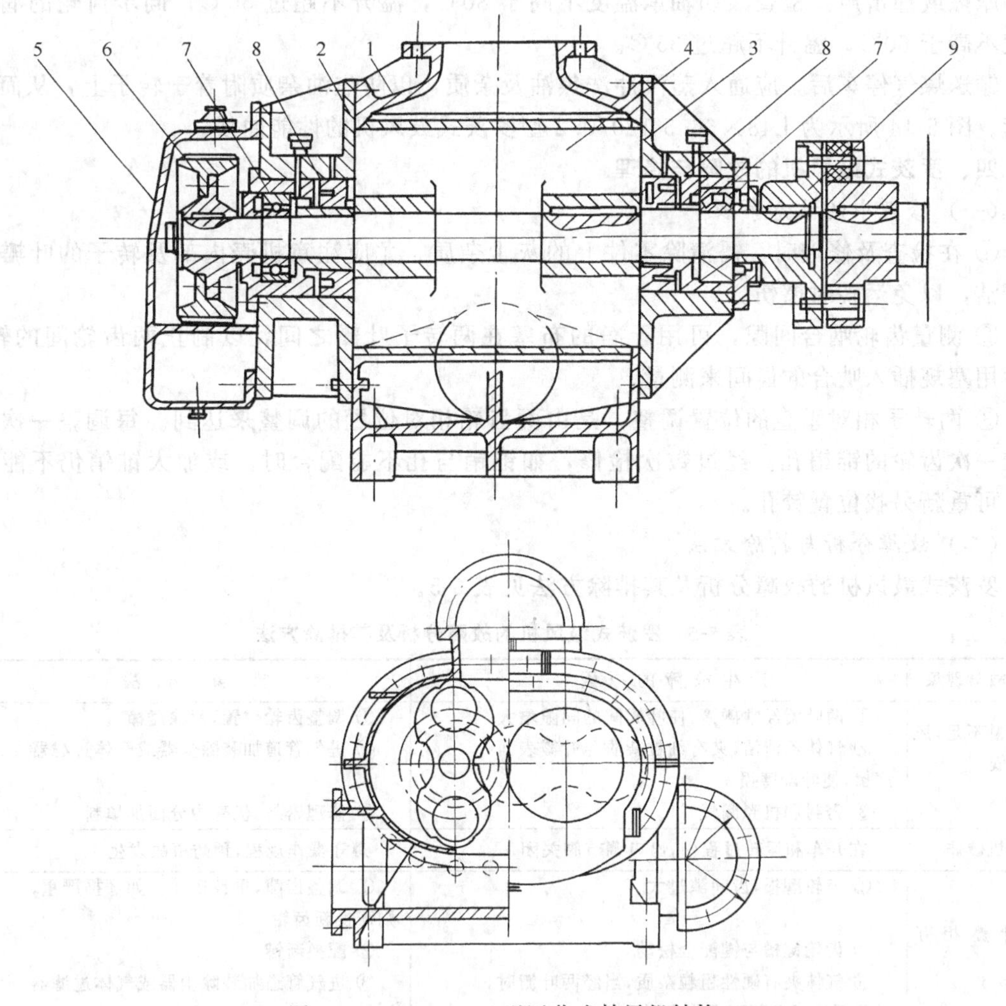

图 5-13　L48×66.5 型罗茨式鼓风机结构

1—机壳；2—右墙板；3—左墙板；4—叶轮；5—齿轮箱；
6—齿轮；7—轴承；8—密封圈；9—联轴器

鼓风机和传动电机分别安装，鼓风机的地脚螺栓装在机器外壳的底脚上，传动电机的底脚下面配有底脚垫板，以便和基础相连接。

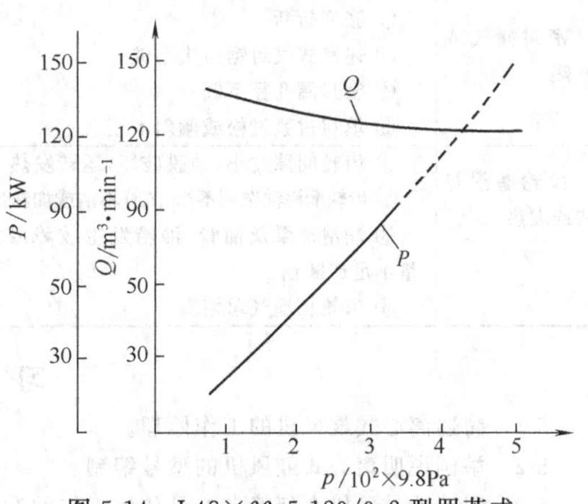

图 5-14　L48×66.5-120/0.2 型罗茨式鼓风机性能曲线

机器进口应安装空气滤清器，以防止尘埃阻塞机器通流部分，若输送煤气介质，则应在风机前清除煤焦油，不允许煤气在风机内回流，否则会使温升过高而引起机件损坏。机器出口宜接装储气箱，储气箱上装有安全阀，以保证出口压力均匀，并防止风机超压使用。空气滤清器、储气箱及安全阀需另购。

为保证鼓风机安全运行，机器不允许承载管道、阀门、框架等项外加负荷，这些负荷必须设法承托稳妥。

在运转过程中，注意鼓风机不应有不正

常的摩擦或撞击声。检查滚动轴承温度不高于80℃，温升不超过50℃，同步齿轮的润滑油温度不高于60℃，温升不超过35℃。

输送煤气停车后，应通入蒸汽冲洗焦油及杂质，以防焦油杂质附着于转子上，从而破坏平衡。图5-14所示为L48×66.5-120/0.2型罗茨式鼓风机的性能曲线。

四、罗茨式鼓风机的故障与修理

(一) 修理中的注意事项

① 在检查及修理时，需清除零件上的灰尘杂质，尤应注意机壳内部及转子的叶瓣表面的清洁，以免运转时擦伤。

② 测量齿轮啮合间隙，可用干净的布塞在两转子叶瓣之间，以制止两齿轮间的转动，然后用塞规插入啮合的齿间来测量。

③ 两转子相对垂直的位置调整，是由两齿轮相对位置的调整来达到。每调整一次，需重铰一次齿轮的锥销孔。经过数次检修，如锥销与孔不能配合时，或加大锥销仍不能配用时，可重新另找位置铰孔。

(二) 故障分析与排除方法

罗茨式鼓风机的故障分析及其排除方法见表5-5。

表5-5　罗茨式鼓风机的故障分析及其排除方法

故障现象	产生故障的原因	排除方法
风量不足，风压降低	① 两叶瓣经常碰撞，使叶瓣间的间隙增大 ② 气体不清洁，夹有细粒杂质与叶瓣表面摩擦，使叶瓣磨损 ③ 密封和机壳漏气	① 调整齿轮位置，消除碰撞 ② 进气管道加装除尘器或气体过滤器 ③ 修理密封，机壳中分面加填料
风机爆炸	在开车和运转过程中，出口调节阀关闭	遵守操作规程，预防事故发生
叶瓣相互碰撞	① 齿轮磨损，齿间隙过大 ② 齿轮键槽与键配合松动 ③ 气体夹有硬性粗粒杂质，当经两叶瓣时，转子因受过负荷而损伤变形	① 调整齿隙，重铰销孔。如磨损严重，则需换新齿轮 ② 配换新键 ③ 进气管道加装除尘器或气体过滤器
叶瓣和机壳相碰	① 径向或轴向间隙过小，或偏移一侧 ② 进出气口管路的质量，未用托架支住，使机壳变形 ③ 长期停用后，在开车前未校核机件各部间隙	① 调整转子位置，机壳中分面间加薄纸垫 ② 加托架支承进出气口管路 ③ 在使用前应将内部清扫干净，并调整间隙
密封漏气或发热	① 填料密封箱断油 ② 胀圈折断 ③ 迷宫式气封锯齿尖磨钝 ④ 密封圈孔径不圆 ⑤ 填料过紧过松或倾斜不正	① 加注新油 ② 更换胀圈 ③ 更换气封圈 ④ 修刮孔 ⑤ 更换合适填料，调节压紧螺钉
齿轮磨损过快或发热	① 齿轮间隙过小，油膜破坏，运转发热 ② 齿轮润滑油选用不当，肮脏不洁或加油过多或过少 ③ 润滑油泵及油管、油箱发生故障或漏油，使油量不足或断油 ④ 齿轮箱通气罩堵塞	① 修复齿轮间隙 ② 检验润滑油质量，必要时更换新油，调整油量 ③ 修复故障及破口，定期清洗 ④ 清扫干净

习　题

5-1　简述离心式鼓风机的工作原理。

5-2　举例说明离心式鼓风机的型号编制。

5-3　罗茨式鼓风机有何特点？是如何工作的？

5-4　罗茨式鼓风机在修理中应注意什么？

第六章　活塞式空气压缩机

第一节　概　　述

空压机是空气压缩机的简称，它是将自由空气压缩到所需的压力，这时的空气变成了压缩空气。由于压缩空气是冶金厂矿所采用的原动力之一，所以空压机一直得到广泛地应用。

在一般的冶金厂矿均设有空压机站。在空压机站内，多台空压机并列使用，实现了高压空气的集中供给。空压机站的断面布置如图 6-1 所示。

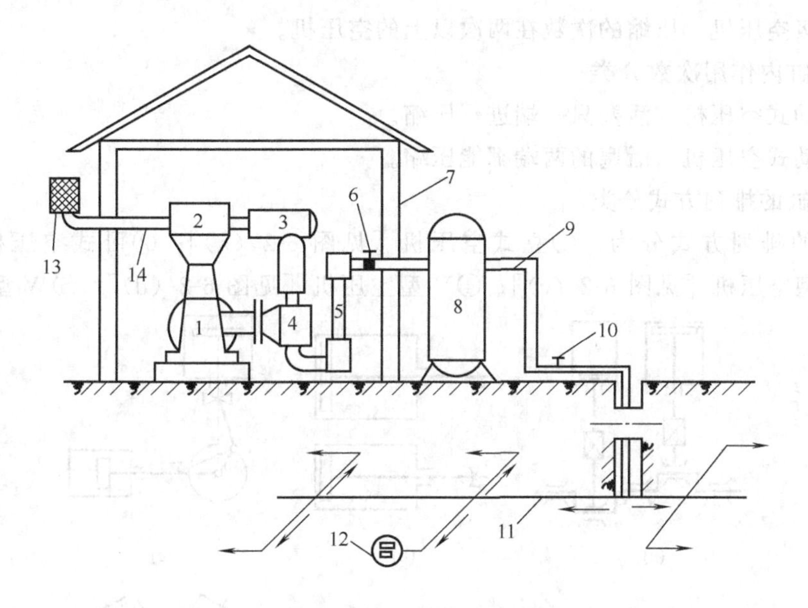

图 6-1　矿山空压机站布置示意

1—L 型空压机；2，4—空压机高、低压气缸；3—中间冷却器；5—压后冷却器；6—逆止阀；7—空压机房；8—风包；9—地面排气管路；10—闸门；11—井下压气管路布置；12—风动工具；13—空气滤清器；14—吸气管路

空气通过空气滤清器被吸入空压机，在空压机中经过压缩，使其达到规定压力后，沿排气管进入风包，然后由排气管路送往使用地点。

一、活塞式空压机的分类

空压机按照压缩气体方式的不同，可分为容积型和速度型两大类。容积型空压机通过气缸内作往复运动的活塞或作回转运动的转子来改变工作容积，从而使气体得到压缩，提高气体压力；速度型空压机则是借助于高速旋转叶轮的作用，使气体得到很高的速度，然后又在扩压器中急剧降速，使气体的动能变为压力能。

容积型和速度型空压机按结构形式和工作原理分为：

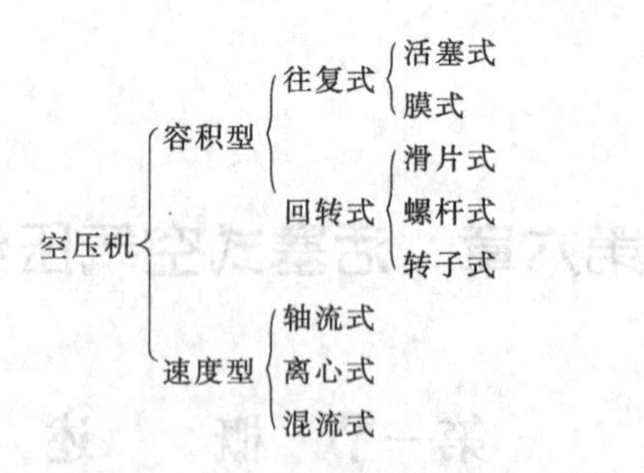

根据我国冶金厂矿使用的实际情况，本章主要介绍容积型活塞式空压机。活塞式空压机的分类方法很多，名称也不尽相同，通常有如下几种分类方法。

1. 按压缩次数分类

（1）单级空压机　气体在气缸中只压缩一次就达到所需要的压力。

（2）两级空压机　气体在低压缸内压缩到适当压力后，经过中间冷却器冷却，再进入高压缸进行第二次压缩。

（3）多级空压机　压缩的次数在两次以上的空压机。

2. 按气缸内作用次数分类

（1）单动式空压机　活塞只一端进行压缩。

（2）复动式空压机　活塞的两端都能压缩。

3. 按气缸的排列方式分类

按气缸的排列方式分为：①立式空压机［见图 6-2（a）］；②卧式空压机［见图 6-2（b）］；③L 型空压机［见图 6-2（c）］；④V 型空压机［见图 6-2（d）］；⑤W 型空压机［见

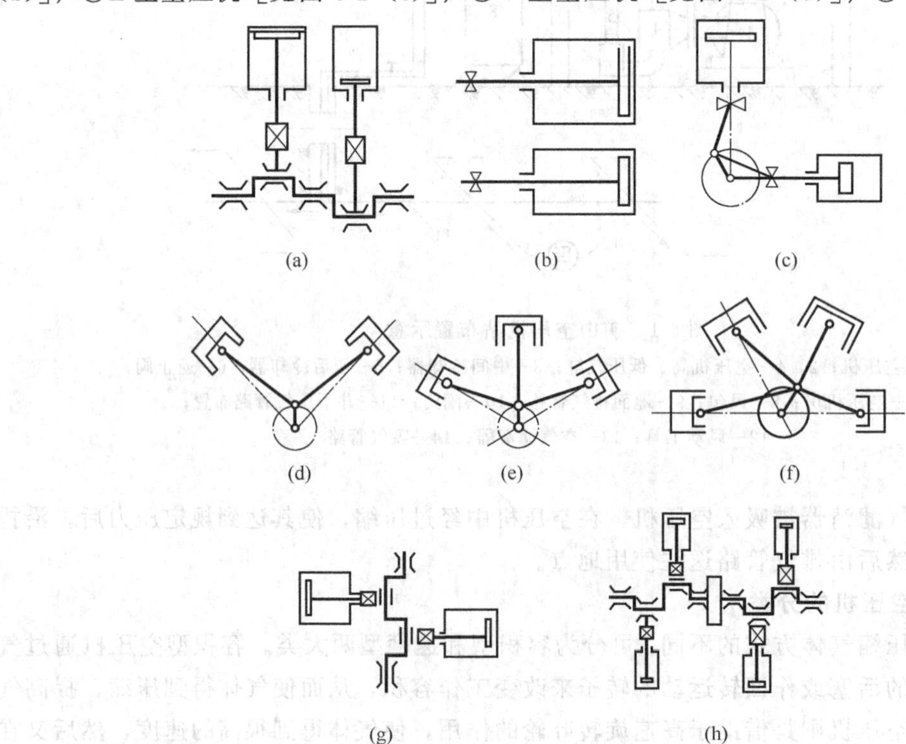

图 6-2　活塞式空压机的基本形式

图 6-2（e）]；⑥扇型空压机［见图 6-2（f）]；⑦M 型空压机［见图 6-2（g）]；⑧H 型空压机［见图 6-2（h）]。

4. 按排气压力大小或按容积流量分类

按排气压力大小或按容积流量分类见表 6-1。

表 6-1　按容积流量和排气压力分类

分类方法	名称	说　明	分类方法	名称	说　明
按容积流量分	微型	$Q\leqslant 1m^3/min$	按排气压力分	低压	$0.2MPa<p\leqslant 1MPa$
	小型	$1m^3/min<Q\leqslant 10m^3/min$		中压	$1MPa<p\leqslant 10MPa$
	中型	$10m^3/min<Q\leqslant 100m^3/min$		高压	$10MPa<p\leqslant 100MPa$
	大型	$Q>100m^3/min$		超高压	$p>100MPa$

5. 按润滑方式分类

按润滑方式分为：无润滑空压机和有润滑空压机。

二、活塞式空压机的工作参数

1. 容积流量

活塞式空压机的容积流量，通常是指每分钟内空压机最后一级排出的压缩空气量，经换算到第一级标准进气状态时的空气容积的大小，其单位为 m^3/min。

2. 排气压力

排气压力是指空压机最后一级排出气体的表压力，单位为 Pa。

3. 工作效率

效率是衡量空压机运行经济性的指标，它等于压缩过程中所消耗的功率与轴功率之比。

三、容积式压缩机的型号编制

1. 型号组成（JB 2589—86）

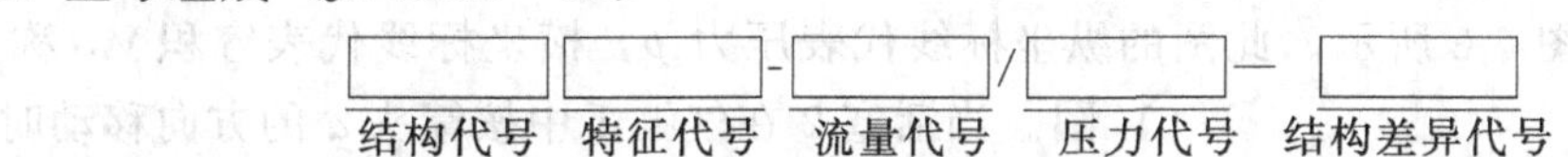

2. 各组成部分代号及其含义

（1）结构代号　用字母表示。

① 往复活塞式压缩机结构代号如下。

V—V 型　　M—M 型
W—W 型　　H—H 型
L—L 型　　D—双列对称平衡型
S—扇型　　DZ—对置型
X—星型　　ZH—自由活塞
Z—立式　　ZT—整体型摩托压缩机
P—卧式

② 其他类型压缩机结构代号如下。

G—隔膜压缩机　　HP—滑片压缩机
LG—螺杆压缩机　　HY—回转或摇摆活塞压缩机
OG—蜗杆压缩机　　YH—液环压缩机

另外，固定风冷式、移动式、车装式压缩机在结构代号后分别标注 F、Y、C。

（2）特征代号

W—无润滑　　WJ—无基础　　D—低噪声罩式

(3) 流量代号　用数字表示，表示公称容积流量，单位为 m^3/min。

(4) 压力代号　用数字表示，单位为 10^5Pa。

吸气压力为常压时，表示公称排气表压力，否则应示出其公称吸、排气压力值（当吸气压力低于常压时，以相对压力表示），且吸、排气压力之间加“—”隔开。

(5) 结构差异代号　为便于区分容积式压缩机品种，必要时加注“结构差异”代号。

3. 型号示例

(1) VY-6/7 型空气压缩机　往复活塞式，V 型，移动式，公称容积流量 $6m^3/min$，公称排气压力 7×10^5Pa。

(2) LD-50/−0.78—0.7 型氮氢气真空压缩机　往复活塞式，L 型、低噪音罩式，公称容积流量 $50m^3/min$，公称吸气真空度 0.78×10^5Pa，公称排气表压力 0.7×10^5Pa。

第二节　活塞式空压机的工作理论

一、单级单动式空压机的理论工作循环

在分析单级单动式空压机的理论过程中，先作出如下假设。

① 没有余隙空间，即当活塞在气缸中到死点位置时没有间隙。

② 在吸气时，气缸中的压力不变，等于大气压力，这必须使吸气阀和吸气管路中无阻力。

③ 在排气时，气缸中压力不变。这必须使排气阀毫无阻力。

④ 在空压机内没有阻力损失，即空气通过吸、排气阀和活塞摩擦没有产生能量损失。

在上述四个假设条件下，分析一下单级单动式空压机的压缩过程。空气在气缸中压力与容积变化情况，如图 6-3 所示。此图的纵坐标线代表压力 p，横坐标线代表容积 V，称为 p-V 图。当活塞 2 在气缸 1 中按箭头 a 的方向移动时，气缸 1 内的空间增大，吸气阀 4 打开，吸入空气过程开始。设进入气缸 1 的空气压力为 p_1，则活塞 2 由左死点移到右死点时所进行的吸入过程，在图 6-3 上用一段平行于横坐标线并相距为 p_1 的直线 AB 来表示。此直线表明，在吸入过程中，气缸 1 内的空气压力 p_1 不变，而空气的体积 V_1 却不断地增加。

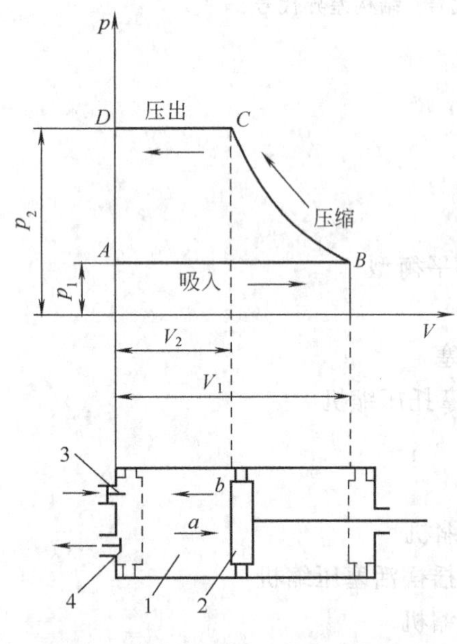

图 6-3　单级单动式空压机理论示功图

1—气缸；2—活塞；3—排气阀；4—吸气阀

当活塞 2 按箭头 b 的方向移动时，气缸 1 内的空间缩小，空气开始被压缩，随着活塞的继续左移，气缸的空间越来越小，空气的容积变小，而压力就逐渐升高，这一压缩过程在图 6-3 上可用曲线 BC 来表示。此曲线叫做压缩曲线。由曲线 BC 可以看出在压缩过程中，随着压力的逐渐增加，而空气的体积逐渐减小。当气缸 1 内的空气压力升高到稍大于排气管中的空气压力 p_2 时，排气阀 3 打开，压出过程便开始。这一过程在图 6-3 上以一段平行于横坐标线并与它相距为 p_2 的直线 CD 来表示。此直线表明在压出过程中，气缸内

的空气的压力一直保持不变，当活塞 2 达到左死点时，压出过程结束。活塞 2 转向右移动，气缸 1 内压力下降。图 6-3 中以垂直于横坐标线的垂线上的直线 DA 表示。

图 6-3 所示的 AB、BC、CD 和 DA 线为界的 $ABCD$ 图形的面积表示空压机压缩空气时所消耗的功。因此，图形的面积越小，则将空气压缩到所需的压力而消耗的功也就越小。以上是在四个假设条件下进行的，所以把图 6-3 叫做单级单动式空压机的理论示功图。

二、压缩空气的三种理想循环

从热力学的有关理论中知道，空气在压缩过程中的能量变化与气体状态（即温度、压力、体积等）有关。在压缩空气时产生大量的热，这就导致了压缩后空气温度的升高，空气受压缩的程度越大，则其受热的程度也越大，温度也就升得越高，压缩空气所产生出来的热量除了大部分留在空气中使温度升高外，还有一部分传给气缸，使气缸温度升高，并有少部分热量通过缸壁散失于大气中。

空压机所需的压缩功，决定于空气状态的改变过程，说得明白一些，空压机消耗功的大小与除去压缩空气时所产生的热量有直接关系。一般来说，压缩空气的过程有三种。

（1）等温压缩过程　在压缩空气过程中，能将与压缩功相当的热量完全移去，使气缸内气体的温度保持不变的过程称为等温压缩过程。在等温压缩过程中所消耗的压缩功最小，这一过程称为理想过程。但在实际生产中是很难办到的。

（2）绝热压缩过程　在压缩空气过程中，与外界没有丝毫的热交换，结果使缸内的气体温度升高，此种不向外界散热也不从外部吸热的压缩过程称为绝热压缩过程。此种压缩的过程耗功最大，也是一种理想过程。但在实际生产中无论何种情况下，要想避免热的损失是很难做到的。

（3）多变压缩过程　在压缩空气的过程中，既不完全等温，也不完全绝热的过程称为多变过程。这种过程位于等温和绝热过程之间，实际生产中的压缩空气均属此种过程。

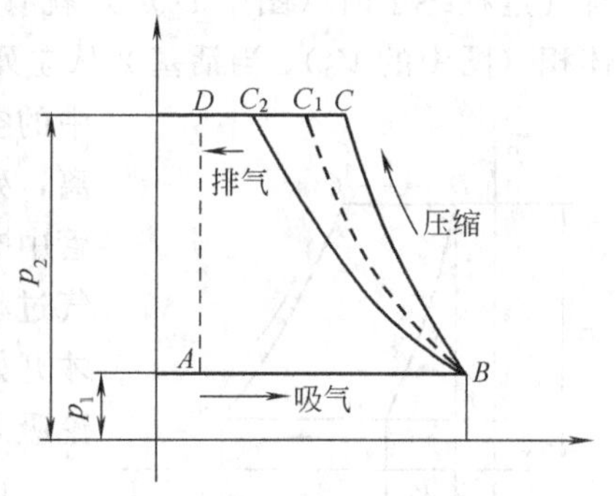

图 6-4　空气的压缩过程
BC—绝热曲线；BC_1—多变曲线；
BC_2——等温曲线

图 6-4 所示是空气在上述三种过程中的压缩曲线。其中最外一条曲线 BC 表示绝热过程，称为绝热曲线。位于中间的曲线 BC_1 表示在实际情况下的空气压缩过程，称为多变曲线。位于里层的曲线 BC_2 是表示空气在温度不变的情况下的压缩过程，称为等温曲线。

从图 6-4 中可以看出空气在等温压缩时的图形 ABC_2D 的面积，比在绝热压缩时 $ABCD$ 的面积要小，所以等温压缩时消耗的功就比在绝热压缩时所消耗的功小得多。同时从图中可以看到，多变曲线介于等温和绝热曲线之间，其面积 ABC_1D 比等温压缩时的面积 ABC_2D 为大，比绝热压缩时的面积 $ABCD$ 为小。因而在多变压缩过程中所消耗的功就比等温压缩时要大，而比绝热压缩时要小。多变曲线越靠近于等温曲线，其所消耗的功也越小，反之，如果多变曲线越靠近于绝热曲线，则其所消耗的功就会越多。在实际工作中，为了节省压缩功，也就是节省压缩空气时所消耗的动力，就使多变过程尽量接近于等温过程。换句话说，就是创造近似于等温过程的条件来进行空气压缩过程。

要使多变过程接近于等温过程，就必须将压缩空气时所产生的热量吸去。在实际生产中，为了达到上述目的，空压机都用水或风来冷却气缸。空压机的气缸和压缩以后的空气，在压缩过程中，冷却的效果越好，吸去的热量会越多，多变曲线也就越能接近于等温曲线，则节省动力，也就越经济。

三、单级单动式空压机的实际工作循环

空压机在实际压缩过程中与理论压缩过程是不同的。现在就这些因素来进行分析。

（一）实际上空压机在气缸内存在有害容积

所谓有害容积，是指空压机在排气时，活塞位于死点极限位置，它和气缸盖保留一部分空间，以及连接气阀和气缸的通路中也存在空间，这些空间叫有害容积，由于气缸内存在有害容积，因此，在排气过程中，不能将气缸内的高压空气排尽。而实际上每一台空压机都必须在装配、使用上留有余隙容积，原因如下。

① 压缩空气时，空气中可能有部分水蒸气凝结下来，水是不可压缩的，如果气缸中不留有余隙，则空压机不可避免地遭到损失。

② 空压机余隙的存在及残留在余隙容积内的空气膨胀作用，能使吸气阀开关时比较平稳。

③ 留有余隙，不会使活塞与气缸盖发生撞击。

④ 空压机上装有阀室，在阀室中吸、排气阀之间的通路上，必须留有余隙，以缓和空气对吸、排气阀的冲击作用。同时为了装配和调节，需要在气缸盖与处于死点位置的活塞之间，也必须留有一定的余隙。一般情况下，空压机的有害容积约为气缸工作部分体积的3%～8%。

图 6-5 所示为单级单动式空压机有害容积的实际循环示功图。由于有害容积的存在，在排气过程终了时（图中 D 点）就有部分被压缩的空气残留在气缸内，它的体积等于余隙的体积（图中的 V_0），当活塞 2 从左死点退回时，由于气缸 1 中残留空气的压力大于吸气管道中的空气的压力，吸气阀不能打开，直到活塞 2 退回了一段距离，残留空气的体积由 V_0 膨胀到 V_1 而压力下降到小于进气管中空气的压力时，吸气阀打开，开始进气（A_1 点），所以吸气过程不是在死点（A 点）开始，而是滞后一段时间在 A_1 点才开始，由图可见，实际吸入的空气体积为 V_2，小于活塞理论吸入的体积 V_3。

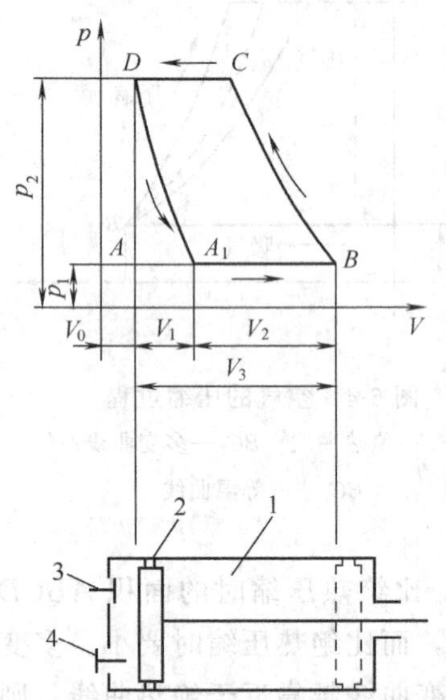

图 6-5 单级单动式空压机有害容积的压缩循环示功图

1—气缸；2—活塞；3—吸气阀；4—排气阀

由以上分析，对照图 6-5 和图 6-4 不难看出，由于有害容积的存在，空压机实际工作循环比理论工作循环多了一个膨胀过程，即实际工作循环是由吸气、压缩、压出、膨胀四个过程组成的。

（二）阻力及空气的惯性对空压机示功图的影响

在吸入空气时，由于在空气滤清器、吸气管路和吸气阀通路中的阻力，以及阀片及阀弹簧惯性而引起的阻力，这个阻力使阀的打开不能准时，因而使气缸内的压力要低于大气压力 p_1，如图 6-6 所示。即吸气阀的开起不在 1′点而在 1 点（其压力差 Δp_1），同时由于弹簧的振动使示功图上表现成一波纹线。

由于空气惯性的阻力，在吸气行程中的前半段，活塞是加速运动，因而使吸气线降低，在吸气行程的后段，活塞是减速

运动，因而使吸气线升高。由于吸气线降低的结果，空气在气缸内的压缩始点 2，大半是位于大气压力线以下的，因此，当空气被压缩时，首先需将空气压缩至大气压力 p_1，这时它占有的体积为 V_1'，使气缸有一部分不能得到利用。

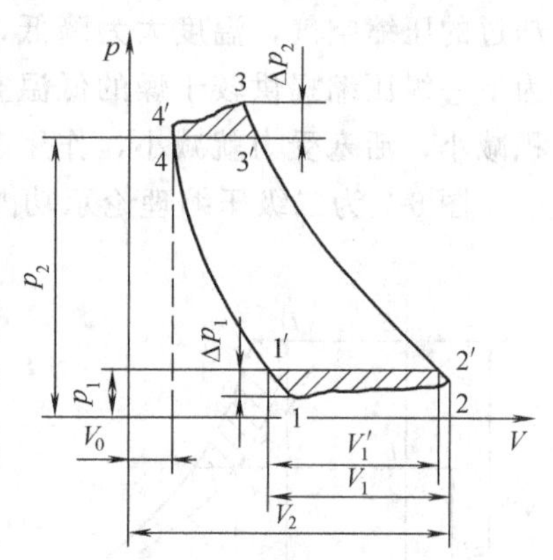

图 6-6　单级单动式空压机实际示功图

在排气时，由于排气管及排气阀通路的阻力，以及阀片、阀弹簧的惯性而引起的阻力，使得其排气线稍高于排气压力 p_2（其压力差 Δp_2），同样也使排气线表现为一波纹线。由于空气的惯性使排气线逐渐降低。

由于吸气线的降低和排气线的增高，因而使实际的空压机的功增大，其增大部分如图中有斜线所示的面积。

（三）漏气对空压机生产能力的影响

空压机的漏气有以下几部分。

① 吸气阀漏气，这样在压气和排气时，有一部分的高压空气要返回吸气管内去。

② 排气阀漏气，因此，在吸气时有部分的高压空气经排气阀进入气缸内。

③ 活塞和气缸壁之间及在填料中，均会在压缩和排气时空气从气缸中漏出。

由于上述各种原因的存在，使空压机实际的容积流量减少。

（四）吸气温度增高对空压机生产能力的影响

在吸气时由于新吸入的空气与原来存在气缸内的空气混合以及气缸壁对空气的连续加热，使空气的温度增高，密度减少，这样虽然对于按容积计算的生产能力将保持原样，但是对于按质量计算的生产能力却已减少。

（五）空气的湿度对空压机生产能力的影响

空气中含有水分，而 $1m^3$ 的湿空气质量要大于干燥空气的质量。同时，当压缩空气经过储气罐、排气管及中间冷却器时，大部分的水蒸气被凝结，因而对于按质量计算的生产能力就会减小。

四、活塞式空压机的两级压缩

前面所讲的，都是单级压缩机的工作原理，而在实际使用中的一些低压和中压空压机，往往采用二级压缩。即设置中间冷却器，对一级压缩排出的高温空气经过冷却后，再吸入二级气缸进行二级压缩，以达到所需压力。采用二级压缩，是因为如果用单级压缩来获得较高的空气压力，则压力比（排气压力与吸气压力之比）过大，从而使压缩过程及压缩机出现如下缺陷。

① 压力比提高后所产生的大量热量，因受冷却条件与冷却效率的限制，不能及时排除，就使多变压缩线远离等温压缩线而偏近绝热压缩线，将大大增加动力的消耗。

② 压缩空气的温度过高，由于热交换，会使润滑油失去原有性能，如黏度降低，导致压缩机的润滑不良而出现故障，严重时，还可能引起机内润滑油的燃烧。

③ 压力比过于高，残留于余隙容积中的高压空气，在吸气膨胀时所占的气缸容积就会增大，将减少空气吸入量而降低容积流量。

④ 为适应高压力比所产生的负荷，空压机的活塞和曲轴连杆机构等零、部件的尺寸，都需相应增大，就会增加制造难度和提高造价。

采用二级压缩，就能达到较高压力的需要。它比单级压缩时的耗功少。经中间冷却器冷却过的压缩空气，温度大为降低，其中的部分水分被析出，就能保证空压机良好的润滑，也为下一级压缩提供较干燥的低温空气。同时，由于二级活塞的面积可比单级压缩机活塞的面积减小，活塞受力就减小，作用于曲轴连杆机构的力也减小，相应地提高了运转的安全性。

图 6-7 为二级压缩理论示功图。

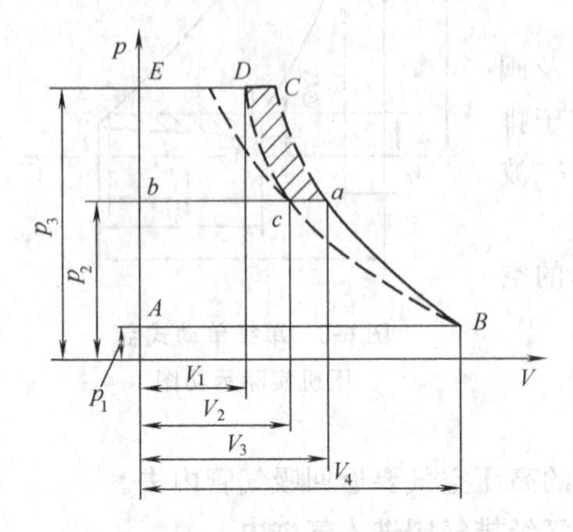

图 6-7　二级压缩理论示功图

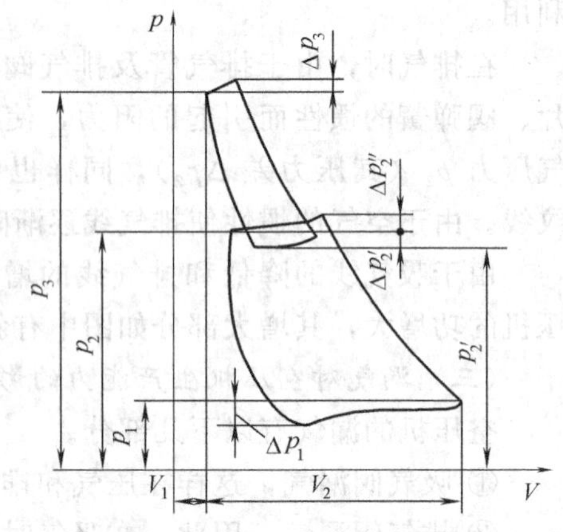

图 6-8　二级压缩实际示功图

图中直线 AB 表示一级气缸的吸气过程，曲线 Ba 表示压缩过程。空气由压力 p_1 在 B 点开始，按多变压缩到压力 p_2 后，向中间冷却器排气的过程，用直线 ac 表示（称为冷却线）；空气经中间冷却器冷却的过程中，压力保持不变，但体积缩小到 V_2（如果不经过中间冷却器，压缩过程将按曲线 aC 进行）。曲线 cD 表示二级气缸的压缩过程，直线 DE 表示二级气缸向后冷却器或储气罐的排气过程。折线 $BacD$ 就是有中间冷却器的二级压缩过程，用阴影面积 $acDC$ 表示两级压缩比单级压缩时所省的功。

在实际工作循环中，为了克服各进、排气管道、气阀、气阀通道、中间冷却器等的阻力影响，以及阀门、附件的局部损失和泄漏等，经压缩后的空气压力在排气过程中，都会有所下降，如实际示功图（见图 6-8）所示。一级压缩后的空气压力为 p_2，经中间冷却器后降为 p_2' 进入二级气缸，经二级压缩后排出，终压力为 p_3。由于上述阻力等因素的影响，实际示功图上的膨胀线和压缩线都为复杂的曲线，吸气线和排气线则为曲折的波纹线。

二级压缩的级间压力比分配原则，应使耗功最省。根据理论计算，当两级间的压力比相等时耗功最小，称为最佳压力比，即

$$\varepsilon_1=\varepsilon_2=\sqrt{\frac{p_2}{p_1}}$$

式中　ε_1、ε_2——分别为一、二级压力比；

p_1——一级吸气压力；

p_2——二级排气压力。

第三节　活塞式空压机的构造

在冶金厂矿的空压机站中，L 型空压机最常见，其结构也最有代表性，这里以 L-22/7 型空压机（原 4L-20/8 型）为例着重介绍 L 型空压机。

一、L型空压机的结构

图6-9所示为L型空压机构造示意。从图中可以看出，这种空压机的压气流程是：自由空气→滤风器→减荷阀→一级吸气阀→一级气缸→一级排气阀→中间冷却器→二级吸气阀→二级气缸→二级排气阀→（后冷却器）→风包；动力的传递流程是：电动机→带轮→曲轴→连杆→十字头→活塞杆→活塞；另有润滑、冷却、调节等装置。

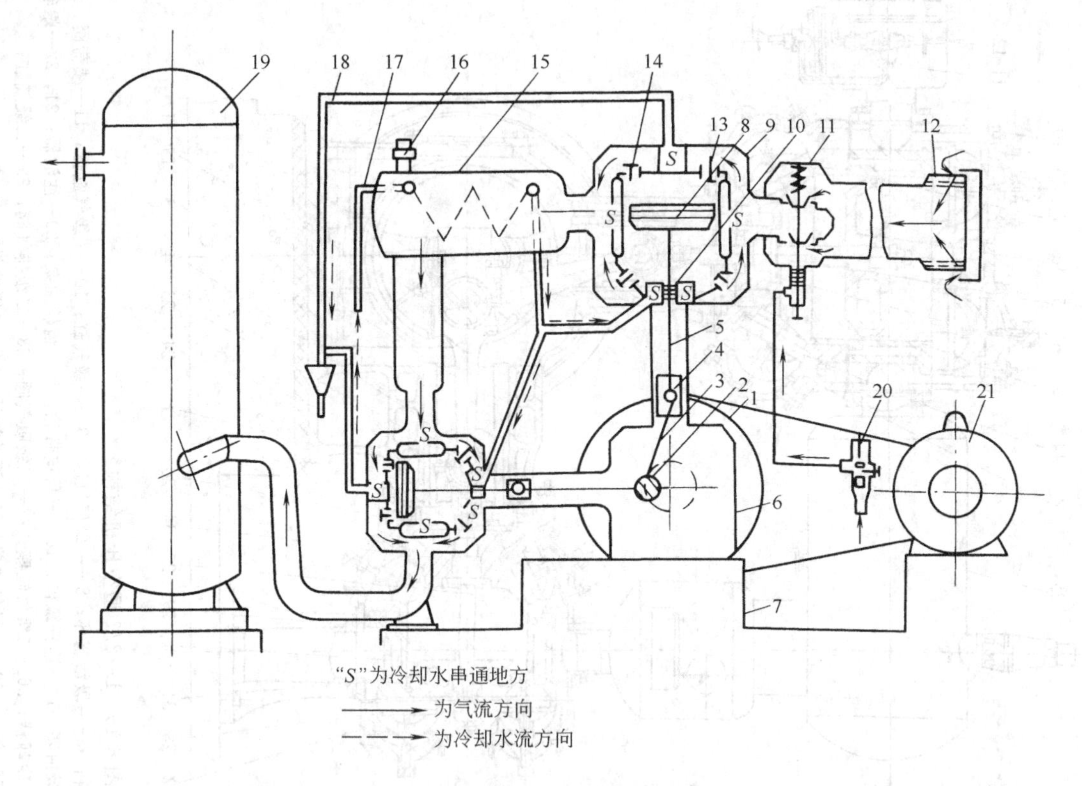

图6-9 L型空压机的构造示意

1—三角皮带轮；2—曲轴；3—连杆；4—十字头；5—活塞杆；6—机身；7—底座；8—活塞；9—气缸；10—填料；11—减荷阀；12—滤风器；13—吸气阀；14—排气阀；15—中间冷却器；16—安全阀；17—进水管；18—出水管；19—风包；20—压力调节器；21—电动机

L-22/7型（原4L-20/8型）活塞式空压机的结构如图6-10所示，其结构特点如下。

① 它是L型、双列、双缸、二级、复动、水冷活塞式空压机。

② 用YR系列三相绕线型异步电动机拖动，当面向皮带轮时，曲轴按顺时针方向旋转。

③ 立列气缸为第一级气缸，卧列气缸为第二级气缸。

④ 在第一、二级气缸上各装一组吸、排气阀。

⑤ 空压机工作时，空气经过滤器进入第一级气缸中，被压缩到0.18～0.22MPa的压力后，直接进入中间冷却器，经冷却后再进入第二级气缸进行二级压缩，然后由排气管送入风包中。

⑥ 冷却水首先进入中间冷却器，然后分两路进入第一级和第二级气缸的水套中，最后汇合由总排水管排走。

⑦ 空压机传动机构的润滑系统用齿轮油泵来供油。润滑油在进入齿轮油泵前，先经粗滤油盒，再由油泵压送到滤油器，然后再经过曲轴中央的油孔，到达连杆轴瓦以后，再通过

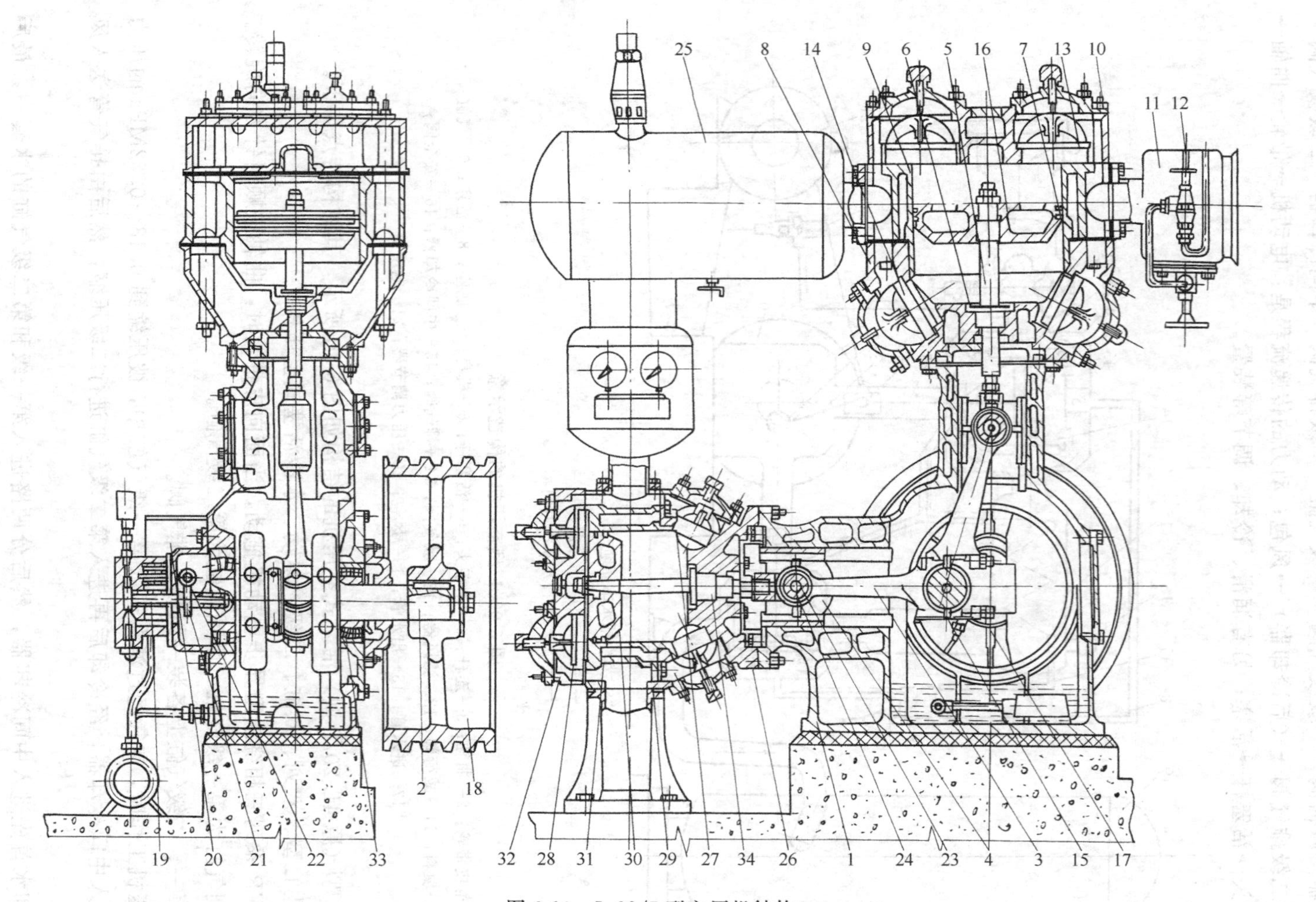

图 6-10　L-22/7 型空压机结构

1—机身；2—曲轴；3—连杆；4—十字头；5—活塞杆；6—一级填料；7—一级活塞环；8—一级气缸座；9—一级气缸；10—一级气缸盖；11—减荷阀；12—压力调节器；13—一级吸气阀；14—一级排气阀；15—连杆轴瓦；16—一级活塞；17—连杆螺栓；18—三角皮带轮；19—齿轮油泵；20—注油器；21，22—蜗轮及蜗杆；23—十字头销铜套；24—十字头销；25—中间冷却器；26—二级气缸座；27—二级吸气阀；28—二级排气阀；29—二级气缸；30—二级活塞；31—二级活塞环；32—二级气缸盖；33—滚动轴承；34—二级填料

连杆中心孔润滑十字头销和十字头滑板的摩擦表面。曲轴两端的轴承利用飞溅润滑。气缸的润滑靠注油器来供油。

⑧ 为了保证空压机的安全运转，不致因过载而引起事故，在中间冷却器上装有一级安全阀，开启压力为0.21～0.30MPa，关闭压力为0.2～0.18MPa，在储气罐上装有二级安全阀，开启压力为0.84～0.92MPa，关闭压力为0.82～0.72MPa。

⑨ 为启动和排气量调节用的减荷阀的下方装有手轮，启动前用手操纵减荷阀，关闭吸气管，使空压机空载启动。启动后再转动手轮，打开减荷阀，使空压机进入正常运转。

⑩ 排气量的调节是采用减荷阀通过压力调节器，自动进行调节。

⑪ 为了降低油温，设有管壳式润滑油冷却器。

⑫ 活塞在气缸上、下死点处与气缸盖之间的间隙大小，可通过活塞杆与十字头连接螺纹的连接深度来进行调整。

二、L型空压机的主要零部件

（一）机体

机体是活塞式空压机的基本部件，其他各种组件、零件都是安装在机体上面。机体的作用是承受作用力、给传动机构定位与导向、是气缸的承座，连接某些辅助部件等。图6-11所示为L型空压机机体，是由机身和曲轴箱做成整体的、立列和卧列成“L”型布置。

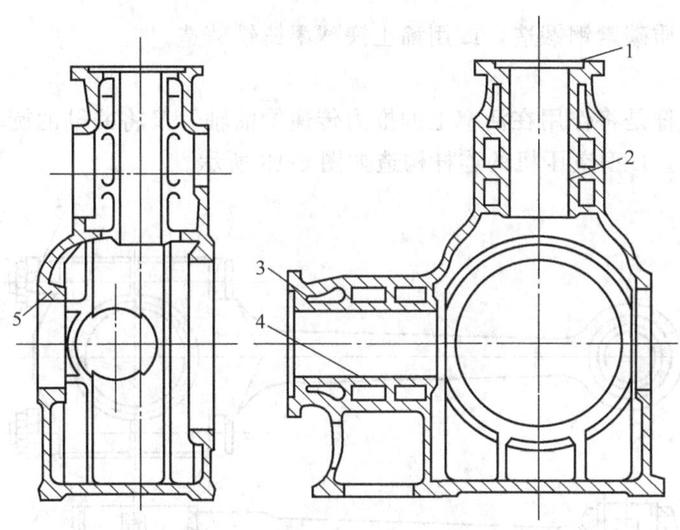

图6-11 L型空压机机体剖视

1—立列贴合面；2—立列十字头滑道；3—卧列贴合面；4—卧列十字头导轨；5—滚动轴承孔

（二）曲轴

曲轴是活塞空压机的重要运动件，它接受电动机以转矩形式输入的动力，并把它转变为活塞的往复作用力对压缩空气做功。L型空压机的曲轴构造如图6-12所示。曲轴上仅有一个曲拐，其上并列装置两根连杆。曲轴两头的主轴颈5上各装有一盘3622型双列向心球面滚子轴承。曲轴的外伸端6上用键装有皮带轮，另一端插有传动齿轮油泵用的传动轴，并经蜗轮蜗杆机构带动注油器。曲轴的两个曲臂1上各装有一块平衡铁8，用螺栓固定在上面，用来抵消旋转惯性力和往复惯性力。由齿轮油泵排出的润滑油，经曲轴通油孔2到达传动机构的各润滑部位。

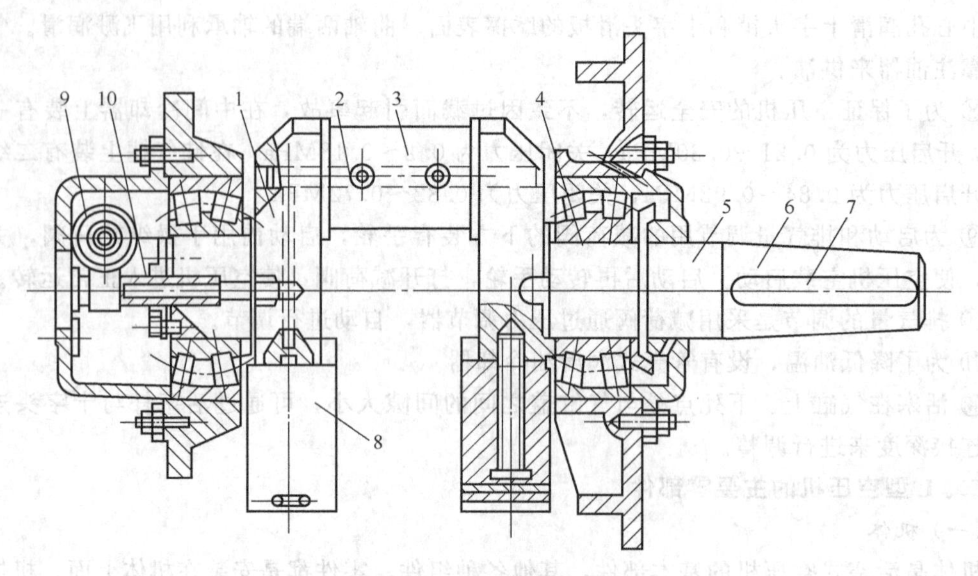

图 6-12 L 型空压机的曲轴

1—曲臂；2—曲轴通油孔；3—曲轴颈；4—双列向心球面滚子轴承；5—主轴颈；
6—曲轴的外伸端；7—键槽；8—平衡铁；9—蜗轮；10—传动轴

曲轴一般用优质碳素钢锻造，或用稀土镁球墨铸铁铸造。

(三) 连杆

空压机上的连杆是将作用在活塞上的推力传递给曲轴，又将曲轴的旋转运动转换为活塞的往复运动的机件。L 型空压机的连杆构造如图 6-13 所示。

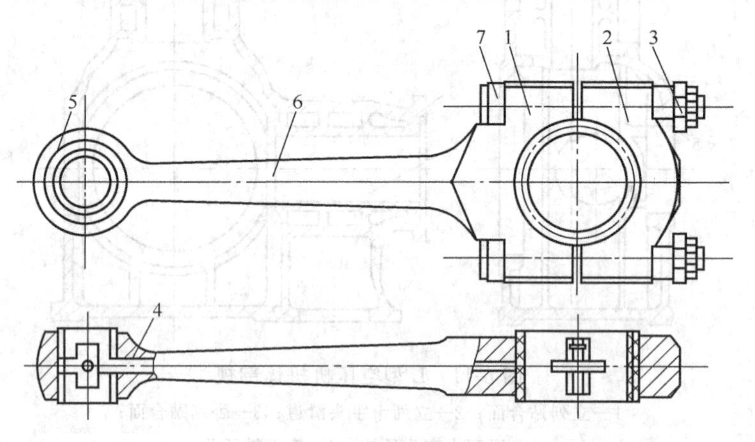

图 6-13 连杆的构造

1—大头；2—大头盖；3—连杆螺母；4—杆体油孔；
5—小头；6—杆体；7—连杆螺栓

(四) 十字头

十字头是连接作摇摆运动的连杆与作往复运动的活塞杆的机件，起导向作用。L 型空压机的十字头如图 6-14 所示。十字头的一端用螺纹与活塞杆连接，借螺纹与活塞杆的连接深度可以调节活塞与气缸盖间死点间隙的大小。两侧有装十字头销的锥形孔，十字头销用键固定在十字头上，并与连杆小头瓦相配合。十字头的材料一般为铸铁或铸钢。对于小型空压机常用 HT200 铸铁，对于大、中型功率的空压机常采用 QT600-3 球墨铸铁及 ZG270-500 铸钢。

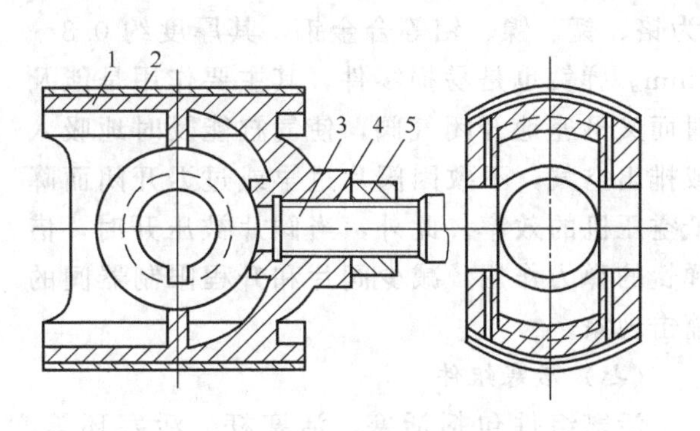

图 6-14　十字头的构造

1—十字头体；2—轴承合金；3—活塞杆；4—防松垫片；5—螺帽

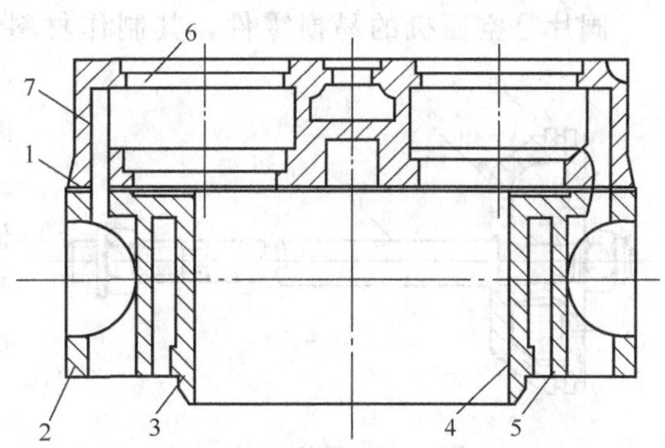

图 6-15　L 型空压机的气缸和气缸盖

1—橡胶石棉垫；2—气缸；3—气缸的凸肩；4—气缸镜面；5—气缸的装置面；6—气缸盖阀室；7—气缸盖

（五）气缸

气缸是空压机中组成压缩容积的主要部分，它工作时承受相当大的变压力和附加热应力。图 6-15 为 L 型空压机的双层壁铸铁气缸，分内外层，两层之间的空间即形成流通冷却水的冷却水套。气腔在两侧，上面装有气缸盖 7，气缸盖上有阀室 6，以便安装吸气阀组和排气阀组。气缸盖是用双头螺栓与气缸连接在一起的，在气缸 2 的下部用螺栓和机身连接。

（六）气阀

活塞式空压机使用的是随着气缸内空气压力的变化而自行启闭的自动阀，分为吸气阀和排气阀两种。气阀是空压机上最重要的工作机构之一，它的好坏不仅直接影响空压机的效率，而且也是最易造成空压机故障的主要组件。

空压机使用的气阀有不同的结构形式，最常见的气阀为 L 型空压机上所使用的环状阀，即阀片为直径不同的几个环状薄片所组成。此外，其他形式的活塞式空压机则分别采用网状阀、槽形阀、蝶形阀和条状阀等。图 6-16 所示为 L 型活塞式空压机的吸、排气阀剖视。

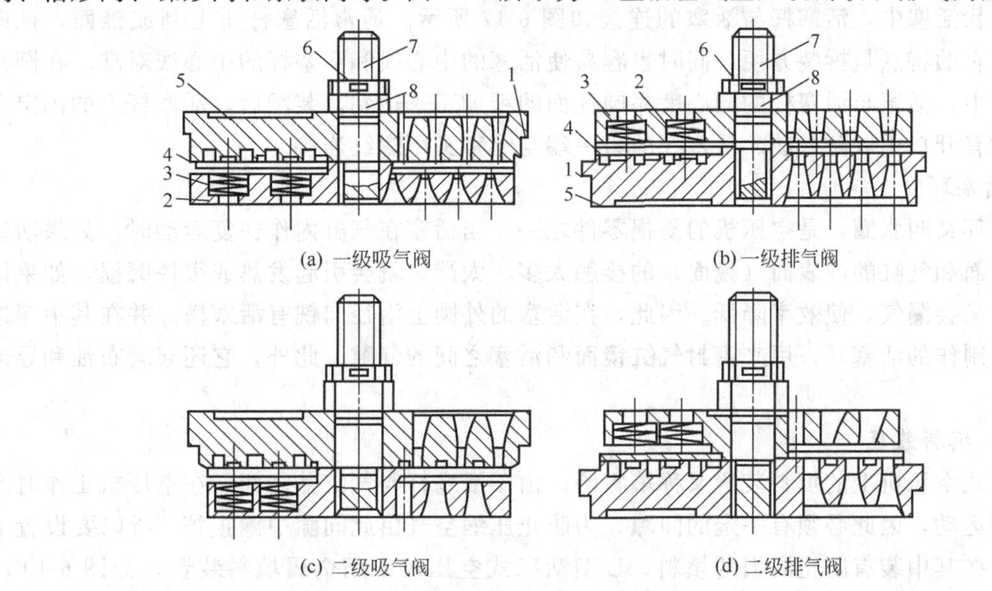

图 6-16　L 型空压机的气阀

1—垫；2—阀盖；3—弹簧；4—阀片；5—阀座；6—开口销；7—螺栓；8—冠形螺母

阀片是空压机的易损零件，其制作材料为铬、锰、镍、钼等合金钢，其厚度约 0.8～4mm。弹簧也是易损零件，其主要作用是能及时而又迅速地开闭气阀，使气缸能及时地吸入或排出空气，不致因阀片过早或过迟开闭而降低空压机的效率。此外，当阀片被压开时，借弹簧的弹力作用，减少阀片和升程限制器间的撞击现象。

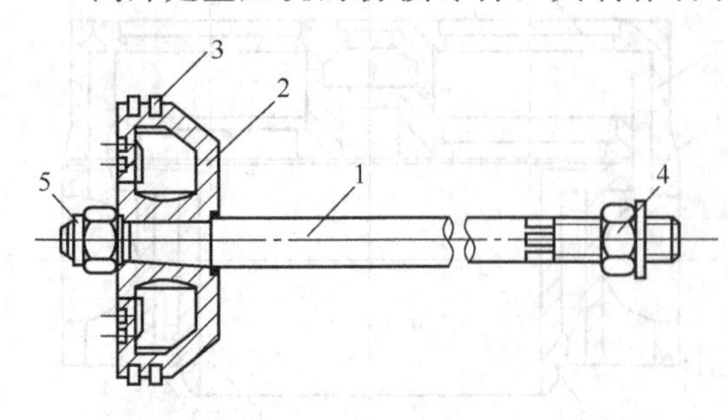

图 6-17　活塞组件
1—活塞杆；2—活塞；3—活塞环；
4—螺母；5—冠形螺母

（七）活塞组件

活塞组件包括活塞、活塞杆、活塞环等，如图 6-17 所示。

1. 活塞

活塞是空压机的压缩机构的主要部件。曲轴的旋转运动，经连杆、十字头与活塞杆变为活塞在气缸中的往复运动，对空气压缩做功。

空压机上常用的活塞有盘状和筒状两种：大、中型空压机多用盘状活塞，如图 6-18 所示。盘状活塞一般用灰铸铁制造，在高转速压缩机中，采用铸铝或焊接以减少活塞质量。小型空压机上多使用筒状活塞。在筒状活塞上有装活塞销用的孔，利用活塞销就可使活塞和连杆连接。

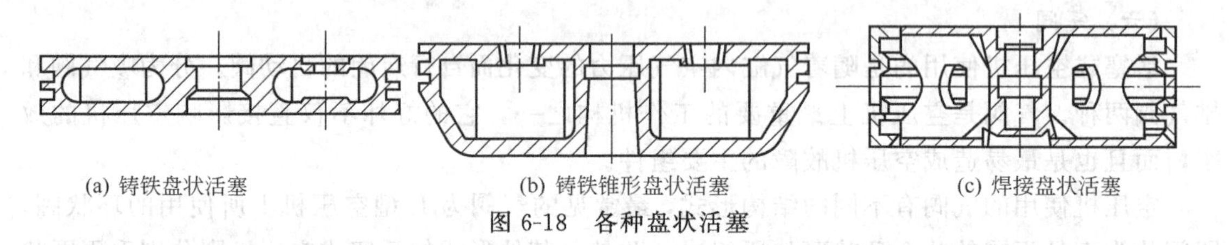

(a) 铸铁盘状活塞　(b) 铸铁锥形盘状活塞　(c) 焊接盘状活塞

图 6-18　各种盘状活塞

2. 活塞杆

在盘状活塞中，活塞杆与活塞的连接如图 6-17 所示。通常活塞杆 1 上制成锥面，推向活塞内，它的特点是拆装方便，同时也容易使活塞的中心线和活塞杆的中心线对准。在圆柱凸肩连接中，活塞与活塞杆的同心度靠圆柱面的精加工来达到。装配后，活塞杆上的固定螺母 5 上插有开口销以防松动。活塞杆的另一端与十字头用螺纹连接。

3. 活塞环

活塞环又叫胀圈，是空压机的易损零件之一。当活塞在气缸内作往复运动时，如果活塞的外圆表面和气缸的内表面（镜面）的接触太多、太严，就会引起发热或很快磨损，如果接触太松，又会漏气，使效率降低。因此，在活塞的外圆上沿径向铣有活塞槽。并在其中镶进用灰铸铁制作的活塞环，用来密封气缸镜面和活塞之间的缝隙。此外，它还起着布油和导热的作用。

（八）填料装置

活塞式空压机上的填料装置又称填料函。由于活塞杆与气缸盖之间，在空压机工作时产生相对的运动，因此必须有一定的间隙。为防止压缩空气由此间隙中漏损掉，所以要设置填料装置，在其中装有防止漏损的填料。L 型活塞式空压机采用金属填料装置，如图 6-19 所示，每套金属环 1 注意放在铸造的小室 4 内。小室 4 中间垫片 5 与填料箱 6 用螺钉紧固在一起。环状弹簧 2 箍在金属环上。润滑油沿通道 3 供给中间的小室以进行润滑并提高密封性。

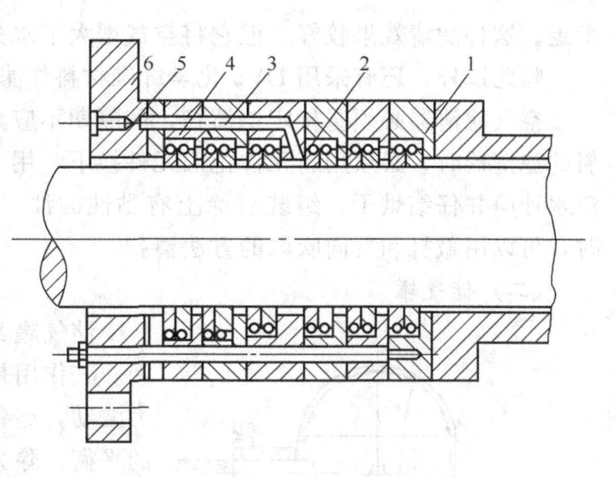

图 6-19 金属填料装置

1—金属环；2—环状弹簧；3—通道；4—小室；5—垫片；6—填料箱

有些空压机采用棉质填料装置，它是依靠受轴向压缩填料产生横向膨胀而达到密封的，这种填料装置是用石墨、麻、石棉及其他纤维材料做成的。

三、空压机的附属设备

（一）滤清器

滤清器又叫滤风器。其作用是清除吸入气缸中的空气内所含的灰尘和杂质。当含有灰尘和杂质的空气被吸入气缸后，在高温的气缸内和润滑油混合而黏附在气阀、气缸壁和活塞环等处而形成积垢，这样就易于破坏气阀的正常工作，使活塞环滞死在环槽中，还将加快气缸镜面、活塞环和活塞杆的磨损、降低空压机的效率，缩短其使用寿命。为了清除空气内的灰尘和杂质，要在空压机的进气管路上安装滤清器，滤清器离空压机的距离不超过10m，且应置于清洁干燥和阴凉通风的地方。滤清器的吸气口向下，以免掉进异物，并要有防雨设施。

图6-20所示为金属芯滤清器的一个标准箱，几个标准箱可以组成一个滤清器，每个标准箱都是由骨架2、前框1、后框3以及前后框内装有格网4和5等部分组成。在标准箱的空隙间装满了薄壁短金属管6或金属屑片。

此种金属滤清器具有尺寸小、过滤效果好、不易着火等优点。但是使用一个时期以后，必须将污油清理，重新加入清洁黏性油，继续使用。

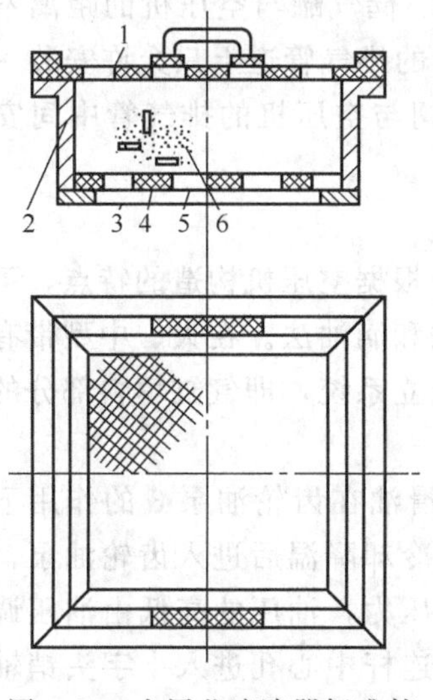

图 6-20 金属芯滤清器标准箱

1—前框；2—骨架；3—后框；4，5—格网；6—金属管

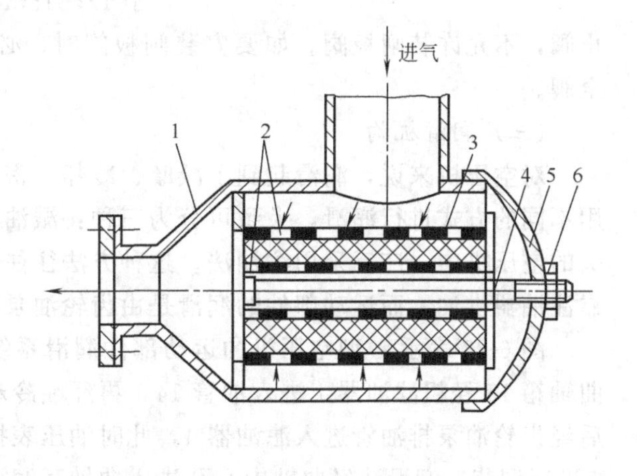

图 6-21 圆筒形组合金属滤清器

1—壳体；2—格网金属板卷成两层圆筒；3—9层金属网；4—螺杆；5—后盖；6—螺帽

金属空气滤清器还有一种形式，如图6-21所示。如空气过于混浊，空压机容量又大，则可以采用湿式滤清器，使吸入的空气经过喷射的水幕进入吸气管道内，让水把尘污及油水

带走。这种滤清效果较好，但它将空气增大了水分。

除此以外，还有采用DV5化学纤维材料作滤清材料，其滤清效果好，阻力小。

空气滤清器必须坚持定期清扫，间隔期不应大于三个月。如果是有油的短金属管或金属屑的滤清器时，必须用新元件把旧元件换下，用5%～10%的苛性钠热溶液洗刷，然后用热清水冲净并仔细烘干，组装后涂上有黏性的油，供以后复用。如果是纤维或织物的滤清器时，可以用敲打和反向吹风的方法清扫。

（二）储气罐

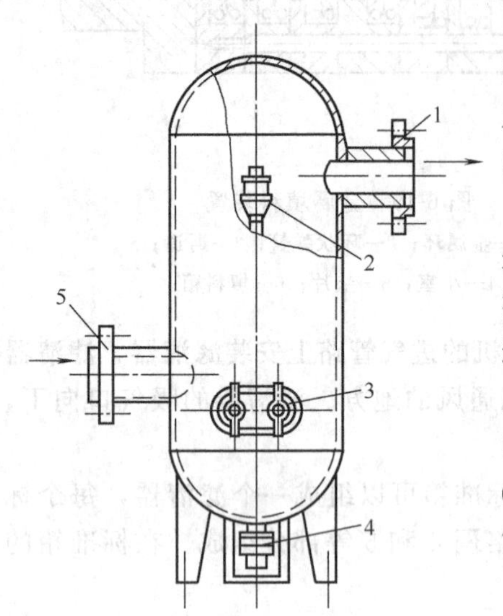

图 6-22 L型空压机的储气罐
1—出气口；2—安全阀；3—人孔；
4—放油水阀门；5—进气口

储气罐又名风包，装在空压机和压缩空气管网之间。其作用是缓和由于排气不均匀和不连续而引起的压力波动，储备一定数量的压缩空气，维持供需气量之间的平衡，除去压缩空气中的油水。

储气罐的基本形式有立式与卧式两种，目前我国采用焊接结构的立式储气罐最多。图 6-22 所示为L型活塞式空压机的储气罐结构，储气罐的附件有：与管道连接的法兰盘（包括入风和出风）、与接通调节器的小管相连接的法兰盘、安全阀、压力表、放油和水的阀门、人孔及插温度计的测管。储气罐公称容积有 $0.5m^3$，$1m^3$，$1.5m^3$，$2.5m^3$，$4.0m^3$，$5.0m^3$，$7.0m^3$ 和 $10m^3$ 等多种规格。

储气罐体是由 6～20mm 厚的锅炉钢板铆结或焊接而成，储气罐焊接完毕后，要用相当于工作压力1.5倍的压力进行水压试验。储气罐要安装在室外阴凉的地方，单独使用一个基础。储气罐与空压机的距离不应大于 12～15m，在其中间的排气管道上只允许安装一个逆止阀，不允许装闸板阀。如要安装闸板阀时，必须在闸板阀与空压机的排气管中间安装安全阀。

（三）润滑机构

对空压机来说，润滑起到了减摩、冷却、密封等作用。根据空压机构造的特点，可以采用不同的方式进行润滑，大致可分为三种：溅油法、注油法和滴油法。在大、中型带有十字头的空压机中，广泛采用注油法。这种方法往往分为两个独立系统，即气缸填料部分的润滑靠注油器供油，而运动部件的润滑是由齿轮油泵供油的。

图 6-23 表示L型空压机的运动部件润滑系统示意。润滑油在齿轮油泵3的作用下，由曲轴箱15经粗滤油器1进入油管14，再经油冷却器2进行冷却降温后进入齿轮油泵，加压后经齿轮油泵排油管进入滤油器4，此时油压表指示出油的压力，油压的高低由油压调节阀6进行调节，润滑油经曲轴中心孔进入曲轴瓦润滑，同时经连杆中心孔进入十字头销轴瓦和十字头滑板及机体导轨进行润滑。齿轮油泵的旋转是由曲轴带动，润滑油经润滑部件以后，又经十字头机体导轨流回曲轴箱。

大、中型空压机的摩擦部件润滑，多数用柱塞泵（注油器）供油。注油器的形式有数种。如通过连接曲轴端的齿轮油泵轴上的蜗杆，带动注油器凸轮轴上的蜗轮对气缸和填料函润滑。

（四）冷却系统

空气在压缩过程中，放出大量的热量，使气缸的温度很快升高，影响空压机的正常运转，降低空压机的效率。因此，空压机必须具有良好的冷却设备。

空压机的冷却方法，通常分为气冷和水冷两种。冶金厂矿使用的空压机均为水冷式，即空压机上设有冷却水套。对于两级或多级压缩的空压机，除了气缸的冷却外，还有中间冷却器和压后冷却器。

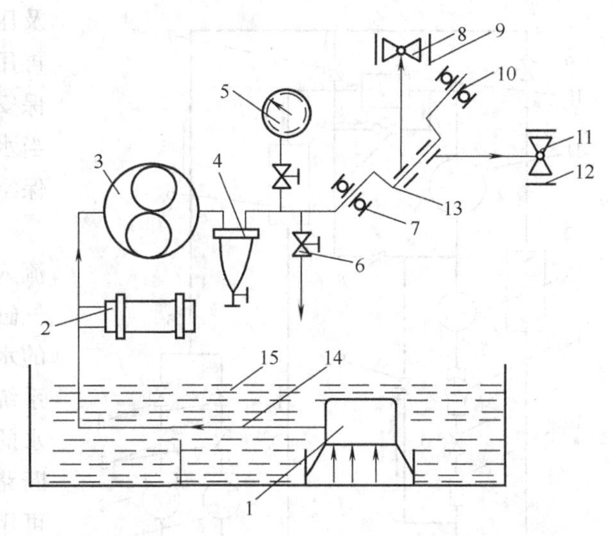

图 6-23　L 型空压机运动部件润滑系统

1—粗滤油器；2—油冷却器；3—齿轮油泵；4—滤油器；5—油压力表；6—油压调节阀；7，10—曲轴轴承；8—低压十字头；9—低压十字头机体导轨；11—高压十字头瓦；12—高压十字头机体导轨；13—曲轴；14—油管；15—曲轴箱

空压机站冷却水的供水系统有两种方式：一种是单流系统，另一种是循环系统。在单流系统中，冷却水经过空压机的冷却表面后，直接排出不再收回。采用此方式，水的消耗量大，一般只有水源丰富的矿山才能采用。在循环系统中，水可以多次地用来冷却空压机，把每次从空压机流出来的热水导入喷水池或冷却水塔，使水温降到原来温度后，再供空压机使用。

在循环冷却系统中，又可分为开式循环和闭式循环两种。

1. 开式循环冷却系统

图 6-24 所示为开式循环冷却系统。冷却过的水由喷水池 1（或冷却水塔），经过水管 2 流到冷水池 5，用水泵 3 把水送到空压机总进水管，至空压机气缸、中间冷却器、油冷却器

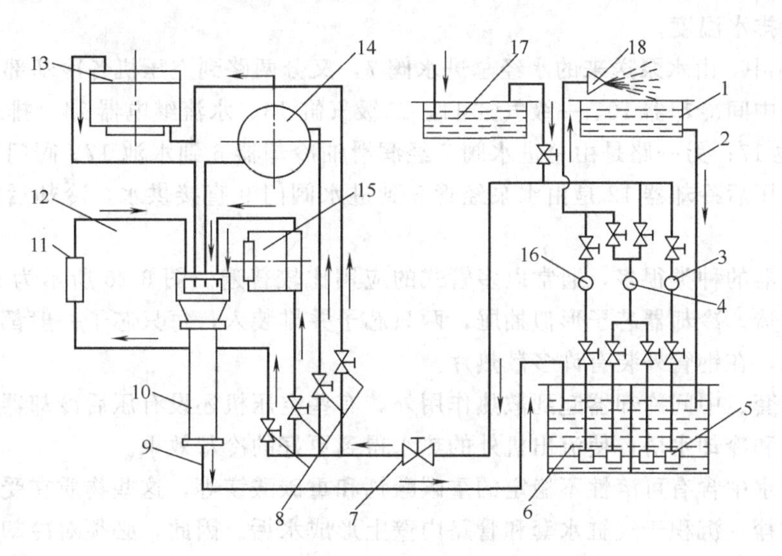

图 6-24　空压机站开式循环冷却系统

1—喷水池（或冷却水池）；2—水管；3，4，16—水泵；5—冷水池；6—温水池；7—总进水阀；8—调节阀门；9—排水管；10—停水断路器；11—润滑油冷却器；12—排水漏斗；13—一级气缸水套；14—中间冷却器；15—二级气缸水套；17—高位水池；18—喷头

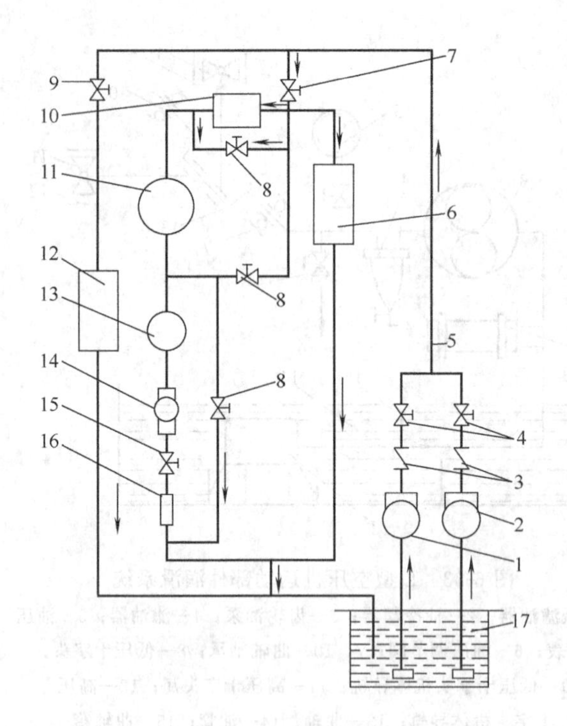

图 6-25　空压机站闭式循环冷却系统

1，2—水泵；3—止逆阀；4—阀门；5—送水管；6—润滑油冷却器；7—总进水阀；8—水量调节阀门；9—压后冷却器进水阀；10—中间冷却器；11—一级气缸水套；12—压后冷却器；13—二级气缸水套；14—水流继电器；15—排水阀；16—温度计；17—水池

及压后冷却器，经过漏斗 12 排到温水池 6，再用水泵 16 使温水经喷头 18 送到喷水池 1。保安备用水池是高出机房的高位水池 17，当水泵发生故障时，给空压机同样供水，确保空压机的正常运行。

由总进水阀 7 进入空压机的冷却水分别流入一级气缸水套 13、中间冷却器 14、二级气缸水套 15、润滑油冷却器 11。冷却用过的水都通过漏斗 12 集中返回温水池，这种系统比较可靠，因为有排水漏斗，便于检查水的流量及排水温度。若是断水时，由停水断路器 10 自动控制停车。其水的流量大小可用阀门 8 调节。

2. 闭式循环冷却系统

图 6-25 所示为闭式循环冷却系统。冷却水由水池 17 中用水泵 1 经过止逆阀 3、阀门 4、送水管 5 而把冷却水送至空压机各级气缸，经冷却器直接回到冷却水池，冷却水池的位置可以低于（或者高于）空压机站的位置。这种系统采用水泵加压供水，水泵的装设数量可由空压机站的大小来决定。但必须有 1～2 台备用水泵，同时在闭式循环中必须装置温度计及水流断电器，以便监视冷却水的流量及排水温度。

在图 6-25 中，由水泵送来的水经总进水阀 7，又分两路到空压机各冷却部位。一路是由总进水阀 7 经中间冷却器 10、一级气缸 11、二级气缸 13、水流继电器 14、排水阀 15、温度计 16，到水池 17；另一路是由总进水阀 7 经润滑油冷却器 6 到水池 17。阀门 8 是调节水量大小的阀门，压后冷却器 12 是由水泵经管 5 到进水阀门 9 直接供水，冷却后的水直接排入水池 17 中。

中间冷却器的种类很多，通常以多管式的应用比较普遍。图 6-26 所示为 L 型空压机的中间冷却器构造。冷却器芯子形似抽屉，两只芯子并排装入，每只芯子一般都是用薄壁无缝钢管排列而成，在钢管外装有许多散热片。

除气缸水套、中间冷却器起到散热作用外，有些空压机还设有压后冷却器，在空压机站还设有喷水池和冷却水塔，使流出机外的热水得到更好的冷却效果。

由于冷却水中含有可溶性不稳定的重碳酸钙和重碳酸镁等，这些物质在受热时分解成极难溶解的碳酸盐，沉积于气缸水套和管路内壁上形成水垢。因此，必须对冷却水进行软化处理，即水处理。水处理一般分为内处理和外处理两种。

内处理常用的有化学药剂法和物理法两种：化学药剂法常用的药剂有六偏磷酸钠、氢氧化钠、碳酸钠、磷酸三钠、软水剂等。物理法是在管路中安装磁水器或高频改水器，以改变水的物理性质来减少和防止结垢。还可在水中放置一块具有一定尺寸的锌板来起阴极作用，

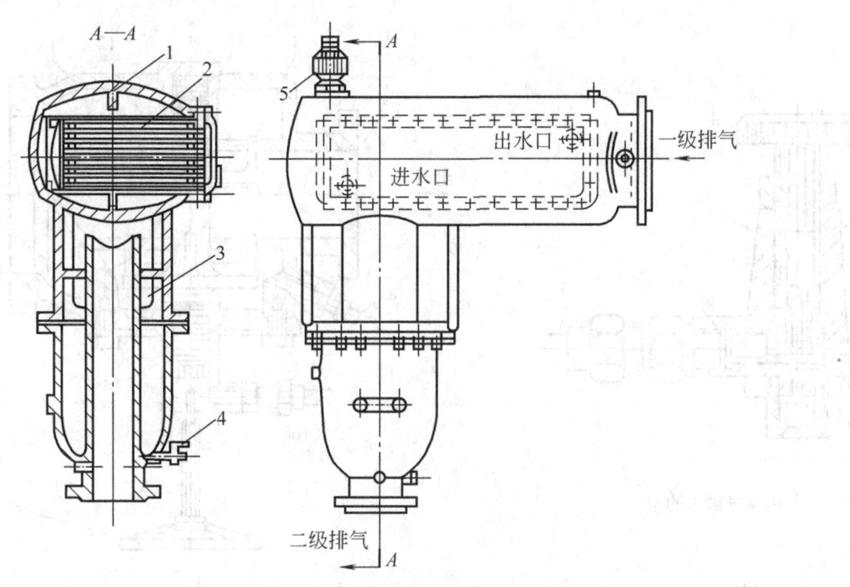

图 6-26 L 型空压机中间冷却器

1—外壳；2—冷却器芯子；3—油水分离器；4—排水阀门；5——一级安全阀

用其自身受腐蚀来保护系统的金属壁面。

外处理一般有沉演、聚凝、过滤、软化、除碱、除盐等过程。

(五) 调节机构

空压机的排气压力和排气量在运转过程中，常随用气量的变化而变化，造成管路中压力的不稳定。如果用气量大于排气量，排气压力就会降低，反之压力就会升高。为了保证用气设备能在一定压力下稳定地工作，必须随时调整空压机的排气量。

排气量的调节方法有关闭吸气管调节法、打开吸气阀调节法和改变余隙容积调节法。这里我们只对第一种方法做一下介绍。

关闭吸气管这种调节机构由减荷阀和弹簧压力调节器组成。减荷阀安装在空压机的吸气管上。L 型空压机大多采用这种调节方法。图 6-27 所示为 L 型空压机排气量调节系统。

当储气罐中的压缩空气压力超过 0.815MPa 时，储气罐中的压气通过管路进入进气管 1 中，将弹簧式压力调节器组件 3 中的阀 2 向上推动并将弹簧 5 压缩，打开由阀 2 关闭的排气通道 6 和出气管 7，储气罐中的压气通过出气管 7 到达减荷阀 13 的进气孔 16，将小活塞 14 推向上方，弹簧 11 被压缩，同时使阀 10 向上移动而与阀座 12 密合，关闭空压机的吸气管，使空压机第一级气缸不能吸气，空压机便处于无负载的空转状态，不再向储气罐中排气。

当储气罐中的压力降低到 0.77～0.70MPa 时，压力调节器 3 中的弹簧 5 将阀 2 压下，切断由储气罐经进气管 1 进入的压缩空气。此时减荷阀 13 中就没有压缩空气进入，弹簧 11 便将小活塞 14 压向下方，将阀 10 打开，自由大气便重新经阀 10 的通道进入第一级气缸中，空压机又开始正常运转。

压力大小的确定是通过转动调节螺套 4，改变压力调节器的弹簧 5 的压力大小来实现的。当调节螺套 4 前后转动时，就能够控制来自储气罐中的压气对阀 2 的开启和关闭的压力。

在启动空压机前，用手转动减荷阀的手轮 15，推动小活塞 14 向上移动，压缩弹簧 11 使阀 10 与阀座 12 密合，关闭吸气管，使空压机空载启动。启动之后，再反向转动手轮 15，

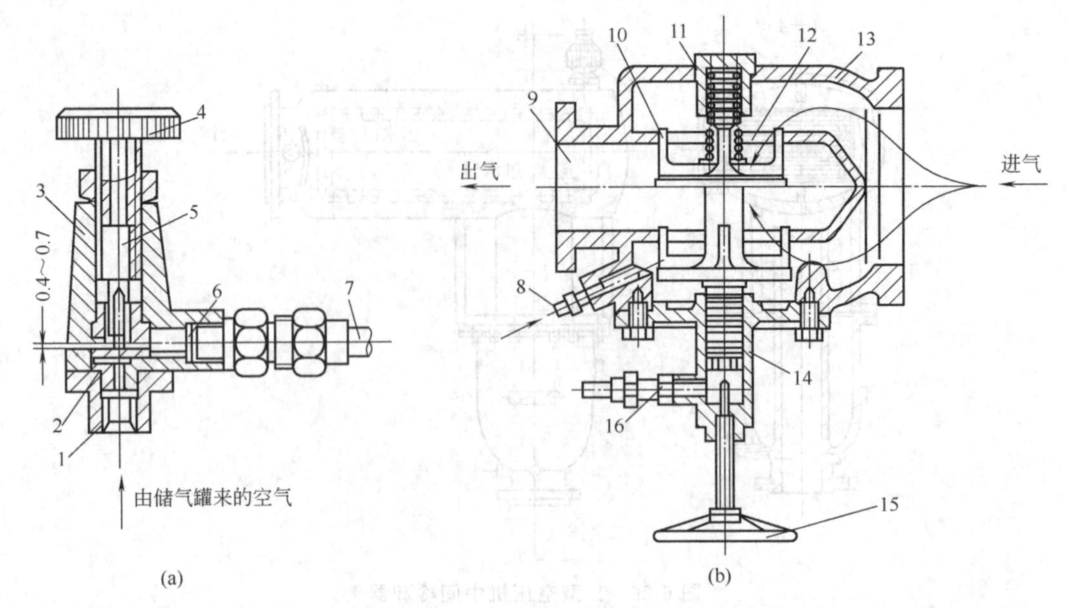

图 6-27 L 型空压机排气量调节系统

1—进气管；2，10—阀；3—压力调节器组件；4—调节螺套；5，11—弹簧；6—排气通道；7—出气管；8—管接头；9—出气口；12—阀座；13—减荷阀组件；14—小活塞；15—手轮；16—减荷阀进气孔

借助弹簧 11 的弹力使小活塞 14 下移，阀 10 便与阀座 12 离开，这时自由大气便通过减荷阀的进气口进入第一级气缸中，空压机即开始正常运转。

空压机机身的立列颈部有通气孔，此孔与机身上的管接头 8 用管路连接，可防止填料发生漏气时，机身内产生过高的压力。

这种调节方法的特点是结构简单可靠，经济性较好，但调节的幅度较大。

（六）安全保护装置

空压机由于振动大、温度高等特点，必须装有齐全可靠的安全保护装置，以保证机器的安全运转。下面仅介绍一下常用的安全保护装置之一——安全阀。

安全阀是保护空压机在额定压力范围内安全运转的保护装置。当系统中的压力超过工作压力时，它就能自动开启，把多余的压缩空气排掉，使系统中的压力降低到正常的工作压力，保证机器安全运转。L 型空压机的一级安全阀安装在中间冷却器上，二级安全阀安装在储气罐上。安全阀的种类很多，最常用的是弹簧式，其结构如图 6-28 所示。在空压机正常运行时，弹簧 6 压紧阀 2，使其紧贴在阀座 1 上，压气与大气不通，安全阀处于关闭状态。当压气压力超过规定值时，弹簧被压缩，阀 2 上升，压气与大气相通，多余的压气经排气孔排至大气。并向司机发出压力超高的信号，立即停机。

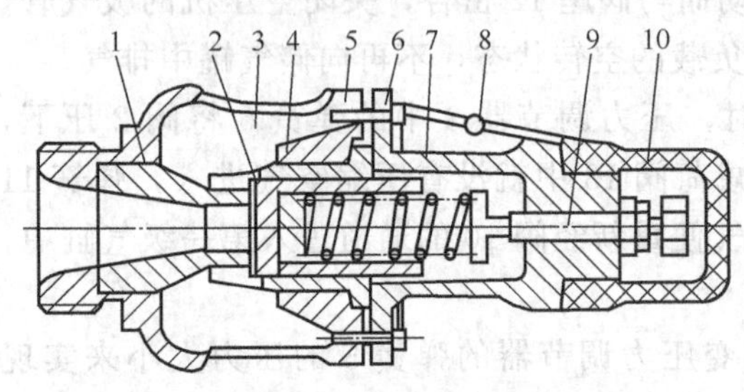

图 6-28 弹簧式安全阀

1—阀座；2—阀；3—排气孔；4—阀套；5—阀体；6—弹簧；7—上体；8—铅封；9—压力调节螺钉；10—阀盖

对安全阀必须定期检查试验，严防误动作，要确保安全阀的动作可靠、灵活、无振动，关闭后安全阀不漏气，开启时排出气体畅通无阻。安全阀要经常保持清洁无污垢，《冶金矿山安全

规程》规定，在空压机与储气罐之间不允许装闸板阀，需要设置闸板阀时，在其间必须安装安全阀。安全阀安装调试后，不允许随便拧动，对已经调试后的安全阀必须用铅封住。安全阀的动作压力不得超过额定压力的10%。

（七）压气管道

1. 管道种类

压缩空气管道一般都很长，有的长达几千米。许多管道组成管网，压缩空气沿管网供给用户。空压设备的管道根据管道直径的大小选用不同的材料。如管道直径大于200mm时可采用有缝钢管；当管道直径小于200mm时，则采用标准的无缝钢管。

2. 敷设管道注意事项

① 在敷设管道时，要考虑到便于检修。

② 管道应尽量少拐弯，特别注意避免小于90°的拐弯。

③ 沿矿井的水平巷道敷设的压缩空气管道至风动机械的方向上有0.003～0.005的坡度。

④ 当管道通过散热面很近的地方时，应采用绝缘包装管道，防止空气在管内加热。

⑤ 管道应尽量设置最短，而且要有足够大的直径。

⑥ 管道的直径不能突变，不论由大变小还是由小变大都会造成涡流损失。

⑦ 管道埋在地下敷设时，应埋到冰冻层以下，同时装置法兰的地方必须设有检查井。

⑧ 空气管道不应与电缆接触，在井下的管道不应与电缆装在同一边。

⑨ 管道敷设好后，应进行水压试验，作水压试验时，使用的压力为工作压力的1.25倍。试验压力达到最大值时，持续5分钟，然后令其下降至最大工作压力，使其保持稳定，这时对全部管道进行检查，是否合乎质量标准。

3. 管道的固定方法

水平敷设的压缩空气管道可以用托架、支架或吊架来固定。图6-29表示管道水平敷设在横臂上的情况。也可以用钉牢的环箍敷设在木柱上如图6-30所示。

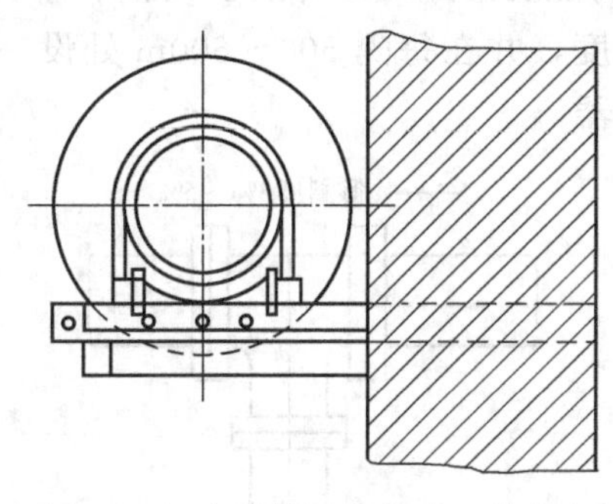

图6-29 水平敷设在横臂上的情况

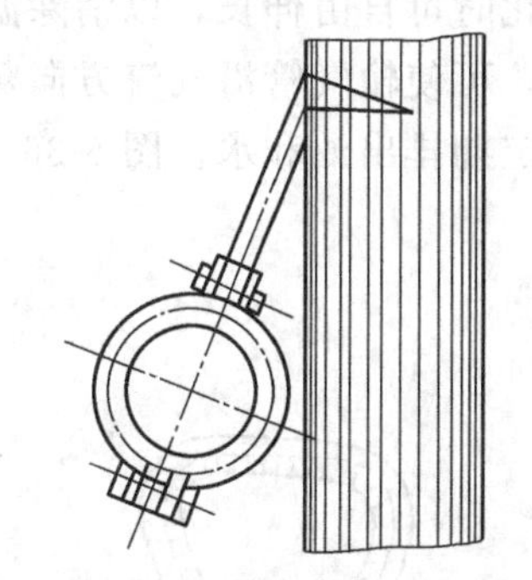

图6-30 利用钉牢的环箍水平敷设在木柱的情况

在斜巷内，同样可以利用钉牢的环箍以悬吊的方法敷设之，但环箍的数量必须增加。

沿着倾斜的人行道敷设管道最简单的方法如图6-31所示。管道在垂直的竖井内架设时，壁架上必须利用角撑加强，如图6-32所示。

4. 管道连接法

整个管道系统是由许多节直管及管件连接而成的。关于管子的连接方法，视管径的大小不同而采用不同的方法。直径小于100mm的管道可用管螺纹连接，如图6-33所示，但此方

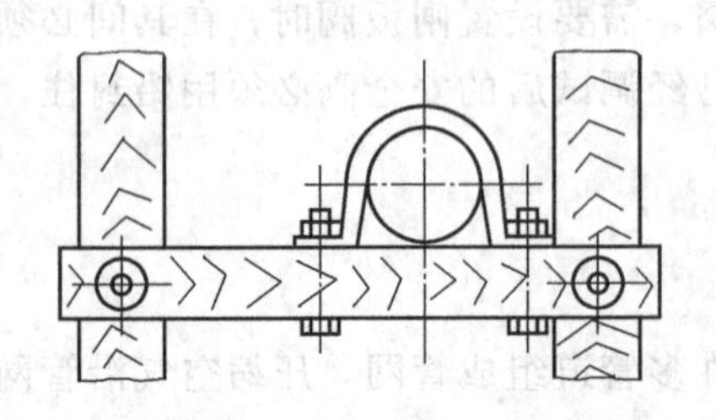

图 6-31　沿倾斜人行道敷设的情况

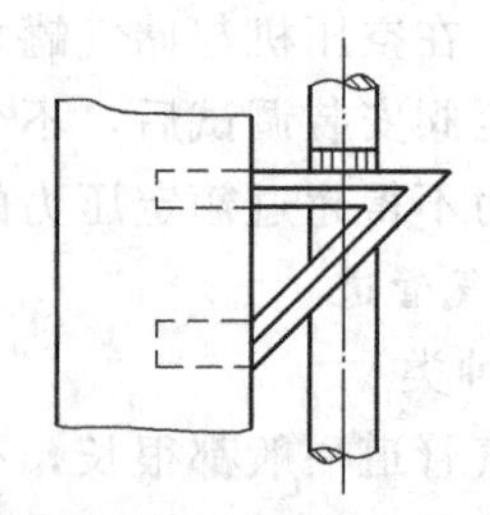

图 6-32　竖井中敷设的方法

法的缺点，就是在矿井内受到酸性水分侵蚀后，螺纹常易损坏，造成密封不严而引起漏气现象。当管径在 100mm 以上时，一般多采用连接盘连接法（见图 6-34）。采用连接盘连接时，离空压机站 200m 以内的排气管道，温度较高，因此连接盘中的填料采用能耐高温的石棉橡皮或石棉。距离空压机站 200m 以上的排气管可采用废旧的运输皮带或经处理的带板作填料。

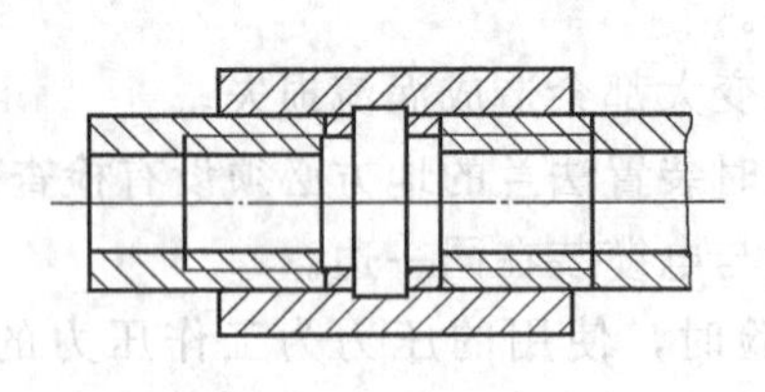

图 6-33　管螺纹连接法

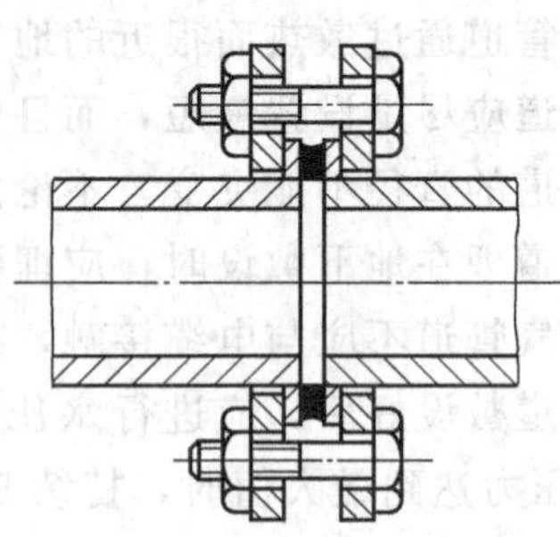

图 6-34　连接盘连接法

为了补偿输送压气管道的热胀冷缩，沿管道每隔 150～250m 处应装伸缩管。伸缩管分为弯曲伸缩管与填料伸缩管两种。图 6-35 表示弯曲伸缩管，与蒸汽管道中的伸缩管一样。当温度变化时可自由伸长，以消除温度应力。具有较高温度的压气冷却后析出油和水，为了及时排出，可使输气管沿气流方向敷设 3%～5%的坡度，并在每隔 500～600m 处设一油水分离器，定期排出油和水。图 6-36 为支管式油水分离器。

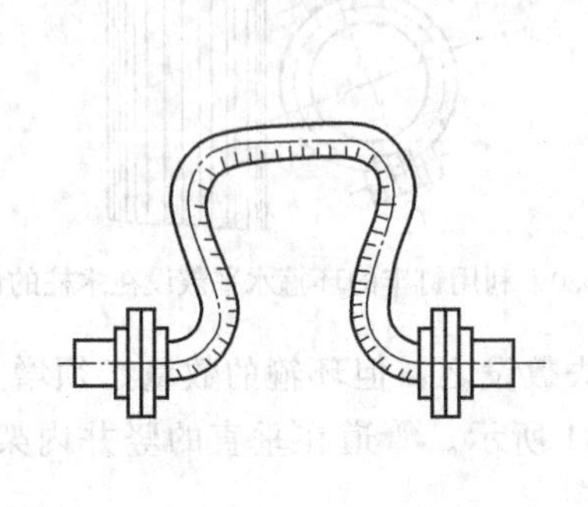

图 6-35　弯曲伸缩管

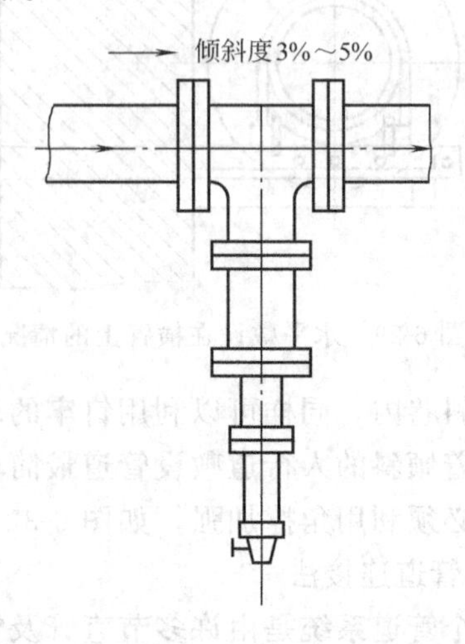

图 6-36　支管式油水分离器

第四节　活塞式空压机的安装、零部件装配与常见故障及排除方法

（一）活塞式空压机的安装程序

L-22/7 型空压机设备安装程序见表 6-2。

表 6-2　空压机设备安装程序

序号	安装项目	内　容
1	基础	空压机的地基基础，由土建施工单位承担
2	地基基础检查与验收工作	① 埋设基准标高点和固定挂线架 ② 挂上安装基准线，检查地基标高和基础螺栓孔的位置
3	垫铁布置	① 测算垫铁厚度，按质量标准规定摆放垫铁 ② 用平尺配合水平尺对垫铁进行找正，并铲好垫铁窝及地基上的麻面
4	设备开箱检查	① 按照装箱单和设计说明书清点检查设备及零部件的完好情况和数量 ② 清洗并刷去机械及零部件表面防腐剂
5	空压机主体就位	① 选择适用的起吊工具将空压机主体放在垫铁平面上（地脚螺栓先放入基础孔内） ② 穿上地脚螺栓，并带上螺帽
6	空压机主体找正找平	① 找标高 ② 用三块方水平尺，分别放在一、二级气缸壁上，找平空压机主体 ③ 安装基准线找正空压机主体横向和纵向位置
7	电动机	① 在空压机的三角皮带轮和电动机的三角皮带轮上拉线进行找正 ② 找正后，将垫铁组点焊成为一体，进行二次灌浆
8	空压机机体内零部件	① 安装传动部分零部件：曲轴、连杆、十字头 ② 安装压气部分零部件：活塞、活塞环、气缸盖、吸气和排气阀盖 ③ 安装润滑部分零部件：齿轮油泵、柱塞油泵和油管
9	风包	① 测算垫铁厚度，并将垫铁摆放在基础平面上 ② 风包吊装就位，并进行找正找平 ③ 二次灌浆
10	冷却水泵站	① 测算垫铁厚度，并将垫铁摆放在基础平面上 ② 安装单级离心式水泵，找正找平后进行二次灌浆
11	管路及附属部件	① 安装吸风管、排风管、冷却水管、油泵等 ② 安装油压表、风压表、安全阀、压力调节装置
12	基础抹灰	用压力水清洗基础表面后，进行基础面抹灰工作
13	水压试验	对安装完毕的机体、管路、风包进行水压试验（试验压力为工作压力的 1.5 倍）
14	设备粉刷	对设备和管路粉刷、涂油漆
15	空压机试运转	① 对空压机和水泵进行空负荷、半负荷、满负荷试运转 ② 对压力表、安全阀、压力调节装置进行调整
16	移交使用	① 清扫机房 ② 整理图纸资料 ③ 移交生产单位

（二）L 型空压机零部件的装配

空压机的曲轴、连杆、十字头、填料箱、活塞及活塞杆、吸、排气阀等零部件，在安装时需仔细检查和装配。

空压机主要零部件装配间隙见表 6-3。

表 6-3　空压机主要零部件装配间隙

序号	间 隙 名 称	规定间隙/mm	极限间隙与处理方法
1	① 气缸与活塞径向间隙(一级)	0.25～0.46	间隙为 1.0 时镗缸并更换活塞
	② 气缸与活塞径向间隙(二级)	0.18～0.34	间隙为 0.7 时镗缸并更换活塞
2	十字头与(一级,二级)导轨的径向间隙	0.17～0.25	间隙为 0.5 时更换十字头
3	十字头销与连杆小头瓦径向间隙	0.02～0.07	间隙为 0.5 时更换钢衬套(小头瓦)
4	曲轴颈与连杆大头瓦径向间隙	0.04～0.11	当铜垫一侧厚度减过 1.0 时重浇瓦
5	① 活塞行程间隙(一,二级)外死点	2.5～3.3	
	② 活塞行程间隙(一,二级)内死点	2.1～2.9	
6	胀圈与活塞槽间隙(一,二级)	0.015～0.085	间隙为 0.2 时要更换涨圈
7	① 吸、排气阀行程(一级)	2.7+0.2	
	② 吸、排气阀行程(二级)	2.2+0.2	

1. 曲轴部件的装配

（1）装配要求　检查曲拐上的两个油孔是否与曲轴左端的油孔相通（用压力水或压气接到曲轴左端油孔处吹洗），检查轴颈与轴承内座圈间隙配合情况。

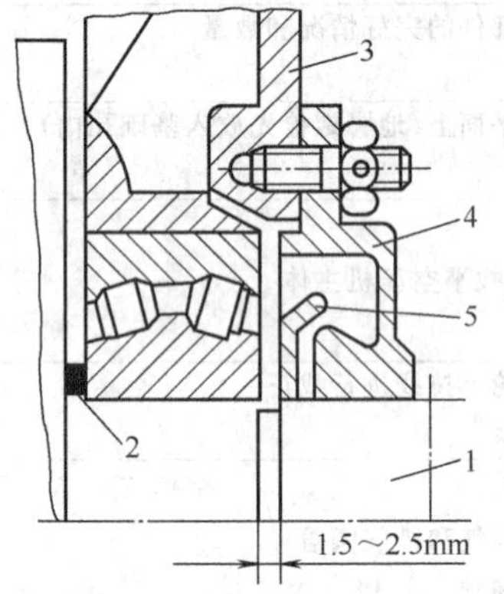

图 6-37　曲轴膨胀间隙

1—曲轴；2—定位环；3—大盖；4—轴承盖；5—抛油环

安装时一定要使轴承内圈压紧定位环，在曲轴的右轴承与轴承盖的断面之间，应留1.5～2.5mm 的膨胀间隙（曲轴热膨胀间隙，如图 6-37 所示）。

（2）装配过程　曲轴右端轴承外座圈上装大盖及衬垫。抬起曲轴穿入机身轴孔内，用枕木敲击曲轴右端，使左端轴承装入轴承座内。拧紧右端大盖与机壳的连接螺栓，再装两端的轴承盖。在轴承盖处要衬上青壳纸垫进行密封。要预先装上右端轴承盖内的抛油环。

2. 连杆部件的装配

（1）装配要求　装配时必须用压气吹洗油孔。将小头瓦的十字头销穿入锡青铜套内观察是否转动灵活，并且不能有明显摆动现象。

（2）连杆大小头瓦的刮研　在曲轴的曲拐上涂上一层显示剂，分别将一、二级的大头瓦从机身检查孔放入曲拐轴颈上同时拧紧螺栓，用手盘车检查大头瓦与轴的接触情况，如接触点不符合规定时，要对连杆轴瓦进行刮削研磨工作。刮削大头瓦时，先将轴瓦固定在台式虎钳上，注意夹持时不要碰伤合金部分。一般均是用三角长把刮刀进行刮削。刮研的轴瓦内圆不得出现椭圆度和圆锥度。刮研的质量：轴瓦与轴颈的接触面积要达到 2/3，每平方厘米内接触点要达到 1～3 个点。当刮研合适后用塞尺检查确定轴瓦间隙。

（3）曲轴与大头瓦的瓦口垫配制方法　一般用外径千分尺量取曲轴直径为 D，在不装垫片的情况下将大头瓦扣合，用内径千分尺量取的内径为 D'。即计算瓦口垫片所需厚度值为

$$H=(D+C)-D'$$

式中　H——应垫瓦口垫的厚度，mm；

D——曲轴直径，mm；

C——曲轴同大头瓦间隙（其值见表 6-3）；

D'——未垫垫片前瓦的内圆直径，mm。

（4）装配方法　将大小头瓦间隙找好后涂上机械油，与曲轴和十字销轴连接起来，用对

角方法拧紧螺栓，穿好保险销。

3. 十字头部件的装配

（1）十字头与机身导轨的研配　将研配的十字头送入机身导轨处，按图 6-38 所示的方法用塞尺测试配合间隙（其值见表 6-3），如间隙不合适时，在十字头滑板与十字头体中间处用薄铜垫片调整（见图 6-38 中的 3）。

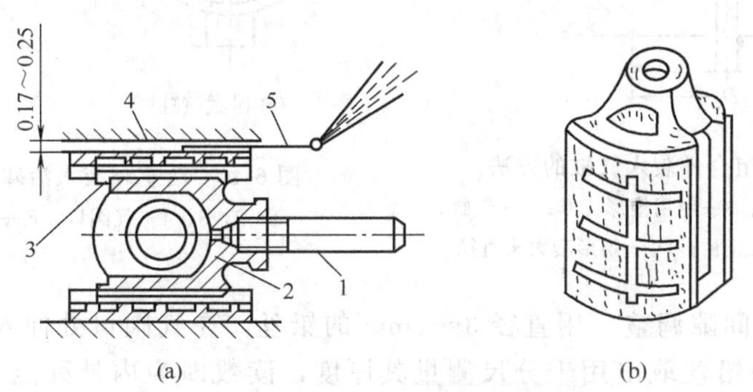

图 6-38　十字头与机身导轨研配

1—短把；2—十字头；3—十字头与滑板连接处；4—机身导轨；5—塞尺

（2）十字头的刮削　刮研时先在十字头外径涂上显示剂，将十字头送入机身导轨处来回推拉数次，根据着色点进行刮削。具体拉动方法为在十字头与活塞杆连接处用一根特制的带丝扣的圆铁短棒，将带丝扣端与十字头螺母连接后用手来回拉动十字头［见图 6-38(a) 中 1］。将十字头取下放在平台上，用三角刮刀刮削，在刮削时一定要注意，防止产生锥度。十字头两端要有倒角，滑板与机身导轨接触面要有油沟和油孔。在其油沟和油孔处要用刮刀修整得圆滑，最后可以在十字头滑板外径上刮出花纹［如见图 6-38(b)］。刮削及间隙配合工作结束后要彻底清洗并特别要注意油沟、油孔的吹洗工作。吹洗油沟和油孔可采用压气吹洗的方法。

4. 填料箱的装配

L 型空压机装配的自紧式三瓣密封圈是由三块带斜口的瓣组成。整圈中有一小孔是定位用的。外面环沟用弹簧箍紧在活塞杆上。为了防止压气泄漏，各组密封圈的斜口都交错放置。为了防止检修装配时错位，出厂时都打了字头号，靠近接口的地方刻上接口记号，所以在装配时必须注意不要把密封编号弄乱。同时也不要将各段密封圈装错。因三瓣密封圈每组都用弹簧箍紧后贴在活塞杆上，装拆都非常不便，所以每组密封圈下端加工了两个 M6 螺孔，以备装拆之用。

5. 活塞与活塞环的装配

（1）活塞组合件的装配　先在活塞杆的顶部拧入一个吊环（见图 6-39），将活塞组合件吊起。通过锥形导向套，将活塞及活塞环吊放到气缸中。锥形导向套用铸铁制成，其尺寸可根据所装活塞环大小不同而制作，为了装拆方便，导向套两边可以制成耳环。当活塞杆吊放通过填料箱时，要注意不要擦伤填料箱内的密封圈。当活塞杆端靠近十字头时，转动活塞杆，使活塞杆螺纹拧入十字头螺孔中。在气缸盖装好后进行调整活塞的内外死点间隙，当达到质量标准要求后，把活塞杆上的防松螺母拧紧。

装配活塞时，其锁口位置要按图 6-40 所示相互错开，并要与气缸上的气阀口、注油孔等位置适当错开。二级气缸的活塞环开口应在气缸的水平两侧。

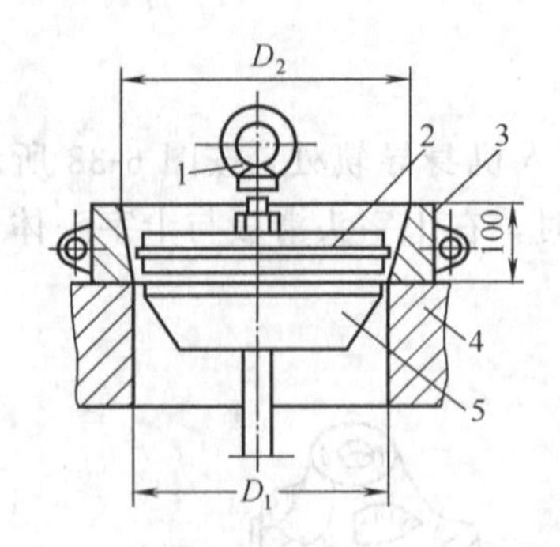

图 6-39　活塞组合件装入气缸的方法

1—吊环；2—活塞环；3—专用锥形工具；4—气缸；5—活塞；D_1—气缸直径；D_2—锥形套大头直径

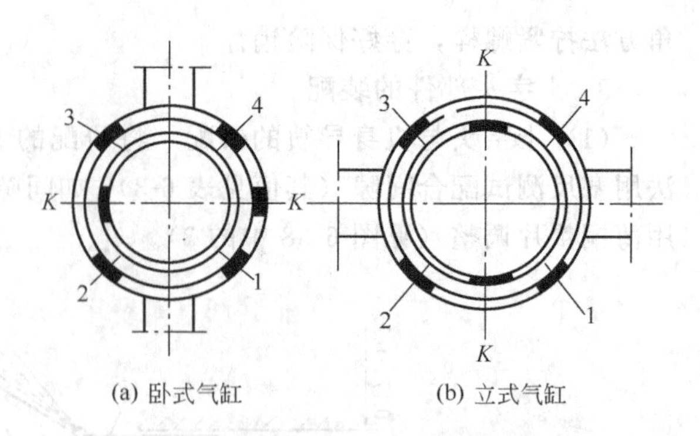

图 6-40　活塞环装入活塞槽中的锁口位置

1，2，3，4—气阀口；K—活塞环锁口位置

（2）内外死点间隙调整　用直径 3～4mm 的铅丝，在气阀口处伸入气缸内用手盘车、压铅丝，把压扁的铅丝取出用千分尺测量其厚度，读数即为内外死点间隙。其调整方法如下。

内死点间隙的调整：将十字头与活塞杆连接的防松螺母松开，拧动活塞杆进行调整，并拧紧防松螺母，再用铅丝压测，按上述方法反复几次，直到符合要求为止。

外死点间隙调整：经用铅丝压测间隙读数达不到要求时，可在气缸端盖上端与气缸端盖接口处加石棉垫进行调整。具体方法是将气缸盖连接螺栓卸掉，缸盖拆下后，将接口处的石棉垫取下来测量，按与实际误差的读数更换合适的石棉垫。

内外死点间隙的允许值见表 6-3 所示。

（3）气缸盖装配　吊装气缸盖可用如图 6-41 所示的专用工具，将气缸盖吊起放到气缸上，紧固好气缸螺栓上的螺母。紧固螺母时一定按顺序进行，扳手力矩要达到规范值。

6. 气阀的装配与安装

（1）气阀组合件的装配

排气阀的装配：图 6-42 所示是气阀装卸专用工具。如图 6-43 所示，将自制工具夹于虎钳上，阀座 1 中心的螺孔插入螺栓 3 后，放在专用工具的锥形卡叉上。将阀片 2 放于阀座 1

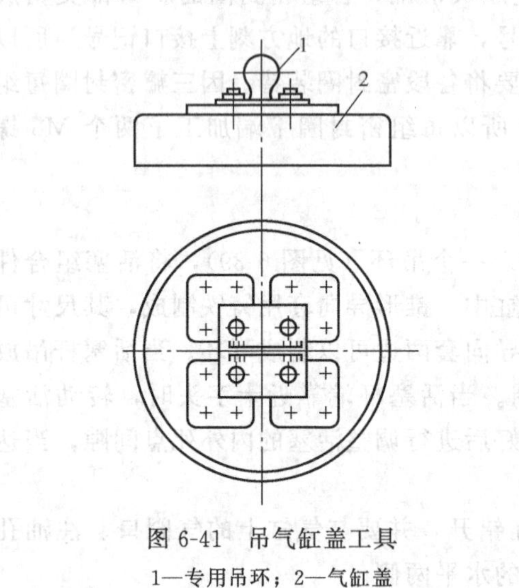

图 6-41　吊气缸盖工具

1—专用吊环；2—气缸盖

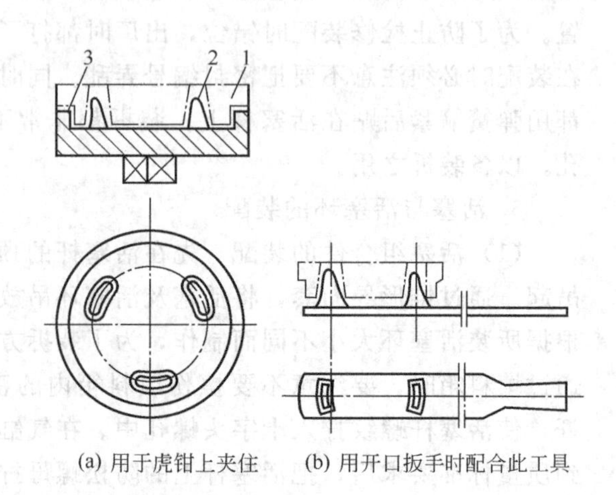

图 6-42　气阀装卸专用工具

1—气阀；2—锥形卡叉；3—阀座

上，弹簧 4 放于阀片 2 上，并与阀盖 5 上的弹簧孔对正装入，拧紧槽形螺母 6（螺母下面应放置一个铅制垫圈)，然后穿好开口销（开口销不要用旧的铁丝、钉子等代替)。

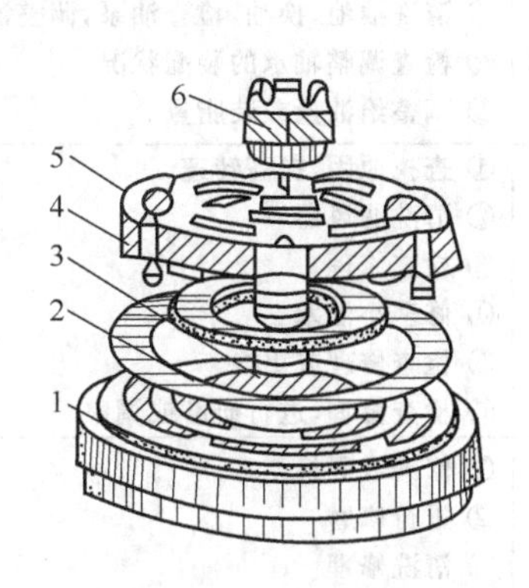

图 6-43　气阀装配

1—阀座；2—阀片；3—螺栓；4—弹簧；5—阀盖；6—螺母

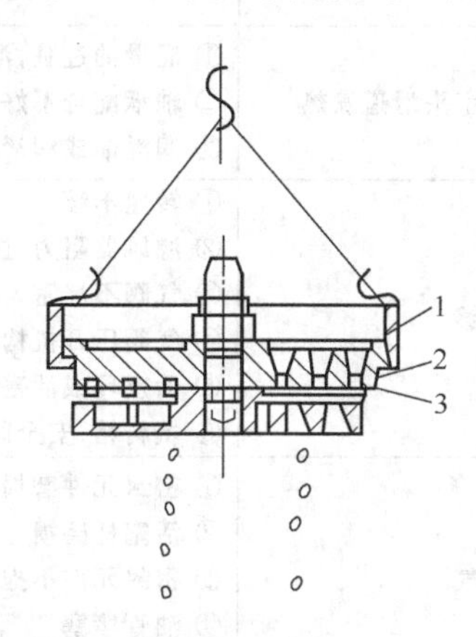

图 6-44　气阀组合件气密性试验方法

1—吊盘；2—气阀组合件；3—煤油

吸气阀的装配：将自制的专用工具夹于虎钳上，将阀盖中心的螺孔拧入螺栓 3 后放在专用工具的锥形卡叉上，将弹簧 4 放入阀盖的弹簧孔中。阀片 2 放于弹簧上，装上阀座后拧紧槽形螺母 6，穿上开口销。

(2) 气阀组合件的检验　气阀中的弹簧无卡住和歪斜现象。气阀和阀片开启或升高程度应符合规范（一般为 2.7mm，二级为 2.2mm)。气阀应注入煤油进行气密性试验，如图 6-44 所示。将气阀放在吊盘上吊起来，以便观察。在 5min 内允许有不连续的滴油、渗油，但其滴漏数应小于 40 滴。

(3) 气阀的安装　气阀组合件往气缸或缸盖上安装时，先在阀座上试转 1～2 周如无卡阻现象，即可装上，要注意用气阀压盖上压紧螺栓将气阀压紧，否则阀会振动发出不正常的响声，易损坏阀片、弹簧等。气阀组合件在空载试车中不装入，只将气阀压盖装上，以防止空载试车时润滑油飞溅出来。

(三) 常见故障及排除方法

活塞式空压机常见故障及排除方法见表 6-4。

表 6-4　活塞式空压机常见故障及排除方法

故障现象	可能原因	排除方法
空压机发出不正常声响	① 气缸的余隙太小 ② 活塞杆与活塞连接螺母松动 ③ 气阀松动 ④ 气缸内掉进阀片、弹簧等碎体或其他异物 ⑤ 活塞端面螺堵松扣，顶在气缸盖上 ⑥ 活塞杆与十字头连接不牢，活塞撞击气缸盖 ⑦ 气阀松动或损坏 ⑧ 活塞胀圈松动	① 调整余隙的大小 ② 锁紧螺母 ③ 检查上紧气阀部件 ④ 立即停机，取出异物 ⑤ 拧紧螺堵，必要时进行修理或更换 ⑥ 调整活塞端面死点间隙，拧紧锁紧螺母 ⑦ 上紧气阀部件或更换 ⑧ 更换胀圈
气缸发热不正常	① 冷却水中断或供水量不足 ② 冷却水进水管路堵塞 ③ 水套、中间冷却器内水垢太多 ④ 注油器有毛病，供油量不足	① 停机检查，增大供水量 ② 检查疏通 ③ 清除水垢 ④ 检修注油器，增大供油量

续表

故障现象	可能原因	排除方法
轴承及十字头滑道发热	① 润滑油过脏,油压过低,油泵有毛病 ② 轴承配合不好 ③ 润滑油或润滑脂过多	① 清洗油池,换油,检查油泵,调整油压 ② 检查调整轴承的装配状况 ③ 调整给油量或装脂量
排气量不够	① 转速不够 ② 滤风器阻力过大或堵塞 ③ 气阀不严密 ④ 气阀压开机构的小活塞被咬住 ⑤ 活塞环或活塞杆磨损,气体内漏 ⑤ 填料箱、安全阀不严密,气体外漏	① 查找原因,提高转速 ② 清洗滤风器 ③ 检查修理 ④ 修理小活塞 ⑤ 检查修理或更换 ⑥ 检查修理,进行研磨或调整
填料箱漏气	① 密封元件磨损 ② 活塞杆磨损 ③ 密封元件不抱合 ④ 油管堵塞 ⑤ 密封元件间垫有脏物	① 修磨或更换 ② 进行修磨 ③ 清洗修理 ④ 检查清洗疏通 ⑤ 检查清洗
油泵压力不够或不上油	① 油池内油量不够 ② 滤油器、过滤元件堵塞 ③ 吸油管、油管不严密或堵塞 ④ 油泵盖板不严密 ⑤ 油泵填料不严密 ⑥ 吸油阀失灵或调得太低 ⑦ 油压表失灵 ⑧ 润滑油质量不符合规格,黏度过小	① 添加润滑油 ② 进行清洗 ③ 检查、紧固、更换或清洗疏通 ④ 检查、紧固 ⑤ 检查、更换填料 ⑥ 检查、修理 ⑦ 检查、修理、调整回油阀的油压 ⑧ 更换润滑油
注油器供油不足	① 柱塞与泵体磨损过大,压力油漏回 ② 管路堵塞或漏油 ③ 油逆止阀不严密	① 更换柱塞或泵体 ② 进行清洗疏通或紧螺母、加垫、更换油管 ③ 进行研磨修理
各级压力分配失调	① 当二级达到额定压力时,一级排气压力过低(低于202.6kPa),一级吸、排气阀损坏漏气 ② 一级排气压力过高(高于233kPa),二级吸、排气阀损坏漏气	① 研磨或更换一级吸、排气阀阀体或阀片、弹簧 ② 研磨或更换二级吸、排气阀阀体或阀片、弹簧
排气温度过高	① 一级进气温度过高 ② 冷却水量不足,水管破裂,水泵出毛病 ③ 水垢过多,影响冷却效果 ④ 气阀漏气,压出高温气体流回气缸,再经压缩而使排气温度增高 ⑤ 活塞环破损或精度不够,使活塞两侧互相串气	① 降低进气温度 ② 更换水管,检修水泵 ③ 清除水套、中间冷却器中的水垢 ④ 研磨阀体与阀片,或更换阀片与弹簧 ⑤ 更换活塞环
气缸中有水	① 水腔或缸体垫片漏水 ② 中间冷却器密封不严或水路破裂	① 拧紧气缸连接螺栓,更换垫片 ② 拆下检修,必要时更换水管

习　题

6-1　活塞式空压机有哪些种类?

6-2　简述活塞式空压机的工作原理。

6-3　解释 VD-0.25/7 型空压机型号的含义。

6-4　实际工作循环与理论工作循环有何不同,是由哪些因素造成的?

6-5　为什么要采用两级压缩，解释两级压缩的实际示功图。

6-6　L型空压机结构有何特点？试说明其压气流程。

6-7　空压机为什么要设滤风器、风包、调节机构、安全保护装置？

6-8　分析L型空压机冷却水路图。

6-9　分析L型空压机润滑方式与回路。

6-10　压气管道为什么要设伸缩管和油水分离器？

第七章　内　燃　机

第一节　概　　述

一、内燃机的应用与分类

（一）内燃机的应用

内燃机是燃料在工作气缸内部燃烧而将热能转变为机械能的热力发动机，它的工质在燃烧前是燃油与空气的混合气，在燃烧后则是燃烧产物。由于内燃机的热效率高、结构简单、比质量（单位输出功率的质量）轻、移动方便，因而被广泛应用于交通运输（陆地、内河、海上和航空）、农业机械、工程机械和发电时作为动力等。

（二）内燃机的分类

内燃机的品种繁多，其主要分类方法如下。

(1) 按活塞运动方式分类　有往复活塞式（简称活塞式）内燃机、旋转活塞式（转子式）内燃机等。

(2) 按所用燃料分类　有柴油机、汽油机、煤气机和沼气机等。

(3) 按一个工作循环冲程数分类　有四冲程和二冲程内燃机。

(4) 按缸内着火方式分类　有点燃式和压燃式内燃机。

(5) 按气缸冷却方式分类　有水冷式内燃机和风冷式内燃机。

(6) 按气缸数目和排列方式分类　有单缸内燃机和多缸内燃机（直列式、V 型、W 型、H 型等）。

此外，内燃机还可按活塞平均速度或额定转速、用途、是否增压等来分类。

二、内燃机的型号编制

根据 GB 725—91，内燃机的名称均按所采用的燃料命名，例如汽油机、柴油机、煤气机、双（多）种燃料发动机等。

内燃机的型号由阿拉伯数字（简称数字）和汉语拼音字母（简称字母）或象形字组成，其排列的顺序和所代表的意义，如图 7-1 所示。

(1) 首部　为产品系列符号和（或）换代标志符号，由制造厂根据需要自选相应字母表示。

(2) 中部　由缸数符号、气缸排列形式符号、冲程符号和缸径符号组成。用数字表示气缸数、气缸直径或行程；用规定符号表示冲程和气缸排列形式。

(3) 后部　为结构特征和用途特征符号。以字母表示。其符号为规定符号。

(4) 尾部　为区分符号。当同系列产品因改进等原因需要区分时，由制造厂选用适当符号标示。

内燃机型号编制举例如下。

CA6102 型汽油机——表示由第一汽车制造厂生产、六缸、直列、四冲程、缸径 102mm 、水冷、车用汽油机。

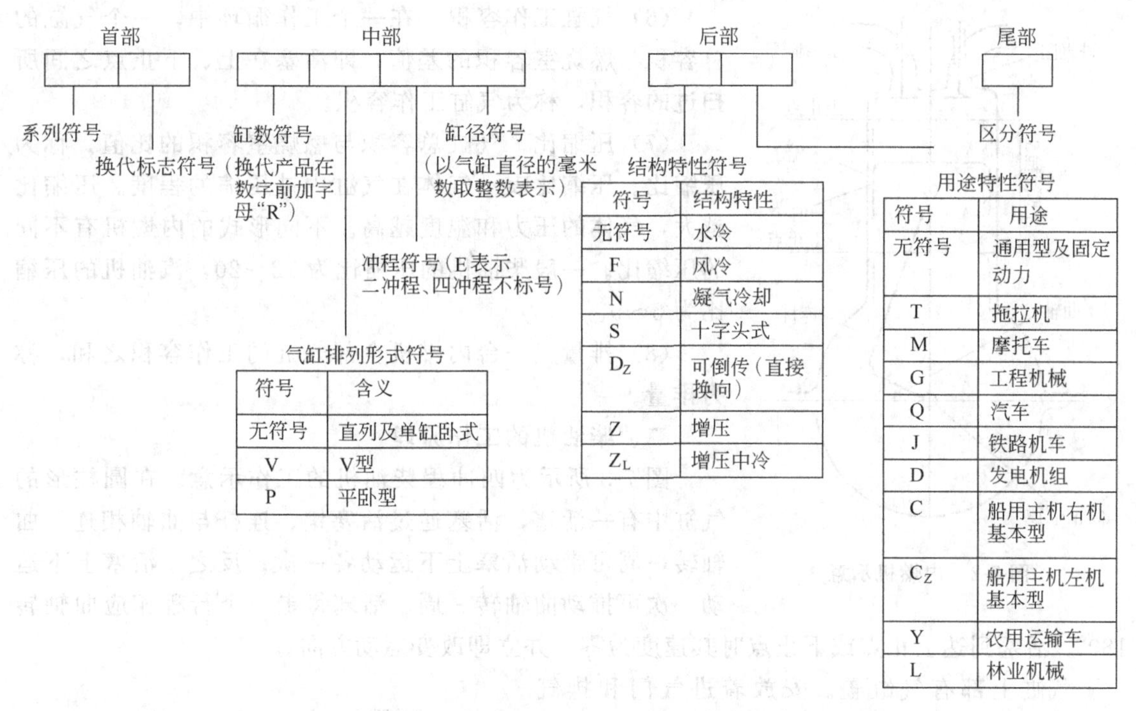

符号	含义
无符号	直列及单缸卧式
V	V型
P	平卧型

符号	结构特性
无符号	水冷
F	风冷
N	凝气冷却
S	十字头式
D_Z	可倒传（直接换向）
Z	增压
Z_L	增压中冷

符号	用途
无符号	通用型及固定动力
T	拖拉机
M	摩托车
G	工程机械
Q	汽车
J	铁路机车
D	发电机组
C	船用主机右机基本型
C_Z	船用主机左机基本型
Y	农用运输车
L	林业机械

图 7-1　内燃机型号的排列顺序及符号规定

EQ6100—1 型汽油机——表示由第二汽车制造厂生产、六缸、直列、四冲程、缸径100mm、水冷、车用汽油机，且为第一次改型后的产品。

YG6105QC 型柴油机——表示由广西玉柴机器股份有限公司生产、六缸、直列、四冲程、缸径 105mm、水冷、车用柴油机，且为第二次改型后的产品。

12VE230ZC$_1$ 柴油机——表示 12 缸、V 型、二冲程、缸径 230mm、水冷、增压、船用主机左机基本型柴油机。

1E65F 汽油机——表示单缸、二冲程、缸径 65mm、风冷、通用型汽油机。

第二节　内燃机的工作原理

一、内燃机的基本术语

往复式内燃机是将液体或气体燃料引入气缸内燃烧，再通过燃气膨胀推动活塞、曲轴连杆机构，从而输出机械功的。

如图 7-2 所示，燃烧气体的压力直接作用在活塞上，推动活塞沿气缸作不等速的高速直线往复运动，经活塞销、连杆和曲轴等组成的曲轴连杆机构，将活塞的直线运动变为曲轴的旋转运动，活塞往复一次可使曲轴旋转一周。

(1) 上止点　活塞距曲轴中心线最大距离时的位置。

(2) 下止点　活塞距曲轴中心线最小距离时的位置。

(3) 活塞行程　活塞运行在上、下两个止点间的距离，称为活塞行程。活塞行程等于曲轴旋转半径的两倍。

(4) 气缸燃烧室容积　活塞在上止点时，活塞顶上气缸的容积称为气缸燃烧室容积。

(5) 气缸总容积　活塞在下止点时，活塞顶上气缸的容积，称为气缸总容积。

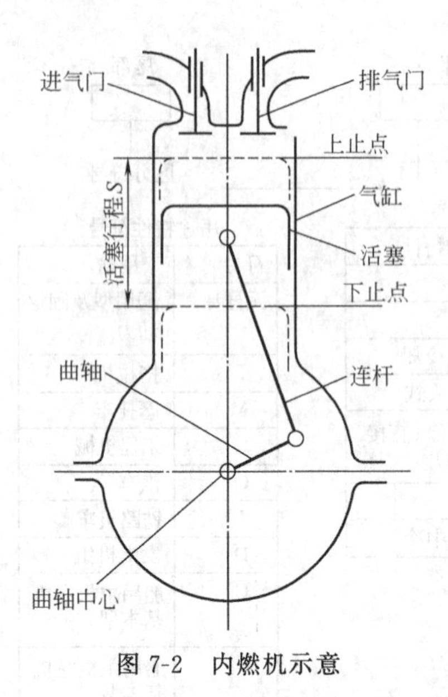

图 7-2 内燃机示意

(6) 气缸工作容积　在一个工作循环中，一个气缸的总容积与燃烧室容积的差值，即活塞在上、下止点之间所扫过的容积，称为气缸工作容积。

(7) 压缩比　气缸总容积与燃烧室容积的比值，称为压缩比。压缩比表示气体在气缸内被压缩的程度。压缩比越大，气体的压力和温度越高。不同形式的内燃机有不同的压缩比。一般柴油机的压缩比为12～20，汽油机的压缩比为5～9。

(8) 排量　一台内燃机全部气缸的工作容积之和，称为排量。

二、柴油机的工作原理

图 7-3 所示为四冲程柴油机的工作示意。在圆柱形的气缸中有一活塞，活塞通过活塞销、连杆与曲轴相连。曲轴转一周可带动活塞上下运动各一次；反之，活塞上下运动一次可推动曲轴转一周。活塞每走一个行程相应曲轴转180°。活塞到达上止点或下止点时其速度为零，并立即改变运动方向。

气缸上部有气缸盖。安放着进气门和排气门，由专门机构保证按时打开或关闭。气缸盖上的喷油器也有专门的机构按时喷入雾状的柴油。

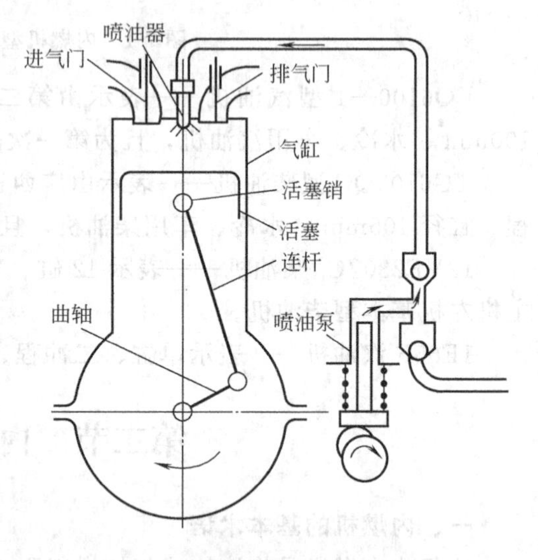

图 7-3 四冲程柴油机示意

气缸能量的转化过程是进气、压缩、膨胀和排气四个阶段，如图 7-4 所示。

(1) 进气冲程（冲程仅在区分内燃机类型时使用）　如图7-4（a）所示，活塞从上止点向下止点移动。活塞向下移动是靠曲轴旋转把它拉下来。这时进气门打开，排气门关闭。由于活塞下移气缸内容积增大，压力随之降低，当低于大气压力时，空气不断被吸入缸内，直到活塞下移到下止点。

(2) 压缩冲程　如图 7-4（b）所示，活塞从下止点向上止点移动，曲轴继续旋转把它推上去。这时进、排气门都关闭，气体受压后温度、压力不断升高（压缩终了时气体压力可达 3～6MPa，温度高达 600～700℃），这为喷入的柴油燃烧创造了条件。

(3) 膨胀冲程　如图 7-4（c）所示，当压缩终了时，喷油器将柴油喷入气缸。油雾在高温下很快蒸发，与空气混合成可燃混合气，并在高温下自行着火燃烧，放出大量热量，使气缸中的气体温度和压力大大上升，压力高达 5～8MPa（有的高达 15MPa），温度高达 1400～2000℃。由于进、排气门是关闭着的，高压气体便膨胀而推动活塞从上止点向下止点移动，推动曲轴旋转。这样，气体的发热就变成了活塞、曲轴的机械运动而做功。随着活塞的下移，气缸内的气体压力逐渐下降，温度也逐渐降低。

(4) 排气冲程　如图 7-4（d）所示，曲轴继续旋转推动活塞由下向上运动。这时排气门打开，进气门关闭。燃烧后的废气受活塞的排挤从排气门排出气缸外。

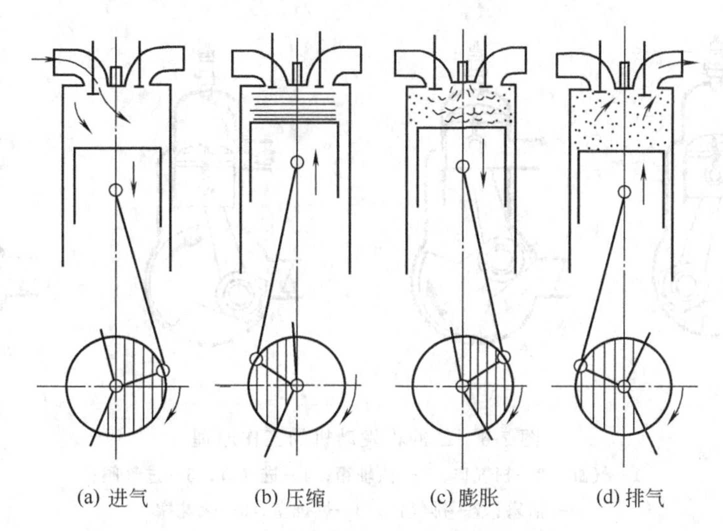

图 7-4　四冲程柴油机的工作循环示意

排气结束后，又开始进入下一次进气。内燃机每进气、压缩、膨胀和排气一次叫做一个工作循环。活塞需要四个冲程（曲轴转两周），才能完成一个工作循环的内燃机叫做四冲程内燃机。

三、汽油机的工作原理

（一）四冲程汽油机工作原理

图 7-5 所示为四冲程汽油机的工作示意。和柴油机一样，每一工作循环同样有进气、压缩、膨胀和排气四个冲程。但由于汽油机用的燃料是汽油，其黏度比柴油小，易蒸发，而其自燃温度却比柴油高，故可燃混合气的形成及点燃方式都与柴油机不同，它与柴油机的差别有以下几点。

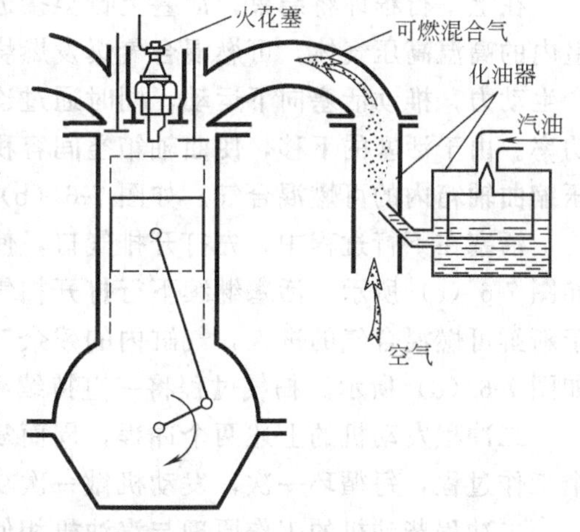

图 7-5　四冲程汽油机示意

① 进气冲程时，进入气缸的不是纯空气，而是可燃混合气。由图 7-5 可知，在进气通道上装有化油器，空气流经化油器时具有很高的速度，将吸出的汽油吹散和汽化，并随同空气一起进入气缸。

② 可燃混合气由电火花强制点火。当活塞压缩到临近上止点时，火花塞及时放出电火花，使可燃混合气点燃，然后膨胀做功，排出废气。

③ 汽油机的压缩比小，约为 5～9。压缩比过大容易产生过早燃烧。

从柴油机和汽油机的工作过程可知，四冲程内燃机工作循环的四个活塞冲程中，只有膨胀冲程是做功的，在这个冲程中，完成了燃油变成热能，又从热能变成机械能的两次能量转换，其余三个冲程则是做功的准备冲程。因此，单缸内燃机曲轴每转两周时只有半周是由于膨胀气体的作用使曲轴旋转，其余一周半则依靠飞轮惯性维持转动。由于单缸内燃机运转不平衡，振动大，这便是采用多缸内燃机的主要原因。

（二）二冲程汽油机的工作原理

曲轴转一圈，活塞在气缸中往返移动一次，完成进（扫）气、压缩、燃烧膨胀、排气一个工作循环的发动机称为二冲程发动机。二冲程发动机的工作原理见图 7-6 所示。

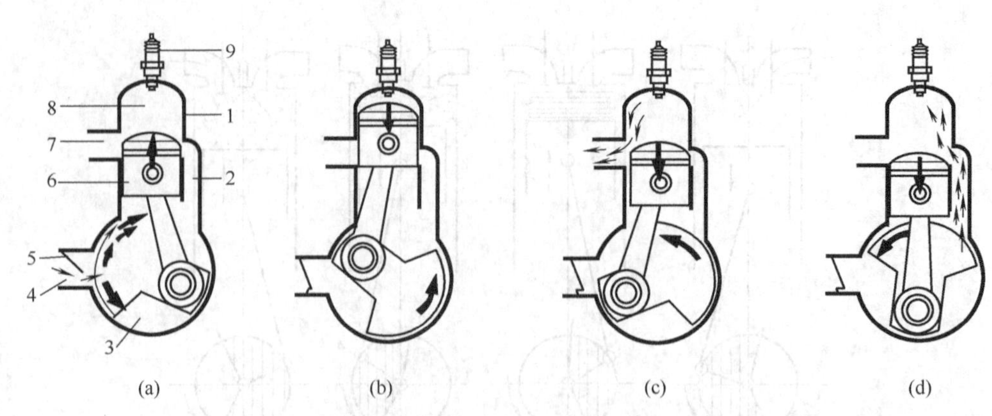

图 7-6　二冲程发动机的工作原理

1—气缸；2—扫气口；3—曲轴箱；4—进气口；5—进气阀；
6—活塞；7—排气口；8—燃烧室；9—火花塞

第一冲程，活塞由下止点运动到上止点，完成进（扫）气和压缩过程。

活塞从下止点向上止点运动时，由上一个工作循环进入曲轴箱的可燃混合气，通过扫气口已填满气缸。活塞上行时压缩被密封在气缸内的可燃混合气，同时，由于活塞上升，密闭的曲轴箱空间容积逐渐增大，使曲轴箱内压力下降，进气阀由于曲轴箱内外的压力差而自动打开，被化油器雾化了的可燃混合气经进气口被吸入曲轴箱。如图 7-6（a）所示。

第二冲程，活塞由上止点运动到下止点，完成燃烧膨胀和排气过程。

在上一行程即将结束，活塞上行至接近上止点时，火花塞跳出火花，点燃被压缩在燃烧室内的高温高压气体，可燃混合气爆发燃烧并迅速膨胀，燃烧室内的温度及压力急剧升高而产生动力，推动活塞向下运动，同时通过连杆将动力传递给曲轴，使曲轴作旋转运动，输出功率。由于活塞的下移，使曲轴箱空间容积逐渐变小，压力升高，从而使进气阀自动关闭并压缩曲轴箱内的可燃混合气。如图 7-6（b）所示。

活塞在下行过程中，先打开排气口，使高温高压废气自动排出，气缸内压力迅速下降，如图 7-6（c）所示。活塞继续下行打开扫气口，曲轴箱内被压缩的可燃混合气进入气缸。由于新鲜可燃混合气的进入，气缸内的残余气将进一步被排挤出去，这就是所谓的扫气过程，如图 7-6（d）所示。扫气过程将一直持续到下一个工作循环的第一冲程。

二冲程发动机的上述两个冲程，周而复始地完成进（扫）气、压缩、燃烧膨胀、排气四个工作过程，每循环一次，发动机做一次功，连续循环，发动机就连续输出功率。

二冲程柴油机的工作原理与汽油机相似，所不同的是进入柴油机气缸不是可燃混合气，而是用纯净空气驱逐废气，因此效率较高。

由于二冲程内燃机每两个冲程就做一次功，因此它具有功率大，运转均匀平衡的优点，但由于换气质量不如四冲程好，特别是汽油机要损失部分汽油，其经济性不如四冲程内燃机，因而应用不广，二冲程汽油机仅在摩托车、微型汽车及启动用发动机上使用。

第三节　内燃机构造

一、内燃机总体构造

内燃机在工作过程中能输出动力，除了直接将燃料的热能转变为机械能的燃烧室和曲柄连杆机构外，还必须具有一些机构和系统予以保证，并且这些机构和系统是互相紧密连接和协调工作的。不同类型和用途的内燃机，其机构和系统的形式不同，但其功用是完全一致的，内燃机通常由下列机构和系统组成。

1. 机体与气缸盖

机体是内燃机的骨架，各种机构和系统都装在机体上，它主要由气缸体、曲轴箱及油底壳等组成。

气缸盖也是一个重要的固定件，它与活塞顶共同形成燃烧室空间。不少零件以及气道和油道也布置在它上面。

2. 曲柄连杆机构

曲柄连杆机构是内燃机的主要运动件，由活塞、连杆、曲轴及飞轮等组成。活塞承受燃气压力，在气缸内作直线运动，通过连杆和曲轴转化为旋转运动，并将动力输出。

3. 供给系

供给系包括燃油供给系，进、排气系统，它们的功用是将燃油和空气及时供给气缸，并将燃烧后的废气及时排出。汽油机燃油供给系的主要部件是化油器，柴油机则是高压油泵和喷油器。进、排气系统的主要部件是空气滤清器、进气管、排气管和消声器。

4. 配气机构

配气机构的功用是定时开启和关闭进气门和排气门。配气机构一般由气门组、传动组和驱动组等组成。

5. 点火系

点火系是汽油机和煤气机特有的系统，因为汽油机的混合气需用电火花来点燃。点火系分为蓄电池点火系和磁电机点火系。它们由火花塞、点火线圈、断电器和分电器组成。

6. 冷却系

内燃机工作时，由于混合气的燃烧会使活塞、气缸、燃烧室及喷油器等零部件受到加热，如不适当地加以冷却，就不能进行正常工作，甚至被烧坏。冷却系分为水冷和风冷两种。水冷是以水作为冷却介质，风冷是以空气作为冷却介质。水冷式内燃机装有水泵风扇、散热器等，气缸体和气缸盖内设有冷却水套，风冷式内燃机的气缸体和气缸盖上则设有散热片。

7. 润滑系

内燃机工作时，必须连续向高速运动机件供给足够的润滑油，以减轻机件的磨损。润滑方式有压力润滑、飞溅润滑和油雾润滑。压力润滑由机油泵将机油送到各高速运动件处，飞溅润滑由曲轴将曲轴箱中的机油甩起飞溅到各运动机件上。对多缸内燃机，上述三种润滑方式同时存在。小型单缸汽油机则采用飞溅和油雾润滑。

8. 启动装置

内燃机不能自行启动，必须借助外力使之运转着火燃烧，以达到自行运转状态。因此内燃机设有专用的启动装置。手摇启动的内燃机设有启动爪，马达启动的装有启动电机，用压缩空气启动的装有压缩空气启动装置等。

图 7-7、图 7-8 所示为多缸柴油机 6110A 型纵横剖面，图 7-9、图 7-10 所示为多缸汽油机 EQ6100-1 型纵横剖面。

二、内燃机的机体组件

内燃机机体组件包括机体、气缸套、气缸盖和油底壳等。这些零件构成了内燃机的骨架，

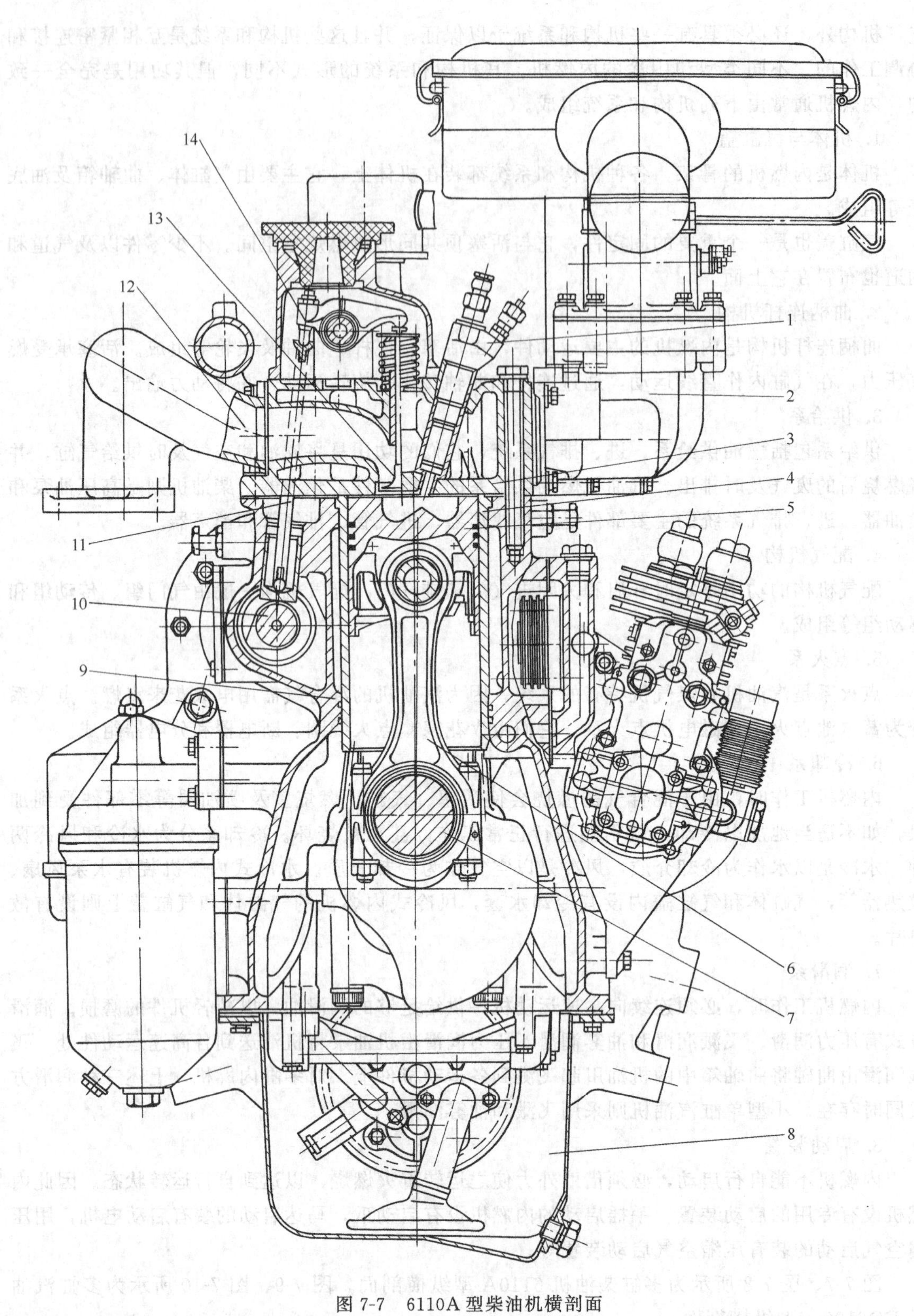

图 7-7　6110A 型柴油机横剖面

1—喷油器；2—进气管；3—气缸盖；4—气缸套；5—活塞；6—连杆；7—曲轴；8—油底壳；9—机体；10—凸轮轴；11—推杆；12—排气管；13—排气门；14—摇臂

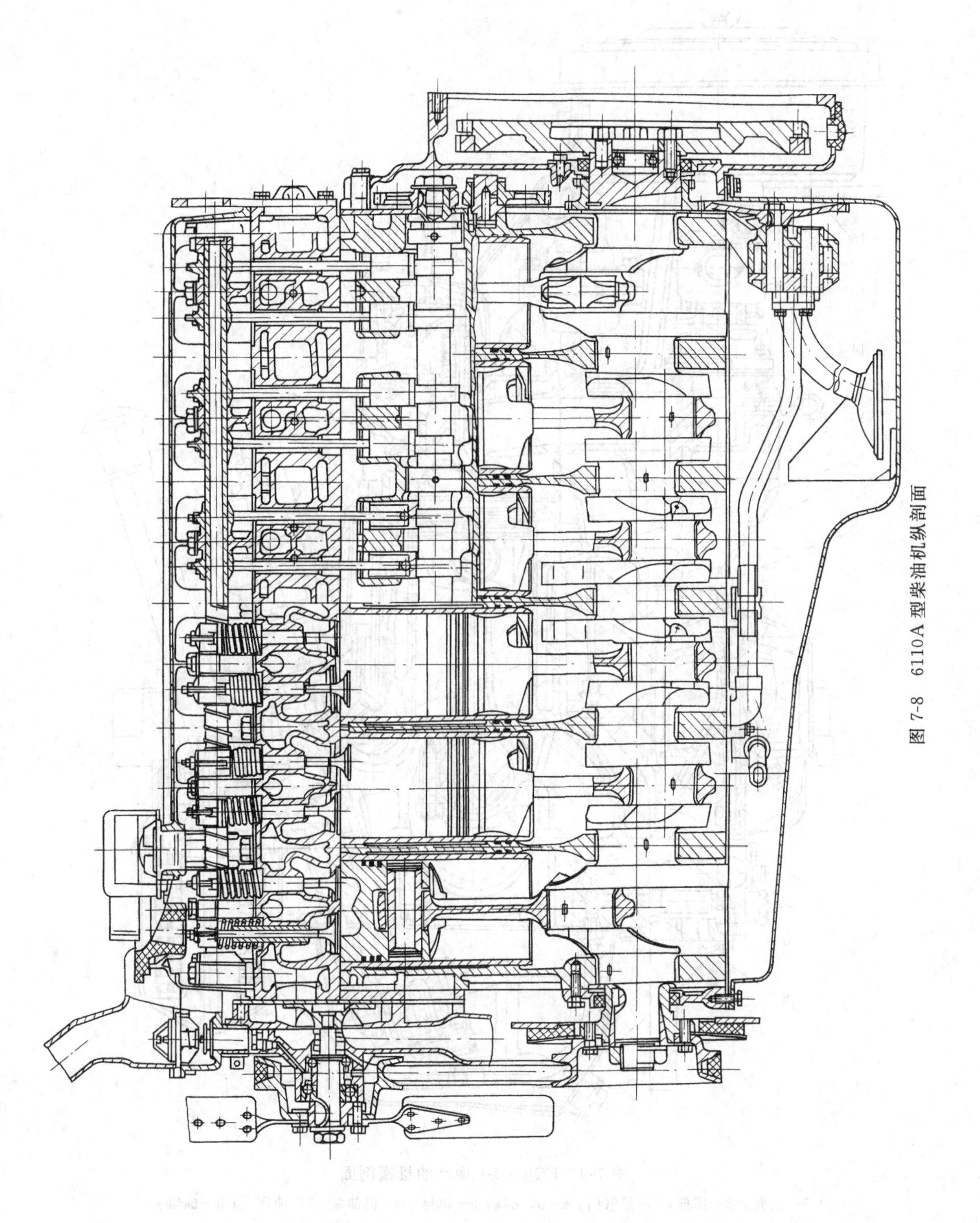

图 7-8 6110A 型柴油机纵剖面

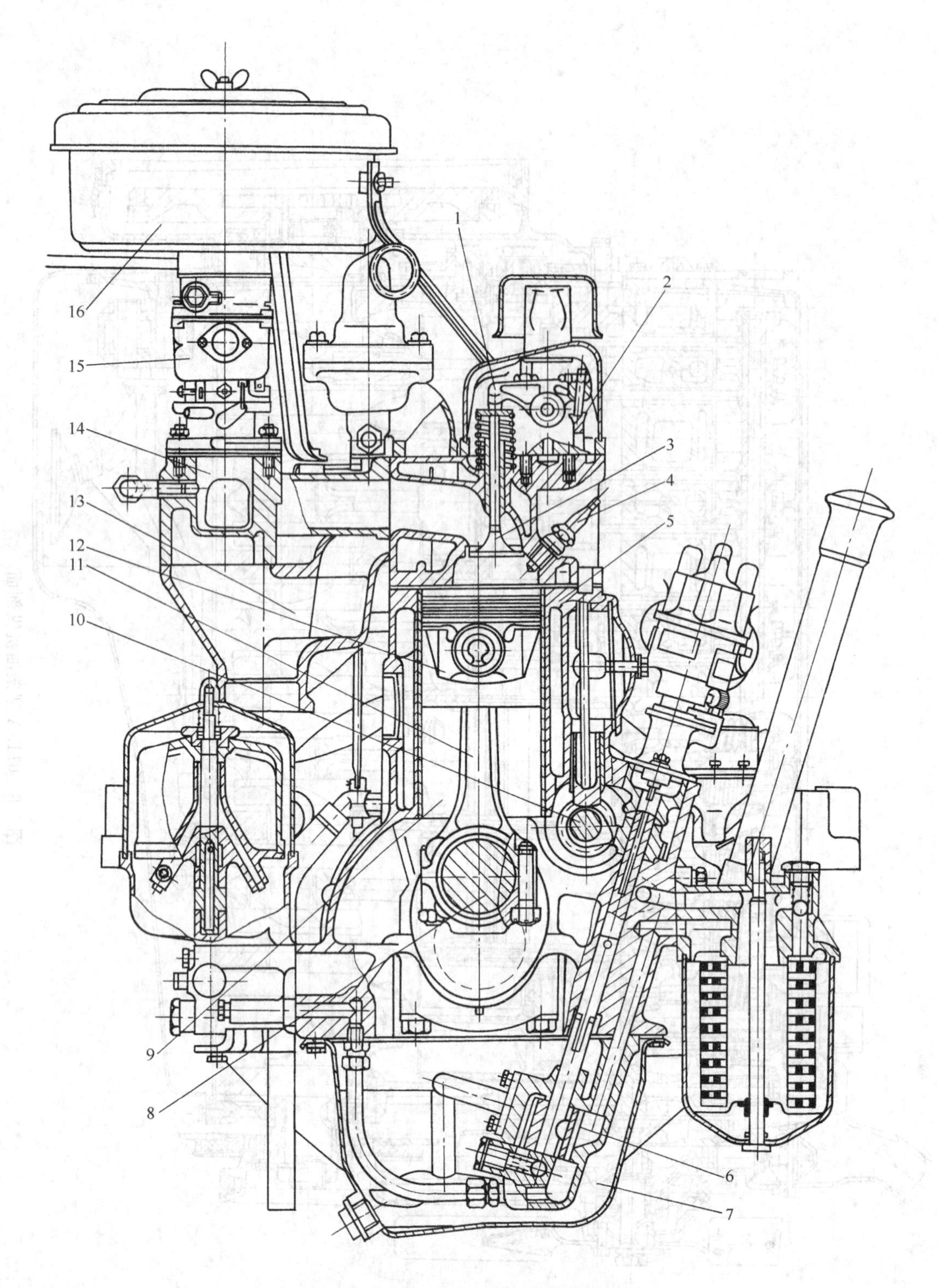

图 7-9　EQ6100-1 型汽油机横剖面

1—摇臂；2—推杆；3—进气门；4—火花塞；5—机体；6—机油泵；7—油底壳；8—曲轴；9—气缸套；10—凸轮轴；11—连杆；12—活塞；13—排气管；14—进气管；15—化油器；16—空气滤清器

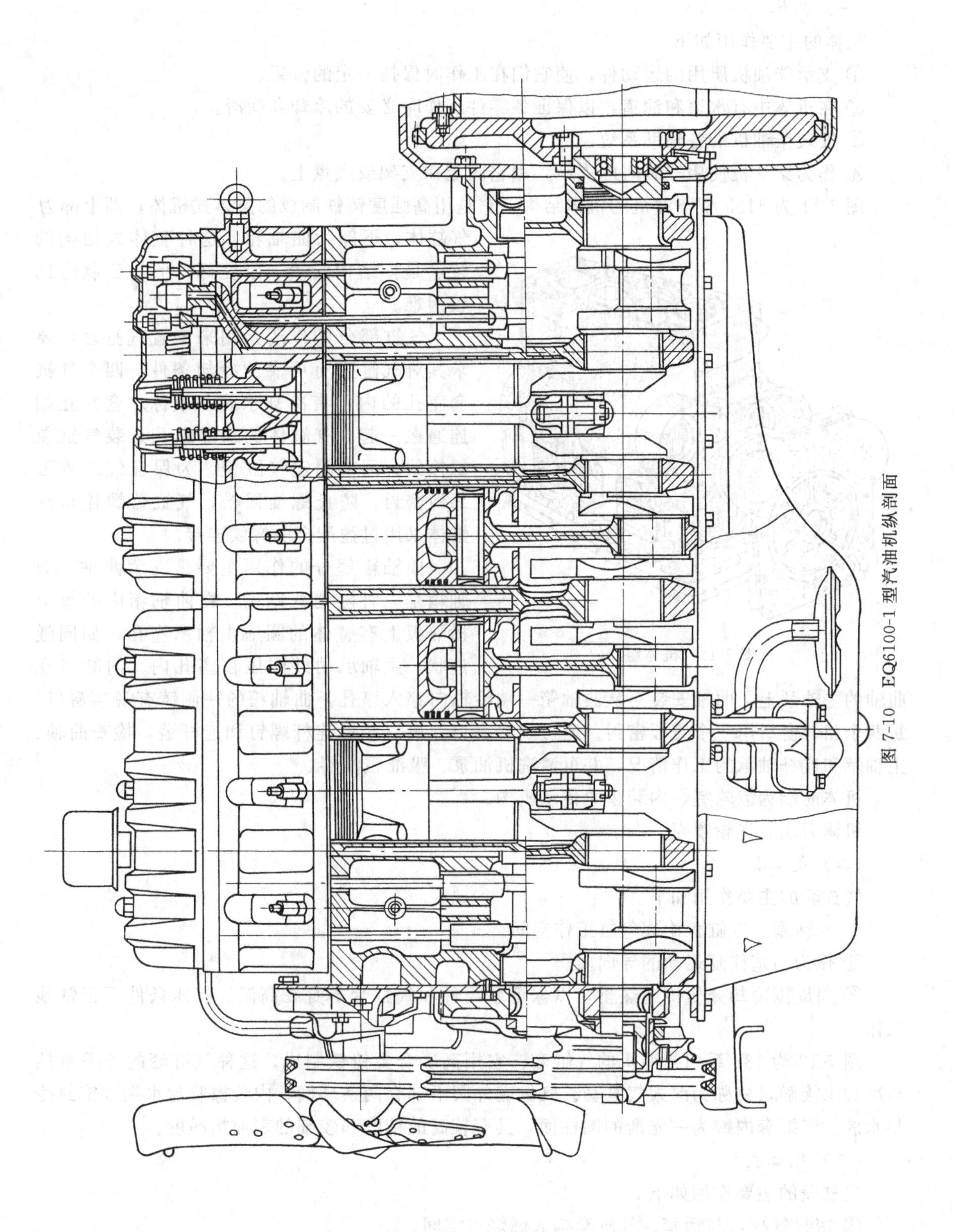

图 7-10　EQ6100-1 型汽油机纵剖面

所有运动件和辅助系统都安装在上面。下面以柴油机机体组件为例加以说明。

（一）机体

机体的主要作用如下。

① 支承柴油机所用的运动件，使它们在工作时保持一定的位置。

② 在机体中有水道和油道，以保证各零件工作时必要的冷却和润滑。

③ 安装柴油机的各辅助系统。

④ 作为柴油机使用安装时的支承，用它固定在支架或底盘上。

图 7-11 为 4135 型柴油机的机体结构，它是用高强度铸铁制成的整体式机体，即上部为气缸体，下部为曲轴箱。这种整体式结构的特点是：结构紧凑、刚度好，但加工制造比较困难。

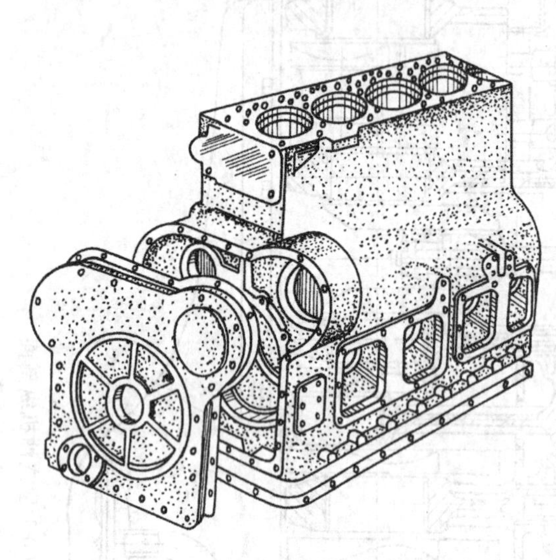

图 7-11　机体组

气缸部分的作用是用来安置气缸套，要求其对气缸套有可靠的冷却条件。四个气缸套座孔的内部有冷却水腔（或称水套）互相连通在一起。气缸体的顶部螺孔是装气缸盖螺栓的，用来固定气缸盖。为保证气缸盖可靠地密封，防止螺栓回松，气缸盖螺栓与气缸体采用过盈配合的螺纹连接。

曲轴箱部分的作用主要是支承曲轴。曲轴箱是一种隧道式结构。在曲轴箱内的每个横隔板上有整体的圆形主轴承座孔，如同隧道状。主轴承的外圈压在座孔内，内圈装在曲轴的主轴颈上，曲轴安装是从曲轴箱一端沿轴向穿入座孔。曲轴箱的一侧铸有观察窗口，每两个相邻窗口用一个盖板密封。通过观察窗口，可以装拆连杆螺钉和连杆盖，检查曲轴、主轴承和连杆轴承的工作情况，并可清洗机油泵、吸油粗滤器。

机体前端为齿轮室，内装齿轮传动机构。

机体后端装飞轮罩壳。

（二）气缸套

气缸套的主要作用如下。

① 与活塞、气缸盖构成气缸工作空间。

② 作为活塞往复运动的导向面。

③ 向周围冷却介质传递热量，以保证塞组件和气缸套本身在高温、高压条件下正常地工作。

图 7-12 为 135 系列柴油机的气缸套。它用高磷合金铸铁制成。这种气缸套的外壁直接与冷却水接触，故称为湿式气缸套。气缸套外圆下部有两条环槽，内装橡胶封水圈以密封冷却水腔。气缸套内壁为一光滑的圆柱面，具有较高的精度和较细的表面粗糙度。

（三）气缸盖

气缸盖的主要作用如下。

① 密封气缸，与活塞、气缸套构成燃烧室空间。

② 构成柴油机的进、排气通道。

③ 安装柴油机的某些零部件，如进、排气门、气门摇臂、喷油器等。

图 7-13 为 135 系列柴油机的气缸盖。它用高强度铸铁制成。这种气缸盖是双缸式结构，即相邻两气缸共用一个气缸盖。

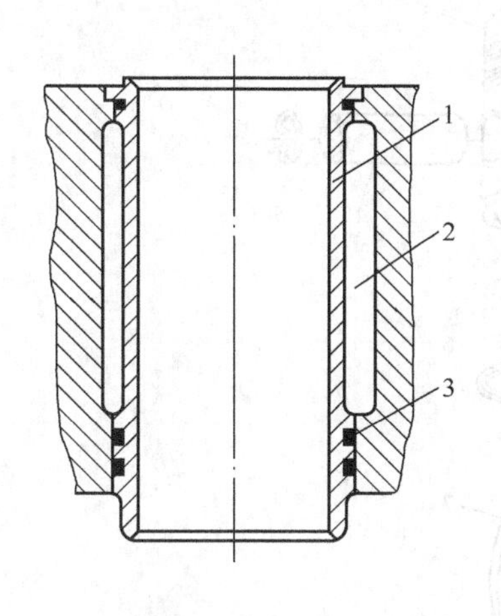

图 7-12 气缸套

1—气缸套；2—水套；3—环槽

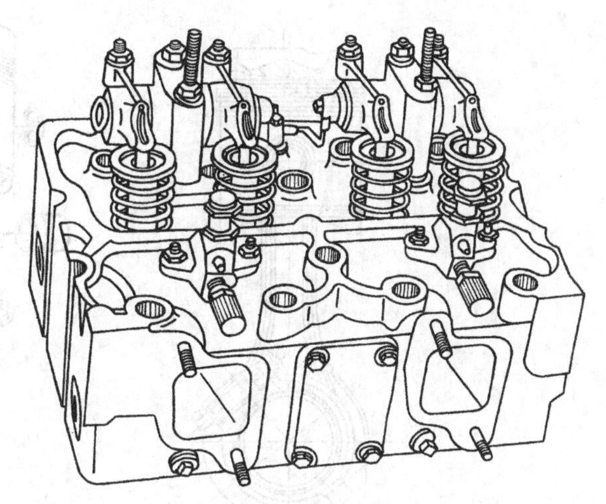

图 7-13 气缸盖

气缸盖上对应于每个气缸位置装一个进气门和一个排气门，通过进、排气道，分别与气缸盖两侧面的进、排气口相通。进气道制成螺旋状，使空气流入燃烧室时，形成强烈涡流促使燃油与空气均匀混合。

喷油器倾斜地装在气缸盖上面，并露在气缸盖的罩壳外，便于拆装。

气缸盖顶面装有气门摇臂机构，摇臂座用螺栓固定在气缸盖上。

气缸盖底平面压在气缸体的接触平面上，两者之间装有气缸垫，用以保证气缸上部的密封性。每个气缸盖上有十个螺栓孔。两侧还有四个半圆形槽，装配时相邻两气缸盖紧靠在一起，对应两个半圆形槽构成螺栓孔，合用一个螺栓压紧。

（四）油底壳

油底壳的作用是封闭曲轴箱，防止脏物进入机体内。同时储存机油，以供润滑系统用。

图 7-14 为 4135 型柴油机的油底壳结构。它用钢板焊接制成，在油底壳侧面有放油口和用来检查油面高度的油标尺座孔。

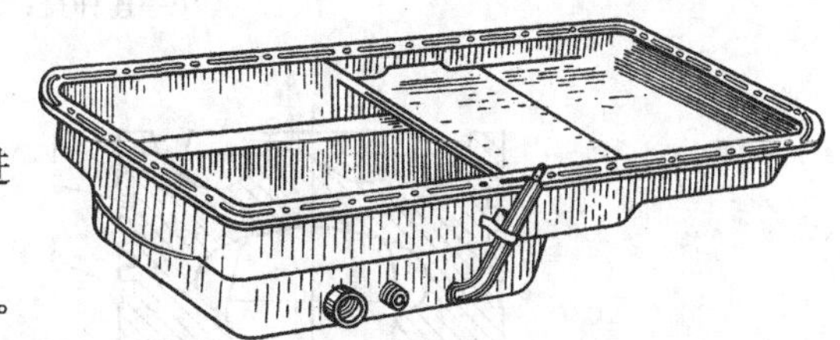

图 7-14 油底壳

这是一种深井式结构，当柴油机倾斜 25°时仍能正常工作。

三、内燃机的曲柄连杆机构

曲柄连杆机构由活塞连杆组和曲轴组组成。

（一）活塞连杆组

活塞连杆组的结构如图 7-15 所示。

它由气环 1、油环 2、活塞 3、活塞销 4、锁簧 5、连杆衬套 6、连杆杆身 7、轴瓦 8、定位套筒 9、连杆盖 10 和连杆螺钉 11 构成。

（1）活塞 活塞如图 7-16 所示，活塞的构造由顶部 1、环槽 2 和 3、活塞销座 4 和裙部

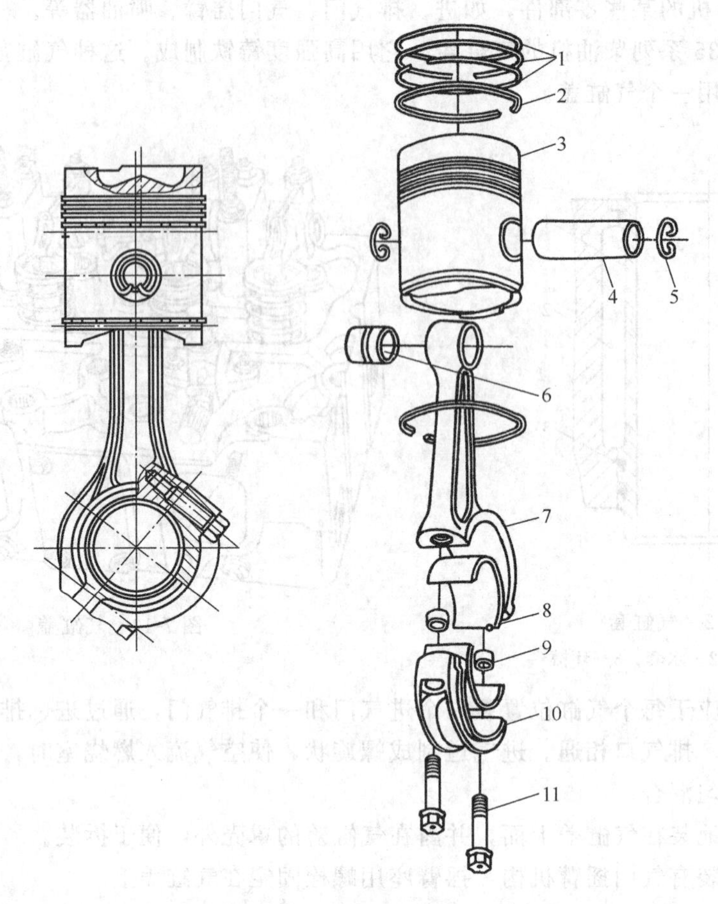

图 7-15 活塞连杆组

1—气环；2—油环；3—活塞；4—活塞销；5—锁簧；
6—连杆衬套；7—连杆杆身；8—轴瓦；9—定位套筒；
10—连杆盖；11—连杆螺钉

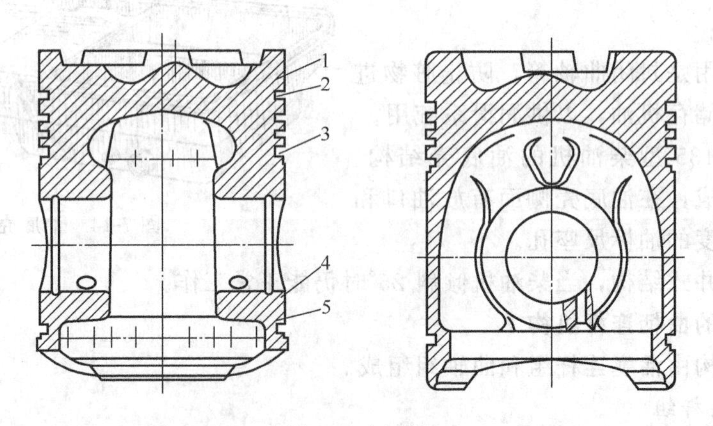

图 7-16 活塞

1—顶部；2，3—环槽；4—活塞销座；5—裙部

5 等部分组成。

活塞顶部是燃烧室的组成部分，有一个偏置的 W 形凹槽，与倾斜安装的喷油器相对应。

顶面上还有两个气门避碰凹槽。

活塞上有五条环槽，上面三条环槽内装气环，下面两条环槽内装油环。

活塞销座用来安装活塞销。活塞所承受的作用力，都经活塞销传给连杆。

裙部是活塞往复运动的导向部分。由于连杆的摆动，活塞在运动过程中对气缸壁要产生侧压力，为了使裙部承受侧压力的两侧受压均匀，并使裙部与缸壁保持最小而又安全（不因热胀而卡在气缸内）的间隙，要求活塞在工作状态保证具有正确的圆柱形。

（2）活塞环　活塞环有气环和油环两种。由于气缸和活塞之间必须留有一定的热胀间隙，若不加以密封，气缸中的气体会向曲轴箱泄漏，造成压缩后压力不高，柴油机性能变坏，甚至无法工作。另外，气缸与活塞之间的润滑油若不及时刮掉，就会窜入燃烧室烧掉，使机油消耗量增加，同时会产生燃烧室积炭、排气冒烟等不良现象。

活塞上气环的作用是密封气缸，防止气体漏入曲轴箱，并传送活塞顶部所吸收的热量至气缸壁，由冷却水带走。

活塞上油环的作用主要是刮油，使机油在气缸壁上分布均匀，并防止过多润滑油窜入燃烧室。

图 7-17 为活塞环的结构，图 7-17（a）为气环，图 7-17（b）为油环。

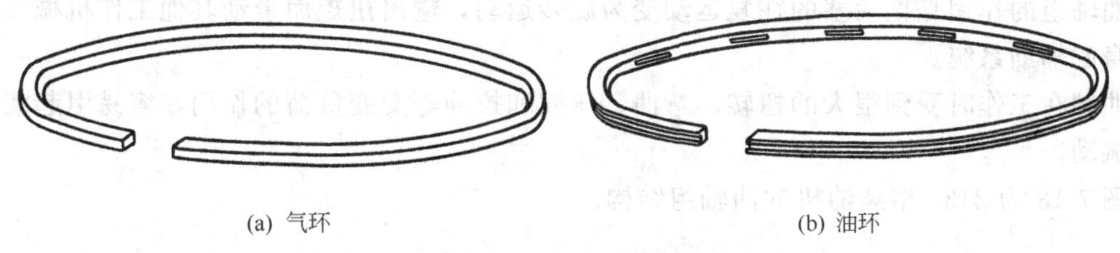

(a) 气环　　(b) 油环

图 7-17　活塞环

活塞环用合金铸铁制成，具有较好的耐磨性和一定的弹性。为提高表面的耐磨性，第一道气环采用多孔性镀铬。

活塞环在自由状态时不是一个整圆环，而是比气缸直径大的开口环；随同活塞装入气缸时，依靠自身的弹性使外圆与气缸壁紧密贴合。此时其开口处仍留有一定间隙，以便热胀有余地，称为开口间隙。但此间隙不能过大，以免严重漏气漏油；而间隙过小，则又会因热胀而造成卡死或产生折断。

活塞环随同活塞装入气缸时，各环的开口方向应相互错开，而不要让相邻两环的开口在同一位置上，以减少泄漏现象，提高密封性能。

（3）活塞销　活塞销的作用是连接活塞和连杆。

活塞销用低碳合金钢制成，表面经渗碳淬火，具有很高的硬度和耐磨性，而内部则保持较高的韧性，以适应工作时能承受交变的冲击载荷。

活塞销常做成空心状，其目的是为了保证在一定的强度和刚度条件下。尽量减轻质量，以减小往复运动的惯性力。

活塞销与销座及连杆小头的连接采用浮动式，工作时活塞销可在销座孔和连杆小头孔中产生缓慢的转动，使磨损均匀。同时由于浮动活塞销的载荷分布均匀，可提高活塞销的疲劳强度。

由于活塞材料的热胀系数比活塞销的热胀系数大，故常温下的配合应略有过盈，通常采用加热活塞的方法；将活塞销装入。

为了防止活塞销工作时产生轴向窜动而刮伤气缸壁，在活塞销两端装有锁簧。

(4) 连杆　连杆的作用是连接活塞和曲轴，并将活塞的往复运动转变为曲轴的旋转运动。

连杆在工作时进行着复杂的摆动运动，同时承受活塞传来的气体压力、往复运动惯性力和本身摆动时的惯性力。因此，要求连杆应具有足够的强度和刚度，为了减小惯性力的影响，连杆的质量应尽量轻。

连杆用 40Cr 合金钢制成。连杆小头与活塞销连接，在小头孔中装有衬套。连杆衬套用 ZQPb12-8 铅青铜制成。连杆大头做成分开形式，与连杆盖组合构成曲轴连杆轴颈的轴承。大头做成斜切口，其切口与连杆轴线成 40°夹角，这种形式可使连杆大头的横向尺寸缩小，便于装拆。连杆大头与连杆盖用两个定位套筒定位，以保证装配精度。

连杆大头与小头的连接部分称为杆身，其截面做成“工”字形，这种截面在同样的截面面积下，抗弯性能最好，可获得较高的刚度和强度，并使连杆质量大为减轻。

两块连杆轴瓦用 08 钢壳、锡基轴承合金挂衬制成。每块轴瓦的中分面处有一凸舌，嵌入相应的座孔凹槽中，用以防止轴瓦的转动。

(二) 曲轴组

曲轴组的作用是把活塞的往复运动变为旋转运动，输出扭矩而带动其他工作机械和柴油机自身的辅助系统。

曲轴在工作时受到很大的扭转、弯曲、压缩和拉伸等交变负荷的作用，容易引起疲劳损坏和振动。

图 7-18 为 2135 型柴油机的曲轴组结构。

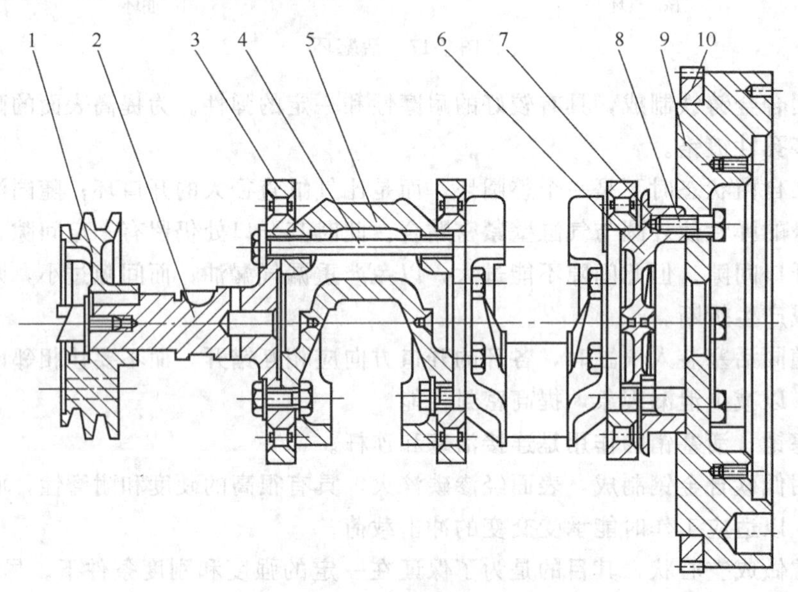

图 7-18　曲轴组

1—带盘；2—前轴；3—轴承；4，8—螺栓；5—曲拐；6—曲轴盖；7—甩油圈；9—飞轮；10—齿圈

曲轴由两个曲拐、前轴和曲轴盖组成，用螺栓 4 相互连接。每个曲拐都是由连杆轴颈和两侧的盘形曲柄臂所构成。曲柄臂还兼作主轴颈用，主轴颈上用热压配合的方法装有轴承 3。

为了保证柴油机运转的平稳性，柴油机曲轴的曲拐上铸有平衡其固有不平衡惯性力和力矩的平衡重块；另外，在传动端的带轮上也铸有重块，而在飞轮的相应位置上钻有去重孔。曲轴组装成一体后应进行动平衡试验。

曲轴盖上装有甩油盘和加工有挡油螺纹；是阻止润滑油外泄用的；曲轴的前轴上还装有主动齿轮，用以带动柴油机自身的其他运动机件。

飞轮是一个具有很大转动惯量的圆盘形零件，连接在曲轴盖端上。它的作用是保持曲轴均匀地旋转。

在飞轮上安装联轴器等装置后，可输出动力而带动其他工作机械。飞轮上的启动齿圈是供柴油机启动时输入转矩用的。

四、柴油机的配气机构和进排气系统

（一）配气机构的组成

配气机构的作用是按照柴油机的工作次序，定时地打开或关闭进气门或排气门，使新鲜空气进入气缸和废气从气缸内排出。

135 系列柴油机采用顶置气门式配气机构。

顶置气门式配气机构的工作过程如下。

如图 7-19 所示，凸轮轴 1 由曲轴通过正时齿轮带动旋转，随着凸轮升程增大，挺柱 2、推杆 3 上升，摇臂 5 摆动并克服气弹簧 8、9 的弹力，而将气门 10 向下推动，逐渐开启。当凸轮最大升程的位置与挺柱接触时，气门开得最大。凸轮继续转动，凸轮升程逐渐减小。气门在气门弹簧的弹力作用下，向上逐渐移动而关小。

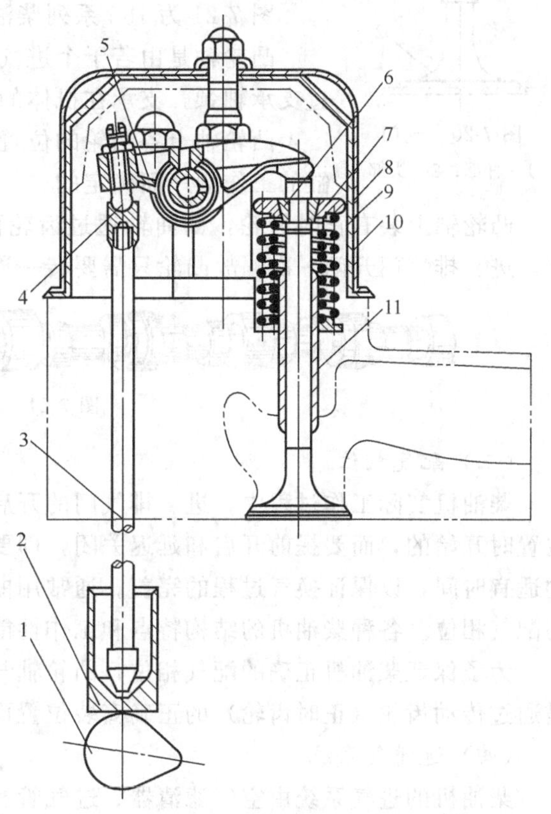

图 7-19　配气机构的结构

1—凸轮轴；2—挺柱；3—推杆；4—螺钉；5—摇臂；6—锁片；7—弹簧座；8，9—弹簧；10—气门；11—导管

气门由气门导管 11 导向。气门的弹簧座 7 用两个半锥形锁片 6 与气门尾部定位。

柴油机在工作时，气门因温度升高而要热胀伸长，如果在冷态时传动之间无一定的间隙或间隙过小，则在热态时，气门将关闭不严，而造成气缸漏气，影响柴油机的正常工作。为避免这种情况，在冷态时的气门杆端面与摇臂之间留有一定的间隙，称为气门脚间隙。它通过调整螺钉 4 来调整到要求的数值。

（二）配气机构的主要零件

（1）气门　气门的作用是控制进、排气道的开启和关闭，有进气门和排气门两种。图 7-20 为 135 系列柴油机的气门结构。它用耐高温的 4Cr10Si2Mo 优质合金钢制成。

气门有头部 2 和杆部 1 两部分。杆部用作导向，与气门导管的配合间隙要求很小，表面淬硬至 HRC30～37，并经磨光。杆部端面与摇臂接触，受到频繁的冲击和摩擦，因而要求淬硬至 HRC50 以上。

气门的头部有一圆锥面，用以与气缸盖上的气门座相互研磨后紧密接触。排气门的锥角

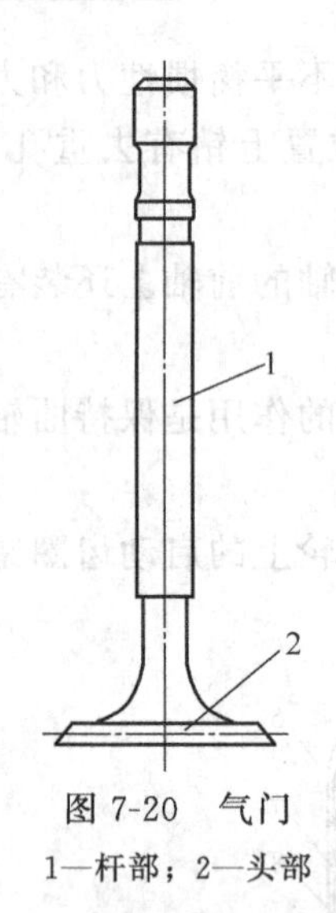

图 7-20　气门
1—杆部；2—头部

采用45°，进气门的锥角采用30°。进气门采用较小的锥角，是使气门在相同的升程下，可得到较大的通道面积，但气门刚度较弱。排气门则由于工作温度比进气门高，为了保证高温下具有较高的刚度，故采用45°锥角。

气门杆部与头部之间采用大圆弧连接，可以减小气体流通阻力和减少应力集中。

(2) 凸轮轴　凸轮轴的作用是通过传动机件（挺柱、推杆、摇臂）准确地按一定的时间控制气门的开启和关闭。

图 7-21 为 135 系列柴油机的凸轮轴结构。它用球墨铸铁制成。

凸轮轴是由若干个进气和排气凸轮以及支承轴颈所构成。凸轮轴通过支承轴颈，支承在机体的轴承上。

凸轮轴上各凸轮的位置在圆周方向都错开一定的角度，它是根据气缸的工作顺序而确定的。

凸轮轴上装有正时齿轮，由曲轴通过齿轮而驱动。在四冲程柴油机中，曲轴每旋转两周，进、排气门开闭一次，故凸轮只需要转一周。

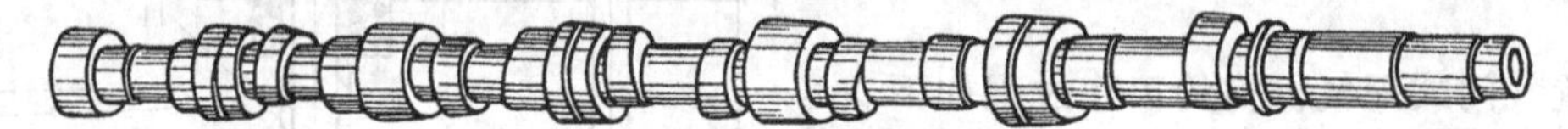
图 7-21　凸轮轴

(三) 配气相位

柴油机实际工作过程中，进、排气门的开启和关闭，并不是当活塞位于上止点或下止点位置时开始的，而要提前开启和延迟关闭，即要早开迟关。同时，要求开启和关闭都有一定的适宜时间，以保证换气过程的完善。通常用曲轴转角来表示进、排气门的开关时刻，即称为配气相位。各种柴油机的结构特点和工作性能不同，其配气相位也不同。

为了保证柴油机正确的配气相位，凸轮轴与曲轴之间必须保持严格的相对安装位置，它是通过传动齿轮（正时齿轮）的正确安装位置而达到的。

(四) 进排气系统

柴油机的进气系统由空气滤清器、进气管和气缸盖中的进气道等组成。

柴油机工作时，新鲜空气通过进气系统进入气缸。为了使进入气缸的空气不致因受热而影响进气量，一般都将进气管和排气管分别装在气缸盖的两侧。同时要求通道截面积足够大和通道的流通阻力最小。

图 7-22 为 135 系列柴油机所用的一种干式空气滤清器。它是一个在内部装有滤心的铁壳。工作时，空气从进气口被吸入，经过带微孔的纸质滤心后，空气中的灰尘杂质便被过滤在滤心外面，比较干净的空气穿过滤心由出气口流出，经过进气管、进气道而进入气缸。

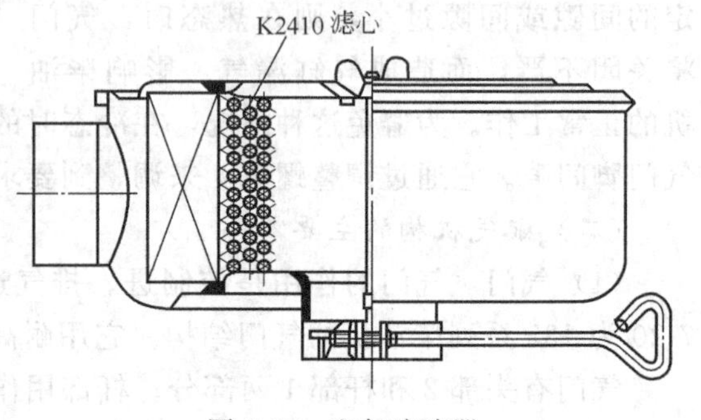

图 7-22　空气滤清器

柴油机的排气系统由气缸盖中的排气道和排气管等组成。

柴油机工作时，高温废气从排气管中一股股地排出，产生强大的气流波动，排气噪声很大；同时，在排出的高温气体中，还常带有火星。把排气管引出增长，并使直径增大，可起消声作用。在排气出口处装上金属网，可以消除火星。有的柴油机要求消声和灭火效果更好时，则应在排气出口处装上排气消音器。

五、柴油机的燃料供给系统

柴油机燃料供给系统的作用是按工作过程的需要，定时地向气缸内喷入一定数量的燃料，并使其良好地雾化，与空气形成均匀的可燃混合气。

燃料供给系统由燃油箱、输油泵、燃油滤清器、喷油泵、喷油器、调速器及燃油管系等组成。输油泵把燃油从油箱吸入后送至燃油滤清器，经过滤清后进入喷油泵，在喷油泵内燃油压力被提高后，按不同工况所需的供油量，经高压油管送至喷油器，最后喷入气缸。

（一）喷油器

喷油器的作用是将燃油雾化成较细的颗粒，并把它们分布到燃烧室中。根据柴油机混合气形成与燃烧的要求，喷油器应具有一定的喷射压力、射程和合适的油束锥角。此外，喷油器在规定的停止喷油时刻应能迅速地切断喷射，而不发生燃油滴漏现象。

图 7-23 所示为 135 系列柴油机所用的喷油器结构。这是一种闭式喷油器，它在不喷油时，喷孔被针阀所关闭。喷油孔有四个，直径为 0.35mm，喷射压力调整在 17～18MPa。

喷油器的主要零件是针阀 1 和针阀体 2 组成的针阀偶件（喷油器偶件），其圆柱面的配

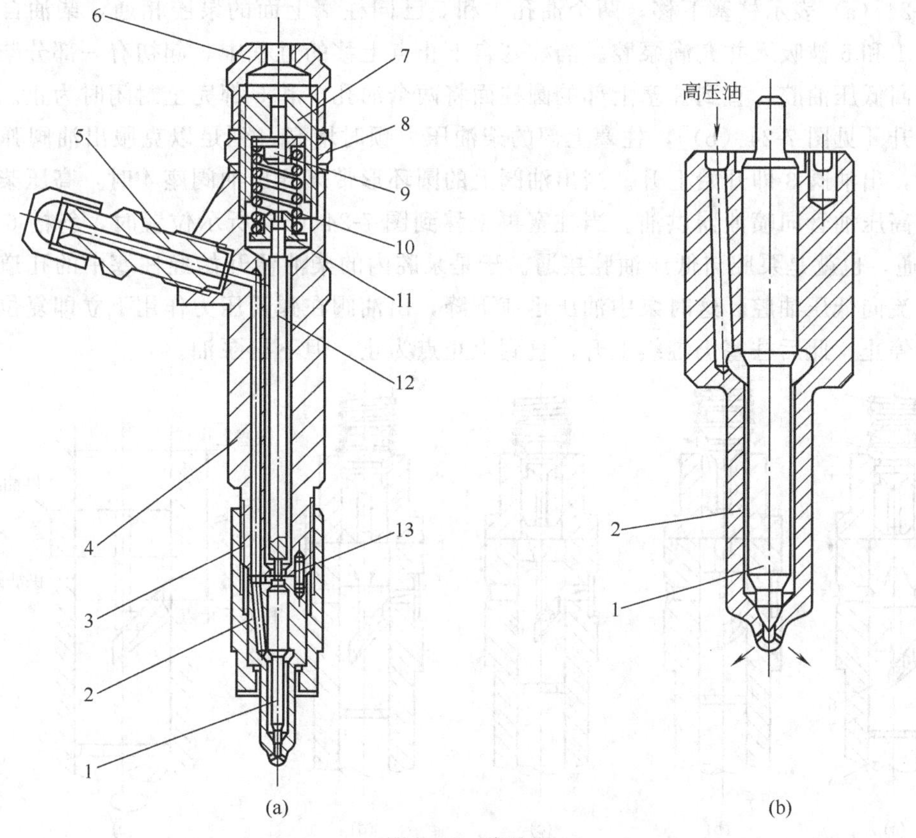

图 7-23　喷油器

1—针阀；2—针阀体；3—紧帽；4—喷油器体；5—进油管接头；6—护帽；7—调压螺钉；8—调压螺母；9—弹簧上座；10—弹簧；11—弹簧下座；12—挺杆；13—定位销

合间隙约为 0.001～0.0025mm。此间隙过大会发生漏油而使油压下降，影响喷雾质量。针阀中部的锥面露出在针阀体的环形油腔中，在高压油的作用下可产生轴向推力而使针阀上升。针阀下端的锥面与针阀体上相应的内锥面配合，以保证喷油器喷孔的密封。

喷油泵输出的高压油从油管经过喷油器体与针阀体上的油孔，进入针阀中部的环形油腔中。

喷油器的调压弹簧 10 通过挺杆 12 使针阀紧压在针阀体的密封锥面上，将喷孔关闭。只有当油压高到足以克服调压弹簧的预紧力时，针阀才能升起而开始喷油。喷射开始时的喷油压力取决于调压弹簧的预紧力，预紧力大小可用调压螺钉 7 调节。

在喷油器工作期间，有少量柴油从针阀与针阀体的配合间隙中漏出，并沿挺杆等各处空隙向外漏出（在柴油机上它都与回油管相连通）。

（二）喷油泵

喷油泵的作用是根据柴油机不同的工况，将一定量的燃油提高到一定的压力，并按照规定的时间通过喷油器喷入气缸。

图 7-24 所示为柱塞式喷油泵的工作原理。

喷油泵的主要零件是柱塞 8 和柱塞套 7 组成的柱塞偶件，圆柱面的配合要求十分精密。柱塞的圆柱表面铣削成直线形斜槽，斜槽内腔与柱塞上面的泵室用孔道相通。柱塞由喷油泵的凸轮驱动，在柱塞套内作往复运动。必要时还可由操纵机构使柱塞在一定角度范围内转动。

图 7-24（a）表示柱塞下移，两个油孔 1 和 5 已同柱塞上面的泵腔相通，柴油自低压油腔经油孔 1 和 5 被吸入并充满泵腔。当柱塞自下止点上移的过程中，起初有一部分柴油又被从泵腔挤回低压油腔，直到柱塞上部的圆柱面将两个油孔 1 和 5 都完全封闭时为止。此后柱塞继续上升［见图 7-24（b）］，柱塞上部的柴油压力顿时增高，到足以克服出油阀弹簧 2 的作用力时，出油阀 3 即开始上升。当出油阀上的圆环形带离开出油阀座 4 时，高压柴油便自泵腔通过高压油管向喷油器供油。当柱塞再上移到图 7-24（c）所示位置时，斜槽 6 与油孔 1 开始接通，也就是泵腔与低压油腔接通。于是泵腔内的柴油便开始经柱塞中的孔道、斜槽和油孔 1 流向低压油腔。这时泵中油压迅速下降，出油阀在弹簧压力作用下立即复位，喷油泵供油即停止。此后柱塞仍继续上升，直到上止点为止，但不再泵油。

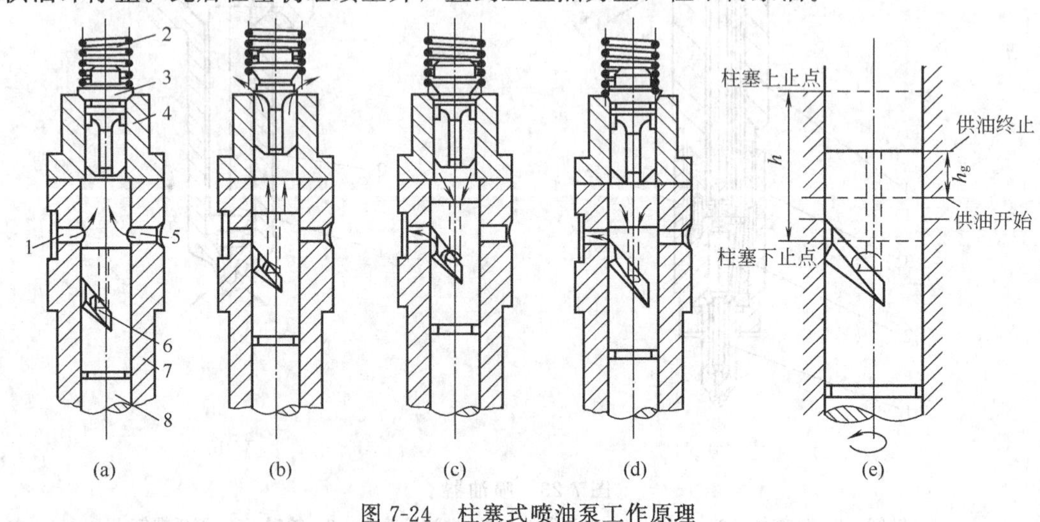

图 7-24　柱塞式喷油泵工作原理

1，5—油孔；2—弹簧；3—出油阀；4—油阀座；6—斜槽；7—柱塞套；8—柱塞

由上述泵油过程可知，由驱动凸轮的凸部最大高度决定的柱塞行程［即柱塞上、下止点间的距离，见图 7-24（e）］是一定的。但并非在整个柱塞上移行程内喷油泵都进行供油。喷油泵只是在从柱塞完全封闭油孔 1 和 5 之后，直到柱塞斜槽 6 和油孔 1 开始接通之前的这一部分柱塞行程内才实行对外泵油。这一部分行程 h_g 即称为柱塞有效行程。显然，喷油泵每次泵出的油量取决于有效行程的长短。因此，欲使喷油泵能随柴油机工况不同而改变供油量时，只需改变喷油泵柱塞的有效行程即可。有效行程的改变是靠改变柱塞斜槽与柱塞套油孔 1 的相对角度位置来实现的。将柱塞朝图 7-24（e）中箭头所示的方向转动一个角度，有效行程和供油量即增加；朝与此相反方向转动一个角度，则有效行程和供油量即减少。当柱塞转到图 7-24（d）所示位置时，柱塞根本不可能完全封闭油孔 1，因而有效行程为零，喷油泵即处于不泵油状态，即喷油泵即使动作也不产生泵油作用。

（三）油量调节机构

油量调节机构的作用是根据柴油机负荷和转速变化的需要，相应地改变喷油泵的供油量，并保证各气缸供油量一致。油量调节机构可使喷油泵的柱塞转动一个角度，以改变其有效行程而实现供油量的改变。

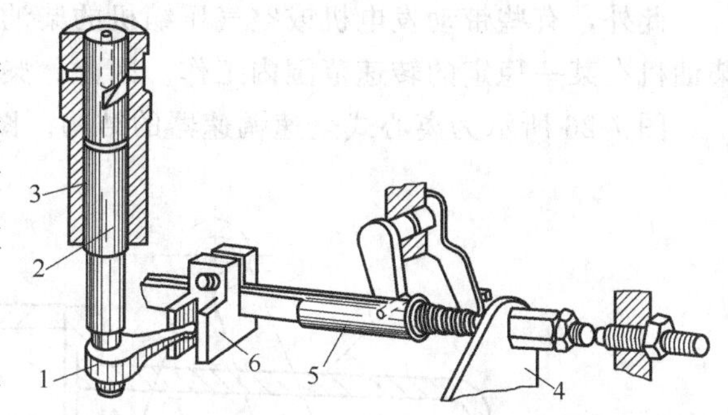

图 7-25　拨叉式油量调节机构

1—调节臂；2—喷油泵柱塞；3—柱塞套；4—油门传动板；5—调节拉杆；6—调节叉

图 7-25 是一种拨叉式油量调节机构。

在喷油泵柱塞 2 的下端紧固着一个调节臂 1，臂的端头插入调节叉 6 的凹槽内，调节叉用螺钉固定在调节拉杆 5 上，调节拉杆装在喷油泵体的导向孔中，其轴向位置受油门传动板 4 控制。当移动调节拉杆时，调节叉带动调节臂及柱塞相对于柱塞套 3 转动一个角度，于是供油量就得到改变。

（四）调速器

喷油泵供油量的大小，除上所述取决于调节拉杆的位置外，还受到柴油机转速的影响。例如，当柴油机转速增高时，喷油泵凸轮轴转速（为柴油机转速之半）也随之增高。由于喷油泵柱塞移动速度的增高，柱塞上油孔的节流作用要增大，所以在柱塞上移至尚未完全封闭油孔时，因泵室内柴油一时不能及时挤出，其油压已有增高，结果使供油开始时刻略有提前，同理，在柱塞上移到其斜槽已与油孔相通时，由于泵室内油压一时不能下降，又使供油停止时刻略有延迟。这样，即使调节拉杆位置不变，随着柴油机转速的增高，柱塞的有效行程也略有增加，供油量也随之增加，这将使柴油机转速进一步增高，造成工作转速不稳定的状况，反之，当柴油机转速降低时，供油量略有减少，而将使柴油机转速进一步降低。

喷油泵的这种特性，对柴油机的工作是很不利的，尤其像汽车柴油机，由于工况变化较大，故影响更为严重。

例如，满载的柴油机汽车从上坡行驶刚过渡到下坡行驶时，柴油机突然卸去了负荷，而喷油泵的供油量调节拉杆可能还保持在最大供油量位置而来不及改变，显然，柴油机的转速将大为增高甚至超速。这时，喷油泵在上述转速的变化下，反而自动将供油量加大，更促进了柴油机转速的升高。柴油机转速和供油量如此相互作用的结果，将加速导致柴油机超速而出现排气管冒黑烟和柴油机过热等不良现象；同时，往复运动零件的惯性力增大，将使某些机件过载甚至损坏。

汽车柴油机还经常在怠速（即在无负荷下以低速空转）工况下工作，如在短暂停车、启动暖车和变速器换挡时。柴油机在怠速时，喷入气缸的油量很少，发出的动力仅能克服柴油机本身各机构的运动阻力，而此阻力是随柴油机转速的升高而增加的，这时，主要的问题在于柴油机是否能保持其最低转速稳定运转而不至于熄火。当油量调节拉杆保持在最小供油量位置不变，而柴油机因本身阻力略有增大使转速略为降低时，如前所述，喷油泵的供油量反而将自动减少，促使柴油机转速进一步降低。如此循环作用的结果，最后将使柴油机熄火。反之，当柴油机本身阻力稍有减小时，柴油机的怠速将不断升高。

上述柴油机的超速和怠速不稳定现象，往往是由于偶然的因素而突然出现的，操作者一般不能事先估计到并及时操纵油量调节拉杆而加以控制。

此外，有些带动发电机或空气压缩机的柴油机，要求在外界负荷发生变化时，仍能保持柴油机在某一稳定的转速范围内工作。因此，柴油机上一般都要采用调速器。

图 7-26 所示为离心式全速调速器的结构。图 7-27 所示为它的工作原理。

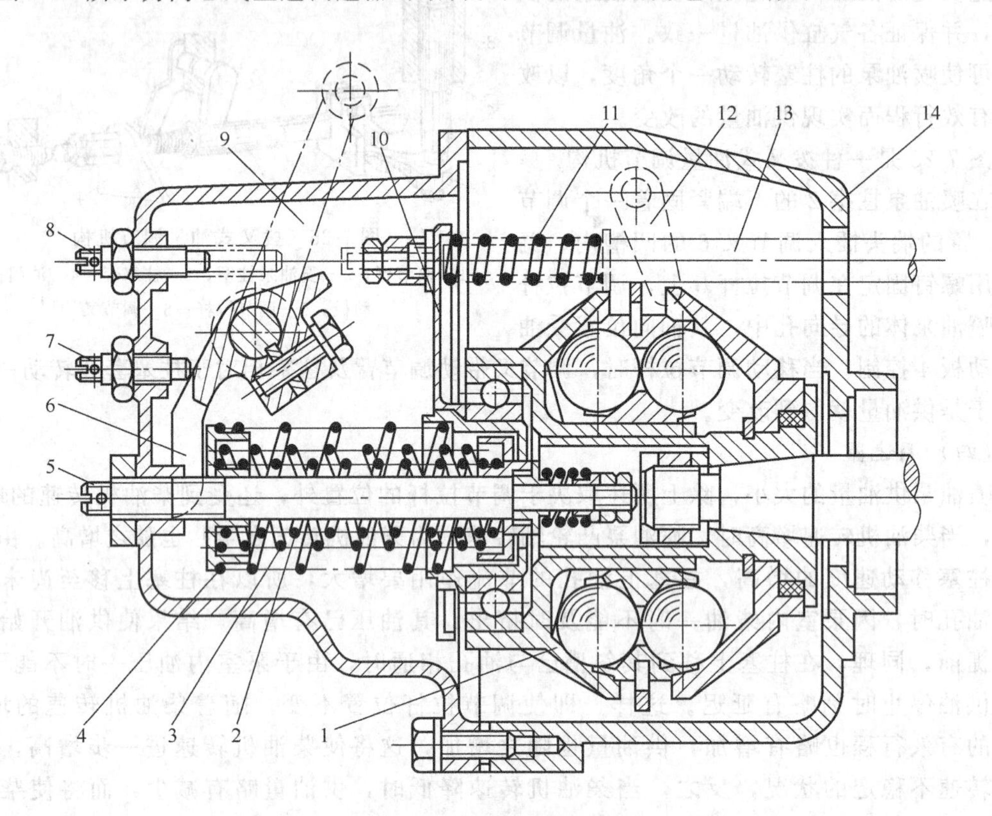

图 7-26　离心式调速器

1—推力盘；2，3，4—调速弹簧；5—支承轴；6—调速叉；7—怠速限制螺钉；8—高速限制螺钉；9—手柄；10—传动板；11—停供弹簧；12—停供转臂；13—油量调节拉杆；14—调速器壳

这种调速器不仅能限制超速和稳定怠速，而且能使柴油机在工作转速范围内的任一选定转速下稳定地工作。

其调速的工作原理和主要构造如下。

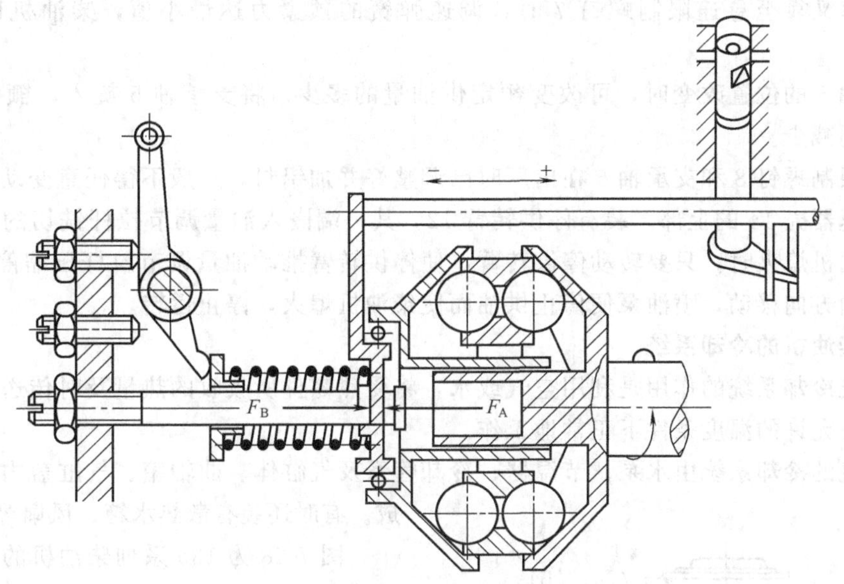

图 7-27 离心式调速器工作原理

柴油机工作时，当由操作者操纵手柄 9 使调速叉 6 转到一定位置不动时，调速弹簧 2、3、4 的预紧力为一定值。如果柴油机的外界阻力矩不变，只有当曲轴转速为某一定值时，飞球组合件离心力造成的轴向分力 F_A 才能通过推力盘 1 与调速弹簧的推力 F_B 相平衡，此时推力盘 1、传动板 10 和油量调节拉杆 13 的位置不变，即喷油泵供油量不变，柴油机便以此转速稳定运转。

当柴油机所受的外界阻力矩因故减小、其转速相应升高时，飞球组合件离心力所造成的轴向分力 F_A 就变得大于调速弹簧的推力 F_B，飞球组合件沿推力盘的斜面向外飞出，使推力盘向左移动，传动板 10 和油量调节拉杆 13 也随之向左移动，于是喷油泵供油量减少，以适应外界阻力矩变小的需要。由于供油量减少，限制了转速继续升高，直到 F_A 与 F_B 再次平衡时为止。此时柴油机在略高于外界阻力矩变小前的转速稳定运转。

同样，当外界阻力矩增大、柴油机转速随之降低时，F_A 小于 F_B，飞球组合件向内收拢，在调速弹簧推力 F_B 作用下，传动板 10 带动油量调节拉杆 13 向右移动，使供油量增加，以适应外界阻力矩增大的需要。由于供油量增加，柴油机转速不再继续下降，直至 F_A 与 F_B 达到新的平衡为止。此时柴油机在略低于外界阻力矩增大前的转速稳定运转。

由此可知，当操纵手柄和调速叉在某一固定位置时，由于调速器的作用，供油量能随外界阻力矩的变化而自动调节，使柴油机稳定在某一变化不大的转速范围内工作。

通过操纵机构，改变调速叉的位置可以改变调速弹簧的压缩量，使柴油机在不同转速下稳定运转。如增加调速弹簧的压缩量，则预紧力 F_B 增大。此时 F_B 大于 F_A，在调速弹簧推力作用下，飞球组合件向内收拢，传动板 10 向右移动使喷油泵供油量增加。于是柴油机转速便升高，直至飞球组合件离心力所造成的轴向推力 F_A，增大到与 F_B 相平衡时为止，使柴油机在较高的某一转速范围内稳定运转。反之，如减少调速弹簧的压缩量，则柴油机可在较低的某一转速范围内稳定运转。

当调速叉靠至高速限制螺钉 8 时，调速弹簧的预紧力达最大值的情况下，对应于调速器刚起作用时（全负荷）的柴油机转速称为“额定转速”，在此转速下的有效功率称为“额定功率”。

当调速叉靠至怠速限制螺钉 7 时，调速弹簧的预紧力达最小值，柴油机以怠速稳定运转。

支承轴 5 的位置改变时，可改变额定供油量的多少。将支承轴 5 旋入，额定供油量增加，反之则减少。

高速限制螺钉 8 和支承轴 5 在出厂时已调整好并加铅封，一般不得任意变动。

在调速器壳 14 的上部，装有停供转臂 12，其一端嵌入油量调节拉杆铣切的平面上。当需要使柴油机熄火时，只要转动停供转臂，使停供转臂推动油量调节拉杆压缩停供弹簧 11，向停止供油方向移动，喷油泵便停止供油而使柴油机熄火，停止运转。

六、柴油机的冷却系统

柴油机冷却系统的作用是利用空气或水，将受热零件所吸收的热量及时传送出去，保证受热零件在允许的温度条件下正常地工作。

柴油机的冷却系统由水泵、节温器、冷却管系及气缸体、曲轴箱、气缸盖内的水腔等组成。有时还装有散热水箱、风扇等散热装置。

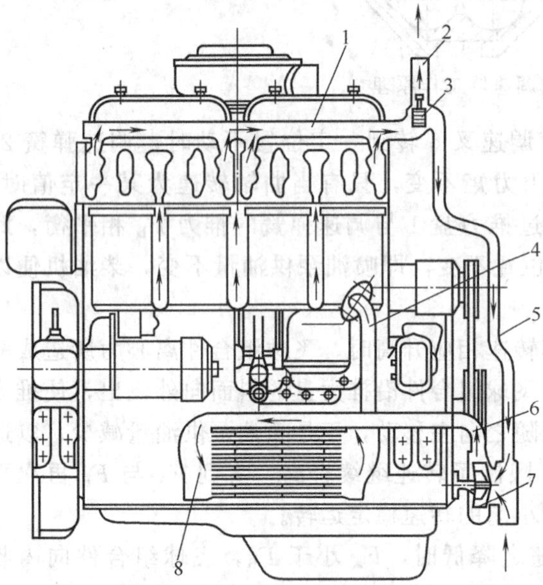

图 7-28 开式循环冷却系统
1—气缸盖出水管；2—出水管；3—节温器；4—机体进水管；5—回水管；6—机油冷却器进水管；7—水泵；8—机油冷却器

图 7-28 为 135 系列柴油机的开式循环冷却系统。这种开式循环的冷却系统，其冷却水是由外源（河道、水井等）引入柴油机的冷却部位，然后又排到周围环境中。

离心式水泵由曲轴通过齿轮传动，吸入的冷却水经过机油冷却器后，进入机体进水管送入机体和气缸盖的水腔，从气缸盖水腔流出后汇集于气缸盖出水管，最后由回水管经过节温器流回水泵进水口或自出水管排出。

柴油机的冷却不是愈冷愈好，而是要冷却适当。过度的冷却使气缸温度过低，燃料的点火延迟期延长，燃烧速度降低，散热损失增加，而且润滑油黏度增大，摩擦损失也要增加。这些影响都将使柴油机功率下降。要获得适当的冷却，就必须控制进、出水的温度（在一定范围内）。

图 7-28 所示为利用节温器控制冷却水循环路线的变化，以保证冷却水的温度在适当的范围内。

图 7-29 为皱纹式节温器的结构。它具有弹性的皱纹式密闭圆筒 1，内部装有容易挥发的乙醚，筒内液体的蒸气压力能随周围温度而变化，故圆筒的高度也随温度而变化。圆筒的下端通过支架 5 与外壳 4 固定，圆筒上端与旁通阀门 2 和上阀 3 相连，并随圆筒的高度变化而一起上下移动。

当冷却水处于低温时，节温器的上阀门关闭，旁通阀门开启［见图 7-29（b）］，气缸盖中流出的水全部经过节温器的旁通孔 6 回流到水泵的进水口，因此循环冷却水的温度得到提高；当出水温度超过约 70℃时，节温器的上阀门开始打开，此时一部分出水仍经节温器的旁通孔回流到水泵，而另一部分出水则经节温器的上阀门排出；当出水温度超过约 80℃时，

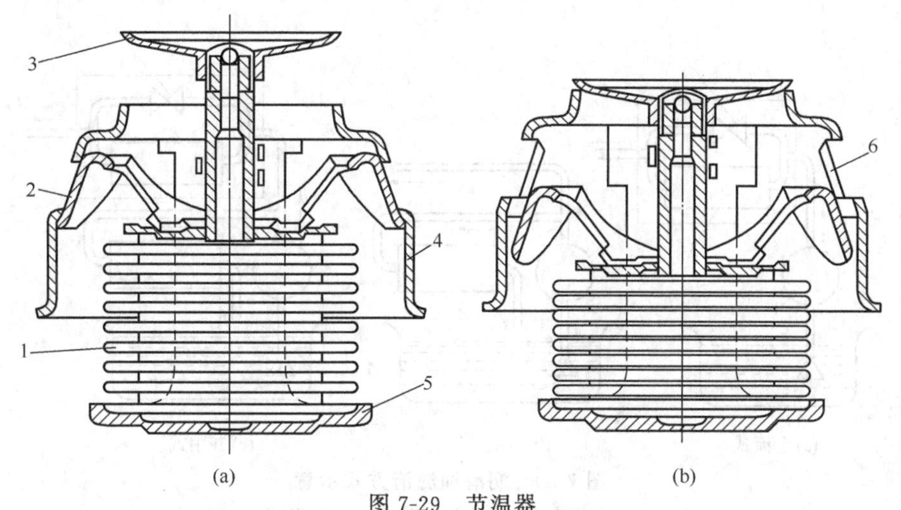

图 7-29　节温器

1—密闭圆筒；2—旁通阀门；3—上阀；4—外壳；5—支架；6—旁通孔

节温器的上阀门完全打开，而旁通阀门则完全关闭［见图 7-29（a）］，于是全部出水都经过节温器上阀门排出，不再有出水回流到水泵。

柴油机正常工作时，进入机体的冷却水最低温度不能低于 40℃，适宜温度为 45～75℃；气缸盖出水的最高温度不能高于 90℃，适宜温度为 75～85℃。

柴油机的冷却水应该用自来水、雨水或清洁的河水，含有较多矿物质的硬水（如海水、井水）则应经过软化处理后才可使用。

七、润滑系

（一）润滑系的功用

发动机内有较多摩擦部位，运动中所产生的动力，一部分变成摩擦热被消耗，这些热可能产生高温烧损零件或使轴瓦烧蚀等。若在这些摩擦表面间加入机油，使其形成油膜，则可将金属干摩擦转变成液体摩擦，起到很好的减摩作用，这个维持润滑油膜的全部供油装置称为润滑系。

发动机润滑系的功用，就是把清洁的润滑油以一定的压力送至各摩擦表面进行润滑，以保证发动机正常工作。

（二）润滑系的润滑方式及组成

发动机依润滑油供应方式不同，其润滑方式有：压力润滑、飞溅润滑、压力飞溅复合润滑以及掺混润滑。奥迪轿车采用压力飞溅润滑，标致 505、丰田、桑塔纳、富康等发动机均采用压力润滑。

另外，四行程发动机设有润滑油滤清装置，标致、丰田、桑塔纳及奥迪轿车等在发动机上采用全流式滤清方式。

全流式滤清方式如图 7-30（a）所示，从机油泵 1 压送出的油全部经过滤油器 3 供给各个摩擦部位。润滑油应得到及时的清洁，若滤油器被堵塞，就会出现润滑不良的后果，因此和滤油器并联一个旁路阀 2，在滤油器被堵塞的情况下，可越过滤油器向各摩擦部位供油。

润滑系由油底壳、机油泵、滤油器、仪表、机油标尺及各种阀等组成。为了保证润滑油正常循环，在发动机总成内还有油道、油孔等。

（三）润滑系的工作原理

1. 压力润滑

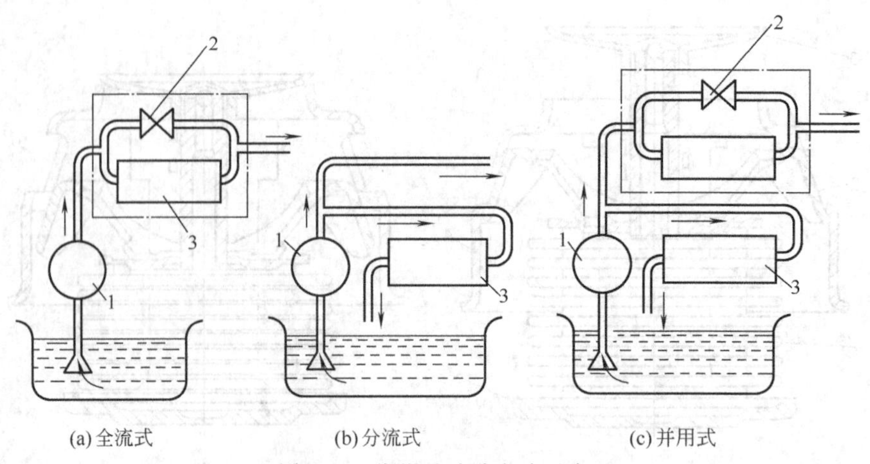

图 7-30　润滑油滤清方式示意

1—机油泵；2—旁路阀；3—滤油器

图 7-31 所示为顶置凸轮轴 OHC 全流过滤部分压力式润滑系的工作情况。如丰田 21R、22F 发动机，桑塔纳发动机，标致 505 汽油喷射式发动机等，均采用这一形式。

机油压送循环过程如下：

油底壳⟶滤网⟶机油泵⟶主油道⟶凸轮轴承⟶气门机构⟶油底壳

油底壳⟶滤网⟶机油泵⟶主油道⟶主轴承⟶连杆轴承⟶喷出润滑气缸壁及活塞⟶油底壳

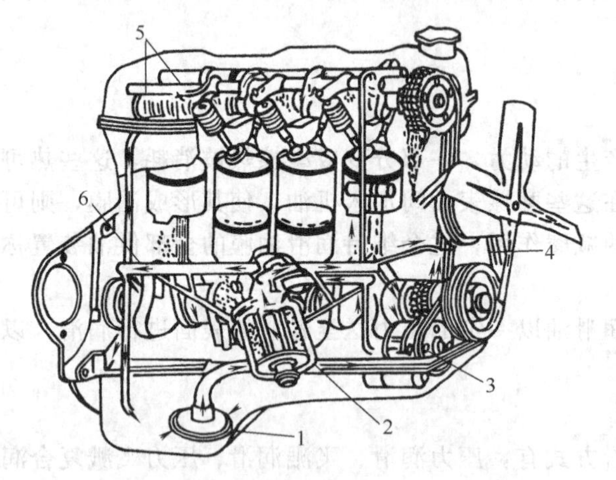

图 7-31　OHC 全流过滤部分压力式润滑系

1—机油滤网；2—滤油器；3—机油泵；4—机油喷嘴；5—摇臂轴；6—主油道

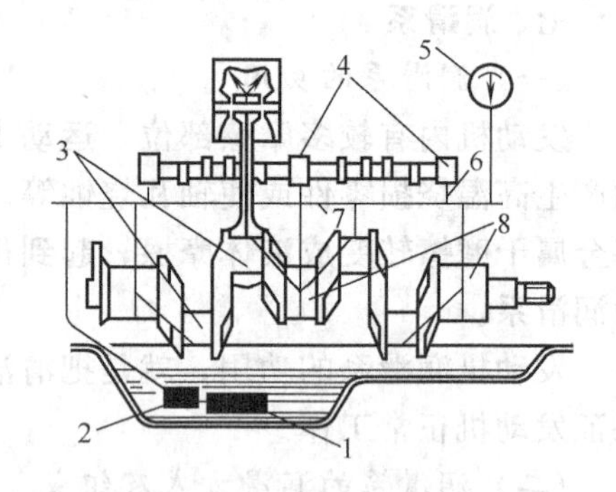

图 7-32　压力飞溅复合润滑方式

1—机油滤网；2—机油泵；3—连杆轴承；4—凸轮轴轴承；5—机油压力表；6—气门机构；7—主油道；8—主轴承

2. 压力飞溅复合润滑

有些发动机采用压力、飞溅并用的润滑方式，曲轴主轴承、凸轮轴轴承及气门机构等机件的润滑由机油泵压送；连杆轴承、气缸壁、活塞销的润滑，由连杆大端的油勺拨动飞溅而润滑。例如，奥迪汽车发动机润滑系采用压力飞溅复合润滑方式，如图 7-32 所示。

八、汽油机的燃料供给系统

（一）燃料供给系统的组成

汽油在未输入气缸前，须先喷散成雾状（雾化）和蒸发，并按一定的比例与空气混合形成均匀的混合气。这种按一定比例混合的汽油空气混合物即称为可燃混合气。可燃混合气中燃料含量的相对值则称为可燃混合气浓度。

汽油机燃料供给系统的任务是：根据汽油机各种不同工作情况的要求，配制出一定数量和浓度的可燃混合气，并将其供入气缸，以便临近压缩行程终了时，点火燃烧而膨胀做功，最后将燃烧后的废气排至大气中。

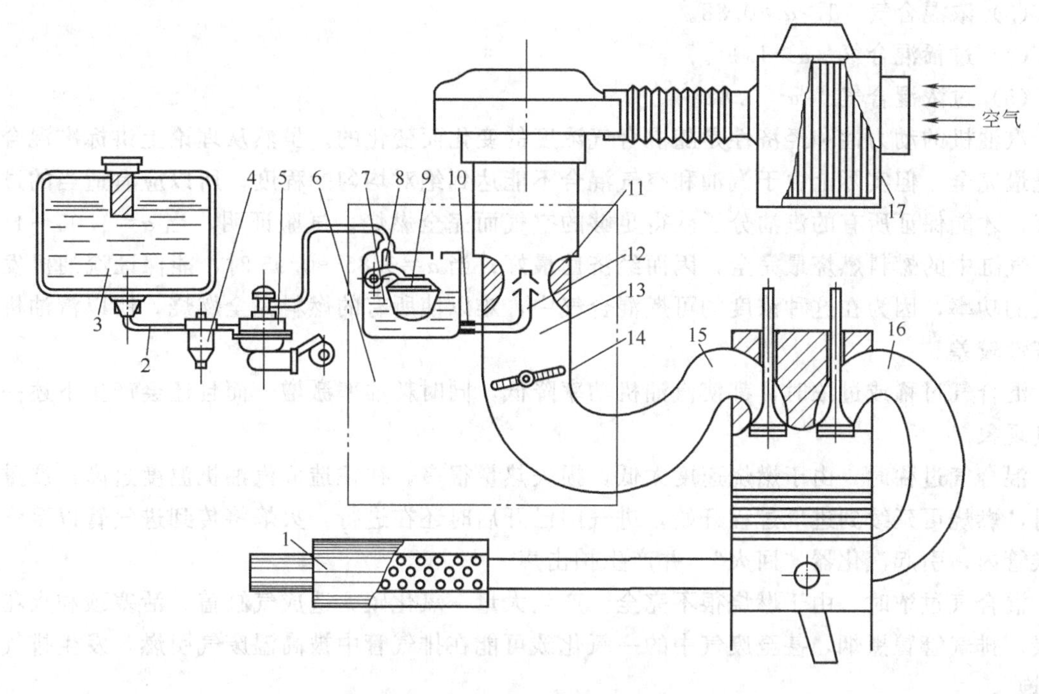

图 7-33　汽油机燃料供给系统

1—消音器；2—导油管；3—油箱；4—汽油滤清器；5—输油泵；6—汽化器；7—浮子室；8—针阀；9—浮子；10—量孔；11—喉管；12—喷管；13—混合室；14—节气门；15—进气管；16—排气管；17—空气滤清器

图 7-33 所示为汽油机燃料供给系统。它包括以下装置。

(1) 汽油供给装置　包括汽油箱 3、汽油滤清器 4、输油泵 5 和导油管 2，用以完成汽油的储存、输送及滤清任务。

(2) 空气供给装置　空气滤清器 17。

(3) 可燃混合气形成装置　汽化器 6。

(4) 可燃混合气供给和废气排出装置　包括进气管 15、排气管 16 和排气消音器 1。

汽油靠输油泵 5 从油箱 3 经汽油滤清器 4 输入汽化器，空气则经空气滤清器 17 流入汽化器，在气缸吸气及气流的作用下，汽油由汽化器的喷管 12 中喷出，实现雾化和蒸发，并与空气混合形成可燃混合气，从进气管 15 进入气缸，进行点火燃烧做功，废气则自气缸经排气管 16 及消音器 1 排出。

(二) 可燃混合气对汽油机工作的影响

供入汽油机的可燃混合气浓度，应能使混合气在气缸中迅速而完全地燃烧。可燃混合气迅速并完全燃烧的条件是：汽油与空气以一定的质量比例混合；汽油在空气中彻底雾化蒸发并与空气混合均匀。

可燃混合气的浓度通常用空气过量系数 α 表示：

$$\alpha=\frac{\text{燃烧过程中实际供给的空气质量}}{\text{理论上完全燃烧所需要的空气质量}}$$

随α值的不同，可燃混合气可分为以下几种。

(1) 理论混合气　$\alpha=1$。

(2) 稀混合气　$1<\alpha<1.11$。

(3) 浓混合气　$1>\alpha>0.88$。

(4) 过稀混合气　$\alpha>1.11$。

(5) 过浓混合气　$\alpha<0.88$。

汽油机的动力性和经济性是随混合气浓度的变化而变化的。虽然从理论上讲标准混合气燃烧最完全，但实际上由于汽油和空气混合不能达到绝对均匀的程度，所以应有适当的过量空气，才能保证所有的汽油分子获得足够的空气而完全燃烧。试验证明，当$\alpha=1.05\sim1.15$时，气缸中的燃料燃烧最完全，因而经济性最好；当$\alpha=0.85\sim0.95$时，能保证汽油机发出最大的功率，因为在这种浓度的可燃混合气中，难以使所有的燃料完全燃烧，所以汽油机的经济性较差。

混合气过稀或过浓时，都使汽油机功率降低，同时耗油率激增，而且还会产生下述一些不良现象。

混合气过稀时，由于燃烧速度太低，损失热量很多，往往造成汽油机温度过高；严重过稀时，燃烧可延续到进气过程开始，进气门已开启时还在进行，火焰将传到进气管以至汽化器喉管内，引起汽化器“回火”，并产生拍击声。

混合气过浓时，由于燃烧很不完全，产生大量一氧化碳，造成气缸盖、活塞顶和火花塞积炭，排气管冒黑烟，甚至废气中的一氧化碳可能在排气管中被高温废气引燃，发生排气管“放炮”。

（三）汽化器的作用和结构

汽化器的作用是将汽油与空气以一定的比例混合，并使汽油在空气中精细地雾化，最后汽化成可燃混合气；同时又能按所需要的数量和浓度输入气缸。

简单汽化器（参见图7-33中的6）由浮子室7、浮子9、针阀8、量孔10、混合室13，喷管12、喉管11及节气门（俗称油门）14等组成。

浮子室7的作用是使汽油在喷管中保持一定的液面高度。浮子室本身是一个储油室，汽油自汽油箱通过输油泵的作用经油管流入其中，当室中油面低落时，浮子9下沉，带动针阀8下移打开进油口，汽油便流入室中；当油面到达正常高度，浮子上浮，使针阀关闭进油口，汽油停止输入。其液面高度约离喷管的上端喷口2～5mm，这液面保证汽油容易自喷管吸出，并避免汽化器不工作时汽油的溢出。浮子室的上部有孔与大气相通，保持油面的压力与大气压相等。

量孔10的作用是限定流至喷管的汽油量，它是一个塞头，中间开有规定尺寸的小孔。

喷管12是一个细管，下端与浮子室相通，汽油即从此管喷出。

喉管11是一个短管，中部缩小成细腰形，装置在混合室中喷管上端的附近，由于此处通道截面积最小，故可加大气流在混合室中的速度，使此处的静压力进一步降低（加大真空度），提高了喷管处的吸力，以帮助从喷管中吸出汽油，并在高速空气流的撞击下分散成大小不等的雾状颗粒，即所谓燃油的雾化。

混合室13是汽油与空气混合的地方，一端与空气滤清器相通，另一端与汽油机进气管连接，雾化状态的汽油在此进一步汽化成可燃混合气，进入气缸。

节气门用来改变混合气通路的大小，以调节自汽化器输入汽油机气缸的混合气数量，适应发动机不同转速和负荷的需要。它通过操纵机构进行控制。

（四）输油泵

输油泵的作用是把汽油从油箱压送到汽化器的浮子室中。图 7-34 所示为目前使用最普

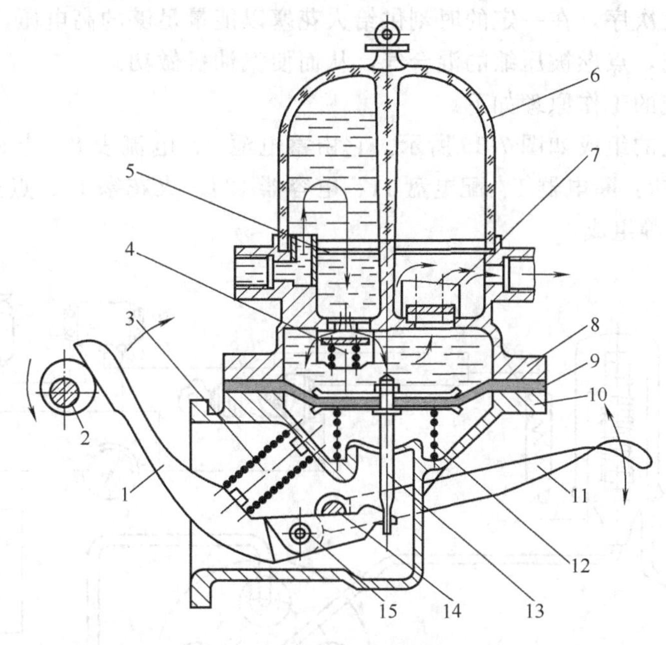

图 7-34 输油泵

1—摇杆外臂；2—偏心轮；3—弹簧；4—进油阀；5—滤油网；6—玻璃罩；7—出油阀；8—盖；9—膜片；10—壳体；11—手压杆；12—膜片弹簧；13—拉杆；14—轴；15—摇杆内臂

遍的膜片式输油泵的剖面，它由壳体 10、盖 8、软胶布膜片 9、膜片弹簧 12、拉杆 13、摇杆内臂 15、单向出油阀 7、单向进油阀 4、滤油网 5、摇杆外臂 1、摇臂弹簧 3、手压杆 11 以及玻璃罩 6 等组成。

当汽油机凸轮轴旋转时，借偏心轮 2 的作用，使摇杆外臂 1 绕轴摆动。当偏心轮凸起部分抵在臂端时，摇杆外臂顺时针摆动，通过端部斜面的单向传动作用，使内臂的一端下行，拉下拉杆及膜片，并压缩弹簧 12。因膜片向下挠曲时，膜片上方的容积增大，产生了一定的真空度，使进油阀打开，出油阀紧闭，将汽油经滤油网吸进进油阀而至膜片上方的泵室。

当偏心轮的凸起部分转离外臂时，摇杆外臂通过弹簧而放松，而膜片和拉杆则被弹簧的弹力向上顶。此时膜片上方的泵室容积减小，油压力上升，使进油阀关闭，出油阀打开，汽油经出油通道输向汽化器。

汽油机工作时，膜片不断地上下运动，于是汽油连续不断地从油箱流入汽化器。在输油泵泵油时，有部分汽油被压入出油室的下部，使空气室上部的空气被压缩，形成弹性的空气软垫。它可以减少泵油时的脉动和冲击现象，使汽油流入汽化器时比较均匀。

当汽化器浮子室中的汽油充满至规定的油面时，针阀关闭了进油孔。因弹簧 12 的弹力有限，只能供给汽油以适当的压力（约为 2×10^4 Pa 左右），故不能强制地顶开浮子室针阀，所以此时膜片和拉杆以及摇杆内臂 15 均处在最低位置，即使外臂 1 被偏心轮推动，也只是

空摆而不发生作用。当汽油机停止工作时，要使浮子室充油，可用手摇动杆 11，则轴 14 的削去部分的边缘压在摇杆内臂 15 上，把拉杆和膜片拉下，使输油泵起同样的作用。

九、汽油机的点火系统

在汽油机燃烧室中装有火花塞。气缸内压缩后的混合气燃烧是靠火花塞电极间产生的电火花而引起的。保证按时在火花塞电极间产生电火花的全部设备称为点火系统。其作用是按照汽油机各缸的点火次序，在一定的时刻供给火花塞以能量足够的高电压，使火花塞两极间产生足够强的电火花，点燃被压缩的混合气，从而使汽油机做功。

蓄电池点火系统的工作原理如下。

蓄电池点火系统的组成如图 7-35 所示。它由蓄电池 9、电流表 8、点火线圈 3、热敏电阻 4、分电器 2（包括：断电器 1、配电盘 11、电容器 12）、火花塞 10、点火开关 5、发电机 7 及发电机调节器 6 等组成。

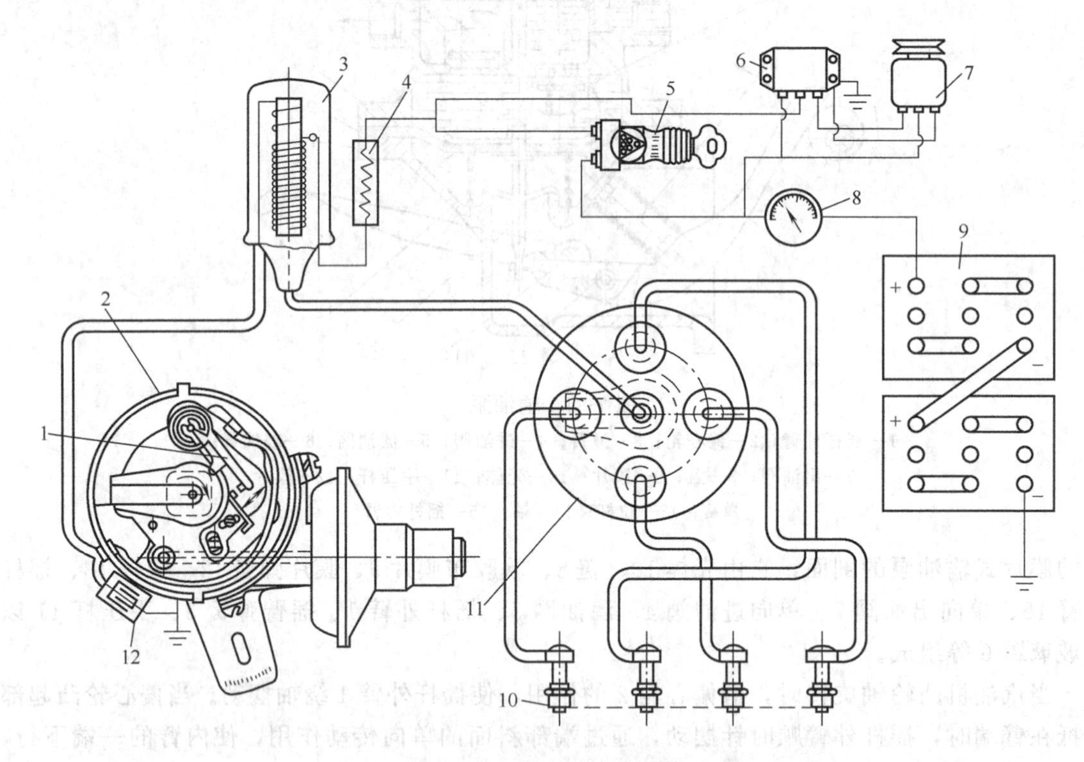

图 7-35　蓄电池点火系统

1—断电器；2—分电器；3—点火线圈；4—热敏电阻；5—开关；6—调节器；7—发电机；8—电流表；9—蓄电池；10—火花塞；11—配电盘；12—电容器

点火系统低压电源由蓄电池 9 和发电机 7 供给。汽油机在不工作或刚启动时，蓄电池是机组的惟一电源。汽油机启动后：由汽油机带动的发电机即开始发电，供应机组所需的电源，并向蓄电池充电，以补充蓄电池放电时的消耗。发电机调节器则用来控制和调节发电机额定输出电压和电流。

点火系统高压电流的产生，是由点火线圈和断电器共同完成的，其工作原理见图 7-36 所示。点火线圈实际上是一个变压器，主要由初级绕组 5、次级绕组 4 和铁芯 6 组成。初级绕组匝数少而导线粗，次级绕组匝数多而导线细。断电器实际上是个由凸轮操纵的开关。当汽油机工作时，汽油机凸轮轴通过传动齿轮驱动断电器的凸轮 10 旋转，不断地使触点 7 闭

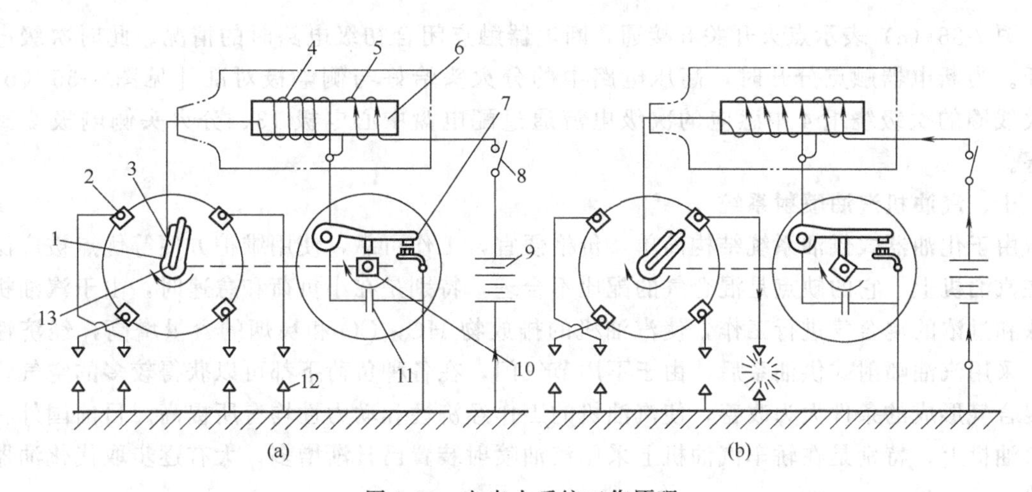

图 7-36 电点火系统工作原理

1—外壳；2—侧电极；3—分火头；4—次级绕组；5—初级绕组；6—铁芯；7—触点；8—开关；9—蓄电池；10—凸轮；11—电容器；12—火花塞；13—中心电极

合和打开。当触点闭合时，低压电流自蓄电池 9 的正极通过初级绕组 5、触点 7 等回到蓄电池的负极。由于电流通过初级绕组，使铁芯磁化形成磁场。当凸轮继续旋转将触点打开时，初级电流迅速衰退直至消失，铁芯中的磁通随之减小，因而在次级绕组中便感应出很高的电压，使火花塞的电极间产生电火花。

在磁通发生变化时，不仅次级绕组中产生互感电流，在初级绕组中也生成自感电压和电流。当触点闭合时，在初级绕组中产生的自感电流，与原有的初级电流方向相反（如图中虚线箭头所示），这就使初级绕组电流的增长减慢。当触点断开的瞬时，同样会产生自感电流，但其方向则与初级电流的方向相同（如图中实线箭头所示），其电压可达 300V 左右。因此在触点分开的瞬间会产生强烈的电火花而导致触点烧损。同时，自感电势又阻碍着初级电流和磁场的迅速消失，从而减弱了次级绕组的高压，使火花塞无火花或火花很弱，难以点燃混合气。

为了使自感电流从不利因素转变为有利因素，在断电器触点间并联有电容器 11。当触点断开时自感电流便充入电容器，既加速了初级电流和磁场的消失，增大了次级绕组的电压，同时使触点间不会因自感电流而产生火花。当触点闭合时，电容器便向电路放电，加快了初级绕组的充电，使初级绕组的电流较快地达到最大值，从而加大了触点断开时次级绕组中的电压。

从次级绕组 4 输出的高压电流应按汽油机点火次序送到各缸的火花塞。这一任务由配电盘完成。配电盘由转动的分火头 3 及固定于绝缘质外壳 1 上的若干个侧电极 2（其数目与气缸数相等）构成。这些侧电极 2 用导线按点火次序分别与各气缸的火花塞 12 相连。高压电流从点火线圈经配电器中心电极 13 至分火头 3。分火头旋转时，依次将电流通至各侧电极 2，再通至相应气缸的火花塞。

分火头应在次级电压达最大值的瞬间（断电器开始分开的瞬间）与侧电极之一互相对准。

点火开关 8 可将电源断开，使正在工作中的汽油机熄火而停止运转。此外，在汽油机不工作而断电器触点保持闭合状态时，可用点火开关断开电路以防止蓄电池经初级绕组放电。

图 7-36（a）表示点火开关 8 接通，断电器触点闭合初级电路时的情况。此时次级电路断开。当断电器触点分开时，高压电路中的分火头恰好与侧电极对准［见图 7-35（b）］，点火线圈的次级绕组 4 中感应的次级电流通过配电盘中心电极 13、分火头侧电极 2 到火花塞。

十、汽油机汽油喷射系统

由于化油器式供油系统结构简单，价格便宜，工作可靠，使用维护方便等优点被广泛应用在汽油机上。它的缺点是混合气的配比不合理，特别是在小负荷和怠速时，由于汽油机以较浓和过浓的混合气进行工作，使汽油机的排放物 HC，CO 和炭烟的含量增高，经济性很差。采用汽油喷射式供油系后，由于不用节气门，在各种负荷下都可以获得较多的空气，因此混合气形成的条件大为改善，使汽油机的工作经济性和动力性均有所提高。目前国外在汽车汽油机上，特别是在轿车汽油机上采用汽油喷射装置已日渐增多，大有逐步取代化油器的趋势。

汽油喷射式供油系统有两种形式，汽油直接喷入气缸和汽油喷入进气管，分别称为缸内喷射和进气管喷射。

缸内喷射是以较高的喷油压力（3～5MPa），在进气下止点后（30～50）°CA 开始喷入气缸，一直延续到压缩过程接近终了时结束。缸内喷射的特点是运转稳定，工作可靠。但由于喷油压力较高，汽油黏度很小（仅为柴油的 1/5），自润性能很差，所以采用像柴油机一样的高压供油装置时，需要采取润滑措施。

进气管喷射是以较低的压力（0.5～1MPa），在进气上止点后（10～100）°CA 将燃料喷射到进气门附近的进气管道内。采用进气管喷射方案，不仅容易实现，而且制造成本低，因而获得了推广应用。

汽油喷射式供油系统又可分为机械控制喷射系统和电子控制喷射系统两类，现分述如下。

（一）机械控制的连续喷射系统

图 7-37 所示为机械控制连续喷射装置的工作原理，它由燃油供给系、进气供给系和调节装置等组成。

（1）燃油供给系　从汽油箱 2 流出的汽油在电动汽油泵 1 内加压后，经稳压储油器 25、汽油滤清器 29 送入汽油分配器 13，汽油分配器将汽油分别送入各缸油路，从装在进气门附近的喷油器 23 喷入进气道并与气道中的空气混合，在进气门开启时刻混合气进入气缸。

（2）进气系统　从空气滤清器来的空气经空气流量计量器 20，节气门 21 和进气总管后，分别进入各缸进气歧管。

（3）调节装置　利用空气流量计量器中的感应片 19 的升降，控制汽油分配器 13 中的油量控制滑阀 14 供给相应的燃油流量。因此，将汽油分配器和流量计量器称为混合调节器。

（4）辅助装置　冷机启动时，热时间开关 24 接通电源，启动喷油器 23 额外向进气管喷入汽油。启动后，热时间开关断开电源，启动喷油器停止喷油。暖机补偿器 4 的作用是在冷机启动暖机过程中，使混合气的浓度逐渐降低。辅助空气阀 27 的作用是补充冷机启动和暖机过程中所需空气流量。

（二）电子控制的汽油喷射系统

电子控制的供油系统越来越广泛地被应用在现代内燃机上。它的特点是工况调节迅速、反应灵敏、工作稳定，在各种工况下都能供给最佳混合气，节省燃油，改善排放。电子控制

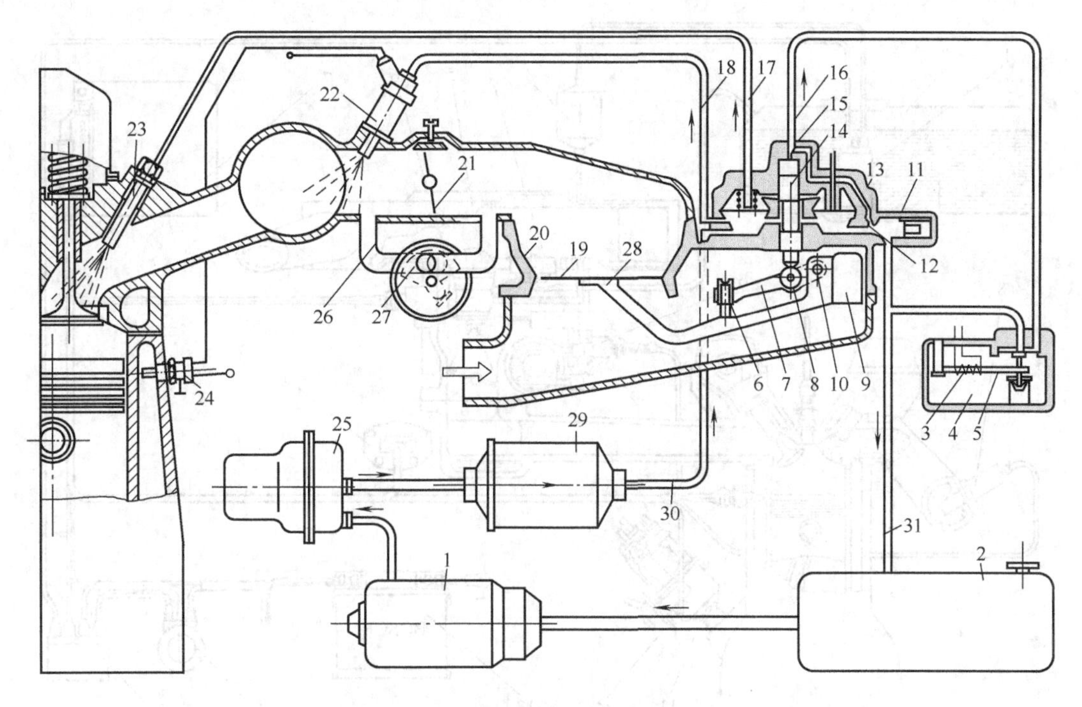

图 7-37　机械控制连续喷射装置原理

1—电动汽油泵；2—汽油箱；3—加热电阻丝；4—暖机补偿器；5—双金属片；6—怠速调节螺钉；7—控制杆；8—滚轮；9—平衡重；10—销轴；11—压力调节阀；12—量孔；13—汽油分配器；14—油量控制滑阀；15—阻尼量孔；16—至暖机补偿器的油管；17—至喷油器油管；18—至启动喷油器油管；19—感应片；20—空气流量计量器；21—节气门；22—启动喷油器；23—喷油器；24—热时间开关；25—稳压储油器；26—旁通空气道；27—辅助空气阀；28—杠杆；29—汽油滤清器；30—进油管；31—回油管

的汽油喷射目前在国外已成为正式产品，Bosch 公司生产的单体-叶特朗尼克（Mono-Jetronic）是一个节流体喷射系统（throttle-body injection TB1），用同一个喷油器向四个气缸供油，整个系统采用电子控制。

单体-叶特朗尼克电子控制汽油喷射系统如图 7-38 所示。燃油由电控燃油泵 1 从燃油箱 2 抽出后经燃油滤清器 3 送到喷油器 5。喷油器再将燃油喷到节气门前的混合室中，与空气混合成可燃混合气，混合气再经节气门、进气管道进入各个气缸，而多余的燃油经压力调节器 4、回油管流回燃油箱。经过滤清的空气从进气管流入，经喷油器的周围流到节气门前的混合室与燃油混合。空气温度传感器 6、节气门转角传感器 10、节温传感器 9、发动机温度传感器 11、空燃比传感器 8 以及分电盘上的点火时刻传感器 12 等均与电子控制器（ECU）7 连接。

十一、启动系统

（一）启动装置的功用和启动方法

内燃机由于自己不能启动，所以在启动时必须依靠外力使曲轴旋转，并要求曲轴达到一定的转速才能启动发动机。用于启动发动机的电动机及附属装置叫做启动装置。

启动发动机时，必须克服气缸内被压缩的气体阻力和发动机本身及其附件所产生的各种摩擦阻力和惯性力。克服这些阻力所需的力矩称为启动力矩。

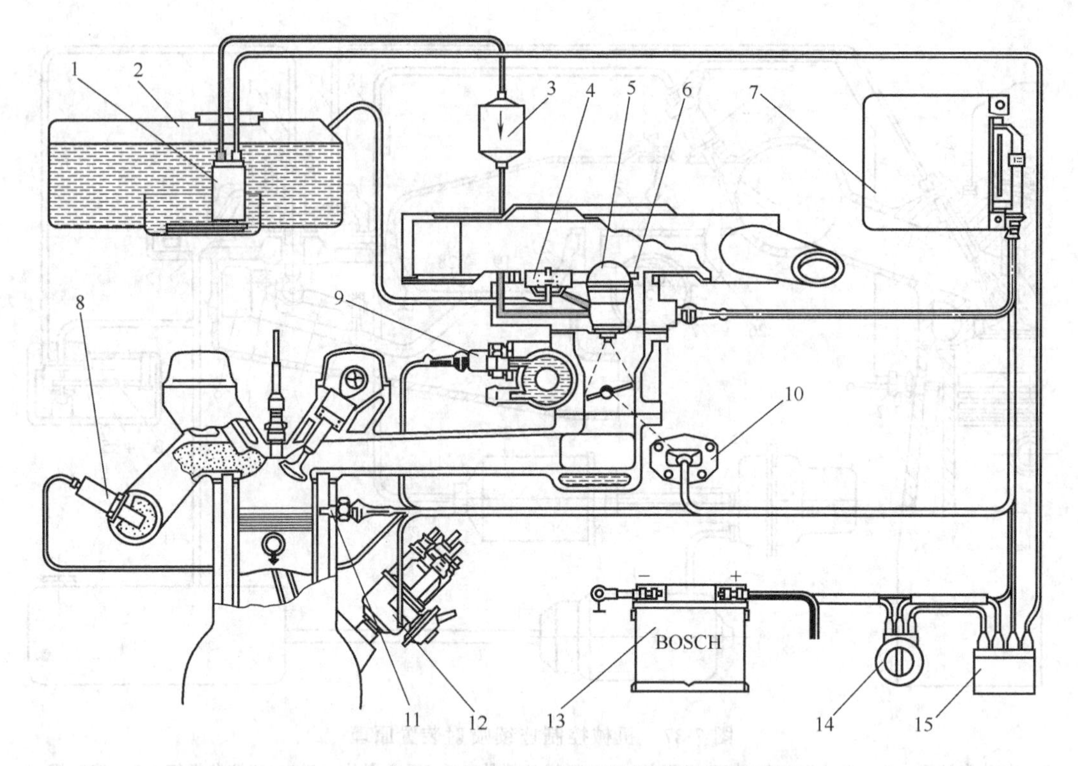

图 7-38 单体-叶特朗尼克电子控制汽油喷射系统

1—电控燃油泵；2—燃油箱；3—燃油滤清器；4—压力调节器；5—喷油器；6—空气温度传感器；7—电子控制器；8—空燃比传感器；9—节温传感器；10—节气门转角传感器；11—温度传感器；12—点火时刻传感器；13—电池；14—点火启动开关；15—继电器

保证发动机顺利启动所必需的最低转速称为启动转速。

转动发动机曲轴使发动机启动的方法很多。汽车发动机常用的有电动机启动和手摇启动两种。

奥迪发动机的启动装置是以蓄电池为电源的直流电动机。其电动机的启动动力必须超过发动机气缸的压缩压力及其他摩擦阻力，必须具有足够的启动转矩，以便使发动机达到规定的转速。在满足上述要求的情况下，启动装置应尽可能小型轻量化。为此，启动装置除必须有直流电动机和附属装置外，还应有把电动机的动力传递给发动机的动力传递机构。动力传递机构由转矩齿轮（飞轮上的齿环）和电动机轴上的小齿轮及行星减速机构组成。发动机启动时，小齿轮与转矩齿轮相啮合，电动机转动，通过 1∶3.36 减速机构将转矩扩大，再通过小齿轮驱动发动机曲轴旋转。

（二）启动电动机

启动电动机为直流电动机，没有励磁线圈，用永久磁铁做磁极。电动机的特性如图 7-39 所示，加负荷时转速低、转矩大；若负荷减小，则转矩减小，转速提高。由于转速随负荷的变化而有明显的变化，故适用于短时间内要求大转矩（大负荷）的情况。

电动机由电枢、永久磁铁、电刷等组成。

（三）启动机的工作原理

启动机的工作原理如图 7-40 所示，如果接通开关，蓄电池电流便流经牵引线圈和滞留线圈，从而吸引铁芯。铁芯牵引拨杆，使小齿轮和飞轮的转矩齿轮啮合。这时流经牵引线圈

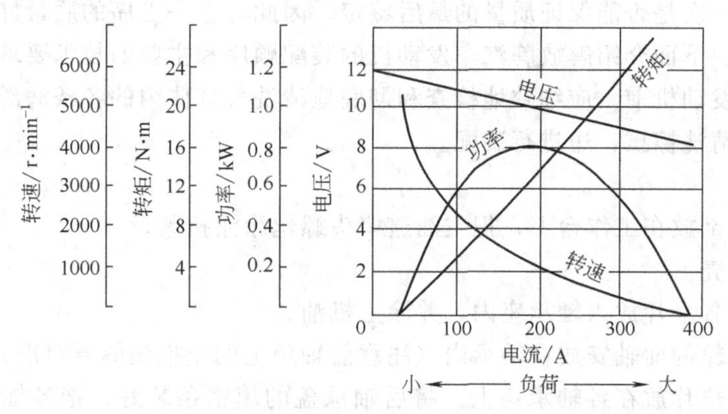

图 7-39　电动机特性

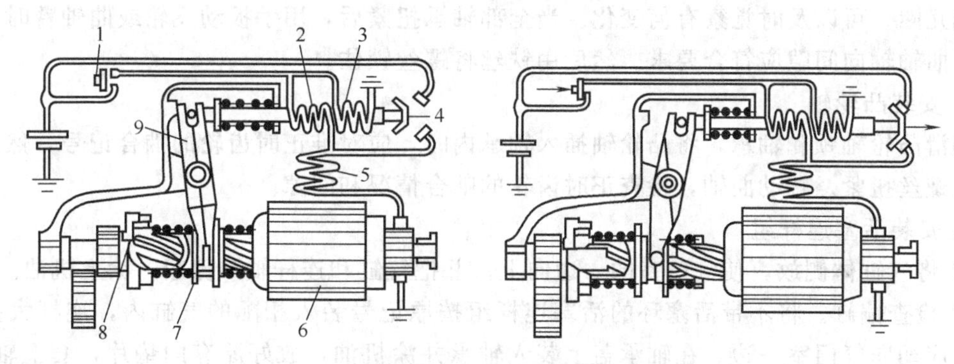

图 7-40　电磁滑动小齿轮启动机工作过程

1—启动开关；2—牵引线圈；3—滞留线圈；4—总开关；5—励磁线圈（永久磁铁）；

6—电枢；7—滑阀；8—小齿轮；9—拨杆

的电流经电动机的磁场线圈流入电枢，电动机慢慢旋转起来，并使小齿轮和飞轮的转矩齿轮进行圆滑啮合。一旦两个齿轮啮合完毕，总开关便断开，电动机直接与蓄电池相连，产生强大的转矩驱动发动机。

发动机启动后，如果启动开关仍然接通，则单向离合器工作，以防止从发动机逆向驱动电动机。如果启动开关断开，停止向电磁线圈通电，则铁芯返回原位，制动装置工作，电动机停止工作，回到下次再启动前的状态。

使用启动装置应注意如下。

① 禁止长时间使用。启动电动机与一般电动机不同，安全使用时间非常短，一般在 10s 之内，国家标准规定最多 30s。因此，发动机启动不起来也不能长时间启动，避免烧坏电机，在连续使用 10s 启动不起来时，检查启动机之外的原因，如压缩压力、燃料系、点火系和润滑系等。

② 定期检查启动机。每行驶 3～4 万千米以上，就应进行分解检查。

第四节　内燃机的装配与修理

一、内燃机的装配

内燃机的装配，不仅仅是将各个零件装配成发动机总成就行，还要对加工或新换的零件、原车零件作一次是否能保证质量的最后鉴定。因此，这一工序的质量好坏，对发动机修理质量影响很大。下面介绍解放牌汽车发动机的装配顺序和主要的技术要求。

在开始装配发动机前，应细致地检查和彻底地清洗气缸体内的各条润滑油道。然后按下列顺序将零件边清洗擦拭，边进行装配。

1. 安装曲轴

① 将气缸体倒放在工作台上，把主油道堵头螺丝涂漆扭紧。

② 装上飞轮壳。

③ 将主轴承各上片放入轴承座内，并涂上机油。

④ 将装好飞轮的曲轴安放在轴承内（注意前轴颈上的止推垫圈要对准方向）。

⑤ 将原有的垫片放在各轴承座上。将后轴承盖的填密条装好，把各轴承盖及轴承（涂上机油）按原记号扣在各轴颈上。按规定扭力将轴承盖螺丝扭紧。应每上紧一道轴承时，转动曲轴几圈，可以及时觉察有何变化。当全部轴承扭紧后，用手扳动飞轮或曲轴臂时，应能转动，曲轴轴向间隙应符合要求。然后用铁丝将螺丝锁住。

2. 安装凸轮轴

润滑凸轮轴颈和轴承，将凸轮轴插入轴承内时，应对准正时齿轮的啮合记号，然后将止推突缘螺丝扭紧。转动曲轴，检查正时齿轮的啮合情况和间隙。

3. 安装活塞连杆组

① 将气缸体侧放，使气门室的一边向上。并把气缸和连杆轴颈擦净，涂上机油。

② 检查偏缸。将不带活塞环的活塞连杆组按原记号装入相配的气缸内，连杆大头上的小油孔应朝向气门室一边。在轴承盖上装入轴承并涂机油，放好原有的垫片，套上轴承盖，按规定扭力将螺帽扭紧。转动曲轴，在上、下止点和气缸中部，检查活塞头部前后两方与气缸的配合间隙，允许相差不大于 0.1mm，否则应校正。

如活塞在上、下运动中都偏向同一边时，以校正连杆弯曲的方法加以纠正。

如活塞在上、下运动中偏的方向是变化的，则以校正连杆扭曲的方法加以纠正。

③ 安装活塞环时，要注意气环的断面形状，内切槽的一面向上，并装于第一道环槽内，外切槽的一面向下，并装在二、三道环槽内。

装入气缸时，需涂上机油，并应将环口错开，一、二道相错 180°，二、三道相错 90°，三、四道相错 180°。并用活塞环箍压紧活塞环，用手锤木柄将活塞推入气缸。

④ 装开口销时，锁止方向要一致。如销孔与螺帽凹槽对不正时，可调换螺帽，或将螺帽平面磨去少许。

⑤ 活塞连杆组装复后，用手锤沿曲轴轴线前后轻击轴承盖时，连杆应能轻微移动，全部装复后转动曲轴时，应松紧适度。

4. 安装气门挺杆、气门

① 将气门挺杆涂以机油，放入挺杆架的导孔内，然后将挺杆架按规定装在气缸体上。每个挺杆架两侧的螺栓因靠近挺杆孔，如扭得过紧，会影响挺杆转动，故旋紧扭矩为 50～60N·m，中间两螺栓的旋紧扭矩为 70～90N·m。

② 装上气门弹簧和座圈。

③ 用机油润滑气门杆，按记号插入各导管内。

④ 分别用气门弹簧钳压紧弹簧，装好锁销。调整气门脚间隙。

⑤ 转动曲轴，气门在导管内运动应均匀无阻。

⑥ 放好衬垫，装上气门室盖。螺栓不可扭得过紧，以免气门室盖变形而漏油。

5. 安装正时齿轮盖

① 先将主油道减压阀装好，出油口应朝向正时齿轮。再装上正时齿轮室旁盖。

② 将正时齿轮盖衬垫涂以黄油，贴在气缸体上。

③ 将正时齿轮盖装上（螺丝暂不扭紧），套上发动机前支架（平面朝前），装好皮带盘和启动爪，然后均匀对称地将正时齿轮盖螺丝扭紧。

6. 安装气缸盖

① 将气缸盖的固定螺柱在气缸体上拧进到孔底。

② 装上气缸衬垫（光滑的一面应向气缸体）。转动曲轴，检查活塞顶是否与衬垫相碰，然后装上气缸盖。

③ 装上气缸盖螺栓和螺柱的平垫圈及螺帽，从中间向两端按规定的顺序，均匀地做初步拧紧，再以同样顺序按规定扭力拧紧

7. 安装进、排气歧管

① 放上衬垫和进、排气歧管。

② 装上固定螺栓，然后由中间向两头均匀地将螺栓拧紧。

8. 安装机油盘

① 将发动机倒放，装好机油泵（泵内灌满机油）和集滤器。

② 清洁曲轴箱下平面，在衬垫上涂以黄油，贴在接合面上，扣上机油盘，均匀对称地拧紧全部螺丝。

放油螺塞应重紧一次。

二、内燃机的修理

（一）气缸体、气缸盖及气缸的修理

1. 气缸体和气缸盖的检查和修理

气缸体和气缸盖常见的损坏是出现裂纹。在冬季，缸体、缸盖由于冷却水结冰而冻裂；在过热时，突加冷却水也会使其炸裂。

对缸体、缸盖裂纹的检查方法，一般有水压法和染色渗透剂检查法。

水压法即用水压机把水注入水套，在0.2～0.4MPa的压力下保持一定时间（约5min）。若某处有水珠出现，即该处有裂纹。其他方法如油压法、气压法，其原理与水压法基本一致。染色渗透剂法是一种比较简单的方法。先将缸体、缸盖洗净，然后把渗透剂喷在被检查部位，若渗透剂渗入内部，说明该部位存在裂纹。

气缸体、气缸盖的裂纹一般采用环氧树脂粘贴。环氧树脂有优良的力学性能，具有耐热、防水、防腐蚀、耐酸碱的特点，但缺点是不耐高温，不耐冲击，经高温处理后的缸体要重新贴补。裂纹的另外一种修理方法是螺钉填补法，即在裂纹两端各钻一孔，在两孔之间顺着裂纹钻一排孔，并使孔与孔之间重叠1/3孔径，并均攻出螺纹，再将铰好螺纹的紫铜杆拧入（留1～1.5mm），用小锤轻轻敲打，再用锉刀修平。必要时可加锡焊，以防渗漏。

此外，气缸盖还会发生翘曲或拱曲变形。

气缸体、气缸盖的平面，可放在平板上检验或用钢直尺和塞尺检查，一般要求平面度公差每50mm长为0.05mm；局部凹陷在每50mm长度内不大于0.025mm。

气缸体平面的局部凸起可用油石推磨或用细锉修平，也可用机加工方法修复（当气缸盖的厚度比原标准厚度小2mm时，应更换缸盖）。对于气缸盖的翘曲，可加温后在压床上校

正（应缓慢加压）。

2. 气缸的检查修理

气缸的磨损是不均匀的，沿高度磨成上大下小的锥形；在活塞环不接触的气缸上口，由于没有磨损而形成台阶；沿圆周方向磨成不规则的椭圆形，俗称“失圆”。

气缸的磨损程度是发动机大修的依据，当气缸磨损严重后，曲轴、凸轮轴和气门等零件也会接近修理尺寸。这时，发动机动力显著下降，油耗增加，启动困难，已经不能可靠地使用。

气缸测量的主要目的是测圆度、圆柱度。圆度误差采用两点法测量，用同一截面不同方向上直径差值之半作为圆度误差。圆柱度误差也用两点法测量，数值是被测气缸表面任意方向截面上所测得的最大最小直径差值之半。一般圆度误差，对汽油机为 0.05mm，柴油机为 0.0675mm；圆柱度误差，对汽油机为 0.2mm，柴油机为 0.25mm。若误差超过上述数值，则需进行镗缸修理。以磨损量最大的一只气缸为准，确定修理尺寸。

气缸的镗削按修理尺寸进行。修理尺寸一般分六级，是在气缸直径标准尺寸的基础上，每加大 0.25mm 为一级，逐级递增至 1.50mm，一般 0.25mm、+0.50mm、+1.00mm 为常用。

气缸修理尺寸选择的方法，是先算出磨损最大的气缸的最大直径，再加上机械加工余量的数值（直径加工余量一般为 0.10～0.20mm），然后选取与此数值相适应的一级修理尺寸。例如，一台 NJ130 发动机，磨损最大的一个缸的最大直径为 82.49mm，加工余量为 0.20mm，则（82.49+0.20）mm=82.69mm，NJ130 发动机的标准缸径是 81.88mm，第二级修理尺寸是 82.38mm，第三级、第四级修理尺寸分别为 82.63mm、82.88mm。可以看出 82.69mm 已经超过第三级修理尺寸，因此，镗缸修理尺寸应选第四级 82.88mm。

（二）活塞和连杆组的修理

1. 活塞的磨损及选配

工作中活塞环槽最易磨损，因为活塞是高速往复运动零件，同时气体压力作用其上，活塞环对环槽单位面积的压力很大，因此第一道环槽较其他磨损更严重，且磨损部位主要是下平面。

活塞的选配应按气缸的修理尺寸决定。

测量活塞直径时，应使用千分尺，在与活塞销孔中心线成直角处，即油环槽的下面进行测量。

发动机上应使用同一厂生产的成组的活塞，应使材料、性能、质量及尺寸一致。同一组活塞的直径差不得大于 0.025mm，质量差不得大于 3%。

2. 活塞环的选配及测量

活塞环除标准尺寸外，也同活塞一样有修理尺寸。大修发动机时，应按照气缸的修理级别，选配同一级别的活塞环。

活塞环具有端隙、背隙和侧隙，在装配过程中都应进行检查。检查端隙时，应先将活塞环平正地放在待配的气缸内，用活塞头部将活塞环推至气缸的未磨损处，用塞尺测量其开口处的间隙，一般气缸直径为 100mm 时，端隙为 0.25～0.45mm。背隙指活塞与活塞环装入气缸后，活塞环背部与活塞环槽之间的间隙。为了测量方便，通常以槽深与环厚之差表示，一般活塞环低于岸边 0～0.35mm。侧隙指活塞环与槽平面（槽内的上下面）的间隙。

东风 EQ1090 发动机气环侧隙为 0.055mm，BJ492 气环侧隙为 0.050～0.082mm。

3. 活塞销的修理选配

发动机大修时，一般更换新的活塞销。应选择标准尺寸的活塞销，以便给小修留有更换的余地。一般活塞销的修理尺寸为+0.04mm、+0.08mm、+0.12mm、+0.16mm。

活塞销与活塞销座孔应正确配合，在常温下应有微量过盈（0.0025～0.0075mm）；当活塞处于80℃左右时，有微量间隙，活塞销能在座孔中转动。一般活塞与活塞销的装配用热装法。将活塞放入水中加热，当水沸腾后，将活塞取出，立即将其插入孔内。标致发动机活塞销与座孔有极微小的间隙，用手稍一用劲即可推入。

活塞销与衬套配合时，在常温下应有0.005～0.01mm的间隙，接触面积应在75%以上。松紧度与接触面积在运动中是互相联系，互相影响的两个方面，只有同时满足两项技术要求，才会减少磨损，减少撞击和不出现异响。

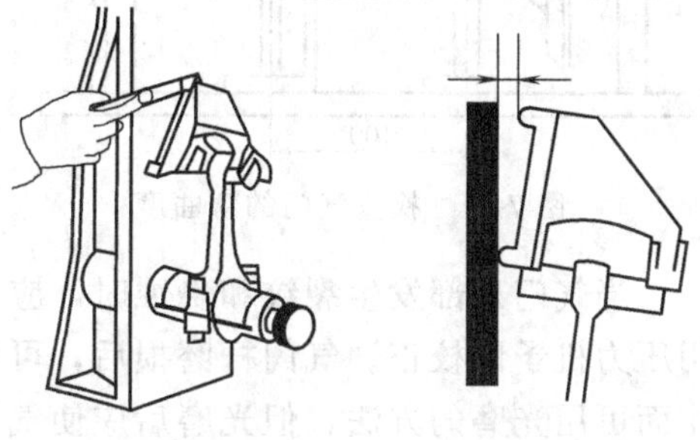

图 7-41　检查连杆是否弯曲

4. 连杆弯扭的检查校正

连杆弯曲、扭转的检验是在连杆校正器上进行的，如图7-41和图7-42所示。每100mm最大弯曲不得大于0.05mm，每100mm最大扭曲不得大于0.15mm。如果超过最大值，应更换或校正连杆。

（三）曲轴的检查和修理

1. 曲轴轴颈磨损规律　曲轴轴颈的磨损是不均匀的，主要表现为轴颈的失圆与锥体。连杆轴颈失圆，磨损的最大部位是在各轴颈的内侧面上，即靠近曲轴中心线的一侧。主轴颈失圆，它的最大磨损部位是靠近连杆轴颈的一侧。

2. 曲轴的弯扭检验　曲轴弯曲的检查，一般是在V形块上进行（图7-43），百分表的摆差不得超过0.06mm。

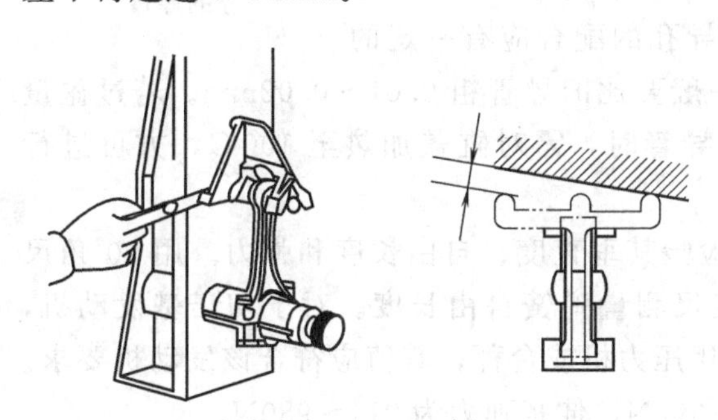

图 7-42　检查连杆扭曲

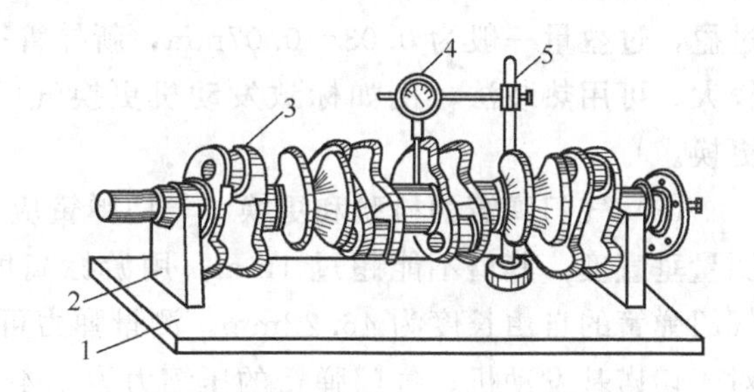

图 7-43　曲轴的弯曲检查

1—平板；2—V形块；3—曲轴；4—百分表；5—百分表架

3. 曲轴的修理　曲轴轴颈和连杆轴颈的圆度和圆柱度误差是衡量曲轴是否需要磨削的重要依据。圆度和圆柱度一般用外径千分尺在轴颈的同一截面上进行多点测量，最大直径与最小直径之差的1/2，即为圆度误差。两端测得的直径差的1/2，即为圆柱度误差。一般直径在80mm以下的轴颈圆度及圆柱度误差为0.0125mm，直径80mm以上的为0.020mm。

如曲轴各道轴颈的圆度及圆柱度均未超差而仅有轻微的擦伤、起槽、毛糙、疤痕和烧蚀等情况，可用长条细砂布进行光磨。对于圆柱度和圆度超差的，须按加一级修理尺寸进行磨削修整。轴颈的修理尺寸分为16级，每一级尺寸缩小量为0.125mm，但最大缩小量不得超过2mm。

（四）配气机构的修理

1. 气门组零件的修理

（1）气门的检查与修理　气门常见的损坏形式是气门杆弯曲、气门头部烧蚀、气门工作面磨损等。

气门的检查分弯曲检查、磨损检查和长度检查。弯曲检查方法如图7-44所示，表针摆差不应超过0.05mm。检查气门杆磨损情况时，要对其进行多点测量，杆身与杆末端未磨损部分相差不能大于0.05mm，也不能有明显的阶梯形。

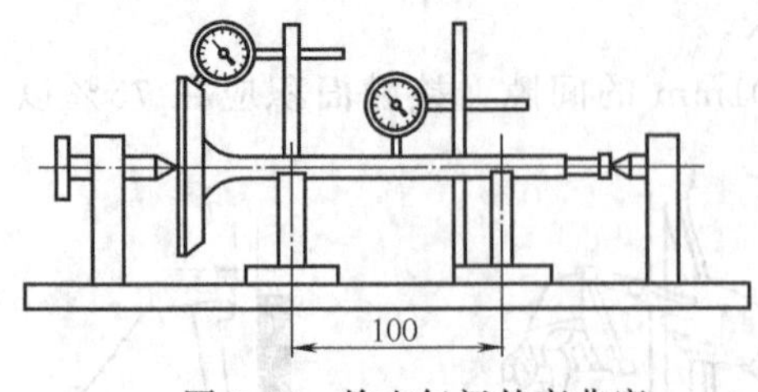

图7-44　检查气门的弯曲度

气门杆长度应在允许范围之内。如切诺基进气门杆为122.47～122.85mm，排气门杆为122.85～123.24mm。当气门杆尾端磨损不平时，可用砂轮修复，但磨削量不能超过0.5mm。

当气门顶部发生裂纹和烧蚀时，应予报废，更换新件。当弯曲度在允许范围以内时，可用压力机予以校正。气门杆磨损后，可用镀铬的方法将气门杆修复到标准尺寸。对气门的工作面可用光磨的方法，但光磨后应使气门头部边缘不小于0.5mm（见图7-45）。

（2）气门导管的检查与修理　首先要检查气门杆与导管的配合情况。将气门提起至气缸平面15mm左右，把百分表架固定于气缸盖上，百分表杆顶在气门顶部边缘处，来回推动气门，百分表指针差值即为两者的配合间隙。桑塔纳发动机气门与导管的配合间隙为0.02～0.04mm。切诺基发动机气门与导管的配合间隙为0.02～0.07mm。

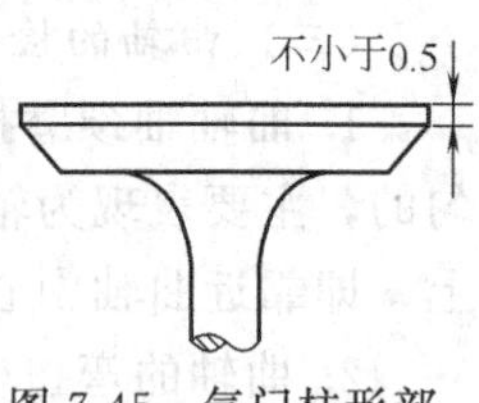

图7-45　气门柱形部分的厚度

气门导管与气门杆的配合超过使用限度时，应更换新导管。新导管的内径应与气门杆的尺寸相适应，其外径与导孔的配合应有一定的过盈，过盈量一般为0.03～0.07mm，新导管一般要比旧导管粗0.01～0.02mm。若过盈量较大，可用热装法，例如标致发动机更换气门导管时，需对缸盖加热至100℃，方可进行更换。

（3）气门弹簧的检验和更换　气门弹簧应检验其垂直度、自由长度和弹力。用90°角尺测量垂直度，其值不能超过1mm；用游标高度尺测量弹簧自由长度。对于切诺基发动机，气门弹簧的自由长度为46.22mm。测量弹力可用压力机或台秤，其值应符合该发动机要求。对于切诺基发动机，气门弹簧的压缩力为294～392N，伸张弹力为911～980N。

2. 凸轮轴和轴承的检查修理

凸轮轴常见的损坏形式是凸轮磨损、轴颈磨损或擦伤、轴弯曲、轴向间隙大以及键槽磨损。

（1）凸轮的检验　首先检查是否有裂纹或擦伤；其次进行凸轮磨损的检查，即测量凸轮的升程，工具为千分尺。如果凸轮高度低于允许值，则应更换凸轮轴。对于切诺基发动机，凸轮升程为6.73mm。测量凸轮高度如图7-46所示。

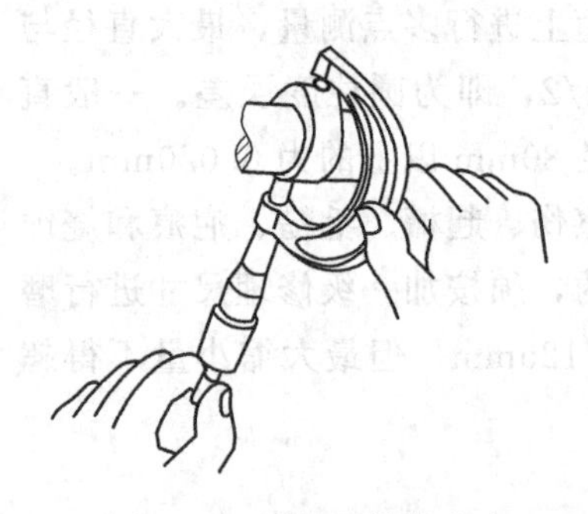
图7-46　测量凸轮的高度

（2）凸轮轴弯曲的检验和修理　把凸轮轴置于两个V形块上，以两端轴颈为支点，用百分表检查各中间轴颈的摆差。若最大弯曲度超过0.025mm（即百分表读数总值为0.050mm）时，应进行冷压校正。冷压可以在压力机上或利用千斤顶等进行校正，方法与校正曲轴相同。

3. 气门间隙的调整

由于在发动机工作时，气门杆经常热胀冷缩，所以在气门杆端与挺柱或摇臂之间，必须预留间隙。但是由于机构零件的磨损，此间隙会发生变化。若间隙过大，会使气门有效升程减小，引起充气不足、排气不畅，并伴有气门敲击声；若间隙过小，会使气门关闭不严，造成漏气，易使气门和气门座烧蚀。气门间隙调整法一般有逐缸调整法和两次调整法。逐缸调整法要先找到一缸压缩上止点，调整一缸的进排气门，然后摇转曲轴，按点火次序调整下一缸的气门，以此类推，逐缸调整完毕。两次调整法一般可按照“双排不进”的原则。如BJ492发动机，先找到一缸活塞压缩上止点，然后按照点火次序，遵循“双排不进”原则，一缸两个气门全调，二缸调排气门，四缸不调，三缸调进气门；再转一圈找到四缸活塞压缩上止点，反方向调四缸两个气门，三缸调排气门，一缸不调，二缸调进气门。

习　题

7-1　什么叫内燃机？试解释下列内燃机型号的意义：495T、22V135ZG、6E430SDzCz柴油机和4100Q汽油机。

7-2　什么叫上止点、下止点、活塞行程？什么叫气缸工作容积、压缩比？

7-3　什么叫四冲程柴油机？简述四冲程柴油机的工作原理。

7-4　简述四冲程汽油机的工作原理。汽油机和柴油机的工作原理有何不同？

7-5　柴油机共包括哪些主要组成部分？各起什么作用？

7-6　试述活塞的结构特点。

7-7　试述活塞环的作用和形状特点。

7-8　活塞环与活塞环槽配合间隙为什么不能过大或过小？

7-9　活塞环的开口间隙为什么不能过大或过小？装入气缸时各环的开口位置应怎样安排？

7-10　活塞和连杆的质量在装配时有什么要求？为什么？

7-11　试述曲轴组的基本构造。

7-12　试述配气机构的作用和气门的结构特点。气门脚间隙为什么不能过大或过小？

7-13　什么叫配气相位？柴油机工作时，进排气门为什么都要早开迟关？

7-14　试述凸轮轴的结构。其转速与曲轴转速有何关系？

7-15　柴油机的进排气系统包括哪些部分？为什么要有空气滤清器？消音器起何作用？

7-16　试述柴油机燃料的燃烧过程。怎样获得良好的混合气质量？

7-17　燃料供给系统由哪些部分组成？

7-18　喷油器起何作用？试述其工作原理？

7-19　简述柴油自喷入气缸至燃烧完毕的过程。怎样缩短点火延迟期？

7-20　喷油为什么要提前？W形燃烧室有什么特性？

7-21　试述喷油泵的作用和工作原理。

7-22　试述离心式调速器的作用和工作原理。

7-23　试述柴油机冷却系统的循环路线。节温器怎样自动控制进出水的温度？

7-24　汽油机燃料供给系统包括哪些主要部分？各起什么作用？

7-25　试述简单汽化器的工作原理。

7-26　汽油机蓄电池点火系统包括哪些主要部分？各起什么作用？

7-27　简述蓄电池点火系统的工作原理。

参 考 文 献

1 陈道南. 起重运输机械. 北京：冶金工业出版社，1997
2 李诤. 起重运输机械（修订版）. 北京：冶金工业出版社，1993
3 《起重机设计手册》编写组. 起重机设计手册. 北京：机械工业出版社，1980
4 张弓. 化工原理. 北京：化学工业出版社，2000
5 张庭祥. 通用机械设备. 北京：冶金工业出版社，1998
6 雷赐贤. 工程流体力学与流体机械. 北京：冶金工业出版社，1994
7 黄自圃. 水力学及水力机械. 北京：冶金工业出版社，1987
8 赵铨昌. 通用机械设备. 北京：冶金工业出版社，1989
9 白铭声，陈祖苏. 流体机械. 北京：煤炭工业出版社，1991
10 郭力君. 泵与风机. 北京：水利电力出版社，1986
11 周漠仁. 液体力学、泵与风机. 北京：建筑工业出版社，1994
12 张汉昶. 通风机的使用与维修. 北京：机械工业出版社，1985
13 商景泰. 通风机手册. 北京：机械工业出版社，1996
14 李世华. 矿山压气设备使用维修. 北京：机械工业出版社，1990
15 凌继宝. 机械工业图形符号、文字代号实用手册. 北京：机械工业出版社，1997
16 陈少明. 空气压缩机实用技术. 北京：机械工业出版社，1994
17 程尖明. 管道安装与维修技术问答. 北京：机械工业出版社，1995
18 周龙保. 内燃机学. 北京：机械工业出版社，1998
19 李之浩. 机修钳工工艺学. 北京：中国劳动出版社，1996
20 王海兴. 汽车概论. 北京：人民交通出版社，2002
21 谭正三. 内燃机构造. 北京：机械工业出版社，1981
22 王中亭. 汽车概论. 北京：机械工业出版社，1998
23 朱华. 钳工工艺学. 北京：机械工业出版社，1999
24 郑国伟. 机修手册. 北京：机械工业出版社，1993